普通高等教育“十二五”规划教材

流 体 力 学

主　编　侯国祥
主　审　许汉珍

机 械 工 业 出 版 社

本书介绍流体力学的基本原理及其在工程中的应用，内容包括流体的物理性质及流体静力学、流体力学的基本方程、管流和边界层概述、孔口出流与缝隙流动、相似理论和量纲分析、可压缩气体的一元流动、旋涡基本理论、不可压缩势流、波浪理论、机翼理论。

本书可作为机械、交通、材料及能源等学科专业基础课程“工程流体力学”的教材，也可供相关科研和技术人员参考。

图书在版编目(CIP)数据

流体力学/侯国祥主编. —北京：机械工业出版社，2015.8（2023.1 重印）
普通高等教育“十二五”规划教材
ISBN 978-7-111-51037-6

Ⅰ.①流… Ⅱ.①侯… Ⅲ.①流体力学-高等学校-教材
Ⅳ.①O35

中国版本图书馆 CIP 数据核字(2015)第 176175 号

机械工业出版社(北京市百万庄大街22号 邮政编码100037)
策划编辑：姜 凤 责任编辑：李 超
责任校对：樊钟英 封面设计：张 静
责任印制：郜 敏
北京富资园科技发展有限公司印刷
2023年1月第1版第3次印刷
184mm×260mm·14.75印张·360千字
标准书号：ISBN 978-7-111-51037-6
定价：39.80元

电话服务
客服电话：010-88361066
010-88379833
010-68326294

网络服务
机 工 官 网：www.cmpbook.com
机 工 官 博：weibo.com/cmp1952
金 书 网：www.golden-book.com
机工教育服务网：www.cmpedu.com

序

海洋是孕育生命的“摇篮”，也是养育生命的“牧场”，人类社会发展的历史进程与海洋息息相关。自古以来，人类在利用海洋获得“鱼盐之利”的同时，也获得了“舟楫之便”，仅海上运输一项，就占到了目前国际贸易总运量中的2/3以上。而今随着科学技术的发展，海洋油气开发、海洋能源开发、海水综合利用和海洋生物资源开发及保护等拉开了21世纪——海洋新世纪的帷幕。传统的船舶工程因海洋开发而焕发青春，越来越明朗地成为21世纪一道亮丽的风景线。

船舶与海洋工程学科是一个有着显著应用背景的学科，大型船舶和海上石油钻井平台是这个学科工程应用的两个典型标志。它们就如同海上的城市，除了宏大的外观，其上也装备有与陆地上相类似的设施，如电站及电网系统、起吊设备、生活起居设施、直升机起降平台等，还装备有独特的设施，如架控室、动力装置、推进系统、锚泊设备等。因此，该学科与其他相关学科有着密切的联系，如土木工程、动力工程及工程热物理、机械工程、电气工程、控制科学与工程等学科。将现代化的船舶与海洋工程的产品称为集科技大成之作，毫不夸张。

为了满足船舶与海洋工程学科本科生的学习需要，我们在多年教学、科研工作的基础上，并参考兄弟院校的相关教材及国内外有关资料文献，编写了普通高等教育船舶与海洋工程学科“十二五”规划系列教材。本系列教材涵盖了船舶与海洋工程专业和轮机工程专业的主要学习课程，包括船舶与海洋工程概论、轮机工程概论、流体力学、船舶设计原理、船舶与海洋工程结构力学、船舶摇摆与操纵、海洋平台设计原理、海洋资源与环境、舰船电力系统及自动装置、船舶动力装置原理与设计、深海机械与电子技术、舰船液压系统等。本系列教材的编写，旨在为船舶与海洋工程学科相关专业的本科生提供系统的学习教材，同时也向从事造船、航运、海洋开发的科技工作者及对船舶与海洋工程知识有兴趣的广大读者提供一套系统介绍船舶与海洋工程知识的参考书。

教材建设是高校教学中的基础性工作，是一项长期的工作，需要不断完善人才培养与教学模式，吸取学科和行业的知识、新技术、新成果。本套教材的编写出版只是近年来华中科技大学船舶与海洋工程学院教学改革的初步总结，还需要各位专家、同行提出宝贵意见，以进一步修订、完善，不断提高教材质量。

华中科技大学船舶与海洋工程学科规划教材编写组

前　言

本科生学科建设工作的不断推进，对部分课程尤其是相关的专业基础课程的教学工作提出了新的要求。具体针对“流体力学”专业基础课的教学工作，教学内容必须满足学生将来在各专业学习流体力学基础知识的需求。本书可作为机械科学与工程、船舶与海洋工程、动力科学与工程、土木工程与力学、材料科学与工程等专业的流体力学课程教材。

流体力学公共平台课的教学内容以上述专业本科生学习所必需的共性的知识点为主，选讲第1~6章，学时数为32~40。部分专业如需针对本专业特点进一步学习相关的流体力学内容，可另外开设专业流体力学课程，船舶与海洋工程专业可针对外流场继续学习后续章节，全书教学学时数为60~80。

针对流体力学大平台课程教学内容的需求，经过对以上学科、专业流体力学课程教学工作的比较研究，我们编写了本书。华中科技大学许汉珍、夏国泽、孙江龙、王先洲、冯大奎、刘志忠、吕贤权、杨留名等分别编写了本书的相关章节，石仲堃、叶恒奎、陈材侃、杨定邦、张耀诚、申志和、方学智、刘启国、张志国、邱磊、石国政、吴昌林、何存兴、唐群国、余祖耀、孙建平、王军、张祥林等老师参与了部分工作，刘志忠、吕贤权、杨留名等参加了文字整理工作，他们对本书的编写给予了很多指导意见，在此表示感谢。

由于水平有限，难免有失误之处，望广大师生及时指出。

编　者

目　录

第 1 章　流体的物理性质及流体静力学

1.1　流体的定义及连续介质假定

1.1.1　流体的定义

物质存在固体、液体和气体三种状态，处于液体和气体两种状态的物质称为**流体**，也可以说，流体是液体和气体的总称。

从力学观点看，流体和固体的主要差别在于它们对切应力的抵抗能力不同。在静止状态下，固体能够产生一定的变形来抵抗切应力；而流体则不能，无论切应力多么小，流体都将发生连续不断的变形——流动，直至切应力消失为止。流体的这种性质称为易流动性。

液体和气体之间也有差别：气体比液体更易压缩。此外，液体的分子间有凝聚力，所以有一定的体积，但是没有确定的形状。注入任何容器的液体，都将在容器内填满一个与液体自身体积相同的空间，而与容器的形状无关，当容器容积比液体体积大时，它会出现自由液面；而气体则是由大量运动着的分子组成的，分子间相互碰撞，不断扩散，没有确定的体积和形状，气体会充满它所注入的任何容器。

流体力学是力学的一个分支，它是研究流体在外力作用下的宏观运动规律，以及流体和与之接触的物体之间相互作用的一门学科。流体力学有着广泛的应用，因此成为工程学和应用科学研究的核心和基础之一。泵、压缩机、热交换器、喷气发动机和火箭发动机等流体机械的研究，使得流体力学对于机械工程师来说是很重要的；作为研究空气绕物体流动的空气动力学，则是从事飞机、导弹和火箭设计的航空航天工程师的基本工具；在气象学、水力学和海洋学中，大气和海水都是流体，因此对流体的研究也是基础；管道和沟渠中的流体流动对于土木工程也是非常重要的；同时，流体力学与古典学科相结合形成了许多新兴学科，例如流体力学与电磁理论结合成了一门磁流体动力学，在新型能量转换装置以及恒星和电离层的研究中，它是至关重要的基础。由此可见，对于当代的科学家和工程师而言，掌握流体力学知识是很有必要的。

1.1.2　连续介质假定

流体是由大量分子组成的，这些分子总是在不停地、杂乱无章地运动着，分子之间存在着间隙。因此，从微观角度来看，流体分子在空间上的分布是不连续的。此外，由于分子运动的随机性，流体在时间上的分布也是不连续的。但是，流体力学研究的是流体在外力作用下的宏观运动规律，所研究的是大量分子的统计平均特性，例如流体的密度、温度、压强等；同时，流体分子运动的平均自由行程（在正常情况下，空气分子的平均自由行程约为 7×10^{-6}cm，1mm^{3}的体积中包含有 2.7×10^{16}个分子）相对于流体力学所研究问题的通常物理尺度来说，非常小。因此，在流体力学的研究中，可以假设流体质点（宏观上足够小、微观上足够大的微体积内的流体）是由足够数量的分子组成的，彼此间无任何间隙，连续地充满它所占据的空间。这就是流体的连续介质假定。

由于采用了连续介质假定，那么表征流体特性的压强、温度、密度及速度等物理量可以看成是时间和空间连续分布的函数。这样，流体力学的问题可以使用微分方程等数学工具来进行研究。但是，在某些特殊流动的研究中，例如：火箭在空气稀薄的高空中飞行，或流体在极近壁（如离壁面约 1×10^{-5}mm）处流动时，由于分子平均自由行程与所研究问题的物理尺度具有相同的量级，流体的连续介质假定不再成立。

1.2 流体的密度和黏性

1.2.1 流体的密度

单位体积内流体的质量称为流体的密度。密度是流体的一个基本物理量。对于空间各点处密度相同的均质流体，其密度为

$$\rho = \frac{m}{V} \tag{1.2.1}$$

式中，m 为流体的质量；V 为流体的体积。

在国际单位制中，密度的单位为 kg/m^3。

对于非均质流体，取包围空间某点的微元体积 ΔV，其中所含的流体质量为 Δm，比值 $\Delta m/\Delta V$ 即为 ΔV 中的平均密度。若令 $\Delta V \to 0$，即当 ΔV 向该流体质点收缩趋近于零时，平均密度的极限即为该点的流体密度，即

$$\rho = \lim_{\Delta V \to 0} \frac{\Delta m}{\Delta V} \tag{1.2.2}$$

1.2.2 流体的黏性

所谓流体的黏性是指流体运动时，流体内部具有抵抗变形、阻滞流体流动的特性。它是流体的固有属性。

设有两平行平板，相距为 h，其间充满液体，如图 1.2.1 所示。假设下板固定，上板在外力 F 作用下以匀速 U 向右运动。与两板相接触的流体由于附着力的作用必黏附于两平板上，具有与平板相同的运动速度。因此与上板相接触的一层流体将以速度 U 随上板一起向右运动，而紧贴下板的一层流体将和下板一样静止不动。介于两板之间的各层流体将以自上而下逐层递减的速度向右运动。运动较快的流层将带动运动较慢的流层，而运动较慢的流层又将阻滞运动较快的流层，这种由于发生相对运动而引起的流体内部抵抗相互滑移的力称为黏性力或内摩擦力。当然，在流体质点间没有相对运动（处于静止或相对静止

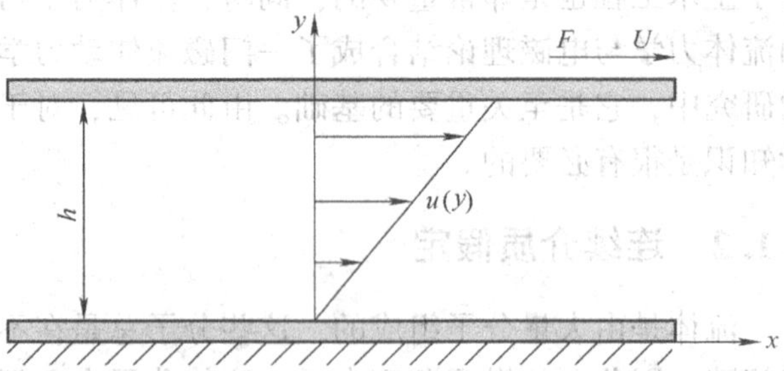

图 1.2.1 牛顿内摩擦试验

状态）时，也就没有内摩擦力表现出来。

1687 年，牛顿经试验研究发现：加在上平板上的外力 F 与速度 U 以及上平板的面积 S 成正比，而与两板间的距离 h 成反比，即

$$F=\mu S\frac{U}{h} \tag{1.2.3}$$

式中，比例系数 μ 称为黏度或动力黏度（Pa · s）。

由式（1.2.3）可知，平板单位面积上的切应力为

$$\tau=\frac{F}{S}=\mu\frac{U}{h} \tag{1.2.4}$$

式中，$\mu U/h$ 为流体的切应力（内摩擦应力），而 F/S 为外部作用的切应力，它们大小相等、方向相反时，平板就以匀速度 U 运动。

同时观察发现，当两平行平板相距很近时，黏性流体在两板之间的速度呈线性分布。则距下板 y 处的速度 $u=Uy/h$，流体的切应力 $\tau=\mu u/y$。进一步的实验证实，在一般情况下（速度 u 在 y 方向上不是线性分布），流体的切应力可表示为

$$\tau=\mu\frac{\mathrm{d}u}{\mathrm{d}y} \tag{1.2.5}$$

式中，$\mathrm{d}u/\mathrm{d}y$ 为速度 u 在 y 方向的变化率，称为速度梯度。式（1.2.5）通称为牛顿内摩擦定律。符合此定律的流体称为牛顿流体，否则称为非牛顿流体。空气和水是自然界最典型的牛顿流体。

流体黏性对运动的影响还常与密度 ρ 有关，故在研究流体运动时，通常需引入运动黏度 ν，即

$$\nu=\mu/\rho \tag{1.2.6}$$

ν 的单位是 m^2/s。

运动黏度与动力黏度都取决于流体的性质、温度与压强。由实验可知，当压力变化时，黏度变化不大；当温度变化时，黏度变化较大。温度增加时，液体的 ν 变小，而气体的 ν 变大。这是因为液体的黏性主要取决于分子间的聚集力，当温度升高时，液体分子振动加剧，分子间聚集力变小，因而黏度减小；而气体的黏性与分子热运动有关，温度增加时，分子热运动加剧，动量交换增加，因而黏性作用变大，黏度增大。表 1.2.1 ~ 表 1.2.3 为水、空气与常见液体的黏度。

自然界中实际存在的流体都是黏性流体，当流体的黏性影响可以忽略时，流体可以看成是无黏的理想流体。引入理想流体这一力学模型在流体力学中有着重要的意义。若在解决许多工程中的流体力学问题时一开始就考虑流体的黏性，往往在数学上会产生较大的困难，而研究理想流体的运动规律可使问题大大简化。但在研究某些问题（如物体的绕流阻力）时，就必须考虑流体的黏性。

表 1.2.1　水的密度、黏度与温度的关系

温度/℃	密度 ρ/(kg/m³)	黏度 μ/($\times10^{-3}$Pa · s)	运动黏度 ν/($\times10^{-6}$m²/s)
0	999.8	1.781	1.785
5	1000	1.518	1.519
10	999.7	1.307	1.306
15	999.1	1.139	1.139

（续）

温度/℃	密度ρ/(kg/m³)	黏度μ/(×10⁻³Pa·s)	运动黏度ν/(×10⁻⁶m²/s)
20	998.2	1.002	1.003
25	997.0	0.890	0.893
30	995.7	0.798	0.800
40	992.2	0.653	0.658
50	988.0	0.547	0.553
60	983.2	0.466	0.474
70	977.8	0.404	0.413
80	971.8	0.354	0.364
90	965.3	0.315	0.326
100	958.4	0.282	0.294

表 1.2.2　空气的密度、黏度与温度的关系（标准大气压）

温度/℃	密度ρ/(kg/m³)	黏度μ/(×10⁻⁵Pa·s)	运动黏度ν/(×10⁻⁶m²/s)
−40	1.515	1.49	9.8
−20	1.395	1.61	11.5
0	1.293	1.71	13.2
10	1.248	1.76	14.1
20	1.205	1.81	15.0
30	1.156	1.86	16.0
40	1.128	1.90	16.8
60	1.060	2.00	18.7
80	1.000	2.09	20.9
100	0.946	2.18	23.1
200	0.747	2.58	34.5

表 1.2.3　常见液体的密度和黏度（20℃）

液体名称	密度ρ/(kg/m³)	黏度μ/(×10⁻³Pa·s)	运动黏度ν/(×10⁻⁶m²/s)
苯	895	0.65	0.7263
四氯化碳	1588	0.97	0.6108
原油	856	7.20	8.4112
汽油	678	0.29	0.4277
煤油	808	1.92	2.3762
汞	13550	1.56	0.1685
SAE10 油	918	82	89.32
SAE30 油	918	440	479.3

例 1.2.1　一块可动平板与另一块不动平板之间充满某种液体，两块板相互平行，它们

之间的距离 $h=0.5\text{mm}$。若可动平板以 $u=0.25\text{m/s}$ 的水平速度向右移动，为维持这个速度，需要单位面积上的作用力为 2Pa，求平板间液体的黏度。

解：由牛顿内摩擦定律

$$\tau=\mu\frac{\mathrm{d}u}{\mathrm{d}y}$$

认为两板间液体速度呈线性分布，故

$$\frac{\mathrm{d}u}{\mathrm{d}y}=\frac{u}{h}=\frac{0.25}{0.5\times10^{-3}}\mathrm{s}^{-1}=5\times10^{2}\mathrm{s}^{-1}$$

所以

$$\mu=\tau/\frac{u}{h}=\frac{2}{5\times10^{2}}\mathrm{Pa\cdot s}=4\times10^{-3}\mathrm{Pa\cdot s}$$

例 1.2.2　如图 1.2.2 所示，有一滑动轴承，轴的直径 $d=120\text{mm}$，轴承长度 $l=200\text{mm}$，间隙 $\delta=1\text{mm}$，其中充满黏度 $\mu=0.54\text{Pa}\cdot\text{s}$ 的润滑油，轴承以转速 $n=200\text{r/min}$ 运转，求轴承转动时所需功率 W。

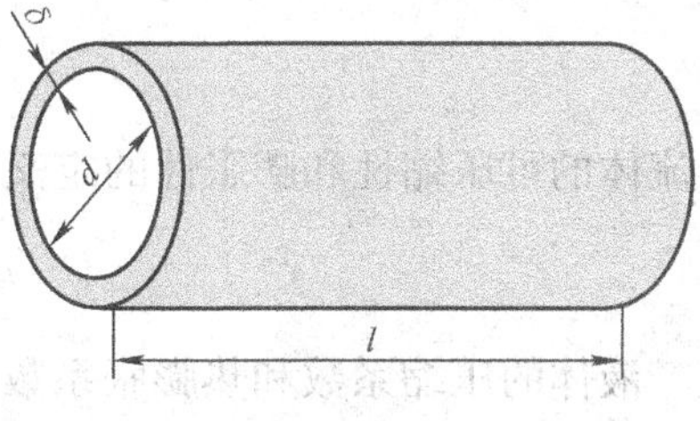

图 1.2.2　例 1.2.2 图

解：轴承旋转线速度为

$$u=\frac{\pi dn}{60}=\frac{3.1416\times0.12\times200}{60}\mathrm{m/s}=1.257\mathrm{m/s}$$

由牛顿内摩擦定律有

$$\tau=\mu\frac{\mathrm{d}u}{\mathrm{d}y}=\mu\frac{u}{\delta}$$

所以轴承转动时的摩擦力为

$$F=\tau S=\mu\pi dl\frac{u}{\delta}=5.118\mathrm{N}$$

所需功率

$$W=Fu=6.43\mathrm{N\cdot m/s}=6.43\mathrm{W}$$

1.3　流体的其他性质

1.3.1　可压缩性与膨胀性

流体的可压缩性是指在温度一定时流体的体积或密度随压强而改变的性质。流体的膨胀性是指在压强一定时流体的体积或密度随温度而改变的性质。

流体的可压缩性用压缩系数 κ 来表示。温度一定时，若流体的原体积为 V，压强增加 $\mathrm{d}p$ 后，体积减小 $\mathrm{d}V$，则压缩系数 κ 定义为

$$\kappa=-\frac{\mathrm{d}V/V}{\mathrm{d}p}=-\frac{1}{V}\frac{\mathrm{d}V}{\mathrm{d}p}\tag{1.3.1}$$

κ 的单位是 $\mathrm{m^2/N}$。由于液体受压体积减小，$\mathrm{d}p$ 和 $\mathrm{d}V$ 异号，故 κ 为正值。其值越大，越容易压缩。压缩系数 κ 的倒数称为体积弹性系数，记作 E

$$E=\frac{1}{\kappa}=-V\frac{\mathrm{d}p}{\mathrm{d}V}\tag{1.3.2}$$

流体的膨胀性用热膨胀系数 α_T 表示。压强一定时，若流体的原体积为 V，当温度升高 $\mathrm{d}T$ 后，体积增加 $\mathrm{d}V$，则热膨胀系数 α_T 定义为

$$\alpha_T = \frac{\mathrm{d}V/V}{\mathrm{d}T} = \frac{1}{V}\frac{\mathrm{d}V}{\mathrm{d}T} \tag{1.3.3}$$

α_T 的单位是 K^{-1}。

因为流体的密度与温度和压强有关，即

$$\rho = \rho\ (p,\ T)$$

由此可得到密度随压强和温度变化的改变量，即

$$\mathrm{d}\rho = \frac{\partial\rho}{\partial p}\mathrm{d}p + \frac{\partial\rho}{\partial T}\mathrm{d}T$$

密度的相对变化率为

$$\frac{\mathrm{d}\rho}{\rho} = \frac{1}{\rho}\frac{\partial\rho}{\partial p}\mathrm{d}p + \frac{1}{\rho}\frac{\partial\rho}{\partial T}\mathrm{d}T$$

由流体的可压缩性和膨胀性的定义，可以给出压缩系数 κ 和热膨胀系数 α_T 的另一种表达式

$$\kappa = \frac{1}{\rho}\frac{\partial\rho}{\partial p},\quad \alpha_T = -\frac{1}{\rho}\frac{\partial\rho}{\partial T} \tag{1.3.4}$$

液体的压缩系数和热膨胀系数都很小。一般情况下，液体的可压缩性和膨胀性均可忽略不计。因此可将液体视为不可压缩流体。所谓不可压缩流体，是指在运动的全过程中，每一个质点的密度不变化的流体。对于均质不可压缩流体，$\rho =$ 常数。但对于某些特殊的流动，如有压管道中的水击，水中爆炸波的传播等，可压缩性就必须要考虑；此外，在液压封闭系统或热水采暖系统中，当工作温度变化较大时，则必须考虑膨胀性对系统造成的影响。

气体的可压缩性比较显著，一般视其为可压缩流体。其密度、压强和温度三者之间的关系应满足状态方程

$$p = \rho RT \tag{1.3.5}$$

式中，T 为绝对温度（K）；R 为气体常数，对于空气 $R = 287\mathrm{N \cdot m/(kg \cdot K)}$。

当气体在高压、低温或接近于液态时，状态方程不再适用。

例 1.3.1 在常温下，水的体积模量 $K = 2.81 \times 10^9\mathrm{Pa}$。如果水的压强从 $10^5\mathrm{Pa}$ 增至 $12 \times 10^6\mathrm{Pa}$，求水的体积变化率。

解：由式（1.3.2）得

$$\frac{\mathrm{d}V}{V} = -\frac{\mathrm{d}p}{K} = -\frac{119 \times 10^5}{2.81 \times 10^9} = -0.424\%$$

负号说明体积减小。

1.3.2 液体的汽化和空化

液体分子逸出液面向空间扩散的过程称为汽化，液体汽化为蒸汽。汽化的逆过程称为凝结，蒸汽凝结为液体。在液体中，汽化和凝结同时存在，当这两个过程达到动平衡时，宏观的汽化现象停止，此时液体表面的压强称为饱和蒸汽压力或汽化压力。汽化压力的产生是蒸汽分子运动的结果。

液体具有吸收和溶解与之接触的气体的能力。自然状态下水中含有一定数量被溶解的空气，在常温及标准大气压下，约占水体积的 2.5%。因此，每当水的压力小于大气压或水温

升高时，部分被溶解的空气就会以气泡的形式出现在水中。此外，如果液体中某处的压力等于或低于当地汽化压力，液体本身在该处也会发生汽化，形成空化现象。这种分离出来的气体和由于汽化而产生的蒸汽将对流体运动产生两种不良影响：一是此种气体常集中于管路的高处形成“气塞”，使液体流动困难甚至完全遮断；二是液体因汽化而生成大量气泡。气泡随着液体流进入高压区时受压缩而突然溃灭，周围的液体流便以极大的速度向气泡溃灭点冲击，在该点处造成很高的压强（有时可达几十甚至几百个大气压）和爆破声。这种集中在极小面积上的强大冲击力如作用在金属部件的表面上，将会使部件产生严重的损坏。此种空化现象常在船用螺旋桨和水力机械中发生。

1.3.3 表面张力与毛细现象

在日常生活中常看到水滴悬挂在墙壁上或水龙头出口上，汞在平滑表面上成球形滚动等现象。这些现象表明液体自由表面存在一种欲使表面积最小的收缩趋势，引起这种收缩趋势的力称为**表面张力**。表面张力是由分子的内聚力引起的，其作用结果使液体表面看起来好像是一张均匀受力的弹性膜。不难想象，处于自由表面附近的液体分子所受到周围液体和气体分子的作用力是不相平衡的，气体分子对它的作用力远小于相应距离另一侧液体分子的作用力。因此，这部分分子所受到的合力是将它们拉向液体内部。可见，表面张力实际上是一种拉力。自由表面单位长度上所受到的这种拉力定义为表面张力系数 σ，单位为 N/m。

表面张力随温度变化而变化。当温度升高时，表面张力减小。表面张力也因液体自由表面所接触的气体不同而有差异。通常温度下表面张力的数值很小，除一些特殊问题外（如雾化、气泡、毛细管等）一般不予考虑。

表面张力所引起的附加法向压强可由拉普拉斯表面张力方程式求得

$$\Delta p=\sigma\left(\frac{1}{R_1}+\frac{1}{R_2}\right) \tag{1.3.6}$$

式中，R_1、R_2 为液体曲面在互相垂直的两平面上的曲率半径。

对于半径为 R 的球形液滴，液滴内外气体的压差为 $\Delta p=2\sigma/R$。

当把直径很小、两端开口的细管插入液体中时，表面张力的作用将使管内液面出现升高或下降，这种现象称为**毛细现象**。毛细现象可以由液体分子和管壁分子之间的附着力来说明。当液、固间的附着力大于流体的内聚力时，液体将沿壁面向外伸展，使液面向上弯曲成为凹面（这种现象通常称为“浸润”）。而由于表面张力的作用将使液面尽量缩小，力图使中间液面上凸成为平面。两者作用的结果使液体上升，直到上升液柱的重力和表面张力的垂直分量平衡为止，将玻璃管插入水中时所出现的这种情况如图 1.3.1a 所示。将玻璃管插入汞中时，由于汞的内聚力远大于其与玻璃的附着力（这种情况称为“不浸润”），其结果与上述相反，汞表面向下弯曲形成凸形，汞柱下降，如图 1.3.1b 所示。

管内液面升高或降低的高度 h 可由图 1.3.1 求得。设液面与管壁的接触角为 θ，管径为 r，流体密度为 ρ，由液柱重力与表面张力垂直分量相平衡可得

$$2\pi r\sigma\cos\theta=\pi r^2 h\rho g$$

于是

$$h=\frac{2\sigma\cos\theta}{\rho g r} \tag{1.3.7}$$

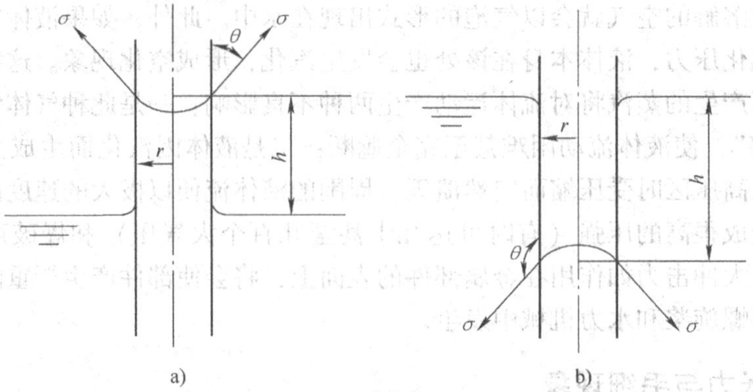

图 1.3.1　表面张力

式中的 θ 角取决于液、气的种类和管壁材料等因素。通常，水和洁净玻璃的 $\theta=0°$，汞和洁净玻璃的 $\theta=140°$。

对于工程中常用的测压管，毛细现象往往造成较大的误差。一般情况下，当测压管管径大于 10mm 时，测量误差可以忽略不计。

1.4　作用在流体上的力

任何物体的平衡和运动都是受力作用的结果。流体力学的中心问题之一便是研究流体对物体所作用的力。因此，在研究流体的力学规律之前，必须首先分析作用在流体上的力的种类和性质。作用在流体上的力通常分为两大类：表面力和质量力。

1.4.1　表面力

表面力是指作用在所研究流体外表面上与表面积大小成正比的力。大气压力、水压力与摩擦力等都是表面力，当人在风中行走或在水中游泳时就会感受到这种表面力的作用。单位面积上所受的表面力称为应力。如图 1.4.1 所示，在流体表面上任取一包含指定点在内的微元面积 ΔA，其上作用的表面力记为 $\Delta \boldsymbol{P}$，$\boldsymbol{n}$ 为面积 ΔA 上的单位外法矢。则该点的应力定义为

$$P_{\mathrm{n}}=\lim_{\Delta A\to 0}\frac{\Delta \boldsymbol{P}}{\Delta A} \tag{1.4.1}$$

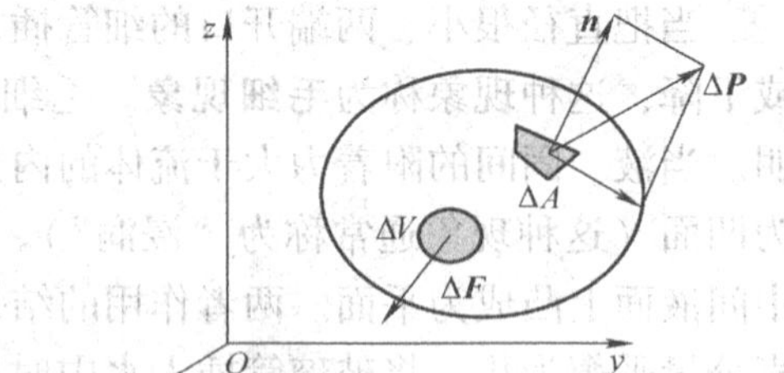

图 1.4.1　质量力与表面力

将其分解为法向应力和切向应力。切向应力是流体相对运动时因黏性内摩擦而产生的，因此静止流体中不存在切向应力；又因为流体几乎不能承受拉力，所以静止流体中的法向应力只能沿着流体表面的内法线方向，称为压力（即压强）。

1.4.2　质量力

质量力作用于流体的每一个流体质点上，其大小与流体所具有的质量成正比。重力、惯

性力、电磁力等都是质量力。在均质流体中，质量力与受作用流体的体积成正比，因此又称为体积力。质量力的大小用单位质量力来度量，所谓单位质量力就是作用于单位质量流体上的质量力。

在体积为 V、表面积为 A 的流体中，任取一体积为 ΔV 的微元，作用在该微元体上的质量力为 $\Delta \boldsymbol{F}$，则单位质量力定义为

$$\boldsymbol{f} = \lim_{\Delta V \to 0} \frac{\Delta \boldsymbol{F}}{\rho \Delta V} = \frac{\mathrm{d}\boldsymbol{F}}{\rho \mathrm{d}V} \tag{1.4.2}$$

由牛顿第二定理可知

$$\mathrm{d}\boldsymbol{F} = \rho \mathrm{d}V \cdot \boldsymbol{a}$$

式中，$\boldsymbol{a}$ 为流体的加速度。

对比两式可以得到

$$\boldsymbol{f} = \boldsymbol{a} \tag{1.4.3}$$

可见，作用在流体上的单位质量力就是质量力所引起的加速度。单位质量力在直角坐标中的表达为

$$\boldsymbol{f} = f_x \boldsymbol{i} + f_y \boldsymbol{j} + f_z \boldsymbol{k} \tag{1.4.4}$$

式中，f_x、f_y、f_z 分别为单位质量力 $\boldsymbol{f}$ 在 x、y 和 z 方向上的分量，例如：当坐标轴 z 垂直向上时，仅受重力作用的流体其单位质量力可表达为

$$f_x = 0,\ f_y = 0,\ f_z = -g$$

已知 $\boldsymbol{f}$ 时就可以计算出整个流体受到的质量力

$$\boldsymbol{F} = \int_V \boldsymbol{f} \rho \mathrm{d}V \tag{1.4.5}$$

1.5　流体静压特性及静止流体的压力分布

流体静力学主要研究流体在静止状态下的力学规律。所谓的静止是指流体质点之间没有相对运动，流体的黏性表现不出来，作用在流体上的压力与质量力达到了相对的平衡。流体的静止状态可分为两种形式：绝对静止状态与相对静止状态。如果流体对地球无相对运动，则称为绝对静止，例如装在固定不动容器中的液体；如果流体整体对地球有相对运动，但流体对运动容器无相对运动，则称为相对静止，例如装在做等加速直线运动或等角速度旋转运动的容器内的液体。

1.5.1　流体静压特性

在静止或相对静止的流体中，单位面积上的压应力称为静压强。流体静压强具有两个重要的特性：

特性一：流体静压强垂直于作用面，方向指向该作用面的内法线方向。

由于任何切应力和拉应力都将使静止流体发生变形运动，因此作用在静止流体上的力只可能是指向作用面内法线方向上的压应力。

特性二：静止流体中任意一点处流体静压强的大小与作用面的方位无关，即同一点各方向的流体静压强均相等。下面将证明之。

如图 1.5.1 所示，在平衡流体中任取一微分四面体 $OABC$，各棱边边长分别为 dx、dy、dz，p_x、p_y、p_z 和 p_n 分别为各坐标面及斜面 ABC 上的平均流体静压强。该四面体受表面力和质量力作用而处于平衡状态。由 x 方向的平衡条件有

$$p_x \frac{1}{2}dydz - p_n dA\cos(n, x) + f_x\rho \frac{1}{6}dxdydz = 0$$

式中，dA 为斜平面 ABC 的面积；n 为该面的外法矢。

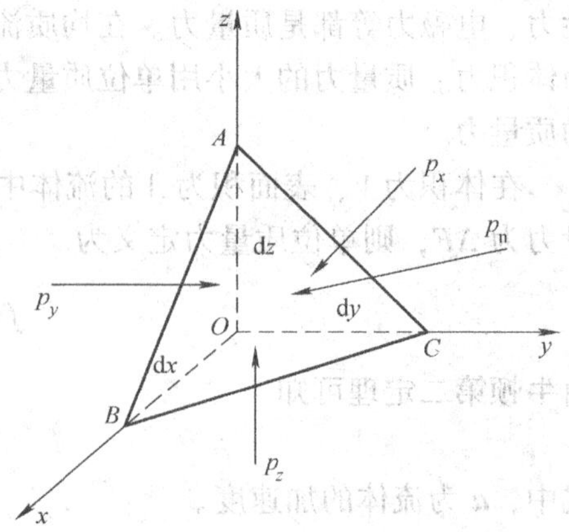

图 1.5.1　流体静压特性

因 p_n 与 n 反向，故上式第二项为负，注意到 $dA\cos(n, x) = \frac{1}{2}dydz$ 为斜平面 ABC 在 Oyz 坐标面上的投影面积，上式简化为

$$p_x - p_n + f_x\rho \frac{1}{3}dx = 0$$

当四面体无限收缩于 O 点时，dx、dy、dz 便趋近于零，因此有 $p_x = p_n$。同理可得，$p_y = p_n$，$p_z = p_n$。由此可得出

$$p_x = p_y = p_z = p_n$$

这就证明了在静止流体中同一点上各方向的流体静压强均相等。不同空间点的流体静压强，一般说来是各不相同的，即流体静压强是空间坐标的连续函数

$$p = p(x, y, z)$$

1.5.2　静止流体的压力分布

1. 绝对静止流体

在静止流体中任取一边长为 dx、dy、dz 的微小平行六面体，各面都与坐标面平行，此六面体内的流体在表面力和质量力的作用下保持平衡。由流体的静压特性可知，静止流体中压力是唯一的表面力。如图 1.5.2 所示，设 $A'B'C'D'$ 表面上的压强为 $p(x, y, z)$，则 $ABCD$ 表面上的压强为 $p(x + dx, y, z)$。

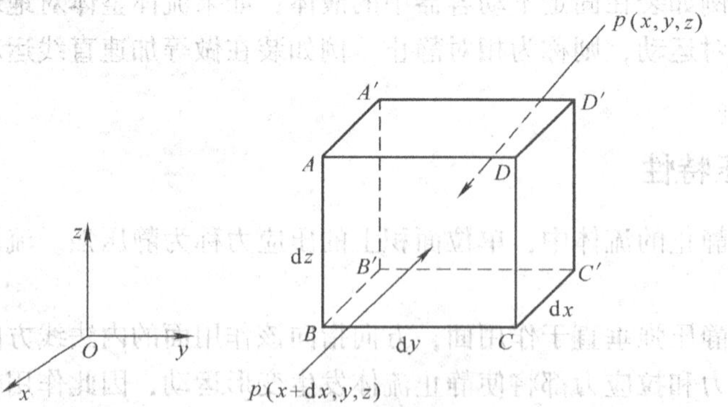

图 1.5.2　微元流体的平衡

在 $dx \to 0$ 的情况下运用泰勒（Taylor）级数展开式，略去二阶以上小量后有

$$p(x+\mathrm{d}x,y,z)=p(x,y,z)+\frac{\partial p}{\partial x}\mathrm{d}x$$

此外，作用在六面体上的质量力在 x 方向的分量为 $f_x\rho\mathrm{d}x\mathrm{d}y\mathrm{d}z$。

根据流体平衡条件，作用在六面体上的所有外力之和应为零。在 x 方向上的表达式为

$$p(x,\ y,\ z)\mathrm{d}y\mathrm{d}z-p(x+\mathrm{d}x,\ y,\ z)\mathrm{d}y\mathrm{d}z+f_x\rho\mathrm{d}x\mathrm{d}y\mathrm{d}z=0$$

化简上式，得 $f_x=\frac{1}{\rho}\frac{\partial p}{\partial x}$。同理可得 y、z 方向的方程。故有

$$\begin{cases}f_x=\dfrac{1}{\rho}\dfrac{\partial p}{\partial x}\\ f_y=\dfrac{1}{\rho}\dfrac{\partial p}{\partial y}\\ f_z=\dfrac{1}{\rho}\dfrac{\partial p}{\partial z}\end{cases}\tag{1.5.1a}$$

式（1.5.1a）即为流体平衡的微分方程，由学者欧拉首先提出，故又称欧拉平衡微分方程。它是流体静力学的基本方程。由于在推导过程中对流体密度未加限制，故该方程对可压缩流体和不可压缩流体均适用。

由上节可知，静压强 $p=p$（x，y，z）是标量函数，它的梯度为

$$\mathrm{grad}p=\boldsymbol{i}\frac{\partial p}{\partial x}+\boldsymbol{j}\frac{\partial p}{\partial y}+\boldsymbol{k}\frac{\partial p}{\partial z}$$

因此，欧拉平衡微分方程可写成如下的矢量形式

$$\boldsymbol{f}=\frac{1}{\rho}\mathrm{grad}p=\frac{1}{\rho}\nabla p\tag{1.5.1b}$$

式中，∇为哈密顿算子，可表示为

$$\nabla=\boldsymbol{i}\frac{\partial}{\partial x}+\boldsymbol{j}\frac{\partial}{\partial y}+\boldsymbol{k}\frac{\partial}{\partial z}$$

在已知质量力的情况下，对式（1.5.1a）积分便可得到静止流体中压强 p 的分布规律。用 $\mathrm{d}x$、$\mathrm{d}y$、$\mathrm{d}z$ 分别乘以式（1.5.1a）的各分式后相加得

$$\frac{\partial p}{\partial x}\mathrm{d}x+\frac{\partial p}{\partial y}\mathrm{d}y+\frac{\partial p}{\partial z}\mathrm{d}z=\rho(f_x\mathrm{d}x+f_y\mathrm{d}y+f_z\mathrm{d}z)$$

上式左端为压强 p 的全微分 $\mathrm{d}p$，故有

$$\mathrm{d}p=\rho(f_x\mathrm{d}x+f_y\mathrm{d}y+f_z\mathrm{d}z)\tag{1.5.2}$$

对于均质不可压缩流体，$\rho=$常数，式（1.5.2）可写为

$$\mathrm{d}\left(\frac{p}{\rho}\right)=f_x\mathrm{d}x+f_y\mathrm{d}y+f_z\mathrm{d}z$$

上式左端为全微分，根据数学分析理论可知，它的右端也必须是某一坐标函数的全微分。设此函数为 $U(x,\ y,\ z)$，则有

$$\mathrm{d}U=f_x\mathrm{d}x+f_y\mathrm{d}y+f_z\mathrm{d}z$$

又由于 $\mathrm{d}U=\frac{\partial U}{\partial x}\mathrm{d}x+\frac{\partial U}{\partial y}\mathrm{d}y+\frac{\partial U}{\partial z}\mathrm{d}z$，故有

$$f_x=\frac{\partial U}{\partial x},\ f_y=\frac{\partial U}{\partial y},\ f_z=\frac{\partial U}{\partial z}$$

即质量力的分量等于函数 U 对各坐标的偏导数，称 U 为力势函数。存在力势函数的质量力称为有势力。重力是有势力。由上可见，不可压缩流体只有在有势力的作用下才能保持平衡。

平衡流体中压强相等的点所组成的平面或曲面称为等压面。例如，处于平衡状态下的两种不相混合的流体的交界面就是等压面。在等压面上 $p=C$ 或 $\mathrm{d}p=0$。由式（1.5.2）可得等压面方程为

$$f_x\mathrm{d}x+f_y\mathrm{d}y+f_z\mathrm{d}z=0 \tag{1.5.3a}$$

写成矢量形式为

$$\boldsymbol{f}\cdot\mathrm{d}\boldsymbol{l}=0 \tag{1.5.3b}$$

式中，$\mathrm{d}\boldsymbol{l}=\boldsymbol{i}\mathrm{d}x+\boldsymbol{j}\mathrm{d}y+\boldsymbol{k}\mathrm{d}z$ 为等压面上的任一微分线段。

由式（1.5.3b）可知，等压面与质量力矢量处处正交。

在工程实际中，经常遇到作用在流体上的质量力只有重力的情况。以下讨论重力场中流体的静压分布。如图 1.5.3 所示，取水平基准面 Oxy，z 轴垂直向上，则单位质量力在各坐标轴方向的分量分别为

$$f_x=0,\ f_y=0,\ f_z=-g$$

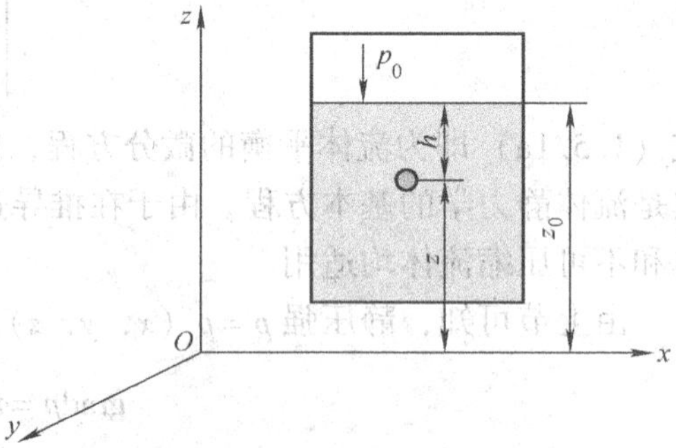

图 1.5.3 重力场中的静止流体

代入式（1.5.2）得

$$\mathrm{d}p=-\rho g\mathrm{d}z$$

对于连续均质不可压缩流体，积分上式得

$$p=-\rho gz+C \text{ 或 } z+\frac{p}{\rho g}=C \tag{1.5.4}$$

式中，C 为积分常数，由边界条件确定。

对于静止流体内任意两点，式（1.5.4）可写成

$$z_1+\frac{p_1}{\rho g}=z_2+\frac{p_2}{\rho g} \tag{1.5.5}$$

式（1.5.4）或式（1.5.5）就是重力场中流体平衡基本方程式。式中，z 称为位置高度或位置水头，表示单位质量流体从基准面算起所具有的势能；$p/\rho g$ 称为压强势能或压强水头，表示单位质量流体所具有的压强势能。公式的物理意义在于：重力场中，均质连续不可压缩静止流体中，各点单位质量流体所具有的总势能相等。

设自由液面上的压强为 p_0，高度为 z_0，则流体中高度为 z 的任意一点的压强由式（1.5.4）有

$$z+\frac{p}{\rho g}=z_0+\frac{p_0}{\rho g}$$

整理上式得

$$p=p_0+\rho g(z_0-z)=p_0+\rho gh \tag{1.5.6}$$

式（1.5.6）表示均质不可压缩流体在重力场中的压强分布规律，又称流体静压强基本公式。式中，h 为液面至计算点的深度，又称淹深。对于仅在重力作用下的同一连续均质的

静止流体而言，分析此公式可得出以下几点结论：

1）深度 h 相同的点处压强相等，故等压面为水平面。

2）流体中任一点处的压强随深度 h 按线性关系增加，如图 1.5.4 所示。

3）平衡状态下，自由液面上压强 p_0 的任何变化都会等值地传递到流体中的其余各点（帕斯卡原理）。水压机、液压传动装置的设计都是以此原理为基础的。如图 1.5.5 所示，在面积为 A_1 的活塞 1 上施加大小为 F_1 的外力，则液体内将产生压强 $p = F_1/A_1$，它会通过液体传递到容器内各点，于是在面积为 A_2 的活塞上可产生对外做功的力 F_2。其大小为

$$F_2 = pA_2 = \frac{F_1}{A_1}A_2 = F_1\frac{A_2}{A_1}$$

输出力 F_2 的大小是输入力 F_1 的 A_2/A_1 倍。

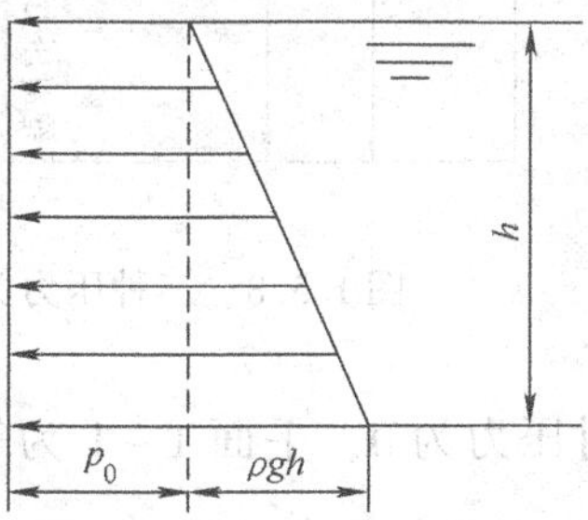

图 1.5.4　静压力分布图

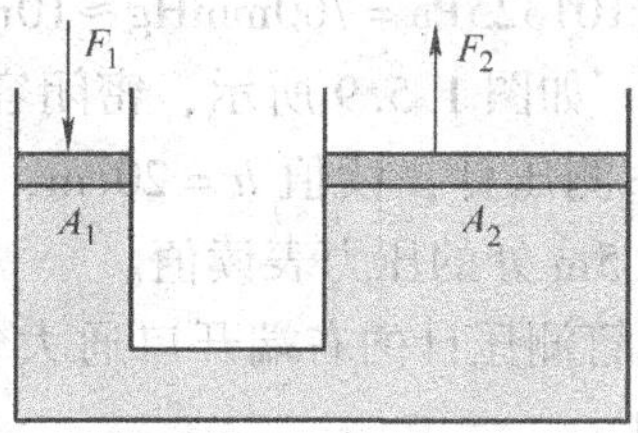

图 1.5.5　水压机原理

例 1.5.1　如图 1.5.6 所示，容器中有两层互不掺混的液体，密度分别为 ρ_1 和 ρ_2。试计算图中 A、B 两点处的静压强。

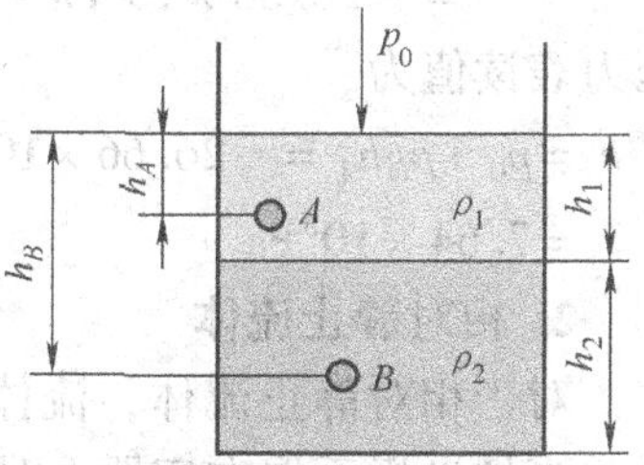

图 1.5.6　例 1.5.1 图

解：由式（1.5.6）可得

$$p_A = p_0 + \rho_1 g h_A$$
$$p_B = p_{0B} + \rho_2 g\ (h_B - h_1)$$

其中

$$p_{0B} = p_0 + \rho_1 g h_1$$

例 1.5.2　如图 1.5.7 所示，求容器顶部空气的压力。已知 $\rho_1 = 999.2\text{kg/m}^3$，$\rho_2 = 899.7\text{kg/m}^3$，$p_0 = 101325\text{Pa}$，$g = 9.81\text{m/s}^2$。

解：由等压面的性质可知：B、C 两点位于同一连续均质流体的同一水平面上，所以两点处的压力相等，即 $p_B = p_C$。则容器顶部空气压力 p_A 为

$$p_A + \rho_1 g h_{AB} = p_B = p_C = p_0 + \rho_2 g h_{CD}$$

式中，h_{AB} 和 h_{CD} 分别表示 A、B 两点和 C、D 两点的高度差。

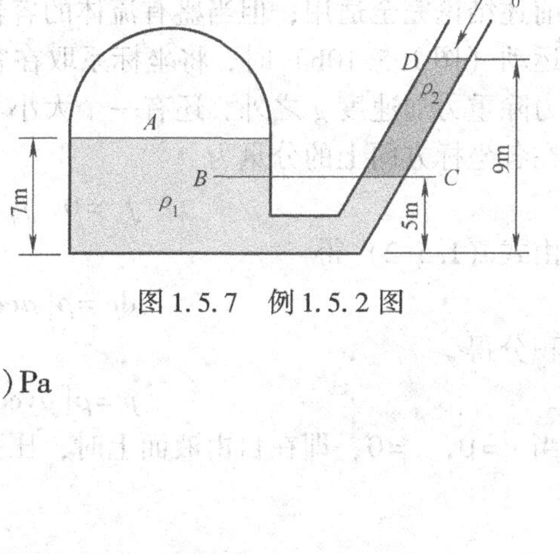

图 1.5.7　例 1.5.2 图

故

$$\begin{aligned} p_A &= p_0 + \rho_2 g h_{CD} - \rho_1 g h_{AB} \\ &= 101325\text{Pa} + 9.81 \times (899.7 \times 4 - 999.2 \times 2)\text{Pa} \\ &= 117025\text{Pa} \end{aligned}$$

在工程上，压力有三种表示方法：绝对压力、表压力（相对压力）和真空度。绝对压力是指以绝对真空为基准算起的压力；表压力是以当地大气压为基准算起的压力；如果图1.5.7中的自由液面与大气相通，则 p_0 等于大气压力 p_a，代入式（1.5.6）得 $p-p_a=\rho gh$，即

表压＝绝对压力－大气压力

当绝对压力小于大气压力时，定义真空度为当地大气压与绝对压力之差，即

真空度＝大气压力－绝对压力

它们之间的关系可用图1.5.8表示。

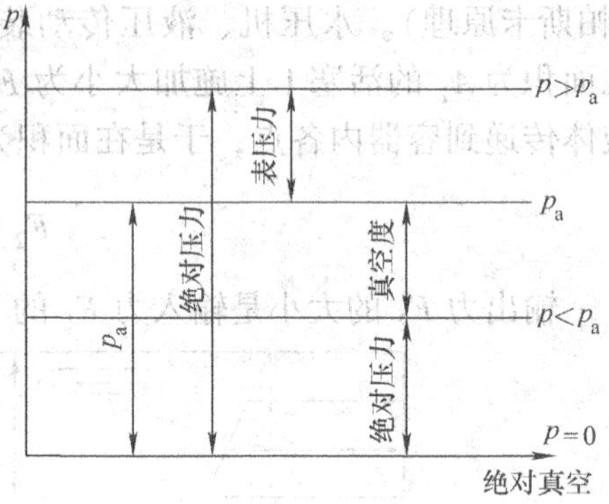

图1.5.8　三种压力关系图

在国际单位制中，压力的单位是Pa，定义 $1Pa=1N/m^2$。一个标准大气压的压力为

$$1atm=101325Pa=760mmHg\approx 10mH_2O$$

例1.5.3　如图1.5.9所示，密闭容器侧壁上方装有U形管汞测压计，读值 $h=20cm$，试求安装在水面下 $h_1=3.5m$ 处的压力表读值。

解：U形管测压计的右端开口通大气，液面相对压力为0，平面1－1为等压面，容器内水面压力为

$$p_0=0-\rho_{汞}gh=0-13.6\times10^3\times9.8\times0.2Pa$$
$$=-26.66\times10^3Pa$$

压力表读值为

$$p=p_0+\rho gh_1=-26.66\times10^3Pa+1000\times9.8\times3.5Pa$$
$$=7.64\times10^3Pa$$

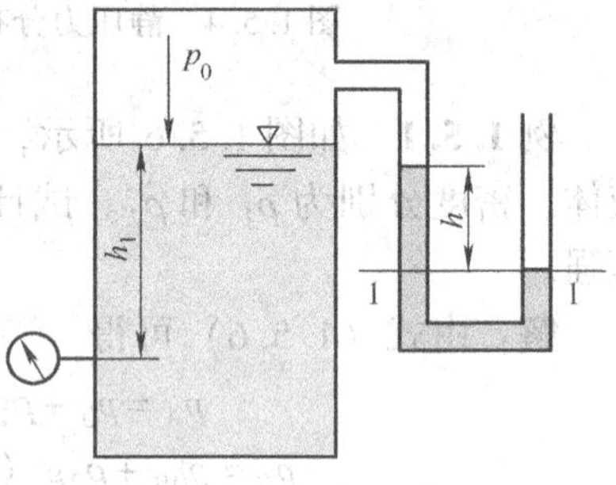

图1.5.9　例1.5.3图

2. 相对静止流体

对于相对静止流体，流体随盛装流体的容器一起运动，当把坐标系取在容器上时，对此非惯性坐标系而言，流体保持相对静止。下面讨论几种不同情况的相对静止流体的压力分布规律。

（1）等加速度直线运动流体的压力分布　当盛有流体的容器做匀速直线运动（图1.5.10a）时，流体所受的质量力仍只有重力，与重力场中静止液体的平衡情况完全相同，前述结论完全适用；但当盛有流体的容器以等加速度 a 沿着与水平面成 α 角的倾斜面做直线运动（图1.5.10b）时，将坐标系取在容器上，由动静法知，此时单位质量流体所受的质量力除重力加速度 g 之外，还有一个大小与容器加速度 a 相等、方向与其相反的惯性力。它们在各坐标方向上的分量为

$$f_x=0,\ f_y=a\cos\alpha,\ f_z=a\sin\alpha-g$$

由式（1.5.2）得

$$dp=\rho[a\cos\alpha dy+(a\sin\alpha-g)dz]$$

积分得

$$p=\rho[ay\cos\alpha+z(a\sin\alpha-g)]+C$$

当 $y=0$，$z=0$，即在自由液面上时，压强 p 等于大气压 p_a，代入上式可得 $C=p_a$，于是有

$$p = p_a + \rho[ay\cos\alpha + z(a\sin\alpha - g)] \tag{1.5.7}$$

式（1.5.7）即为等加速度运动容器中流体的静压强分布公式。公式表明，压强 p 既随坐标 y 变化，又随坐标 z 变化。

等压面方程由 $dp = 0$ 可得

$$a\cos\alpha dy + (a\sin\alpha - g)dz = 0$$

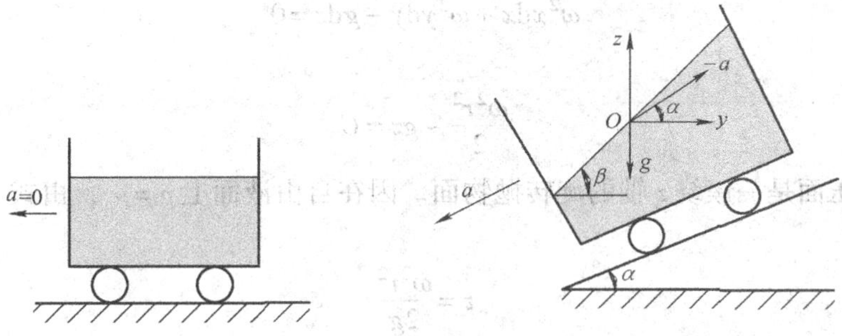

a)　　b)

图 1.5.10　等加速度直线运动流体

又可写成

$$\frac{dz}{dy} = \frac{a\cos\alpha}{g - a\sin\alpha}$$

式中，dz/dy 为等压面的斜率，因 a、g 及 α 都是常数，故斜率是一个定值。

令 $dz/dy = \tan\beta$，则

$$\tan\beta = \frac{a\cos\alpha}{g - a\sin\alpha} \tag{1.5.8}$$

这就是等压面的方程式，它说明等压面是一簇与水平面成 β 角的平行平面，斜率为一定值。

（2）随容器等角速度旋转流体的压力分布　如图 1.5.11 所示，一盛有液体的容器绕垂直轴 z 轴以等角速度 ω 旋转，由于液体的黏性作用，液体在器壁的带动下将成为一个整体也以同一角速度随容器一起旋转，从而形成了液体对容器的相对平衡。由动静法知，液体除受重力外，还受离心惯性力的作用。对于液体内任意距 z 轴为 r 的 A 点，其所受单位质量力在各坐标轴方向的分量为

$$\begin{cases} f_x = \omega^2 r\cos\alpha = \omega^2 x \\ f_y = \omega^2 r\sin\alpha = \omega^2 y \\ f_z = -g \end{cases}$$

将其代入式（1.5.2）得

$$dp = \rho(\omega^2 x dx + \omega^2 y dy - g dz)$$

积分上式得

$$p = \rho\left(\frac{\omega^2 x^2}{2} + \frac{\omega^2 y^2}{2} - gz\right) + C \quad 或 \quad p = \rho g\left(\frac{\omega^2 r^2}{2g} - z\right) + C \tag{1.5.9}$$

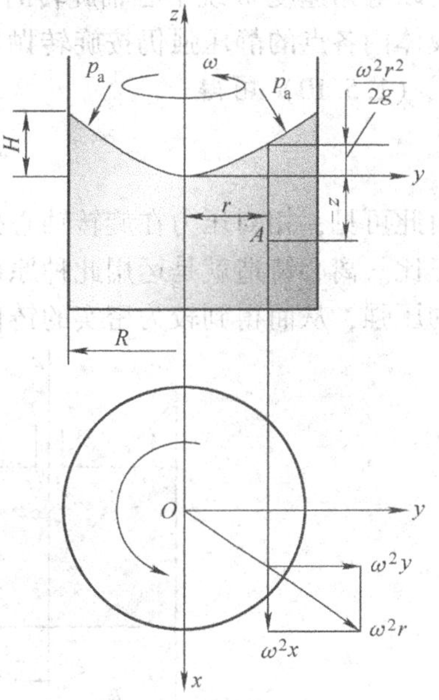

图 1.5.11　随容器等角速度旋转流体

在坐标原点处（$r=0$，$z=0$）压强 p 为大气压 p_a，因此积分常数 $C=p_a$，代入式（1.5.9）有

$$p=p_a+\rho g\left(\frac{\omega^2 r^2}{2g}-z\right) \tag{1.5.10}$$

等压面方程由 $dp=0$ 可得

$$\omega^2 x dx+\omega^2 y dy-g dz=0$$

积分得

$$\frac{\omega^2 r^2}{2}-gz=C \tag{1.5.11}$$

由此可见，等压面是一簇绕 z 轴的旋转抛物面。因在自由液面上 $p=p_a$，由式（1.5.9）可得自由液面方程

$$z=\frac{\omega^2 r^2}{2g} \tag{1.5.12}$$

在容器壁处，即 $r=R$ 时液体自由液面升到最高点，高出抛物面顶点的铅垂距离为

$$H=\frac{\omega^2 R^2}{2g}$$

在 Oxy 坐标平面以上的回转抛物体内液体的体积为

$$V=\int_0^R z\times 2\pi r dr=\int_0^R \frac{\omega^2 r^2}{2g}2\pi r dr=\frac{1}{2}\pi R^2\frac{\omega^2 R^2}{2g}=\frac{1}{2}\pi R^2 H \tag{1.5.13}$$

式（1.5.13）表明圆筒形容器中的回转抛物体体积刚好是液面达到最大高度时圆柱形体积的一半。这一性质对于解决等角速度回转的相对平衡问题很有用处。

下面以两个实例来说明等角速度旋转流体理论在工程中的应用。

实例 1 如图 1.5.12a 所示，顶盖中心开孔并通大气的直立圆筒容器内盛满液体。当容器以等角速度 ω 绕中心轴旋转时，由于受容器顶盖的限制，液面不能形成旋转抛物面，但液体内各点的静压强仍按旋转抛物面规律分布。作用在顶盖（$z=0$）上各点的相对压力由式（1.5.10）可得

$$p-p_a=\rho\frac{\omega^2 r^2}{2}$$

由此可见，相对压力在旋转轴心处（$r=0$）最小，在边缘处（$r=R$）最大，且与 r^2、ω^2 成正比。离心铸造就是运用此种原理，通过离心铸造机的高速旋转来增大铸模外缘处液态金属的压强，从而得到较为密实的铸件。

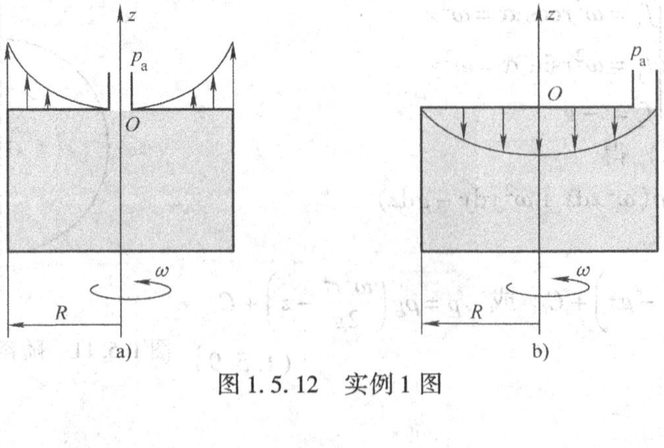

图 1.5.12 实例 1 图

实例 2　如图 1.5.12b 所示，盛满液体的容器以等角速度 ω 旋转，顶盖边缘处开口通大气。当其旋转时，液体借离心力向外甩，但当液体要被甩出容器时，在容器内部立即会产生真空，小于外界大气压，使液体无法流出。液面同样不能形成抛物面，但液体内各点的静压强仍按旋转抛物面分布。在顶盖边缘处（$z=0$，$r=R$），$p=p_a$，将其代入式（1.5.9）得

$$C=p_a-\rho\frac{\omega^2R^2}{2}$$

故压力分布为

$$p=p_a+\rho\left(\frac{\omega^2r^2}{2}-\frac{\omega^2R^2}{2}-gz\right)$$

由上式可知作用在顶盖($z=0$)上各点液体的真空度为

$$p_a-p=\frac{1}{2}\rho\omega^2(R^2-r^2)$$

可以看出，真空度在旋转轴心处（$r=0$）最大，且与 ω^2 成正比。离心式水泵与风机就是运用此原理，通过叶轮的高速旋转在叶轮中心处形成真空把水或空气吸入壳体，再借叶轮高速旋转所产生的离心惯性力增大能量后，由出口输出。

例 1.5.4　如图 1.5.13 所示，有一封闭水箱，高 $h=2\text{m}$，直径 $d=1\text{m}$，内装深 $h_1=1.5\text{m}$ 的水，自由面上气体的压强 $p_0=1.176\times10^5\text{Pa}$。如果水箱以 $\omega=12\text{rad/s}$ 的角速度绕其中心轴旋转，试求水箱底部中心 C 点的压强。

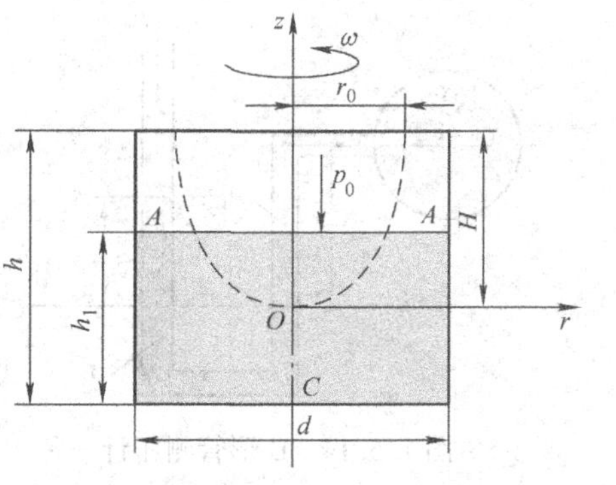

图 1.5.13　例 1.5.4 图

解：设抛物面与水箱顶部接触面距中心线为 r_0，抛物面顶点距离水箱顶部为 H，因水箱密闭，旋转前后水箱内空气体积保持不变，故平面 $A-A$ 以上的体积与旋转抛物体的体积相同，即

$$\frac{\pi d^2}{4}(h-h_1)=\frac{1}{2}\pi r_0^2H$$

又由式（1.5.12）有

$$H=\frac{\omega^2}{2g}r_0^2$$

由以上两式可得

$$r_0=0.43\text{m},\quad H=1.36\text{m}$$

由式（1.5.10），将 C 点坐标 $r=0$、$z=-(h-H)=-0.64\text{m}$ 代入可得底部 C 点处的压力

$$p_C=1.176\times10^5\text{Pa}+10^3\times9.81\times0.64\text{Pa}=1.2387\times10^5\text{Pa}$$

1.5.3　压力测量

流体压力的测量仪器类型很多，常见的仪器有液柱式测压计、金属测压表和电测式仪表等。液柱式测压计是以流体静力学基本方程为依据，利用液柱高度来测量压力大小的仪器。下面仅介绍几种常用的液柱式测压计。

1. U 形管测压计

图 1.5.14 所示的 U 形管一端与测点相连，另一端与大气相通。U 形管中的液体，根据

被测流体的种类及压力大小不同，一般可采用水、酒精或汞等。由于U形管测压计是一个连通器，$B-C$截面以下是相同的液体，所以B、C两点在同一等压面上，根据流体静力学基本方程式（1.5.6）有

$$p_A+\rho_1gh_1=p_a+\rho_2gh_2 \quad 或 \quad p_A-p_a=\rho_2gh_2-\rho_1gh_1$$

这样即可测得A点处的表压力。

2. U形管压差计

在需要测定流体内两点处的压差时，采用图1.5.15所示的U形管压差计是很方便的。其中C、D两点处的压强分别为

$$p_C=p_A+\rho_Ag\ (z_1+h),\ p_D=p_B+\rho_Bgz_2+\rho_1gh$$

$C-D$为等压面，所以

$$p_A+\rho_Ag(z_1+h)=p_B+\rho_Bgz_2+\rho_1gh$$

整理上式可得A、B两点处的压差为

$$\Delta p=p_A-p_B=(\rho_1-\rho_A)gh+\rho_Bgz_2-\rho_Agz_1$$

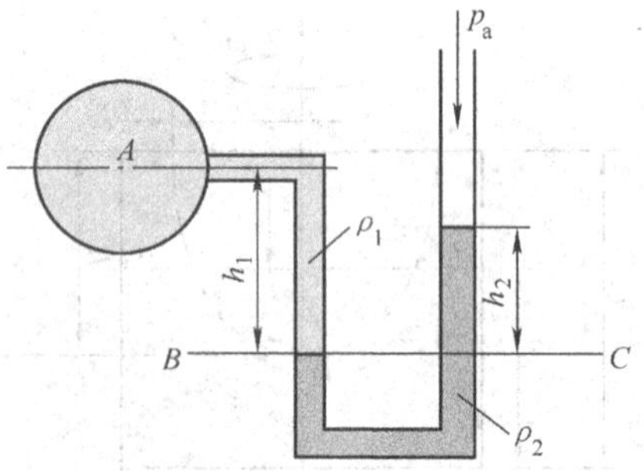

图1.5.14　U形管测压计

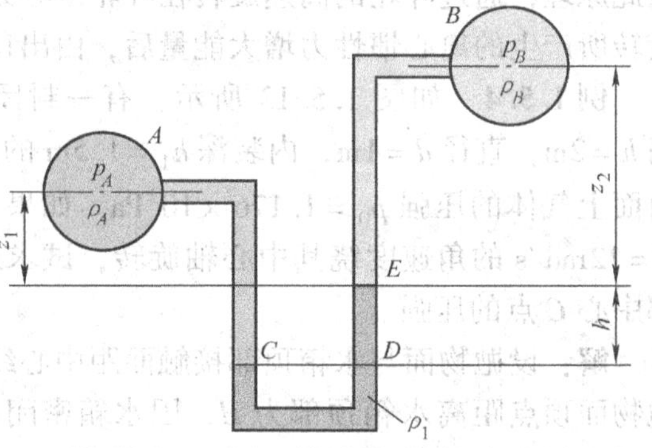

图1.5.15　U形管压差计

3. 倾斜式微压计

在测量微小的压差时，常把压差计的玻璃管倾斜放置，以提高测量精度。如图1.5.16所示，它是由一个底面积为A_2的容器和一个倾角为α、截面积为A_1的玻璃管组成的。如果斜管入口压力p_1和容器入口压力p_2相等，则容器内的液面与斜管中的液面平齐。当$p_2>p_1$时，则斜管中的液面读数将增加l，而容器内液面下降Δh，因此有

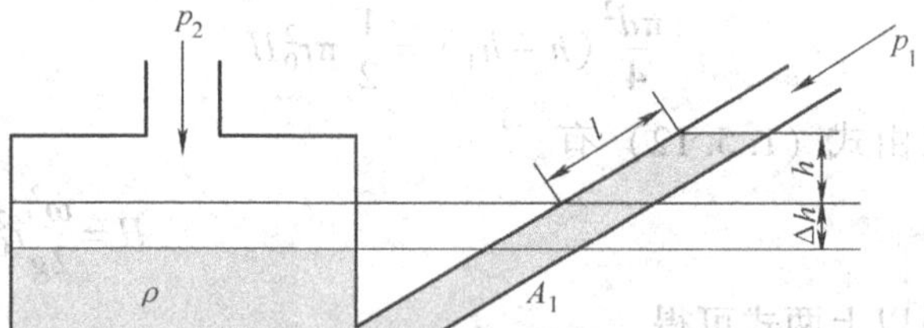

图1.5.16　倾斜式微压计

$$p_2=p_1+\rho g(l\sin\alpha+\Delta h)$$

由于容器内液体下降的体积与斜管中液体上升的体积相等，即$A_2\Delta h=A_1l$，代入上式有

$$p_2-p_1=\rho g\left(\sin\alpha+\frac{A_1}{A_2}\right)l$$

1.6　静止流体作用在壁面上的力

在工程实际中，如在设计挡水堤坝、路基、闸门及其他水工设施时，不仅要知道静止流体的压强大小和分布，而且还要确定流体作用在物体壁面上总压力的大小、方向和作用点。下面分别讨论静止流体对平面壁和曲面壁的作用力。

1.6.1　作用在平板上的流体总压力

设静止液体中有一与水平面夹角为 α 的平板 ab，其面积为 A，液面通大气，平板外侧受到大气压作用，故只需考虑液体相对压力的作用。为分析方便，将平板 ab 绕 Oy 轴旋转 90°，如图 1.6.1 所示。在平板上任取一微元面积 dA，其中心点距自由表面的距离为 h，距 Ox 轴的距离为 y，由流体的静压特性知，其上的流体压力垂直指向平板。作用在微元面积 dA 上的压力为

$$dF = p\mathrm{d}A = \rho gh\mathrm{d}A = \rho gy\sin\alpha\mathrm{d}A \tag{1.6.1}$$

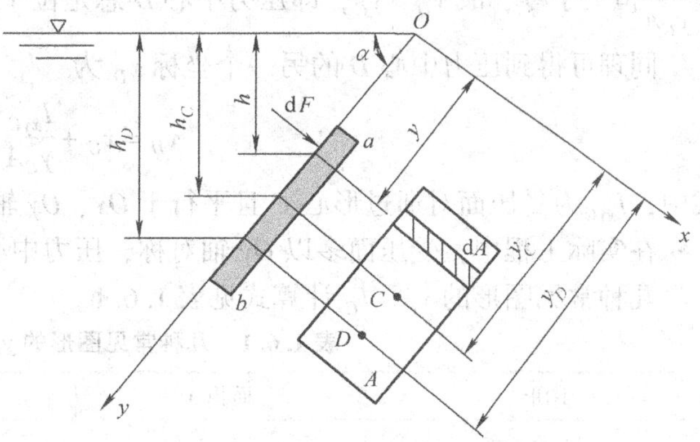

图 1.6.1　平板上的流体作用力

积分式（1.6.1）得流体作用于平板上的总压力

$$F = \int_A \mathrm{d}F = \rho g\sin\alpha\int_A y\mathrm{d}A \tag{1.6.2}$$

式中，$\int_A y\mathrm{d}A$ 为平板面积对 Ox 轴的静矩，其值等于平板面积 A 与其形心至 Ox 轴的距离 y_C 的乘积，即

$$\int_A y\mathrm{d}A = y_C A$$

代入式（1.6.2）有

$$F = \rho g\sin\alpha y_C A = \rho gh_C A = p_C A \tag{1.6.3}$$

式中，h_C 为受压面形心 C 在液面下的淹没深度；p_C 为受压面形心 C 处的相对压强。

式（1.6.3）表明，静止流体作用在任意平板上的总压力等于该平板的受压面积与其形心处相对压强的乘积，它与平板的形状及倾斜角 α 无关。

总压力的作用点称为压力中心，设其坐标为（x_D，y_D），可利用理论力学中的合力矩定理（即合力对任一轴的力矩等于各分力对同一轴的力矩之和）求得。对 Ox 轴，有

$$Fy_D = \int_A y\mathrm{d}F = \int_A y\rho gy\sin\alpha\mathrm{d}A = \rho g\sin\alpha\int_A y^2\mathrm{d}A = \rho g\sin\alpha I_x$$

式中，$\int_A y^2\mathrm{d}A = I_x$ 为受压面对 Ox 轴的惯性矩。

整理上式得

$$y_D = \frac{I_x}{y_C A} \tag{1.6.4}$$

根据惯性矩的平行移轴定理

$$I_x = I_C + y_C^2 A$$

式中，I_C 为受压面对通过形心 C 且平行于 Ox 轴的形心轴的惯性矩。

代入式（1.6.4），得

$$y_D = y_C + \frac{I_C}{y_C A} \tag{1.6.5}$$

因 $\frac{I_C}{y_C A}$ 恒大于零，故 $y_D > y_C$，即压力中心 D 总是位于形心 C 的下方。

同理可得到压力中心 D 的另一个坐标 x_D 为

$$x_D = x_C + \frac{I_{xyC}}{y_C A} \tag{1.6.6}$$

式中，I_{xyC} 为受压面对通过形心 C 且平行于 Ox、Oy 轴的形心轴的惯性积。

在实际工程中，受压面多以 Oy 轴对称，压力中心必在对称轴上，此时只需计算出 y_D。

几种常见图形的 y_C、I_C 计算式见表 1.6.1。

表 1.6.1　几种常见图形的 y_C、I_C 计算式

图形	面积 A	y_C	I_C
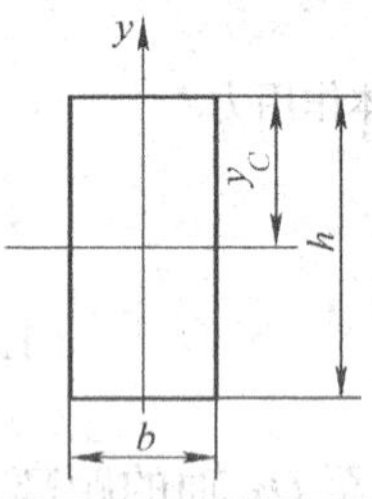	hb	$\frac{1}{2}h$	$\frac{1}{12}bh^3$
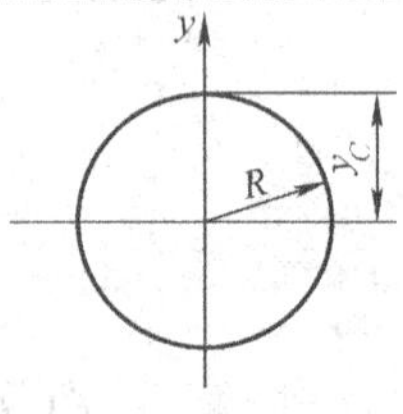	πR^2	R	$\frac{\pi R^4}{4}$
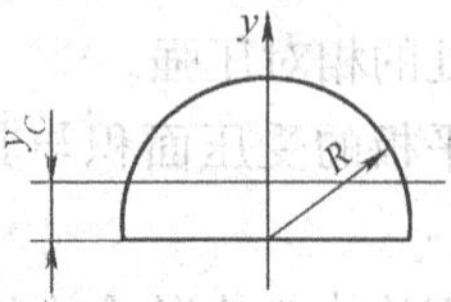	$\frac{\pi R^2}{2}$	$\frac{4R}{3\pi}$	$\frac{(9\pi^2-64)}{72\pi}R^4$
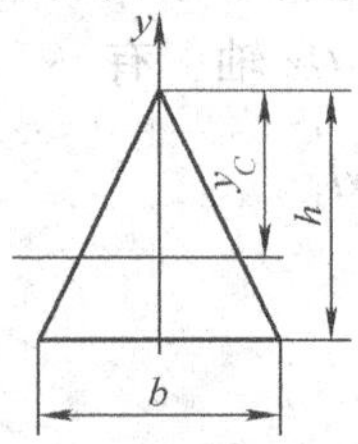	$\frac{1}{2}bh$	$\frac{2}{3}h$	$\frac{1}{36}bh^3$

（续）

图形	面积 A	y_C	I_C
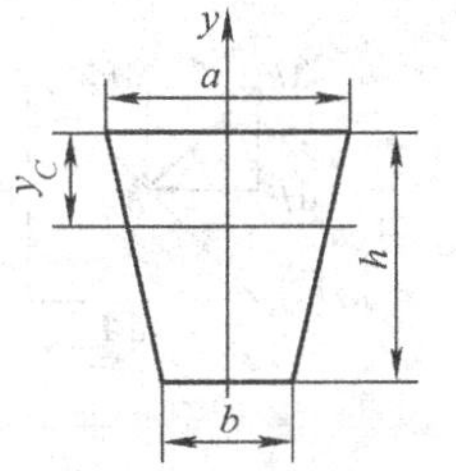	$\frac{1}{2}(a+b)h$	$\frac{h(a+2b)}{3(a+b)}$	$\frac{h^3(a^2+4ab+b^2)}{36(a+b)}$
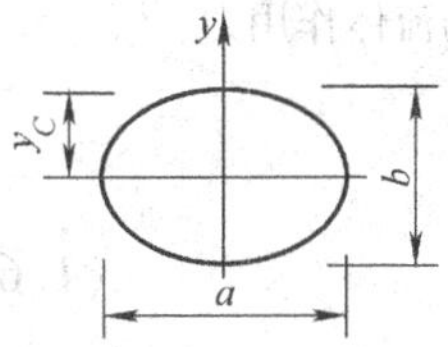	$\frac{\pi}{4}ab$	$\frac{b}{2}$	$\frac{\pi}{64}ab^3$

例 1.6.1　如图 1.6.2 所示，在水箱底部 $\alpha=60°$ 的斜平面上，装有一个直径 $d=0.5\text{m}$ 的圆形泄水阀，阀的转动轴通过其中心 C 且垂直于纸面，为了使水箱内的水不经阀门外泄，试问在阀的转动轴上需施加多大的锁紧力矩 M?

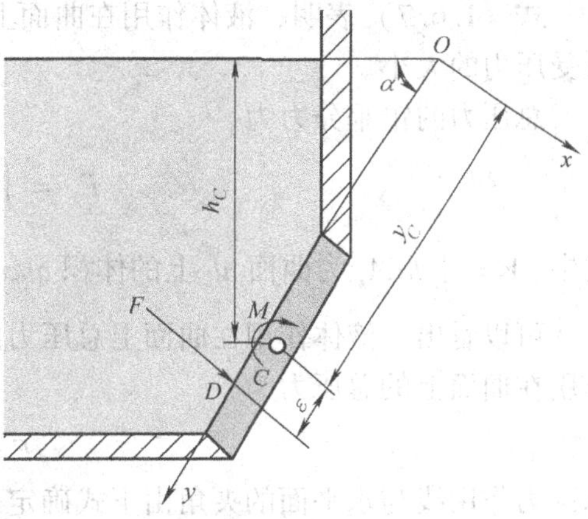

图 1.6.2　例 1.6.1 图

解：设阀门中心 C 点处的水深为 h_C，压力中心 D 到 C 点的距离为 ε。作用在圆形泄水阀上的力 F 由式（1.6.3）得

$$F=\rho g h_C A=\rho g h_C \frac{\pi d^2}{4}$$

由表 1.6.1 可知 $I_C=\pi d^4/64$，又 $y_C=h_C/\sin\alpha$，代入式（1.6.5）可得

$$\varepsilon=\frac{I_C}{y_C A}=\frac{\sin\alpha d^2}{16h_C}$$

由力矩平衡可得 $M+F\varepsilon=0$，则

$$M=-F\varepsilon=-\rho g h_C\frac{\pi d^2}{4}\frac{\sin\alpha d^2}{16h_C}=-\frac{\rho g\pi\sin\alpha d^4}{64}=-26\text{N}\cdot\text{m}$$

上式表明所需力矩 M 与水深无关。

1.6.2　作用在曲面上的流体总压力

计算静止流体对曲面壁的作用力是空间力系求合力的问题。由于曲面不同点上的作用力的方向不同，通过将空间力系转化为平行力系，求出平行力系中的各分力大小，合成后可得曲面所受总压力。曲面可分为三维曲面和二维曲面，以下只讨论工程中常见的二维曲面。

如图 1.6.3 所示，假设液面通大气，即液面表压力为零，求流体作用在一面积为 A 的曲面 ab 上的力。在曲面上任取一距离液面为 h 的微元面积 dA，则液体作用在该微元面积上的

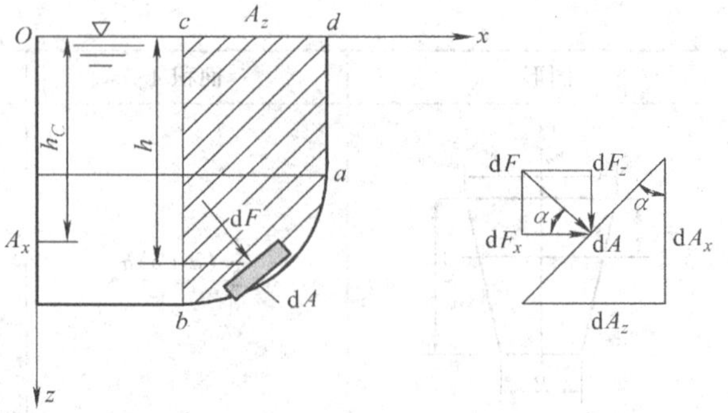

图 1.6.3 曲面上的流体作用力

压力为

$$dF = \rho g h dA$$

因各微元面上的压力 dF 方向不同，不能直接积分。为此，将其分解为水平分力 dF_x 和铅垂分力 dF_z，即

$$dF_x = dF\cos\alpha = \rho g h dA\cos\alpha = \rho g h dA_x$$

$$dF_z = dF\sin\alpha = \rho g h dA\sin\alpha = \rho g h dA_z$$

式中，α 为微元面积 dA 的法线与 x 轴的夹角；dA_x 为 dA 在铅垂面上的投影面积；dA_z 为 dA 在水平面上的投影面积。

总压力的水平分力为

$$F_x = \int_{A_x} \rho g h dA_x = \rho g h_C A_x \tag{1.6.7}$$

式中，h_C 为投影面积 A_x 的形心距液面的淹没深度。

式（1.6.7）表明，液体作用在曲面上总压力的水平分力大小等于该曲面铅垂投影面上所受压力的大小。

总压力的铅垂分力为

$$F_z = \int_{A_z} \rho g h dA_z = \rho g V \tag{1.6.8}$$

式中，$V = \int_{A_z} h dA_z$ 为曲面 ab 上的体积 $abcd$，通常称为压力体。

可以看出，液体作用在曲面上总压力的铅垂分力大小等于压力体的液体重力。所以液体作用在曲面上的总压力为

$$F = \sqrt{F_x^2 + F_z^2} \tag{1.6.9}$$

总压力作用线与水平面的夹角由下式确定

$$\tan\theta = \frac{F_z}{F_x} \tag{1.6.10}$$

由于总压力的水平分力的作用线通过 A_x 面的压力中心，铅垂分力的作用线通过压力体的重心，且均指向受压面，故总压力的作用线必通过上述两条作用线的交点，且与水平面成 θ 角。总压力作用线与曲面的交点即为总压力在曲面上的作用点。

1.6.3 关于压力体

压力体是从积分式（1.6.8）得到的一个体积，它是一个纯数学概念，与该体积内是否有液体存在无关。所以对压力体可进一步定义为：压强等于大气压的自由表面或其延伸面与曲面所围成的铅垂柱面之间的封闭体积。自由液面与曲面之间通常由同一种流体连通，如果其间有不同密度的流体，则压力体的体积应为各部分流体压力体体积的叠加。曲面所受铅垂分力 F_z 的方向可以向上，也可以向下。当压力体和液体在曲面的同侧时，压力体内实有液体，称为实压力体，F_z 方向向下，如图 1.6.4a 所示；当压力体和液体在曲面的异侧时，压力体内虚空，称为虚压力体，F_z 方向向上，如图 1.6.4b 所示；对于复杂曲面，可以分别考虑各段曲面的压力体然后相叠加，如图 1.6.4c 所示。

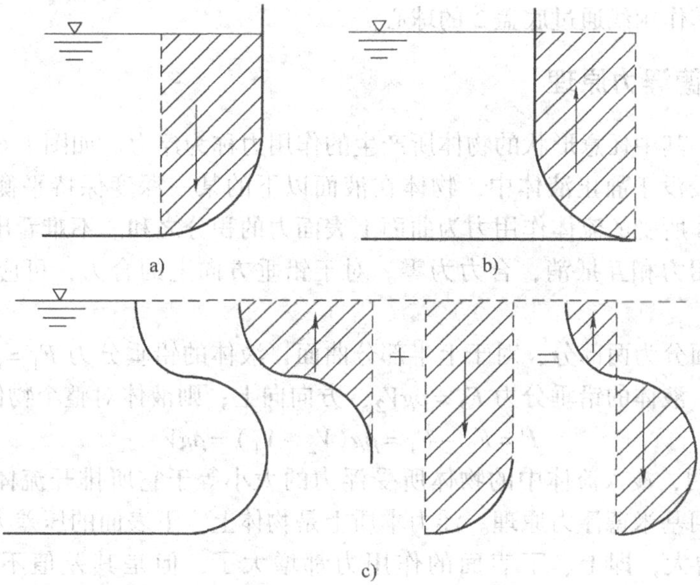

图 1.6.4　压力体

例 1.6.2　图 1.6.5 所示容器的壁面上有两个半球形的盖子。已知 $d=0.5\text{m}$，$h_1=1.5\text{m}$，$h_2=2\text{m}$。求水作用于每个球形盖子上的液体总压力。

解：侧盖 1 所受的水平分力为

$$F_{1x}=\rho g h_{C1}A=\rho g\left(h_1+\frac{h_2}{2}\right)\frac{\pi d^2}{4}=1000\times9.81\times\left(1.5+\frac{2}{2}\right)\times\frac{\pi\times0.5^2}{4}\text{N}=4813\text{N}$$

方向向左。侧盖 1 的压力体为半球体，并且液体与压力体同侧，受力方向向下。于是侧盖 1 所受的铅垂分力为

$$F_{1z}=\rho g V_1=\rho g\frac{\pi d^3}{12}=321\text{N}$$

故侧盖 1 所受的总压力为

$$F_1=\sqrt{F_{1x}^2+F_{1z}^2}=4824\text{N}$$

F_1 与水平方向的夹角为

$$\alpha=\arctan\frac{F_{1z}}{F_{1x}}=3.82°$$

并且其作用线通过侧盖 1 的球心。

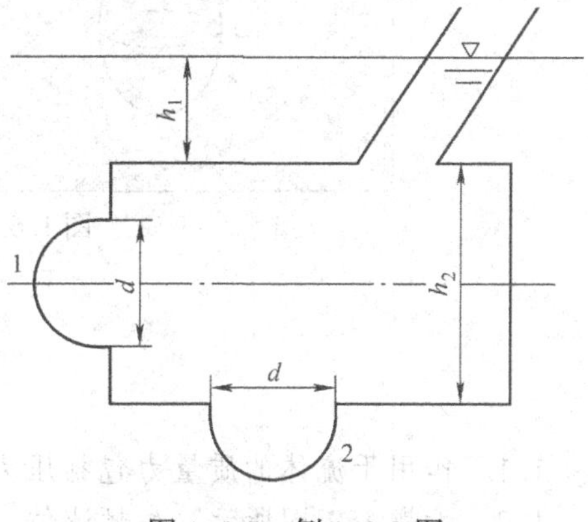

图 1.6.5　例 1.6.2 图
1—侧盖　2—底盖

底盖 2 水平方向的力互相抵消，仅受铅垂方向的作用力

$$\begin{aligned}F_{2z}&=\rho g V_2\\&=\rho g\left[\frac{\pi d^2}{4}(h_1+h_2)+\frac{\pi d^3}{12}\right]\\&=7059\text{N}\end{aligned}$$

方向铅垂向下，其作用线通过底盖 2 的球心。

1.6.4 阿基米德浮力原理

液体对浸没于其中任意形状的物体所产生的作用力称为浮力。如图 1.6.6 所示，设有一体积为 V 的物体浸没于静止液体中，物体在液面以下的某一深度保持平衡。因物体的表面是封闭曲面，物体所受的流体作用力为曲面上表面力的积分之和。不难看出，液体对该物体水平方向上的作用力相互抵消，合力为零。对于铅垂方向上的合力，可应用压力体的方法求取。

将物体外表面分为两部分，对于上半部分曲面，液体的铅垂分力 $F_1=\rho gV_1$，方向向下；对下半部分曲面，液体的铅垂分力 $F_2=\rho gV_2$，方向向上；则液体对整个物体的铅垂合力为

$$F=F_2-F_1=\rho g(V_2-V_1)=\rho gV \tag{1.6.11}$$

式（1.6.11）表明，浸入流体中的物体所受浮力的大小等于它所排开流体的重力，方向铅垂向上。这就是阿基米德浮力原理。浮力本质上是物体上、下表面的压差力。随着深度的增加，V_1 和 V_2 都增大，即上、下表面的作用力都增大了，但是其差值不变，即浮力保持不变。

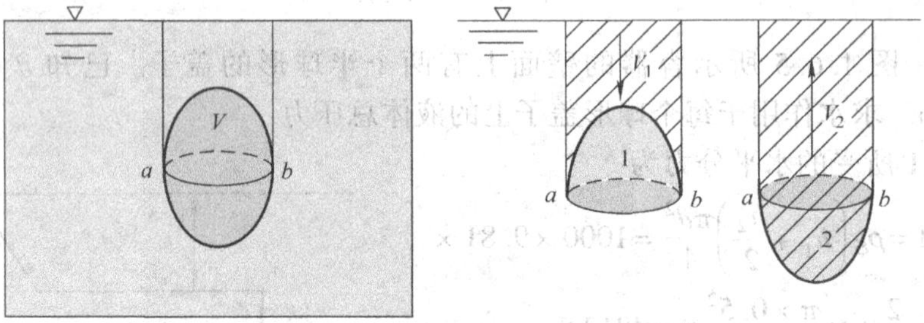

图 1.6.6 阿基米德浮力原理

习 题

1.1 作用于流体的质量力包括压力、摩擦阻力、重力及表面张力中的哪几个？

1.2 如题 1.2 图所示，牛顿流体、非牛顿流体、理想流体分别与图中哪一条曲线对应？

1.3 如题 1.3 图所示，盛水容器底部受到的总压力是否等于该容器内全部水的重力 G？

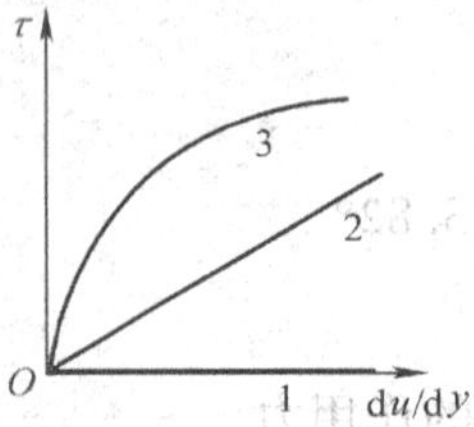

题 1.2 图

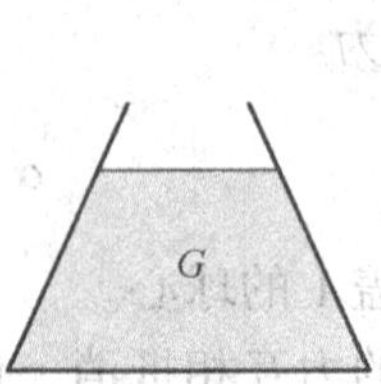

题 1.3 图

1.4 如题 1.4 图所示，水箱中有密度不同的两种液体，试问测压管 1 和 2 中的液面是否一样高？

1.5 如题 1.5 图所示，盛水容器的管嘴有一活塞，其中心到水面的高度为 h，试问：

活塞所受的作用力与管嘴倾斜角 α 是否有关？

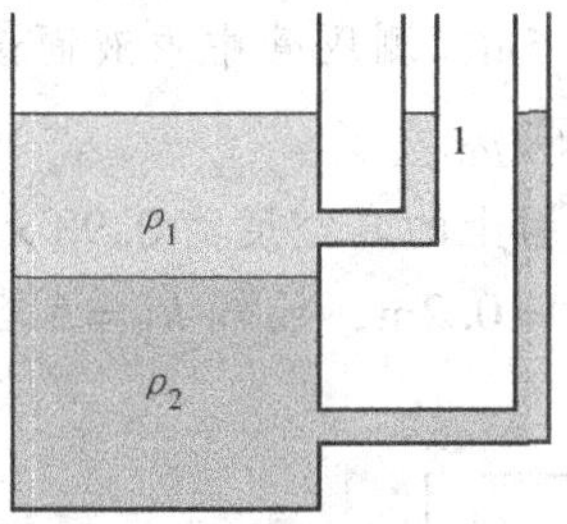

题 1.4 图

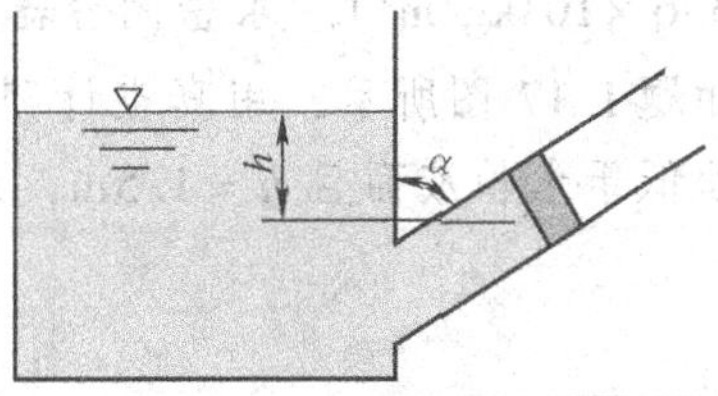

题 1.5 图

1.6　某点的真空度为 65000Pa，当地大气压为 0.1MPa，求该点的绝对压力。

1.7　绝对压力 p_{abs} 与相对压力 p、真空度 p_V、当地大气压 p_a 之间的关系是怎样的？

1.8　如题 1.8 图所示，左边开口管和右边真空管的水柱高度之差约为多少？

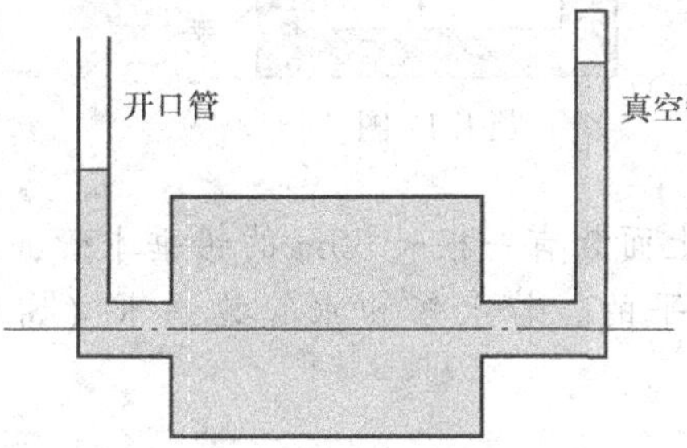

题 1.8 图

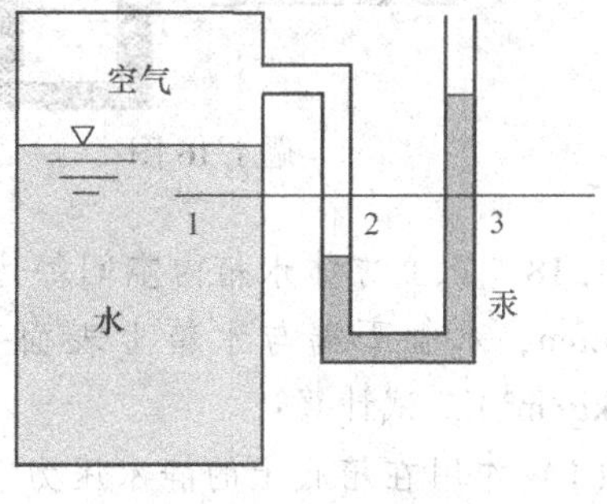

题 1.9 图

1.9　如题 1.9 图所示，密闭容器上装有 U 形汞测压计，其中 1、2、3 点位于同一水平面上，试确定这三点之间的压强关系。

1.10　某流体在相距 2mm 的两平行平板间流动。当作用于其中一平板上的切应力为 30Pa 时，该平板相对于另一平板的线速度为 2m/s。求该流体的动力黏度 μ。

1.11　在两平行平板之间的水做层流运动时，其速度分布为 $u = u_{max}\left[1-(2y/h)^2\right]$，$h$ 为两平板间距离。假设坐标原点位于两板中间位置，水的黏度 $\mu = 1.139\times10^{-3}\text{Pa}\cdot\text{s}$，$u_{max} = 0.3\text{m/s}$，$h = 0.5\text{mm}$。试计算上平板所受的切应力。

1.12　直径为 0.8mm 的圆形导线，从直径为 0.9mm 的拉丝模中拖过，拉丝模沿导线方向长为 20mm，其中充满 $\mu = 0.02\text{Pa}\cdot\text{s}$ 的绝缘漆，若要导线以 50m/s 的速度通过拉丝模，试问所需拉力为多少？

1.13　两同心圆筒间隙为 G，其中充满动力黏度为 μ 的液体，若外筒固定，直径为 d 的内筒以角速度 ω 旋转，求单位长度的内筒所受到的阻抗力矩 M。

1.14　有一半径为 R 的圆盘在厚度为 h 的润滑油表面绕其对称轴以角速度 ω 转动，油的黏度为 μ，假设润滑油与圆盘之间的速度分布是线性的，求作用在圆盘上的力矩 M。

1.15　有一质量为 8kg 的铁块从覆盖着 2mm 厚油层的斜面上向下滑动，斜面倾角为 20°，油的黏度 $\mu = 0.29\text{Pa}\cdot\text{s}$，铁块与油层的接触面积为 0.2m^2，试确定铁块稳定下滑的速度。

1.16　如题1.16图所示，一密闭容器中，上部装有密度$\rho_1=0.8\times10^3\text{kg/m}^3$的油，下部装有密度$\rho_2=10^3\text{kg/m}^3$的水，已知$h_1=0.3\text{m}$，$h_2=0.5\text{m}$。测压管中汞液面读数$h=0.4\text{m}$（密度$\rho_3=13.6\times10^3\text{kg/m}^3$）。求密闭容器中油面上的压强$p_0$。

1.17　如题1.17图所示，用真空计测得封闭水箱液面上的真空度为$0.98\times10^3\text{Pa}$，若敞口油箱的液面低于水箱液面且$h=1.5\text{m}$，汞柱高度差$h_2=0.2\text{m}$，已知$h_1=5.61\text{m}$，求油的密度。

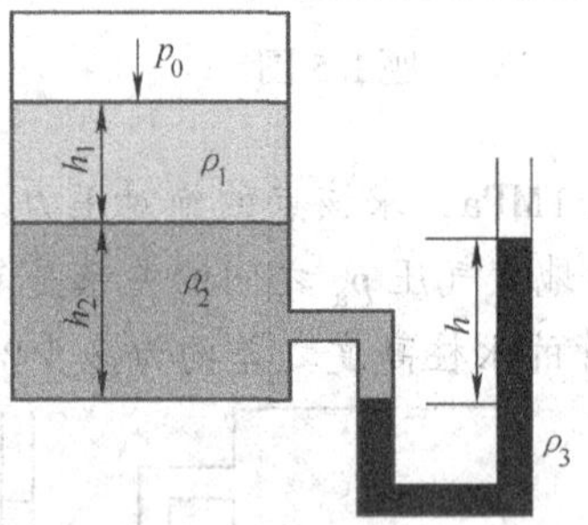

题1.16图

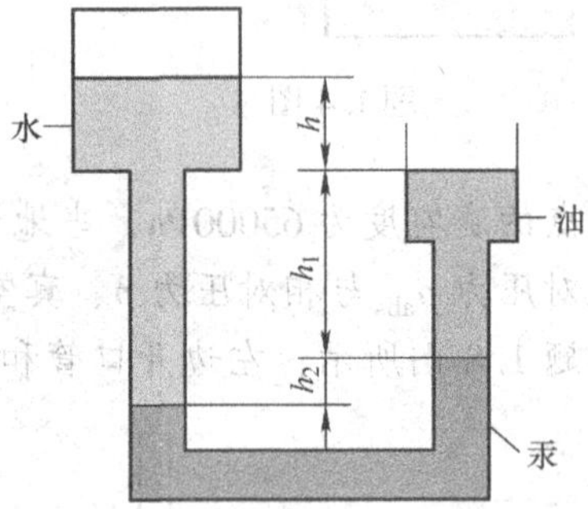

题1.17图

1.18　正立方体水箱内空间每边长0.6m，水箱上面装有一根长30m的铅垂水管，直径为25mm，水管下端与水箱上表面齐平，箱底是水平的。若水箱和水管装满水（密度为1000kg/m^3），试计算：

（1）作用在箱底上的静水压力。

（2）作用在承箱台面上的力（不计箱重和水管重）。

1.19　潜艇内气压计读数$p_1=800\text{mmHg}$，用汞测压计测得潜艇的水压读数$p_2=400\text{mmHg}$，若海平面上的大气压力由汞测压计测得为$p_a=760\text{mmHg}$，海水平均密度$\rho=1026\text{kg/m}^3$，汞的密度$\rho_1=13.6\times10^3\text{kg/m}^3$，求该潜艇的潜水深度$H$。

1.20　如题1.20图所示，用复式压差计测量两气体管道的压差。两U形管内的工作液体为汞，密度为ρ_2，其连接管中充以酒精，密度为ρ_1。求压差p_A-p_B。

1.21　设有题1.21图所示的容器，初始时刻盛装液体，高度分别为h_1和h_2，宽度分别为b和$2b$。当容器以匀加速度a向右运动时，要使隔板不受力，加速度a应为多少？

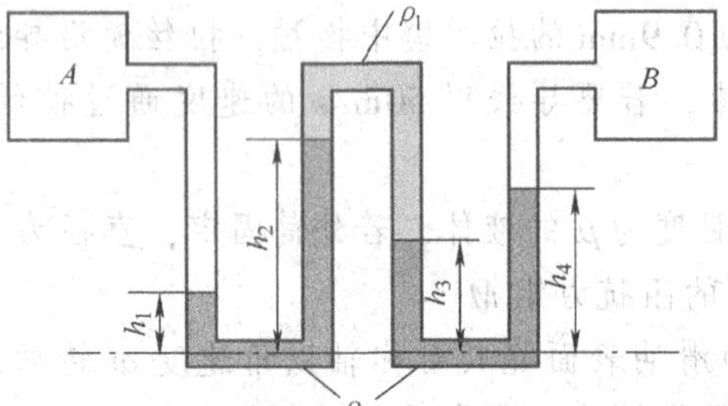

题1.20图

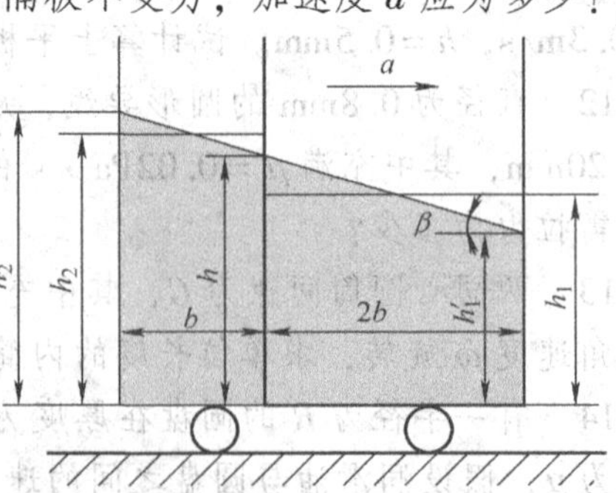

题1.21图

1.22　如题1.22图所示，长$L=5\text{m}$的油罐车是一个圆柱形容器，两端的截面是圆，直径$D=1.2\text{m}$，内装密度$\rho=800\text{kg/m}^3$的石油，油面高度$h=1.5\text{m}$，当油罐车以加速度$a=$

1.5m/s^2 水平运动时，求油罐车两端截面 A 和 B 上所受油的作用力。

1.23 如题1.23图所示，U形管绕铅垂轴线 AB 等速旋转，若 AB 管中水面降到 A 点，求每分钟转数。

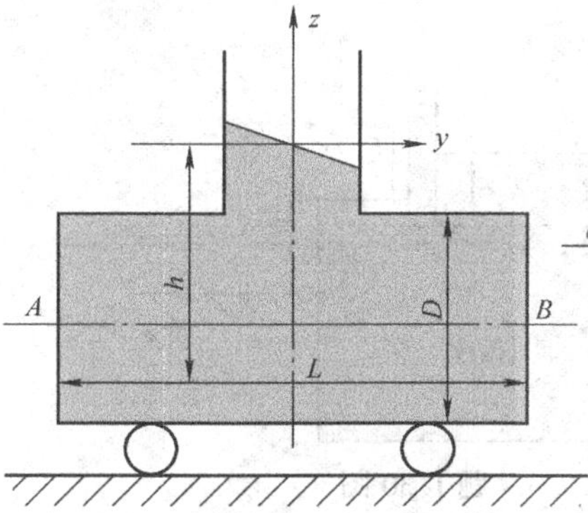

题1.22图

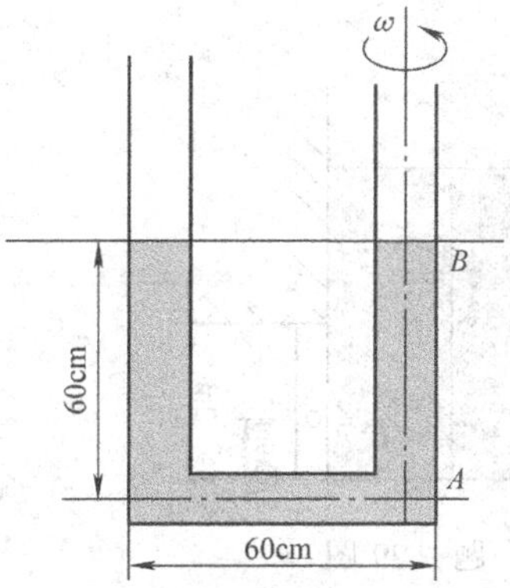

题1.23图

1.24 如题1.24图所示，装满油的圆柱形容器，直径 $D=80\text{cm}$，油的密度 $\rho=801\text{kg/m}^3$，顶盖中心处装有真空表，示值为4900Pa，试求：

(1) 容器静止时，作用在顶盖上的总压力的大小和方向。

(2) 容器以等角速度 $\omega=20\text{rad/s}$ 旋转时，若真空表的示值不变，作用于顶盖上的总压力的大小和方向。

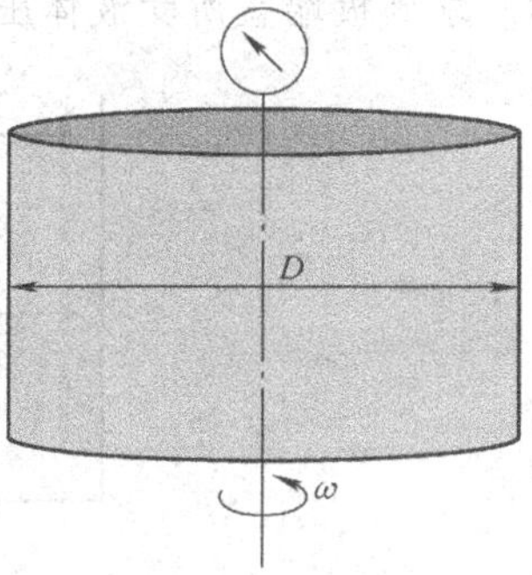

题1.24图

1.25 一个高为 $2h$，底面半径为 R 的圆柱形敞口容器，内装深为 h 的水，当容器绕其中心轴旋转时，其旋转角速度为 ω，为了保证水不溢出，该旋转角速度 ω 的最大值应为多少？试证明此时容器底面所受水的总压力为 $\rho gh\pi R^2$。

1.26 一个有盖的圆柱形容器，底面半径 $R=2\text{m}$，容器内充满水，顶盖上距中心为 r_0 处开有一个小孔通大气。容器绕其中心轴做等角速度旋转。试求当 r_0 为多少时，顶盖所受的总压力为零。

1.27 如题1.27图所示，有一倾斜矩形闸门，其宽度 $b=2\text{m}$，倾斜角 $\alpha=60°$，铰链中心 O 位于水面以上 $h_1=1\text{m}$ 处，水深 $h=3\text{m}$。设闸门重力 $G=0.196\times10^5\text{N}$，求闸门开启时所需铅垂向上的拉力 F_T。

1.28 如题1.28图所示，一船闸闸门宽5m，闸门一侧的水深为7.5m，另一侧的水深为3m。求作用在此闸门上的水平合力及其作用点。

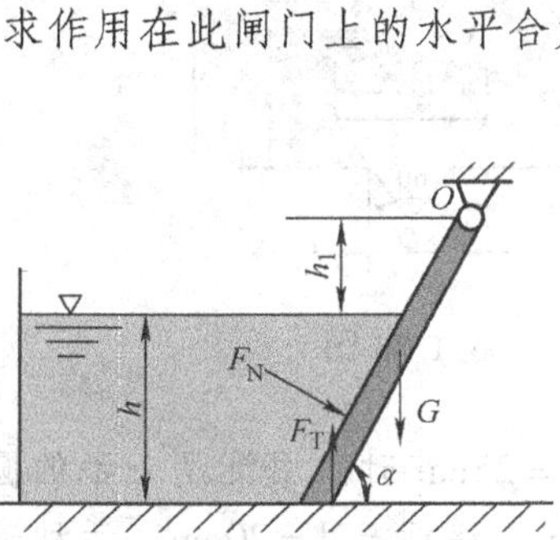

题1.27图

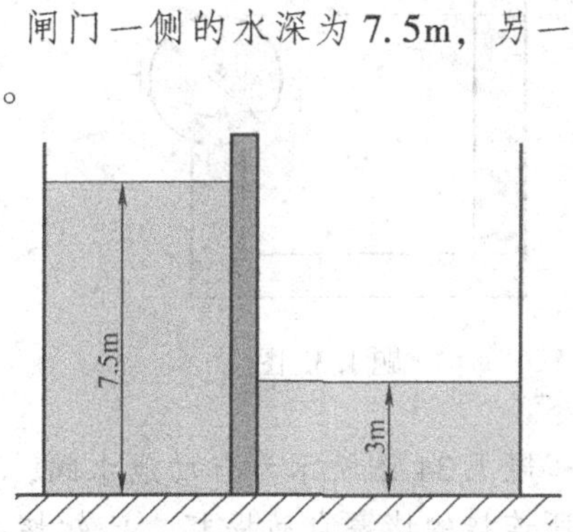

题1.28图

1.29 如题 1.29 图所示，水池中方形闸门每边长均为 2m，转轴 O 距离底边为 0.9m，试确定使闸门自动开启的水位高度 H。

1.30 题 1.30 图所示直角形闸门的宽度 $B=1\text{m}$，已知 $h=1\text{m}$，试求关闭闸门所需的力 F。

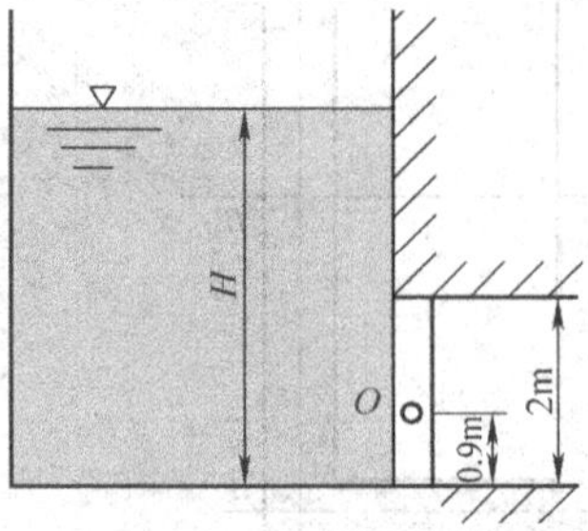

题 1.29 图

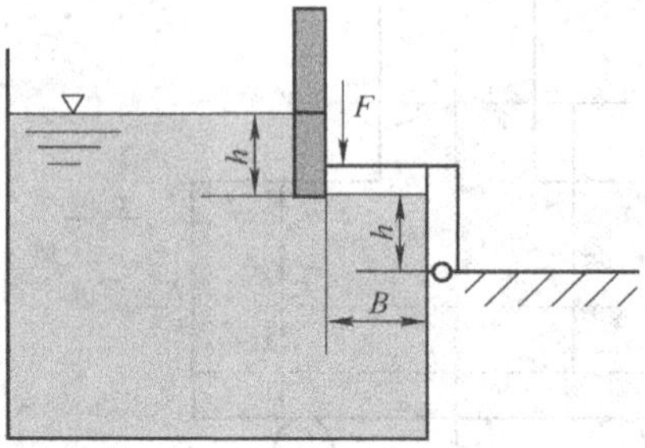

题 1.30 图

1.31 圆筒形容器半径为 R，一半盛有密度为 ρ 的液体，液面通大气，如题 1.31 图所示。求圆板端盖所受液体压力 F 的大小和作用点。

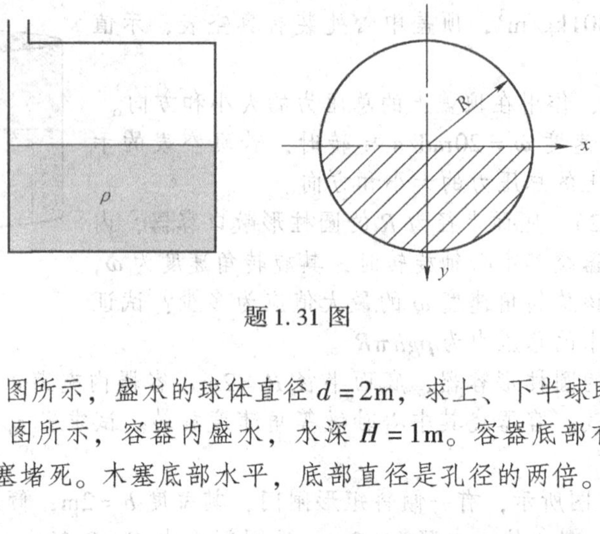

题 1.31 图

1.32 如题 1.32 图所示，盛水的球体直径 $d=2\text{m}$，求上、下半球联接螺栓所受的力。

1.33 如题 1.33 图所示，容器内盛水，水深 $H=1\text{m}$。容器底部有直径 $D=10\text{cm}$ 的圆孔，用一个正圆锥木塞堵死。木塞底部水平，底部直径是孔径的两倍。求拔掉木塞放水要用多大的力。

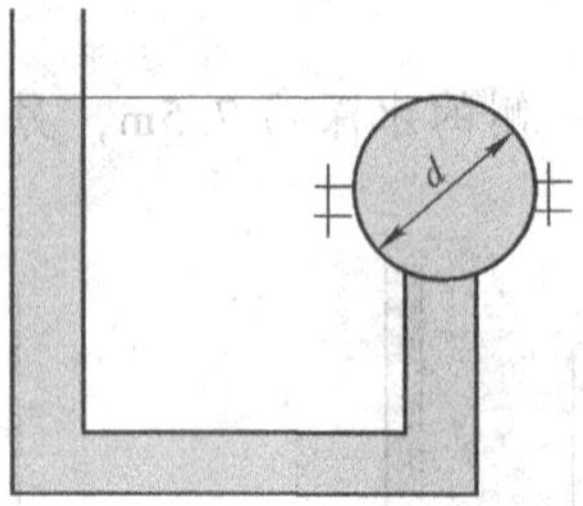

题 1.32 图

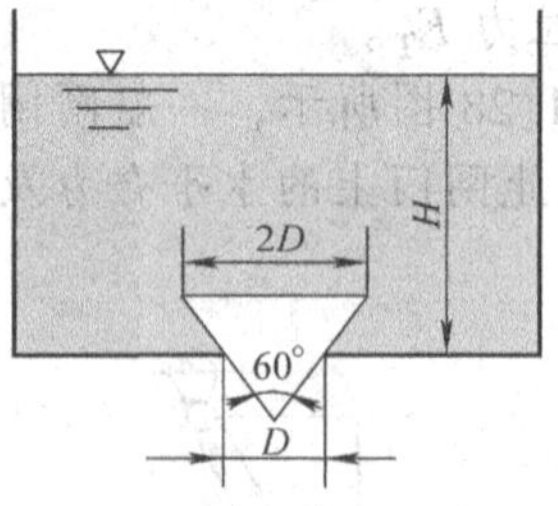

题 1.33 图

1.34 题 1.34 图所示为自动泄水阀，要求当水位 $h=25\text{cm}$ 时，用沉没一半的圆柱形浮标将细杆所连接的堵塞自动提起。已知堵塞直径 $d=6\text{cm}$，浮标长 $l=20\text{cm}$，活动部件的重力 $G=0.78\text{N}$，试求浮标直径 D。

1.35　如题 1.35 图所示，挡水建筑物一侧挡水，该建筑物为二向曲面（柱面），$z=ax^2$，a 为常数，试求单位宽度曲面上静水总压力的水平分力 F_x 和铅垂分力 F_z。

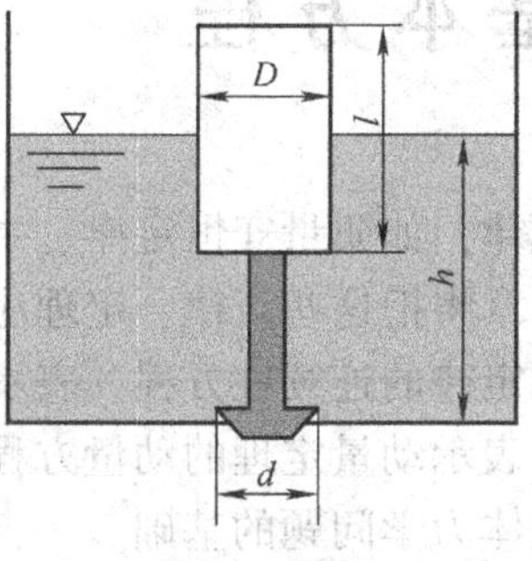

题 1.34 图

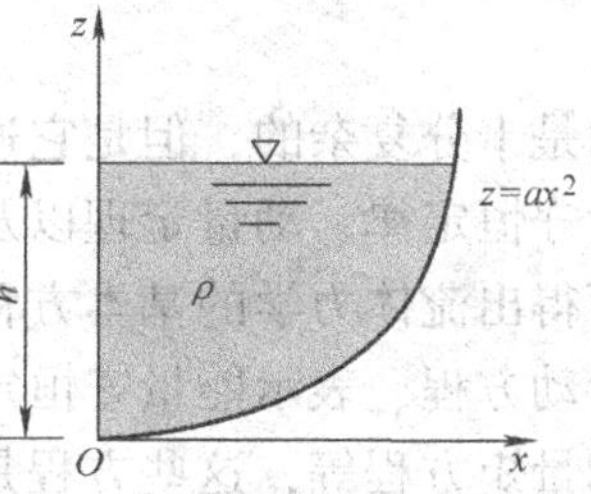

题 1.35 图

1.36　密闭盛水容器中，水深 $h_1=60\text{cm}$、$h_2=100\text{cm}$，汞（$\rho=13.6\times10^3\text{kg/m}^3$）测压计示值 $\Delta h=25\text{cm}$，如题 1.36 图所示。试求半径 $R=0.5\text{m}$ 的半球形盖 AB 所受总压力的水平分力和铅垂分力。

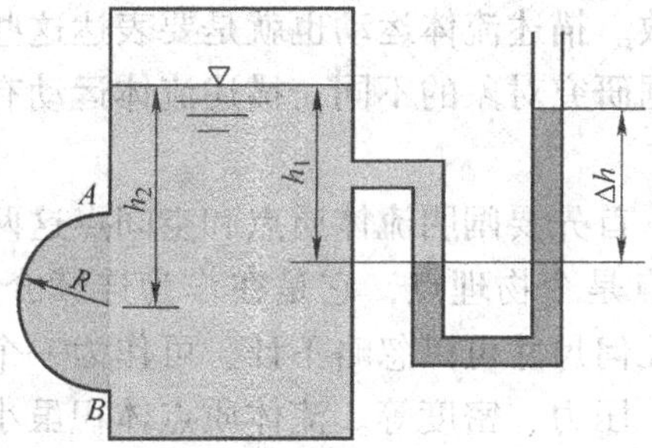

题 1.36 图

第 2 章　流体力学的基本方程

流体的运动是十分复杂的，但是它遵守自然界的普遍规律，如质量守恒定律、牛顿第二运动定律、能量守恒定律、动量定理以及动量矩定理等。本章将把这些定律、定理应用到流体运动中，从而得出流体力学的基本方程，如表示质量守恒定律的连续性方程、表示牛顿第二运动定律的运动方程、表示能量守恒定律的伯努利方程、表示动量定理的动量方程和表示动量矩定理的动量矩方程等，这些方程是分析研究和解决流体力学问题的基础。

2.1　描述流体运动的两种方法

用来表征运动流体的物理量，如流体质点的位移、速度、加速度、密度、压强、动量、动能等统称为流体的运动参数。描述流体运动也就是要表达这些运动参数在各个不同空间位置上随时间的变化规律。根据研究对象的不同，描述流体运动有两种不同的方法：拉格朗日法和欧拉法。

在叙述这两种方法之前，首先要阐明流体质点和空间点这两个概念。

（1）流体质点　流体质点是个物理点，它是在作为连续介质的流体中取出的一个极小的体积。因为体积小，它的几何尺寸可以忽略不计，可作为一个几何点看待。但它具有一定的物理量，如速度、加速度、压力、密度等。流体质点体积虽小，但它仍要比分子的平均自由行程大许多倍，包括许多分子，所以有时也称之为“微团”。

（2）空间点　空间点是个几何点，表示空间位置。流体质点是物质的一部分，在空间流动，具有某些物理量，在运动过程中，这些物理量会发生变化。空间点则是固定不动的，是空间中一个空的几何位置。某一空间点在某一瞬时被某一流体质点所占据，在另一瞬时又被另一流体质点所占据。也就是说在连续的时间过程中，同一空间点先后由不同的流体质点所经过。

2.1.1　拉格朗日法

拉格朗日（Lagrange）法是用“质点观点”来研究问题，是从流体质点系中的个别质点着手，研究质点运动参数随时间的变化规律，然后综合所有被研究的流体质点，得到整个质点系运动规律的方法。显然，通过这个方法可以了解每个流体质点的运动规律。

实质上，这是理论力学中描述质点或质点系运动所常用的方法在流体力学中的推广。流体力学中的质点系在运动中极易变形，因而首先需要对流体质点加上标记以便识别，不然在流体运动中，就无法跟踪所需研究的流体质点。拉格朗日法选取某个初始时刻 t_0 时的坐标（a，b，c）作为它的标记，用 a、b、c 的不同值来区分不同的流体质点。

流体质点的空间位置既随流体质点的不同而不同，又随时间的变化而变化。因此，任何流体质点的位置坐标（x，y，z）可以表示为初始坐标（a，b，c）和时间 t 的函数

$$\begin{cases} x = x(a, b, c, t) \\ y = y(a, b, c, t) \\ z = z(a, b, c, t) \end{cases} \tag{2.1.1}$$

式中的自变量 a、b、c、t 称为拉格朗日变量。初始坐标（a，b，c）虽然也是连续分布的空间坐标，但与质点的位置坐标（x，y，z）不同，因为当流体质点运动时，位置坐标（x，y，z）随时间而变化，而初始坐标（a，b，c）不随时间而变化。

当研究的对象为某一确定的流体质点时，则初始坐标（a，b，c）将为常数，位置坐标（x，y，z）只是时间 t 的函数，此时式（2.1.1）所表达的是这一流体质点的运动轨迹曲线——迹线，如图 2.1.1 所示。若初始坐标（a，b，c）和时间 t 均为变数，位置坐标（x，y，z）是两者的函数，则式（2.1.1）所表达的是任意流体质点的运动历程或迹线。

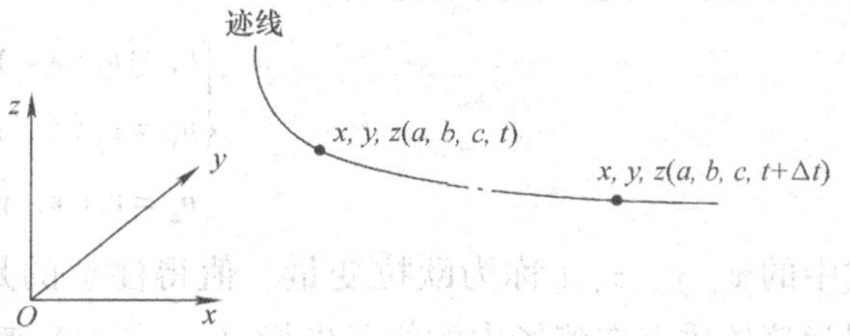

图 2.1.1　迹线

质点速度是位置坐标（x，y，z）对时间 t 的一阶导数，由于拉格朗日变数 a、b、c 不随时间而变，因此，质点速度实际上仅是位置坐标（x，y，z）对时间 t 的偏导数。

同理，质点加速度是位置坐标（x，y，z）对时间 t 的二阶偏导数。如果速度和加速度在坐标轴 x、y、z 方向的分量分别用 v_x、v_y、v_z 和 a_x、a_y、a_z 表示，则有表 2.1.1 所列的表达式。

表 2.1.1　用拉格朗日法描述的流体运动表达式

质点位置坐标	质点速度	质点加速度
$x = x(a, b, c, t)$	$v_x = \frac{dx}{dt} = \frac{\partial x}{\partial t} = v_x(a, b, c, t)$	$a_x = \frac{d^2x}{dt^2} = \frac{\partial^2 x}{\partial t^2} = a_x(a, b, c, t)$
$y = y(a, b, c, t)$	$v_y = \frac{dy}{dt} = \frac{\partial y}{\partial t} = v_y(a, b, c, t)$	$a_y = \frac{d^2y}{dt^2} = \frac{\partial^2 y}{\partial t^2} = a_y(a, b, c, t)$
$z = z(a, b, c, t)$	$v_z = \frac{dz}{dt} = \frac{\partial z}{\partial t} = v_z(a, b, c, t)$	$a_z = \frac{d^2z}{dt^2} = \frac{\partial^2 z}{\partial t^2} = a_z(a, b, c, t)$

流体质点的其他运动参数可以类似地表示为初始坐标（a，b，c）和时间 t 的函数，如密度 $\rho = \rho(a, b, c, t)$ 和压力 $p = p(a, b, c, t)$ 等。

综上可知，拉格朗日法在物理概念上简单易懂，但流体各个质点运动的经历情况是非常复杂的。而且用此法分析流体运动时，在数学处理上非常麻烦和困难。除在研究流体质点运动过程（例如射流、波浪运动等）问题时要用到拉格朗日法外，在一般工程实际情况下，往往只要求了解流场空间点上各运动要素的数值及其变化规律，例如：在求流体对物体作用力的问题时就无需知道流体质点的运动情况。因此，在流体力学中一般都采用下面较为简便的欧拉法，而且在实验中更易测定和验证。

2.1.2 欧拉法

欧拉（Euler）法是用“空间点观点”来研究问题，是从流场中的个别空间点着手，研究位于空间点上的流体质点运动参数随时间的变化规律，然后综合所有被研究的空间点，得到整个流场运动规律的方法。显然，欧拉法的着眼点不在于个别的流体质点，而在于整个流场各空间点处的状态。

一般情况下，同一时刻、不同空间点上的运动参数是不同的，因此，运动参数是位置坐标（x，y，z）的函数，而在不同时刻、同一空间点上的运动参数也是不同的，因此，运动参数又是时间 t 的函数。

运动参数的时空连续分布称为场，流体运动的所有运动参数场的总体称为流场，流场中有速度场、加速度场、压力场等，流场主要是指速度场。用欧拉法描述流体运动最主要的是需要建立质点速度场的表达式

$$\begin{cases} v_x = v_x(x, y, z, t) \\ v_y = v_y(x, y, z, t) \\ v_z = v_z(x, y, z, t) \end{cases} \tag{2.1.2}$$

式中的 x、y、z、t 称为欧拉变量。值得注意的是，欧拉变量 x、y、z、t 不是各自独立的，因为流体质点在流场中的位置坐标（x，y，z）都应该与运动过程中的时间变量 t 有关。

不同时间 t，每个流体质点应该有不同的空间坐标，因而对任一个流体质点来说其位置坐标（x，y，z）应该是时间变量 t 的函数，即

$$\begin{cases} x = x(t) \\ y = y(t) \\ z = z(t) \end{cases}$$

由此可见，欧拉变量 x、y、z、t 与拉格朗日变量 a、b、c、t 不同，后者是各自独立的，而欧拉变量中的 x、y、z 并非独立变量，它们是随时间变量 t 而变化的中间变量，因而欧拉变量中真正独立的只有时间变量 t。

在式（2.1.2）中，如果令 t 为常数，x、y、z 为变数，那么式（2.1.2）就表示在同一瞬时，通过空间不同点的流体质点的速度分布情况，即流体运动的速度场。如果令 t 为变数，则中间变量 x、y、z 也为变数，那么式（2.1.2）就表示在任意时刻 t，通过空间任意点（x，y，z）的流体质点的速度分布情况。

空间点上的其他运动参数可以类似地表示为位置坐标（x，y，z）和时间变量 t 的函数，如密度 $\rho=\rho(x, y, z, t)$ 和压力 $p=p(x, y, z, t)$ 等。

下面用欧拉法的观点来得到加速度的表达式。首先应指出，加速度是个物理量，其物理含义只能是指流体质点的加速度而不是指空间点的加速度。所谓流场中某点的加速度，应理解为流体质点沿其迹线通过该点时所具有的加速度。因此从速度求加速度必须用到拉格朗日法，即用“质点观点”来研究问题。因为加速度是某一流体质点在单位时间内的速度变化，为了求这一质点的加速度，就必须跟随这个质点观察它的速度变化情况。这时所选的空间点就不是任意的空间点，而是流体质点在运动过程中先后所经过的位置，是同一轨迹上的空间点。

设已知速度场的表达式为式（2.1.2），根据以上分析，在研究 t 时刻某一流体质点通过空间点 $M_0(x, y, z)$ 的加速度时，不能将 x、y、z 视为常数，因为在时间间隔 Δt 中，这一流体质点将从原来的位置运动到新的位置 $M_1(x+\Delta x, y+\Delta y, z+\Delta z)$，如图 2.1.2 所示。也就是说，运动着的流体质点本身的位置坐标（x，y，z）也是时间 t 的函数，这样，根据加速度的定义和复合函数求导法则有

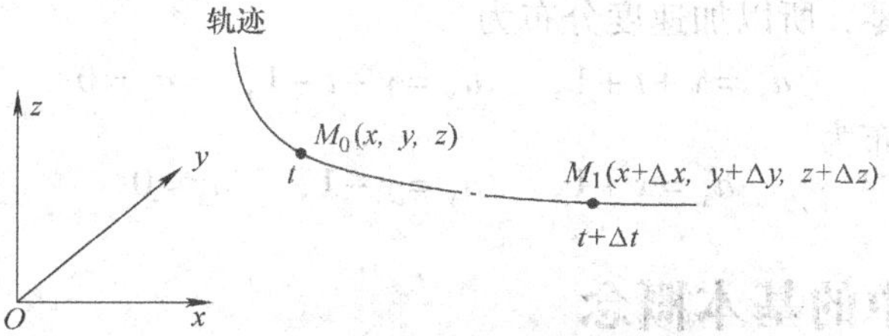

图2.1.2 流体质点的加速度

$$\begin{cases} a_x = \dfrac{\mathrm{d}v_x}{\mathrm{d}t} = \dfrac{\partial v_x}{\partial t}\dfrac{\mathrm{d}t}{\mathrm{d}t} + \dfrac{\partial v_x}{\partial x}\dfrac{\mathrm{d}x}{\mathrm{d}t} + \dfrac{\partial v_x}{\partial y}\dfrac{\mathrm{d}y}{\mathrm{d}t} + \dfrac{\partial v_x}{\partial z}\dfrac{\mathrm{d}z}{\mathrm{d}t} \\ a_y = \dfrac{\mathrm{d}v_y}{\mathrm{d}t} = \dfrac{\partial v_y}{\partial t}\dfrac{\mathrm{d}t}{\mathrm{d}t} + \dfrac{\partial v_y}{\partial x}\dfrac{\mathrm{d}x}{\mathrm{d}t} + \dfrac{\partial v_y}{\partial y}\dfrac{\mathrm{d}y}{\mathrm{d}t} + \dfrac{\partial v_y}{\partial z}\dfrac{\mathrm{d}z}{\mathrm{d}t} \\ a_z = \dfrac{\mathrm{d}v_z}{\mathrm{d}t} = \dfrac{\partial v_z}{\partial t}\dfrac{\mathrm{d}t}{\mathrm{d}t} + \dfrac{\partial v_z}{\partial x}\dfrac{\mathrm{d}x}{\mathrm{d}t} + \dfrac{\partial v_z}{\partial y}\dfrac{\mathrm{d}y}{\mathrm{d}t} + \dfrac{\partial v_z}{\partial z}\dfrac{\mathrm{d}z}{\mathrm{d}t} \end{cases}$$

而位置坐标（x，y，z）对时间 t 的导数为该质点的速度分量，即

$$v_x = \frac{\mathrm{d}x}{\mathrm{d}t},\ v_y = \frac{\mathrm{d}y}{\mathrm{d}t},\ v_z = \frac{\mathrm{d}z}{\mathrm{d}t}$$

最后可得

$$\begin{cases} a_x = \dfrac{\mathrm{d}v_x}{\mathrm{d}t} = \dfrac{\partial v_x}{\partial t} + v_x\dfrac{\partial v_x}{\partial x} + v_y\dfrac{\partial v_x}{\partial y} + v_z\dfrac{\partial v_x}{\partial z} \\ a_y = \dfrac{\mathrm{d}v_y}{\mathrm{d}t} = \dfrac{\partial v_y}{\partial t} + v_x\dfrac{\partial v_y}{\partial x} + v_y\dfrac{\partial v_y}{\partial y} + v_z\dfrac{\partial v_y}{\partial z} \\ a_z = \dfrac{\mathrm{d}v_z}{\mathrm{d}t} = \dfrac{\partial v_z}{\partial t} + v_x\dfrac{\partial v_z}{\partial x} + v_y\dfrac{\partial v_z}{\partial y} + v_z\dfrac{\partial v_z}{\partial z} \end{cases} \tag{2.1.3}$$

其矢量表示式为

$$\boldsymbol{a} = \frac{\mathrm{d}\boldsymbol{v}}{\mathrm{d}t} = \frac{\partial \boldsymbol{v}}{\partial t} + v_x\frac{\partial \boldsymbol{v}}{\partial x} + v_y\frac{\partial \boldsymbol{v}}{\partial y} + v_z\frac{\partial \boldsymbol{v}}{\partial z} = \frac{\partial \boldsymbol{v}}{\partial t} + (\boldsymbol{v}\cdot\nabla)\boldsymbol{v} \tag{2.1.4}$$

由式（2.1.4）可以看出，位于空间某点上的流体质点加速度由两部分组成。第一部分是$\partial \boldsymbol{v}/\partial t$，它表示在某一固定空间点上的流体质点速度随时间的变化率，通常称为时变加速度或当地加速度；第二部分是$(\boldsymbol{v}\cdot\nabla)\boldsymbol{v}$，它表示由于流体质点经过不同空间位置时引起的速度变化率，通常称为位变加速度或迁移加速度。

式（2.1.4）可以推广到任意物理量 Φ，即

$$\frac{\mathrm{d}\Phi}{\mathrm{d}t} = \frac{\partial \Phi}{\partial t} + (\boldsymbol{v}\cdot\nabla)\Phi = \left[\frac{\partial}{\partial t} + \boldsymbol{v}\cdot\nabla\right]\Phi \tag{2.1.5}$$

式（2.1.5）中导数的表达式可以用一个通式表示，即

$$\frac{\mathrm{d}}{\mathrm{d}t} = \frac{\partial}{\partial t} + \boldsymbol{v}\cdot\nabla \tag{2.1.6}$$

它表示流体质点的物理量（如速度、加速度、压力、密度等）的时间变化率。

在此应当指出，拉格朗日法和欧拉法在研究流体运动时，只是着眼点不同而已，并没有本质上的差别，对于同一个问题，用两种方法描述的结果应该是一致的。

例2.1.1 给定速度分布 $v_x = x + t$，$v_y = -y - t$，$v_z = 0$，求 $t = 0$ 时刻的加速度分布。

解：按式（2.1.3），各项偏导数为

$$\partial v_x/\partial t = 1,\ \partial v_x/\partial x = 1$$

$$\partial v_y/\partial t = -1,\ \partial v_y/\partial y = -1$$

其余项的偏导数都为零，所以加速度分布为

$$a_x = x + t + 1, \quad a_y = y + t - 1, \quad a_z = 0$$

$t=0$ 时刻的加速度分布为

$$a_x = x + 1, \quad a_y = y - 1, \quad a_z = 0$$

2.2 流体运动中的基本概念

在用欧拉法研究流体运动时，必须了解一些有关的基本概念。

2.2.1 定常流动和非定常流动

通常情况下，流场中流体的运动参数要随空间点的位置和时间变化，为研究方便起见，按照流体质点通过空间固定点时的运动参数是否随时间而变化将其分为定常流动和非定常流动。

若流场中每一空间点的各运动参数（速度、加速度、压强、密度、温度、动能、动量等）都不随时间而变化，仅是位置坐标的函数，则称这种流动为定常流动或恒定流动。当然，不同点的运动参数一般情况下是不同的。

若流场中流体的运动参数不仅是位置坐标的函数，而且也随时间而变化，则称这种流动为非定常流动或非恒定流动。

2.2.2 迹线和流线

1. 迹线

流场中某一流体质点的运动轨迹称为**迹线**。它是拉格朗日法描述流体运动的几何基础。它表示同一流体质点在不同时刻的运动方向。例如：在流动的水面上撒一片木屑，木屑随水流漂流的途径就是某一点的运动轨迹，也就是迹线。

如给定欧拉速度场$\boldsymbol{v} = \boldsymbol{v}(x, y, z, t)$，则根据迹线的定义，可写出直角坐标系下的迹线微分方程

$$\begin{cases} \dfrac{\mathrm{d}x}{\mathrm{d}t} = v_x(x, y, z, t) \\ \dfrac{\mathrm{d}y}{\mathrm{d}t} = v_y(x, y, z, t) \\ \dfrac{\mathrm{d}z}{\mathrm{d}t} = v_z(x, y, z, t) \end{cases} \tag{2.2.1}$$

式中位置坐标（x, y, z）是时间 t 的函数。若给定初始时刻 $t=0$ 的质点坐标为（a, b, c），积分式（2.2.1）就可得到该质点的迹线方程。

2. 流线

流线是用来描绘某一特定时刻流场中各点速度方向的曲线，在曲线上流体质点的速度方向与该点的切线方向一致，如图 2.2.1 所示。它是欧拉法描述流体运动的几何基础。它表示同一时刻、不同空间点上流体质点的速度方向。例如：在流动水面上同时散撒很多片木屑，这时可看到这些木屑将连成若干条曲线，每一条曲线表

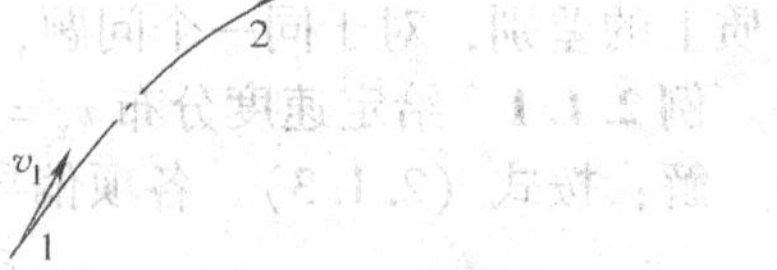

图 2.2.1 流线

示在同一瞬时各点的流动方向线，也就是**流线**。

设流线上任一点的矢径 $\boldsymbol{r}=x\boldsymbol{i}+y\boldsymbol{j}+z\boldsymbol{k}$，则 $\mathrm{d}\boldsymbol{r}=\mathrm{d}x\boldsymbol{i}+\mathrm{d}y\boldsymbol{j}+\mathrm{d}z\boldsymbol{k}$ 代表该点上与流线相切的矢量。如给定欧拉速度场 $\boldsymbol{v}=\boldsymbol{v}(x, y, z, t)$，则根据流线的定义，速度 $\boldsymbol{v}$ 与 $\mathrm{d}\boldsymbol{r}$ 共线，即

$$\mathrm{d}\boldsymbol{r}\times\boldsymbol{v}=0$$

于是可写出直角坐标系下的流线微分方程

$$\frac{\mathrm{d}x}{v_x}=\frac{\mathrm{d}y}{v_y}=\frac{\mathrm{d}z}{v_z} \tag{2.2.2}$$

将时间 t 作为参变量，积分式（2.2.2）就可得到流线方程。

一般情况下，流线不能相交和分支，在给定瞬间，通过空间某一特定点只能有一条流线。否则在同一空间点上流体质点将同时有几个不同的速度方向。只有在流场中速度为零或无穷大的那些点，流线才可以相交，这是因为在这些点上会出现在同一点上存在不同速度方向的问题。速度为零的点称为驻点，速度为无穷大的点称为奇点，如图2.2.2所示。

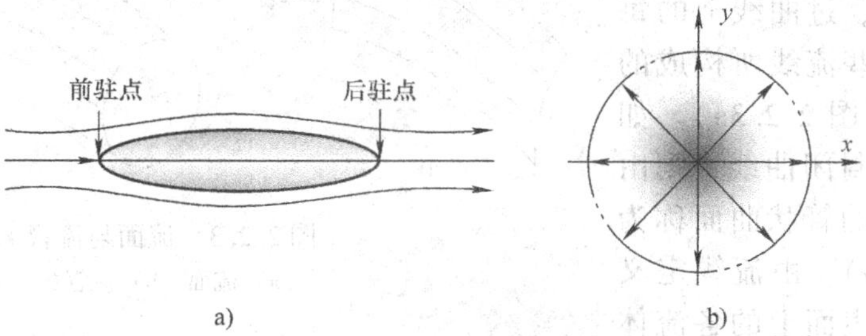

图2.2.2　驻点与奇点

a）理想流体绕翼型流动的驻点　b）源流的奇点

根据上述迹线与流线的定义，可以清楚地看到，流线和迹线是两个不同的概念。流线是针对某一时刻而言的，不同的时刻有不同的流线；而迹线是指某一时段内某一质点的运动轨迹曲线。在定常流动时，因为流场中各流体质点的速度不随时间变化，所以通过同一点的流线形状始终保持不变，因此流线和迹线相重合。而在非定常流动时，一般说来流线要随时间变化，故流线和迹线不相重合。

例2.2.1　已知速度分布 $v_x=x+t$，$v_y=-y-t$，$v_z=0$，求在 $t=0$ 时刻过（-1，1，0）点的流线和迹线。

解：1）求流线。将已知速度分布代入式（2.2.2）中可得

$$\frac{\mathrm{d}x}{x+t}=\frac{\mathrm{d}y}{-y-t}$$

将时间 t 作为参变量，积分上式可得

$$(x+t)(y+t)=C$$

将指定时刻、指定坐标代入上式，得积分常数 $C=-1$。因此，所求的流线方程为

$$xy=-1 \tag{a}$$

2）求迹线。将已知速度分布代入式（2.2.1）可得

$$\frac{\mathrm{d}x}{\mathrm{d}t}=x+t,\ \frac{\mathrm{d}y}{\mathrm{d}t}=-(y+t),\ \frac{\mathrm{d}z}{\mathrm{d}t}=0$$

上式是一阶线性常微分方程，其解为

$$x=C_1e^t-t-1,\ y=C_2e^{-t}-t+1,\ z=C_3$$

将给定的初值代入上式，得积分常数

$$C_1=0,\ C_2=0,\ C_3=0$$

因此，所求的迹线方程为

$$x=-t-1,\ y=-t+1,\ z=0$$

上式消去 t 即得

$$y=x+2 \tag{b}$$

比较式（a）和式（b）可知，非定常流动中迹线和流线是不同的。

2.2.3 流管、流束、流量和平均流速

1. 流管

某一时刻在流场中任取一条不是流线的曲线，过曲线上的每一点作流线，这些流线所构成的曲面称为流面（图 2.2.3a）。如果任取的是一条封闭曲线，则由这些流线所构成的管状曲面称为**流管**（图 2.2.3b）。由流线定义可知，位于流管表面上的各流体质点只具有相切于流管方向的速度，没有法向速度分量，因而不能穿越流管表面，即没有流体通过流管表面向内或向外流动，流管如同真实的固体管壁，将其内部的流体限制在管内流动。

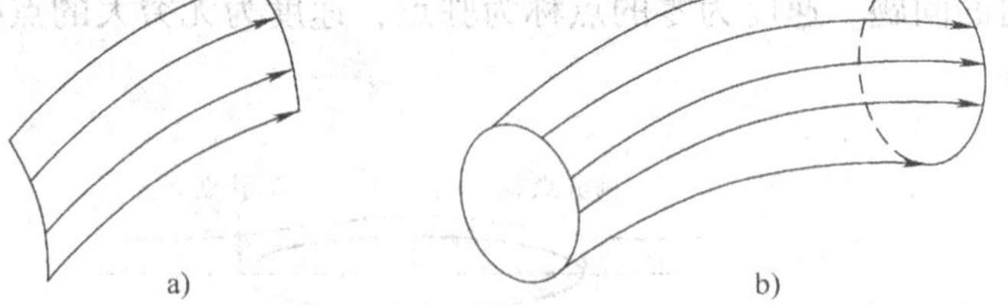

图 2.2.3 流面与流管
a）流面 b）流管

2. 流束

流管内部的全部流体称为**流束**。流束可大可小，如果封闭曲线取在管道内部周线上，则流束就是充满管道内部的全部流体，这种情况通常称为总流。如果封闭曲线取得极小，甚至缩为一点，则极限趋近于一条流线的流束，称为流元（或称为微小流束）。

3. 流量

流束中处处与速度方向相垂直的横截面称为该流束的过流断面。相应在总流中取一横截面如图 2.2.4 中虚线所示，那么该断面就成为总流的过流断面。

单位时间内通过某一总流过流断面的流体体积称为体积流量，简称**流量**，以符号 q 表示，常用单位为 m^3/s 或 m^3/h。有时也用单位时间内通过总流过流断面的流体质量来表示流量，称为质量流量，常用单位为 kg/s。流量的计算式可用图 2.2.5 来说明。设有一面积为 A 的曲面，取微元面积 dA，在此面积上流体的速度$\boldsymbol{v}$ 在法线方向上的分量为 v_n，则流量 q 的计算式为

$$q=\int_A v_n\,dA$$

4. 平均流速

在工程计算中，为了计算方便，引入平均流速的概念。所谓**平均流速**是一种假想的流速，即假定在过流断面上各流体质点都以相同的平均速度流过，则单位时间内通过该过流断

面的体积流量与各流体质点以真实流速流过的体积流量相等。平均流速在实际工程计算中得到广泛应用，通常人们所说的某管道中某种流体的流速是多少，指的都是平均流速。根据上述平均流速的概念，流量 q 与过流断面的面积 A 之比即为平均流速，记作 $\bar{v}$（在不混淆的情况下，上横杠可不标出）

$$\bar{v} = q/A$$

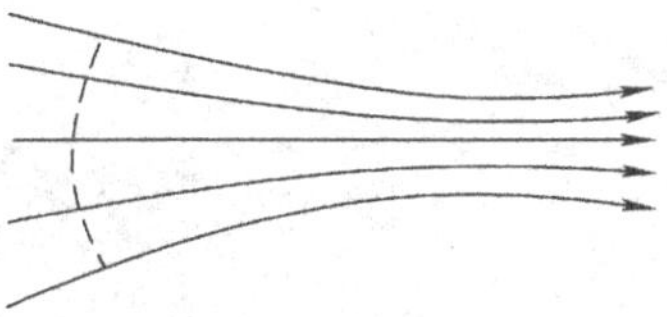

图 2.2.4　总流的过流断面

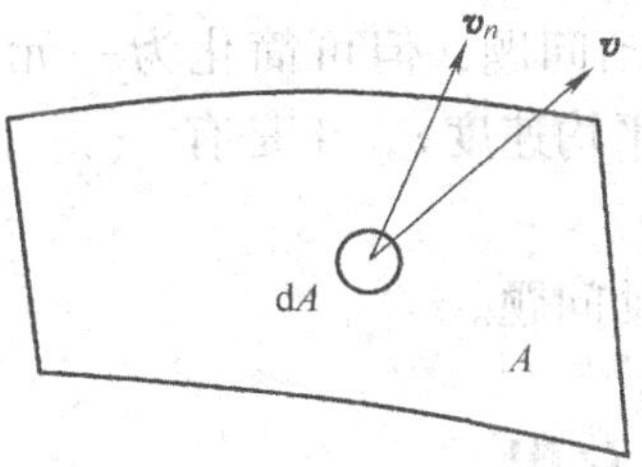

图 2.2.5　流量

2.2.4　均匀流动和非均匀流动

若流场中每一空间点的各运动参数不随空间位置而变化，则称这种流动为**均匀流动**，反之为**非均匀流动**。

也可以根据流线的形状来区分，均匀流动中的流线为直线，且相互平行；非均匀流动中的流线是不平行的直线或曲线。在均匀流动中过流断面是平面，各过流断面面积及其中的流速分布沿流程不变。例如：等直径直管中的流动，或者断面形状和水深不变的长直渠道中的水流，都是均匀流动的例子。在一般情况下，非均匀流动的过流断面为曲面，各过流断面面积及其中的流速分布沿流程是变化的。

2.2.5　一元流动、二元流动和三元流动

实际流体在空间上的运动是极为复杂的，就流场中流体的运动参数依赖空间坐标的个数而言，可将其分为一元流动、二元流动和三元流动。

若流场中流体的运动参数仅是时间 t 和一个空间坐标 x 的函数，则该流动称为**一元流动**。真正的一元流动并不存在，但是当采用过流断面的平均运动参数时，就可以近似地按一元流动来处理，这种处理方法称为一元分析法，是流体力学中经常采用的一种简化方法。例如：对于管流，可将有关的运动参数（如流速）进行断面平均，这实际上是忽略了断面上次要的、微小的变化，而把断面流速分布看作是均匀的，通过这样处理之后，总流的运动参数就仅是时间 t 和流程 x 的函数，总流也就简化成一元流动。

若流场中流体的运动参数是时间 t 和两个空间坐标 x、y 的函数，则该流动称为**二元流动**，或称为平面流动。例如：宽浅矩形断面的顺直明渠水流，因宽度很大，两侧壁对流速分布的影响可忽略不计。这样，流场中任意点的流速在空间位置的关系上，就只与水流方向的坐标轴 x 和水深方向的坐标轴 y 有关，而与宽度方向的坐标轴 z 无关。

若流场中流体的运动参数是时间 t 和三个空间坐标 x、y、z 的函数，则该流动称为**三元流动**。严格地讲，实际流动一般都是三元流动，只是由于三元流动分析起来太复杂，还会遇

到数学上的困难，不易求解，所以才要结合具体的流动情况引入断面平均值，将三元流动简化为二元流动或一元流动。在简化过程中需要引入的修正系数可通过试验方法确定。

图 2.2.6 表示一个带锥度圆管内的黏性流动，流体质点的速度是半径 r 和 x 的函数，且不随时间变化，即

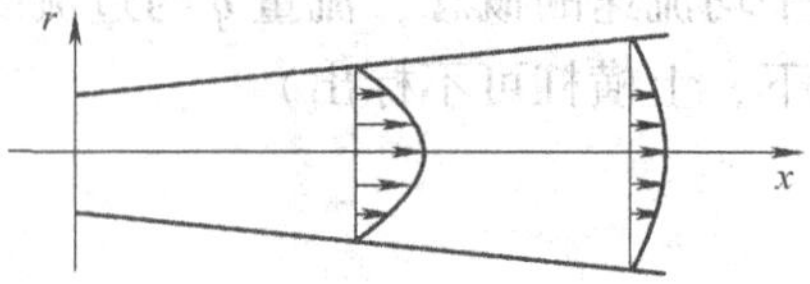

图 2.2.6 圆管内的黏性流动

$$v_x = f(x, r)$$

这是一个二元流动问题，但可简化为一元流动问题，在每个截面上取平均速度 $\bar{v}$，于是有

$$\bar{v} = f(x)$$

这是一个一元流动问题。

2.3 连续性方程

质量守恒定律是自然界中普遍存在的一条客观规律，连续性方程（也称为质量守恒方程）是质量守恒定律在流体力学中的应用，它是流体力学中最重要、最基本的方程之一。在介绍连续性方程之前，先来介绍一下系统和控制体的概念。

包含确定不变物质的集合称为**系统**。流体的一个系统就意味着系统内的流体质量是不变的，随着时间的推移，其位置、形状都可能发生变化，但系统所含有的流体质量不会增加，也不会减少，这就是系统的质量守恒定律。以系统为考察对象的问题属于拉格朗日法研究的内容。

一个空间的固定区域称为**控制体**。与系统不同，控制体不是一个封闭空间，而只是一个框架，随着时间的推移，不断有流体从控制体表面流出流入。我们认为流体是连续介质，它在流动时连续地充满整个流场。在这个前提下，当研究流体经过流场中某一控制体时，若在某一定时间内，流出的流体质量和流入的流体质量不相等时，则控制体内就一定会有流体密度的变化，以便使流体仍然充满整个控制体内的空间；如果流体是不可压缩的，则流出的流体质量必然等于流入的流体质量，这就是控制体的质量守恒定律。以控制体为考察对象的问题属于欧拉法研究的内容。

2.3.1 连续性微分方程

严格来讲，流体运动都是三元流动，即在 x、y、z 三个坐标轴方向上都有速度分量。为了导出连续性微分方程，在流场中取出一个边长分别为 dx、dy、dz 的微小正交六面体作为控制体，来分析与研究控制体内部流体的质量变化情况，如图 2.3.1 所示。

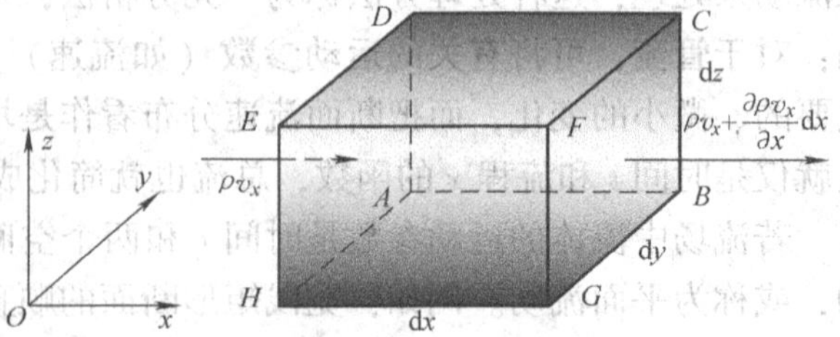

图 2.3.1 控制体

首先分析流入与流出控制体的流体质量。v_x、v_y、v_z 分别代表在 x、y、z 三个坐标轴方向上的速度分量，在 dt 时间内，从控制

体左表面 $ADEH$ 流进的质量是 $\rho v_x \mathrm{d}y\mathrm{d}z\mathrm{d}t$，从右表面 $BCFG$ 流出的质量是 $\left(\rho v_x+\frac{\partial \rho v_x}{\partial x}\mathrm{d}x\right)\mathrm{d}y\mathrm{d}z\mathrm{d}t$，那么在 $\mathrm{d}t$ 时间内，沿 x 方向从控制体左表面流入与从右表面流出的质量差即为质量净流入量

$$\rho v_x \mathrm{d}y\mathrm{d}z\mathrm{d}t-\left(\rho v_x+\frac{\partial \rho v_x}{\partial x}\mathrm{d}x\right)\mathrm{d}y\mathrm{d}z\mathrm{d}t=-\frac{\partial \rho v_x}{\partial x}\mathrm{d}x\mathrm{d}y\mathrm{d}z\mathrm{d}t$$

用同样的方法，可得到在 y 方向和 z 方向的质量净流入量分别为

$$\rho v_y \mathrm{d}x\mathrm{d}z\mathrm{d}t-\left(\rho v_y+\frac{\partial \rho v_y}{\partial y}\mathrm{d}y\right)\mathrm{d}x\mathrm{d}z\mathrm{d}t=-\frac{\partial \rho v_y}{\partial y}\mathrm{d}x\mathrm{d}y\mathrm{d}z\mathrm{d}t$$

$$\rho v_z \mathrm{d}x\mathrm{d}y\mathrm{d}t-\left(\rho v_z+\frac{\partial \rho v_z}{\partial z}\mathrm{d}z\right)\mathrm{d}x\mathrm{d}y\mathrm{d}t=-\frac{\partial \rho v_z}{\partial z}\mathrm{d}x\mathrm{d}y\mathrm{d}z\mathrm{d}t$$

按质量守恒定律，上述三个方向上质量净流入量的代数和必须与在 $\mathrm{d}t$ 时间内控制体内流体质量的变化量（增加量或减少量）相等，这个变化量显然是控制体内介质密度变化（增加或减少）的结果，即有

$$-\left(\frac{\partial \rho v_x}{\partial x}+\frac{\partial \rho v_y}{\partial y}+\frac{\partial \rho v_z}{\partial z}\right)\mathrm{d}x\mathrm{d}y\mathrm{d}z\mathrm{d}t=\left(\frac{\partial \rho}{\partial t}\mathrm{d}t\right)\mathrm{d}x\mathrm{d}y\mathrm{d}z$$

整理后得

$$\frac{\partial \rho}{\partial t}+\frac{\partial \rho v_x}{\partial x}+\frac{\partial \rho v_y}{\partial y}+\frac{\partial \rho v_z}{\partial z}=0 \tag{2.3.1}$$

式（2.3.1）是可压缩流体的连续性微分方程。

对不可压缩流体（定常或非定常流动），$\rho=$ 常数，因此式（2.3.1）可简化为

$$\frac{\partial v_x}{\partial x}+\frac{\partial v_y}{\partial y}+\frac{\partial v_z}{\partial z}=0 \tag{2.3.2}$$

其矢量表示式为

$$\nabla\cdot \boldsymbol{v}=0 \tag{2.3.3}$$

式（2.3.2）和式（2.3.3）都是不可压缩流体的连续性微分方程。它的物理意义是：在同一时间内通过流场中任一封闭表面的体积流量等于零，也就是说，在同一时间内流入的体积流量等于流出的体积流量。

若为平面即二元不可压缩流动，则有

$$\frac{\partial v_x}{\partial x}+\frac{\partial v_y}{\partial y}=0 \tag{2.3.4}$$

由于在推导上述连续性方程时，没有涉及作用力的问题，所以不论是对理想流体还是实际流体都是适用的。

例 2.3.1　设某不可压缩三元流动，其速度分布规律为 $v_x=3(x+y^3)$，$v_y=4y+z^2$，$v_z=x+y+2z$，试分析该流动是否存在。

解：根据式（2.3.2）有

$$\frac{\partial v_x}{\partial x}=3,\quad \frac{\partial v_y}{\partial y}=4,\quad \frac{\partial v_z}{\partial z}=2$$

$$\frac{\partial v_x}{\partial x}+\frac{\partial v_y}{\partial y}+\frac{\partial v_z}{\partial z}=9\neq 0$$

故此流动不连续，不满足连续性方程的流动是不存在的，即该流动不存在。

2.3.2 连续性积分方程

对于任意一个流体系统，质量守恒定律的数学表达式为

$$M = \int_V \rho \mathrm{d}V = C$$

或

$$\frac{\mathrm{d}M}{\mathrm{d}t} = \frac{\mathrm{d}}{\mathrm{d}t}\int_V \rho \mathrm{d}V = 0 \tag{2.3.5}$$

式中，M 为系统的质量；积分区间（流体体积）V 是随时间而变化的。

设 t 时刻流体系统的体积为 $V(t)$，表面积为 $S(t)$，质量为 $M(t) = \int_{V(t)}\rho(t)\mathrm{d}V$，过 Δt 后，系统运动到了新的位置，其体积为 $V(t+\Delta t)$，表面积为 $S(t+\Delta t)$，系统内流体的质量为 $M(t+\Delta t) = \int_{V(t+\Delta t)}\rho(t+\Delta t)\mathrm{d}V$，因此有

$$\begin{aligned} M(t+\Delta t) - M(t) &= \int_{V(t+\Delta t)}\rho(t+\Delta t)\mathrm{d}V - \int_{V(t)}\rho(t)\mathrm{d}V \\ &= \int_{V(t)}[\rho(t+\Delta t) - \rho(t)]\mathrm{d}V + \int_{\Delta V}\rho(t+\Delta t)\mathrm{d}V \end{aligned} \tag{2.3.6}$$

式中，$\Delta V = V(t+\Delta t) - V(t)$，体积差 ΔV 是由于系统表面具有法向速度 v_n 而产生的。

取 t 时刻流体系统表面的微元面积 $\mathrm{d}S$，则式（2.3.6）中积分式 $\int_{\Delta V}\rho(t+\Delta t)\mathrm{d}V$ 的微元体积 $\mathrm{d}V = v_n\Delta t\mathrm{d}S$，如图 2.3.2 所示。现在选取 t 时刻的系统作为控制体，此时系统与控制体相同，则其体积就是 $V(t)$，表面积就是 $S(t)$。对式（2.3.6）两边同除以 Δt 并求极限后可得

$$\frac{\mathrm{d}}{\mathrm{d}t}\int_V \rho \mathrm{d}V = \int_V \frac{\partial\rho}{\partial t}\mathrm{d}V + \oint_S \rho v_n \mathrm{d}S \tag{2.3.7}$$

式（2.3.7）可推广到任意物理量 Φ，即

$$\frac{\mathrm{d}}{\mathrm{d}t}\int_V \Phi \mathrm{d}V = \int_V \frac{\partial \Phi}{\partial t}\mathrm{d}V + \oint_S \Phi v_n \mathrm{d}S \tag{2.3.8}$$

式（2.3.8）称为雷诺输运方程。根据流体系统的质量守恒定律，式（2.3.7）可写成

$$\int_V \frac{\partial \rho}{\partial t}\mathrm{d}V + \oint_S \rho v_n \mathrm{d}S = 0 \tag{2.3.9}$$

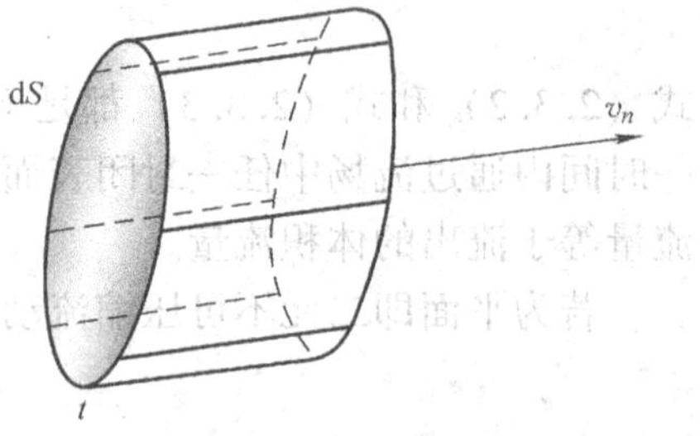

图 2.3.2 微元体积

这就是连续性积分方程。其物理意义是：在单位时间内，由于控制体内密度变化引起的质量变化量（增加量或减少量）与通过控制体表面的质量净流出量（流出与流入的质量差）之和等于零。

如果流动是定常的，则

$$\oint_S \rho v_n \mathrm{d}S = 0$$

如果流体不可压缩，即 ρ 为常数，则

$$\oint_S v_n \mathrm{d}S = 0 \tag{2.3.10}$$

若为定常管流，因$\partial\rho/\partial t=0$，且管流入口的外法线方向速度为负值，则有

$$\int_{S_1}\rho_1 v_1 \mathrm{d}S_1 = \int_{S_2}\rho_2 v_2 \mathrm{d}S_2$$

式中，S_1、S_2 分别表示管流入口和出口处的过流面积，上式表示流入控制体的质量等于流出控制体的质量。

若为一维不可压缩定常管流（一维流动即表示运动参数在同一截面上是均匀分布的，只在流动方向上发生变化），则有

$$v_1 S_1 = v_2 S_2 \tag{2.3.11}$$

例 2.3.2　有一输水管道如图 2.3.3 所示，水自截面 1－1 流向截面 2－2，测得截面 1－1 处的水流平均流速 $v_1=2\mathrm{m/s}$，已知 $d_1=0.5\mathrm{m}$，$d_2=1\mathrm{m}$，试求截面 2－2 处的平均流速 v_2 为多少？

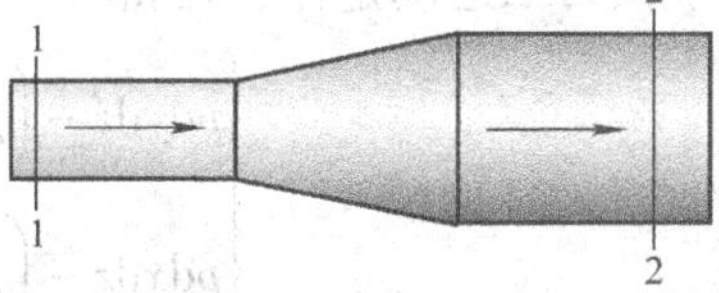

图 2.3.3　输水管道

解：根据式（2.3.10）可得

$$v_1\frac{\pi d_1^2}{4}=v_2\frac{\pi d_2^2}{4}$$

$$v_2=\left(\frac{d_1}{d_2}\right)^2 v_1=0.5\mathrm{m/s}$$

2.4　运动微分方程

流体运动学研究流体的运动规律，即速度、加速度等各种运动参数的分布规律和变化规律，但不涉及导致运动的力学因素，前面三节讲述的就是流体运动学的基本原理和基本方程，本节讲述的将是流体动力学的基本方程。

流体动力学研究流体在外力作用下的运动规律，即建立动力学物理量和运动学物理量之间的关系。工程实际中的流体是有黏性的，并不存在理想流体，但是当忽略流体黏性时，可以使问题得到简化，容易得到流体运动的基本规律，并且在很多情况下，黏性力确实很小，可以忽略。与静止平衡的流体一样，运动着的流体，同样也受到质量力和表面力的作用，对于黏性流体，还受到黏性摩擦阻力的作用。

2.4.1　理想流体的运动微分方程

为了导出理想流体的运动微分方程，在流场中取出一个边长分别为 $\mathrm{d}x$、$\mathrm{d}y$、$\mathrm{d}z$ 的微小正六面体作为控制体来进行分析，流体密度为 ρ，顶点 H 处的压应力为 p，如图 2.4.1 所示。

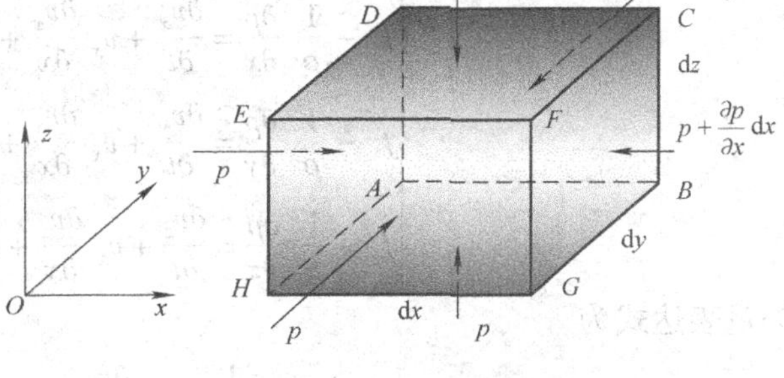

图 2.4.1　控制体

因为是理想流体，作用于六面体上的表面力只有垂直作用于各表面的

压应力，而无切应力，又因各表面的面积都很小，可认为在其上的压应力是均匀分布的。则与顶点 H 相邻的 $ADEH$、$EFGH$、$ABGH$ 三个面上的压应力均为 p，而与这三个面相对的 $BCFG$、$ABCD$、$CDEF$ 三个面上的压应力可由泰勒级数展开并略去二阶以上无穷小量得到，分别为

$$p+\frac{\partial p}{\partial x}\mathrm{d}x,\ p+\frac{\partial p}{\partial y}\mathrm{d}y,\ p+\frac{\partial p}{\partial z}\mathrm{d}z$$

设在 x、y、z 三个坐标轴方向上的单位质量力分量分别为 f_x、f_y、f_z，则作用于六面体上的质量力分量分别为

$$f_x\rho\mathrm{d}x\mathrm{d}y\mathrm{d}z,\ f_y\rho\mathrm{d}x\mathrm{d}y\mathrm{d}z,\ f_z\rho\mathrm{d}x\mathrm{d}y\mathrm{d}z$$

设六面体在 x、y、z 三个坐标轴方向上的加速度分量分别为 $\mathrm{d}v_x/\mathrm{d}t$，$\mathrm{d}v_y/\mathrm{d}t$，$\mathrm{d}v_z/\mathrm{d}t$，根据牛顿第二运动定律，可得

$$\begin{cases}p\mathrm{d}y\mathrm{d}z-\left(p+\dfrac{\partial p}{\partial x}\mathrm{d}x\right)\mathrm{d}y\mathrm{d}z+f_x\rho\mathrm{d}x\mathrm{d}y\mathrm{d}z=\rho\mathrm{d}x\mathrm{d}y\mathrm{d}z\dfrac{\mathrm{d}v_x}{\mathrm{d}t}\\ p\mathrm{d}x\mathrm{d}z-\left(p+\dfrac{\partial p}{\partial y}\mathrm{d}y\right)\mathrm{d}x\mathrm{d}z+f_y\rho\mathrm{d}x\mathrm{d}y\mathrm{d}z=\rho\mathrm{d}x\mathrm{d}y\mathrm{d}z\dfrac{\mathrm{d}v_y}{\mathrm{d}t}\\ p\mathrm{d}x\mathrm{d}y-\left(p+\dfrac{\partial p}{\partial z}\mathrm{d}z\right)\mathrm{d}x\mathrm{d}y+f_z\rho\mathrm{d}x\mathrm{d}y\mathrm{d}z=\rho\mathrm{d}x\mathrm{d}y\mathrm{d}z\dfrac{\mathrm{d}v_z}{\mathrm{d}t}\end{cases}$$

化简整理后可得

$$\begin{cases}f_x-\dfrac{1}{\rho}\dfrac{\partial p}{\partial x}=\dfrac{\mathrm{d}v_x}{\mathrm{d}t}\\ f_y-\dfrac{1}{\rho}\dfrac{\partial p}{\partial y}=\dfrac{\mathrm{d}v_y}{\mathrm{d}t}\\ f_z-\dfrac{1}{\rho}\dfrac{\partial p}{\partial z}=\dfrac{\mathrm{d}v_z}{\mathrm{d}t}\end{cases}\tag{2.4.1}$$

而加速度项又可以表示为时变加速度和位变加速度之和，即

$$\begin{cases}\dfrac{\mathrm{d}v_x}{\mathrm{d}t}=\dfrac{\partial v_x}{\partial t}+v_x\dfrac{\partial v_x}{\partial x}+v_y\dfrac{\partial v_x}{\partial y}+v_z\dfrac{\partial v_x}{\partial z}\\ \dfrac{\mathrm{d}v_y}{\mathrm{d}t}=\dfrac{\partial v_y}{\partial t}+v_x\dfrac{\partial v_y}{\partial x}+v_y\dfrac{\partial v_y}{\partial y}+v_z\dfrac{\partial v_y}{\partial z}\\ \dfrac{\mathrm{d}v_z}{\mathrm{d}t}=\dfrac{\partial v_z}{\partial t}+v_x\dfrac{\partial v_z}{\partial x}+v_y\dfrac{\partial v_z}{\partial y}+v_z\dfrac{\partial v_z}{\partial z}\end{cases}$$

于是式（2.4.1）又可以表示为如下形式

$$\begin{cases}f_x-\dfrac{1}{\rho}\dfrac{\partial p}{\partial x}=\dfrac{\partial v_x}{\partial t}+v_x\dfrac{\partial v_x}{\partial x}+v_y\dfrac{\partial v_x}{\partial y}+v_z\dfrac{\partial v_x}{\partial z}\\ f_y-\dfrac{1}{\rho}\dfrac{\partial p}{\partial y}=\dfrac{\partial v_y}{\partial t}+v_x\dfrac{\partial v_y}{\partial x}+v_y\dfrac{\partial v_y}{\partial y}+v_z\dfrac{\partial v_y}{\partial z}\\ f_z-\dfrac{1}{\rho}\dfrac{\partial p}{\partial z}=\dfrac{\partial v_z}{\partial t}+v_x\dfrac{\partial v_z}{\partial x}+v_y\dfrac{\partial v_z}{\partial y}+v_z\dfrac{\partial v_z}{\partial z}\end{cases}\tag{2.4.2}$$

其矢量表达式为

$$\boldsymbol{f}-\frac{1}{\rho}\nabla p=\frac{\partial \boldsymbol{v}}{\partial t}+(\boldsymbol{v}\cdot\nabla)\boldsymbol{v}\tag{2.4.3}$$

式（2.4.1）~式（2.4.3）都是理想流体的运动微分方程，也称为欧拉运动微分方程。

2.4.2　黏性不可压缩流体的运动微分方程

为了导出黏性流体的运动微分方程，同样在流场中取出一个边长分别为 dx、dy、dz 的微小正六面体作为控制体来进行分析，流体密度为 ρ，如图 2.4.2 所示。

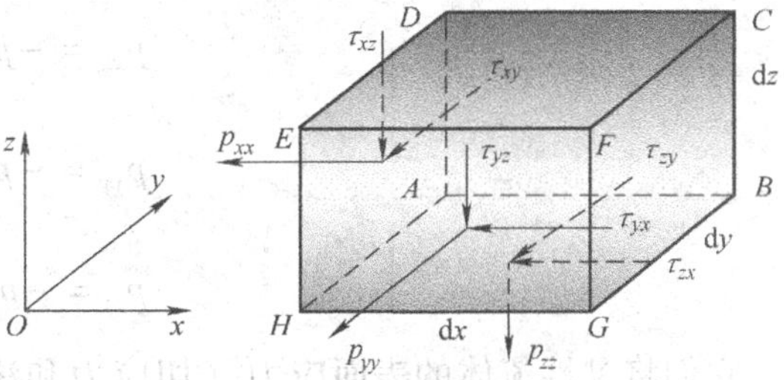

图 2.4.2　控制体

因为是实际流体，存在黏性，作用于六面体上的表面力不仅有压应力，还有切应力。与顶点 H 相邻三个面上的应力分布如图 2.4.2 所示。可知共有九个分量，这九个分量并不是相互独立的，根据力学基本原理有 $\tau_{xy}=\tau_{yx}$、$\tau_{yz}=\tau_{zy}$、$\tau_{xz}=\tau_{zx}$，所以只有六个应力分量是相互独立的。应力中的第一个下标表示作用面的外法线方向，第二个下标表示该应力的分量方向。在六面体的另三个面上应力的分布，可以通过把对应面上的对应应力按泰勒级数展开，并略去二阶以上无穷小量而得到。

为了简便起见，只画出六面体在 x 方向所受到的应力，如图 2.4.3 所示。因为是微小正六面体，可以认为各应力在表面上是均匀分布的。设在 x、y、z 三个坐标轴方向上的单位质量力分量分别为 f_x、f_y、f_z，加速度分量分别为 $\mathrm{d}v_x/\mathrm{d}t$、$\mathrm{d}v_y/\mathrm{d}t$、$\mathrm{d}v_z/\mathrm{d}t$，则在 x 方向应用牛顿第二运动定律可得

$$f_x\rho\mathrm{d}x\mathrm{d}y\mathrm{d}z-p_{xx}\mathrm{d}y\mathrm{d}z+\left(p_{xx}+\frac{\partial p_{xx}}{\partial x}\mathrm{d}x\right)\mathrm{d}y\mathrm{d}z-\tau_{yx}\mathrm{d}x\mathrm{d}z+\left(\tau_{yx}+\frac{\partial\tau_{yx}}{\partial y}\mathrm{d}y\right)\mathrm{d}x\mathrm{d}z-$$

$$\tau_{zx}\mathrm{d}x\mathrm{d}y+\left(\tau_{zx}+\frac{\partial\tau_{zx}}{\partial z}\mathrm{d}z\right)\mathrm{d}x\mathrm{d}y=\rho\mathrm{d}x\mathrm{d}y\mathrm{d}z\,\frac{\mathrm{d}v_x}{\mathrm{d}t}$$

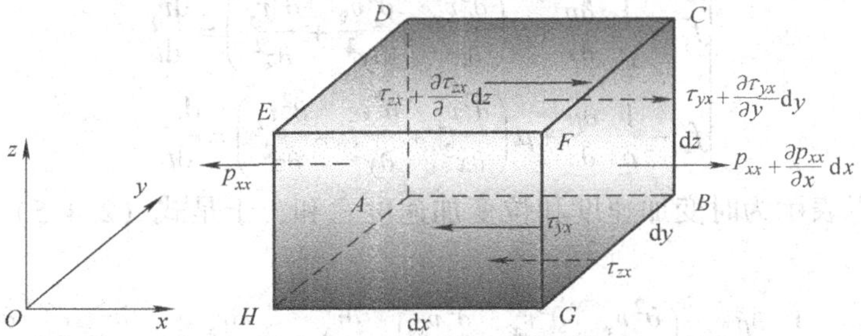

图 2.4.3　x 方向所受到的应力

上式两边同除以质量 $\rho\mathrm{d}x\mathrm{d}y\mathrm{d}z$ 得

$$f_x+\frac{1}{\rho}\left(\frac{\partial p_{xx}}{\partial x}+\frac{\partial\tau_{yx}}{\partial y}+\frac{\partial\tau_{zx}}{\partial z}\right)=\frac{\mathrm{d}v_x}{\mathrm{d}t}\tag{2.4.4}$$

由牛顿内摩擦定律，可得到三元流动的广义牛顿内摩擦定律

$$\tau_{xy}=\tau_{yx}=2\mu\varepsilon_z=\mu\left(\frac{\partial v_x}{\partial y}+\frac{\partial v_y}{\partial x}\right)$$

$$\tau_{xz}=\tau_{zx}=2\mu\varepsilon_y=\mu\left(\frac{\partial v_x}{\partial z}+\frac{\partial v_z}{\partial x}\right)$$

$$\tau_{yz}=\tau_{zy}=2\mu\varepsilon_x=\mu\left(\frac{\partial v_y}{\partial z}+\frac{\partial v_z}{\partial y}\right)$$

$$p_{xx}=-p+2\mu\frac{\partial v_x}{\partial x}$$

$$p_{yy}=-p+2\mu\frac{\partial v_y}{\partial y}$$

$$p_{zz}=-p+2\mu\frac{\partial v_z}{\partial z}$$

它们将黏性流体的表面应力（切应力和法向应力）与变形速度（角变形速度和线变形速度）联系了起来，并指出在黏性流体中不仅产生了切应力，还由于线变形速度$\partial v_x/\partial x$、$\partial v_y/\partial y$、$\partial v_z/\partial z$的存在，会产生附加的法向应力，且附加法向应力的方向与线变形方向相反。

在理想流体中，因无切应力，所以任意一点的各法向应力是等值的，即$p_{xx}=p_{yy}=p_{zz}$。但在黏性流体中的压力p的含义有所不同，此时应理解为过A点的三个互相垂直面上法向应力的算术平均值。

将p_{xx}、τ_{yx}、τ_{zx}的表达式代入式（2.4.4），整理后可得

$$f_x-\frac{1}{\rho}\frac{\partial p}{\partial x}+\mu\left(\frac{\partial^2 v_x}{\partial x^2}+\frac{\partial^2 v_x}{\partial y^2}+\frac{\partial^2 v_x}{\partial z^2}\right)+\mu\frac{\partial}{\partial x}\left(\frac{\partial v_x}{\partial x}+\frac{\partial v_y}{\partial y}+\frac{\partial v_z}{\partial z}\right)=\frac{\mathrm{d}v_x}{\mathrm{d}t}$$

如果流体是不可压缩的，应用式（2.3.2）并同理可得

$$\begin{cases}f_x-\dfrac{1}{\rho}\dfrac{\partial p}{\partial x}+\mu\left(\dfrac{\partial^2 v_x}{\partial x^2}+\dfrac{\partial^2 v_x}{\partial y^2}+\dfrac{\partial^2 v_x}{\partial z^2}\right)=\dfrac{\mathrm{d}v_x}{\mathrm{d}t}\\ f_y-\dfrac{1}{\rho}\dfrac{\partial p}{\partial y}+\mu\left(\dfrac{\partial^2 v_y}{\partial x^2}+\dfrac{\partial^2 v_y}{\partial y^2}+\dfrac{\partial^2 v_y}{\partial z^2}\right)=\dfrac{\mathrm{d}v_y}{\mathrm{d}t}\\ f_z-\dfrac{1}{\rho}\dfrac{\partial p}{\partial z}+\mu\left(\dfrac{\partial^2 v_z}{\partial x^2}+\dfrac{\partial^2 v_z}{\partial y^2}+\dfrac{\partial^2 v_z}{\partial z^2}\right)=\dfrac{\mathrm{d}v_z}{\mathrm{d}t}\end{cases}\tag{2.4.5}$$

而加速度项又可以表示为时变加速度和位变加速度之和，于是式（2.4.5）又可以表示为如下形式

$$\begin{cases}f_x-\dfrac{1}{\rho}\dfrac{\partial p}{\partial x}+\mu\left(\dfrac{\partial^2 v_x}{\partial x^2}+\dfrac{\partial^2 v_x}{\partial y^2}+\dfrac{\partial^2 v_x}{\partial z^2}\right)=\dfrac{\partial v_x}{\partial t}+v_x\dfrac{\partial v_x}{\partial x}+v_y\dfrac{\partial v_x}{\partial y}+v_z\dfrac{\partial v_x}{\partial z}\\ f_y-\dfrac{1}{\rho}\dfrac{\partial p}{\partial y}+\mu\left(\dfrac{\partial^2 v_y}{\partial x^2}+\dfrac{\partial^2 v_y}{\partial y^2}+\dfrac{\partial^2 v_y}{\partial z^2}\right)=\dfrac{\partial v_y}{\partial t}+v_x\dfrac{\partial v_y}{\partial x}+v_y\dfrac{\partial v_y}{\partial y}+v_z\dfrac{\partial v_y}{\partial z}\\ f_z-\dfrac{1}{\rho}\dfrac{\partial p}{\partial z}+\mu\left(\dfrac{\partial^2 v_z}{\partial x^2}+\dfrac{\partial^2 v_z}{\partial y^2}+\dfrac{\partial^2 v_z}{\partial z^2}\right)=\dfrac{\partial v_z}{\partial t}+v_x\dfrac{\partial v_z}{\partial x}+v_y\dfrac{\partial v_z}{\partial y}+v_z\dfrac{\partial v_z}{\partial z}\end{cases}\tag{2.4.6}$$

其矢量表达式为

$$\boldsymbol{f}-\frac{1}{\rho}\nabla p+\mu\nabla^2\boldsymbol{v}=\frac{\partial\boldsymbol{v}}{\partial t}+(\boldsymbol{v}\cdot\nabla)\boldsymbol{v}\tag{2.4.7}$$

式（2.4.5）~式（2.4.7）都是黏性不可压缩流体的运动微分方程，又称为纳维－斯

托克斯（N－S）方程。该式表明：黏性流体在运动中所受的质量力、压力、黏性力与运动惯性力是平衡的。N－S 方程是二阶非线性偏微分方程，从数学上求解比较困难，只有在特殊的情况下才能得到它的解析解。

2.5　伯努利方程

2.5.1　理想流体沿流线的伯努利方程

1. 伯努利方程的推导

将欧拉运动微分方程式（2.4.2）积分可以得到流体的压力分布规律，但只能在特殊的条件下，不可能在任何情况下都可求得其解，故需对流场做出如下假设：

1）理想流体。

2）定常流动。

3）质量力有势。

4）不可压缩流体。

5）沿流线积分。

在定常流动的条件下，理想流体的运动微分方程（欧拉运动微分方程）可以写成

$$\begin{cases} f_x - \dfrac{1}{\rho}\dfrac{\partial p}{\partial x} = v_x\dfrac{\partial v_x}{\partial x} + v_y\dfrac{\partial v_x}{\partial y} + v_z\dfrac{\partial v_x}{\partial z} \\ f_y - \dfrac{1}{\rho}\dfrac{\partial p}{\partial y} = v_x\dfrac{\partial v_y}{\partial x} + v_y\dfrac{\partial v_y}{\partial y} + v_z\dfrac{\partial v_y}{\partial z} \\ f_z - \dfrac{1}{\rho}\dfrac{\partial p}{\partial z} = v_x\dfrac{\partial v_z}{\partial x} + v_y\dfrac{\partial v_z}{\partial y} + v_z\dfrac{\partial v_z}{\partial z} \end{cases} \tag{2.5.1}$$

将这个方程沿流线积分（图 2.5.1），可得到伯努利方程。为此，将式（2.5.1）的第一式乘以 $\mathrm{d}x$ 得

$$f_x\mathrm{d}x - \frac{1}{\rho}\frac{\partial p}{\partial x}\mathrm{d}x = v_x\frac{\partial v_x}{\partial x}\mathrm{d}x + v_y\frac{\partial v_x}{\partial y}\mathrm{d}x + v_z\frac{\partial v_x}{\partial z}\mathrm{d}x \tag{2.5.2}$$

按照流线方程

$$\frac{\mathrm{d}x}{v_x} = \frac{\mathrm{d}y}{v_y} = \frac{\mathrm{d}z}{v_z}$$

将有 $v_y\mathrm{d}x = v_x\mathrm{d}y$，$v_z\mathrm{d}x = v_x\mathrm{d}z$，故式（2.5.2）可写成

$$f_x\mathrm{d}x - \frac{1}{\rho}\frac{\partial p}{\partial x}\mathrm{d}x = v_x\frac{\partial v_x}{\partial x}\mathrm{d}x + v_x\frac{\partial v_x}{\partial y}\mathrm{d}y + v_x\frac{\partial v_x}{\partial z}\mathrm{d}z = v_x\mathrm{d}v_x \tag{2.5.3}$$

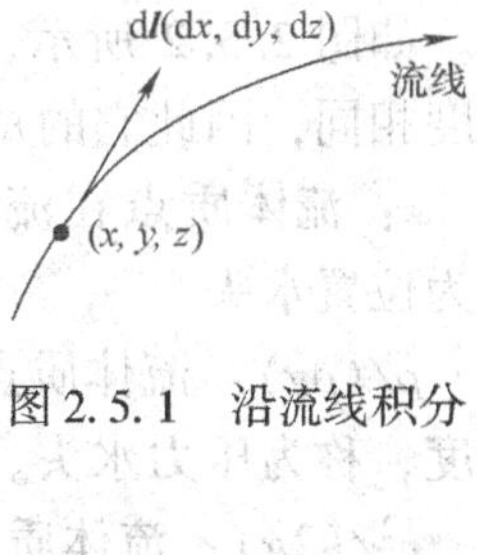

图 2.5.1　沿流线积分

式（2.5.1）的另外两式分别乘以 $\mathrm{d}y$、$\mathrm{d}z$ 后，做类似的代换，可得

$$f_y\mathrm{d}y - \frac{1}{\rho}\frac{\partial p}{\partial y}\mathrm{d}y = v_y\mathrm{d}v_y \tag{2.5.4}$$

$$f_z\mathrm{d}z - \frac{1}{\rho}\frac{\partial p}{\partial z}\mathrm{d}z = v_z\mathrm{d}v_z \tag{2.5.5}$$

将式（2.5.3）、式（2.5.4）和式（2.5.5）相加，得

$$f_x\mathrm{d}x+f_y\mathrm{d}y+f_z\mathrm{d}z-\frac{1}{\rho}\left(\frac{\partial p}{\partial x}\mathrm{d}x+\frac{\partial p}{\partial y}\mathrm{d}y+\frac{\partial p}{\partial z}\mathrm{d}z\right)=v_x\mathrm{d}v_x+v_y\mathrm{d}v_y+v_z\mathrm{d}v_z \tag{2.5.6}$$

p 的全微分可以表示为

$$\mathrm{d}p=\frac{\partial p}{\partial x}\mathrm{d}x+\frac{\partial p}{\partial y}\mathrm{d}y+\frac{\partial p}{\partial z}\mathrm{d}z$$

质量力有势，则必存在势函数 U，满足

$$\mathrm{d}U=\frac{\partial U}{\partial x}\mathrm{d}x+\frac{\partial U}{\partial y}\mathrm{d}y+\frac{\partial U}{\partial z}\mathrm{d}z=f_x\mathrm{d}x+f_y\mathrm{d}y+f_y\mathrm{d}y$$

而

$$v_x\mathrm{d}v_x+v_y\mathrm{d}v_y+v_z\mathrm{d}v_z=\mathrm{d}v^2/2$$

式中等号右端的 v 为平均速度。于是式（2.5.6）化简为

$$\mathrm{d}U-\mathrm{d}p/\rho=\mathrm{d}v^2/2$$

对于不可压缩流体，即 $\rho=$ 常数，积分上式得

$$U-p/\rho-v^2/2=C$$

如果流体所受的质量力只有重力，则有

$$f_x=0,\quad f_y=0,\quad f_z=\mathrm{d}U/\mathrm{d}z=-g$$

$$U=-gz$$

最后可得

$$z+\frac{p}{\rho g}+\frac{v^2}{2g}=C \tag{2.5.7}$$

这就是理想流体沿流线的伯努利方程，它的适用条件是不可压缩理想流体在重力场作用下的定常流动。

对于同一条流线上的任意两点 1、2（图 2.5.2），式（2.5.7）又可写成

$$z_1+\frac{p_1}{\rho g}+\frac{v_1^2}{2g}=z_2+\frac{p_2}{\rho g}+\frac{v_2^2}{2g}=C$$

式中的积分常数 C，对于不同的流线其值是不同的。

2. 伯努利方程的意义

（1）几何意义　所谓伯努利方程的几何意义是指用几何图形来表示各物理量之间的关系。如图 2.5.2 所示，伯努利方程的各项量纲与长度相同，因此它的每一项都表示某一高度。

z：流体质点在流线上所处的相对位置高度，称为位置水头。

$p/(\rho g)$：流体质点在压力作用下所能上升的高度，称为压力水头。

$v^2/(2g)$：流体质点在真空中以初速 v 垂直向上喷射所能达到的高度，称为速度水头。

伯努利方程表明，在重力作用下的理想不可压缩流体定常流动的位置水头、压力水头和速度水头之和为一常数，称为总水头。

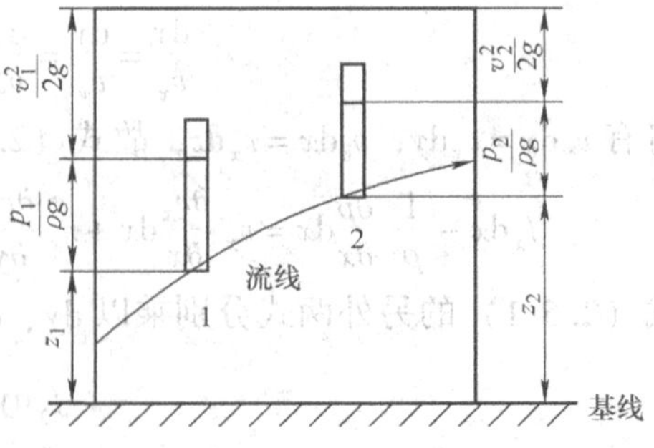

图 2.5.2　几何意义

（2）物理意义　定常流动的伯努利方程是欧拉方程沿流线积分而得到的，欧拉方程每

一项都代表一种类型的力，自然可以想到伯努利方程每一项应表示能量的意义。

z：单位重量流体的势能。

$p/(\rho g)$：压力对单位重量流体所做的功。

$v^2/(2g)$：单位重量流体的动能。

从以上分析中可以看出，对于沿着流线的理想流体定常流动，单位重量流体的动能、势能和压力所做的功之和为常数。但是这三种形式的能量和功在流动的过程中是可以相互转化的，因此说伯努利方程是能量转化与守恒定律在流体力学中的具体反映。

这里要指出的是流体中存在压力做功，这是由于流体在压力作用下可以流动做功的缘故。它也是一种能量，这种特殊形式的能量称为压能。在流体中不仅具有势能和动能，而且具有压能。

2.5.2　理想流体总流的伯努利方程

为导出理想流体总流的伯努利方程，必须先引进几个基本概念。

1. 动能修正系数 α

用过流断面流体流动的真实速度 u 所表示的动能与用过流断面平均速度 v 所表示的动能之比称为动能修正系数，以 α 表示

$$\alpha = \frac{\frac{1}{2}\int_A \rho u^3 \mathrm{d}A}{\frac{1}{2}\rho v^3 A} \tag{2.5.8}$$

2. 缓变流动及其特性

流线间夹角很小，流线曲率很小，流线几乎是一些平行直线的流动，称为缓变流动，否则称为急变流动。

在工程实际中，等截面的管道流动、等宽度的缝隙流动等都可以看成是缓变流动，相应的过流断面就是缓变过流断面，而对于弯管、弯头、管道突然扩大及缩小、阀口等处，流线间的夹角较大或曲率半径较小，或两者都有，这时就不是缓变流动，对应的过流断面也不能看成是缓变过流断面。

缓变流动具有以下两个主要特性：

1）在缓变流动中，质量力只有重力。

2）在同一缓变过流断面上，任何点上的静压水头都相等，即

$$z + \frac{p}{\rho g} = C$$

其中，常数 C 在同一缓变过流断面上值不变，对不同的缓变过流断面 C 为不同值。这说明在缓变过流断面上，压强的分布规律满足静止流体中的压强分布规律。

3. 理想流体总流的伯努利方程

总流是由无数流元组成的。如图 2.5.3 所示，任取 1－1、2－2 两过流断面，并在其上取一流元，两过流断面处对应的面积分别为 $\mathrm{d}A_1$ 和

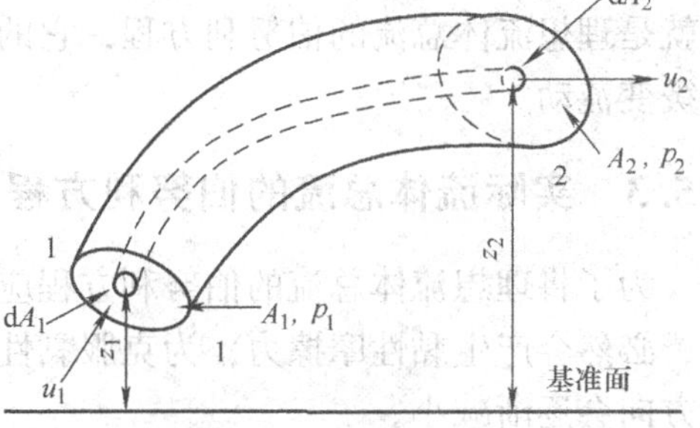

图 2.5.3　理想流体总流

dA_2，对应的速度分别为 u_1 和 u_2，对应的压强分别为 p_1 和 p_2，相对于基准面的位置高度分别为 z_1 和 z_2。

对于理想流体，每一流元上单位质量流体的能量关系式为

$$z_1+\frac{p_1}{\rho g}+\frac{u_1^2}{2g}=z_2+\frac{p_2}{\rho g}+\frac{u_2^2}{2g}$$

而单位时间内通过流元的流体质量为

$$\rho u_1 dA_1=\rho u_2 dA_2$$

将以上两式的乘积在整个过流断面上积分，就可得到单位时间内流过总流过流断面1－1、2－2流体的能量关系式为

$$\int_{A_1}\left(z_1+\frac{p_1}{\rho g}+\frac{u_1^2}{2g}\right)\rho u_1 dA_1=\int_{A_2}\left(z_2+\frac{p_2}{\rho g}+\frac{u_2^2}{2g}\right)\rho u_2 dA_2 \tag{2.5.9}$$

设断面1－1、2－2为缓变过流断面，则有

$$z_1+\frac{p_1}{\rho g}=C_1$$

$$z_2+\frac{p_2}{\rho g}=C_2$$

于是有

$$\int_{A_1}\left(z_1+\frac{p_1}{\rho g}\right)\rho u_1 dA_1=\left(z_1+\frac{p_1}{\rho g}\right)\rho v_1 A_1$$

$$\int_{A_2}\left(z_2+\frac{p_2}{\rho g}\right)\rho u_2 dA_2=\left(z_2+\frac{p_2}{\rho g}\right)\rho v_2 A_2$$

再利用式（2.5.8）可得

$$\int_{A_1}\frac{u_1^2}{2g}\rho u_1 dA_1=\alpha_1\frac{v_1^2}{2g}\rho v_1 A_1$$

$$\int_{A_2}\frac{u_2^2}{2g}\rho u_2 dA_2=\alpha_2\frac{v_2^2}{2g}\rho v_2 A_2$$

又由质量守恒定律可得

$$\rho v_1 A_1=\rho v_2 A_2$$

将以上各式代入式（2.5.9），得

$$z_1+\frac{p_1}{\rho g}+\frac{\alpha_1 v_1^2}{2g}=z_2+\frac{p_2}{\rho g}+\frac{\alpha_2 v_2^2}{2g} \tag{2.5.10}$$

这就是理想流体总流的伯努利方程，它的适用条件是不可压缩理想流体在重力场作用下的定常缓变流动。

2.5.3 实际流体总流的伯努利方程

为了将理想流体总流的伯努利方程应用到实际流体当中，必须考虑到由于流体黏性的存在，必然会产生黏性摩擦力，为克服黏性摩擦力必然要消耗部分机械能，因此总的能量沿流动方向会逐渐减小。

如图2.5.4所示，设单位质量流体沿总流过流断面1流动到断面2，为克服黏性摩擦力

而消耗的机械能以 h_f 表示，通过对理想流体总流伯努利方程的修正，就可得到实际流体总流的伯努利方程

$$z_1 + \frac{p_1}{\rho g} + \frac{\alpha_1 v_1^2}{2g} = z_2 + \frac{p_2}{\rho g} + \frac{\alpha_2 v_2^2}{2g} + h_f \quad (2.5.11)$$

式中 h_f 也称为能量损失或水头损失。实际流体总流的伯努利方程的适用条件如下：

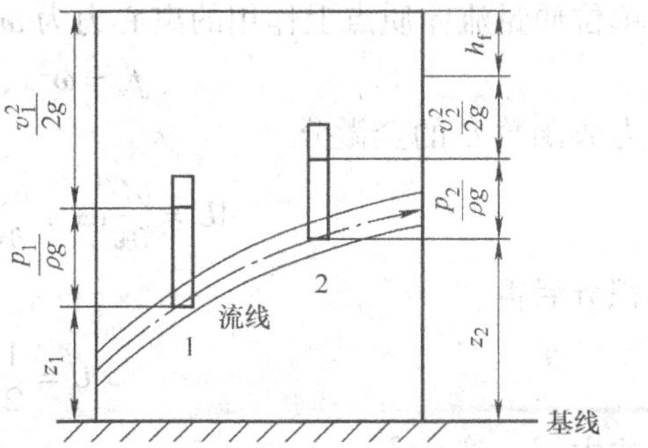

图 2.5.4　实际流体总流

1）不可压缩流体（ρ = 常数）。

2）定常流动。

3）在重力场作用下（质量力只有重力）。

4）沿流程流量保持不变。

5）所选用的过流断面必须是缓变过流断面。

6）没有其他能量的输入。

在应用伯努利方程时还应注意以下几点：

1）在运用实际流体总流的伯努利方程时，经常要与总流的连续性方程联合使用。

2）过流断面的选取应遵循以下原则，即其中一个过流断面应选在待求未知量所在的断面上，另一个过流断面应选在已知量较多的断面上。

3）位置势能为零的基准面（或线）的选取可以是任意的。一般可选在管轴线上或所取的过流断面中最低的一个断面上。在同一个问题中，必须使用同一个基准面。

4）选择的计算点的压强 p 可以用绝对压强，也可以用相对压强，但不论采用哪种形式的压强，对同一个问题的两个断面必须采用相同的标准。

5）所选取的过流断面必须满足缓变流动条件，至于在两个缓变过流断面之间的流动，可以是缓变流动也可以是急变流动，流动的变化所引起的能量损失在损失项中统筹考虑。

在解决工程实际问题时，实际流体总流的伯努利方程是一个十分重要的基本方程式。为了掌握这个方程式的具体运用，除了要知道上述基本原则外还需要掌握一些基本的计算技巧，这只有通过大量练习才能实现。

2.5.4　理想流体相对运动的伯努利方程

流体相对于所选的坐标系做定常流动，此坐标系又相对于地球在运动，这就是流体做相对运动的情况。例如：流体在叶轮机械（离心水泵、压气机、通风机和水轮机等）中的流动。图 2.5.5 所示为离心式叶轮机内的流动情况，叶轮以等角速度绕通过中心点的轴线转动，流体在叶轮流道内相对于叶轮做定常流动。这时流体一方面具有随叶轮旋转的牵连速度 $\boldsymbol{u}$，另一方面又具有对叶轮的相对速度 $\boldsymbol{w}$，其合成速度 $\boldsymbol{v} = \boldsymbol{u} + \boldsymbol{w}$ 表示流体的绝对运动速度。

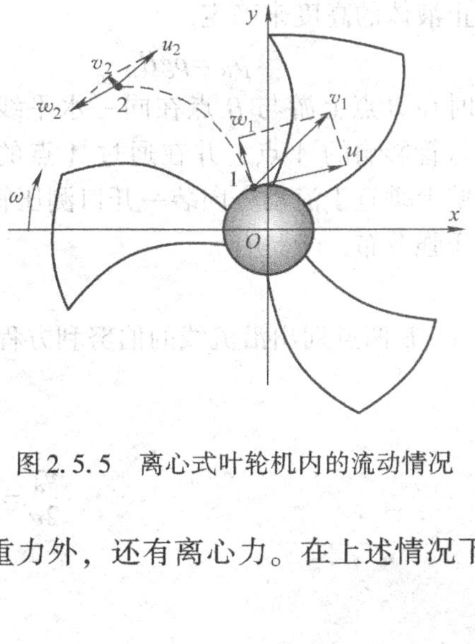

图 2.5.5　离心式叶轮机内的流动情况

将坐标固结于旋转的叶轮上，如果叶轮的角速度为 ω，流体做相对运动时，所受到的单位质量力除重力外，还有离心力。在上述情况下，

单位质量流体质点上作用的离心力为 $\omega^2 r$，于是有

$$f_x = \omega^2 x,\quad f_y = \omega^2 y,\quad f_z = -g$$

力势函数 U 的全微分

$$\mathrm{d}U = \frac{\partial U}{\partial x}\mathrm{d}x + \frac{\partial U}{\partial y}\mathrm{d}y + \frac{\partial U}{\partial z}\mathrm{d}z = f_x\mathrm{d}x + f_y\mathrm{d}y + f_y\mathrm{d}y$$

积分后得

$$U = \frac{1}{2}\omega^2 r^2 - gz = \frac{1}{2}u^2 - gz$$

式中 $r^2 = x^2 + y^2$，$u = r\omega$。

将力势函数 U 代入理想流体沿流线的伯努利方程式（2.5.7），对于不可压缩理想流体来说，则有

$$z + \frac{p}{\rho g} + \frac{w^2}{2g} - \frac{u^2}{2g} = C \tag{2.5.12}$$

这就是理想流体相对运动的伯努利方程，它的适用条件是不可压缩理想流体在重力场作用下的定常流动。与绝对运动伯努利方程相比，多了一项由于离心力引起的水头，主要用于离心泵和水轮机理论中。

对于叶轮的入口 1 和出口 2 处，则有

$$z_1 + \frac{p_1}{\rho g} + \frac{w_1^2}{2g} - \frac{u_1^2}{2g} = z_2 + \frac{p_2}{\rho g} + \frac{w_2^2}{2g} - \frac{u_2^2}{2g}$$

2.5.5 伯努利方程的应用

1. 皮托管测速

在流场中某一点处，放置一根两端开口的直角弯管，其一端迎着来流方向，当流体流进管内并上升一定高度后，管内流体就静止了，如图 2.5.6 所示。因此 B 点处的流速为零，形成驻点，驻点处的压强称为总压，可由弯管中静止液体的高度来确定

$$p_B = \rho g H_B$$

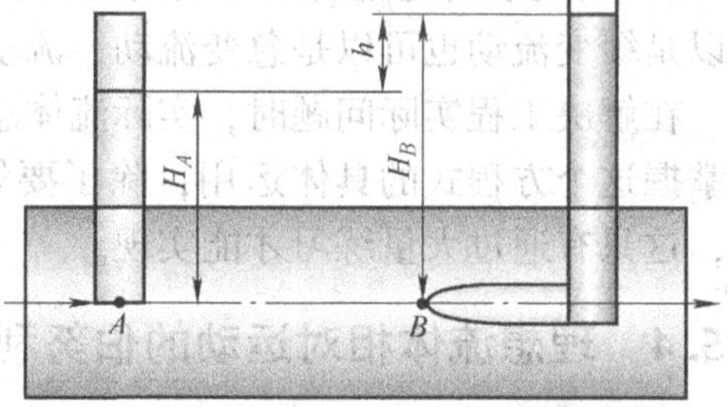

图 2.5.6 测速示意图

同时在 B 点上游与 B 点在同一水平线上取一未受弯管影响的 A 点，并在通过 A 点的过流断面管壁上垂直于流动方向装一开口测压管。设此断面处在缓变流区，因此沿断面各点的压强按静压强分布，于是有

$$p_A = \rho g H_A$$

对 A、B 两点列出沿流线的伯努利方程，得

$$\frac{p_A}{\rho g} + \frac{v_A^2}{2g} = \frac{p_B}{\rho g}$$

$$\frac{v_A^2}{2g} = \frac{p_B}{\rho g} - \frac{p_A}{\rho g} = H_A - H_B = h$$

$$v_A = \sqrt{2g\frac{p_B - p_A}{\rho g}} = \sqrt{2gh} \tag{2.5.13}$$

工程上常把 p_A 称为静压，$\rho v_A^2/2$ 称为动压，静压和动压之和称为总压或全压。在 B 点处测到的总压与未受扰动的 A 点处的总压相同，所以若能测得某点处的总压和静压，就能由式（2.5.13）求得该点的速度。

皮托管就是利用上述原理制成的，示意图如图2.5.7所示。其中心为总压测管，静压测管包围在其周围，在驻点之后适当距离的外壁上沿圆周垂直于流向开几个小孔，作为静压管口。两管的通道分别接在压差计的两端，压差计给出总压和静压的差，便可由式（2.5.13）求得测点处的流速。

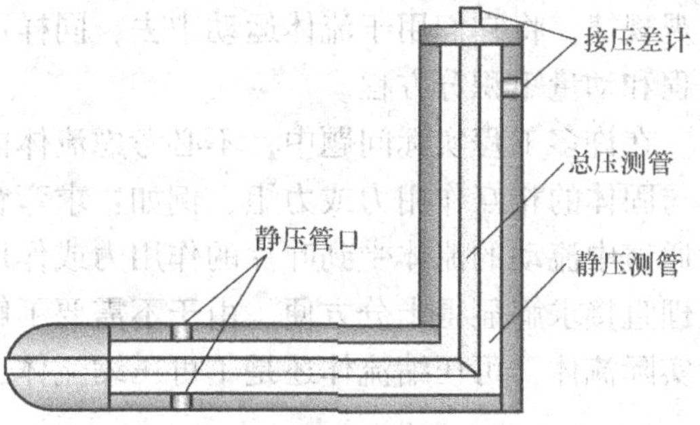

图2.5.7　皮托管示意图

若压差计为U形压差计，则式（2.5.13）可写成

$$v_A = \sqrt{2g\frac{p_B - p_A}{\rho g}} = \sqrt{2gh\frac{\rho_1 - \rho}{\rho}} \tag{2.5.14}$$

式中，ρ 为被测液体的密度；ρ_1 为U形压差计内液体的密度；h 为U形管中液面的高度差。

在实际应用中，考虑到测速管对流动的扰动以及驻点与静压管口之间流体能量损失的影响等，在式（2.5.13）及式（2.5.14）中还应乘以一校正系数 $C(C<1)$，通常 C 由试验测得。

2. 文丘里流量计

文丘里流量计是一种测量管道中液体体积流量的仪器，其与待测管道接通。它由收缩段、扩散段及两端之间的喉部组成，如图2.5.8所示。文丘里流量计水平放置，收缩段从管径为 D 的截面1－1光滑地收缩至管径为 d 的喉部截面2－2，然后又逐渐扩大，用U形压差计测得液面高度差为 h。显然截面1－1、2－2均处在缓变流中，假定两截面上的动能修正系数 $\alpha=1$，则有

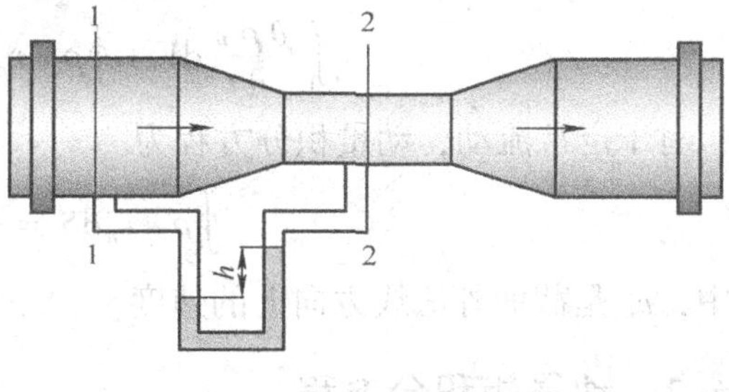

图2.5.8　文丘里流量计

$$\frac{p_1}{\rho} + \frac{v_1^2}{2} = \frac{p_2}{\rho} + \frac{v_2^2}{2}$$

由质量守恒定律 $v_1\pi D^2/4 = v_2\pi d^2/4$ 和压强差 $p_1 - p_2 = (\rho_1 - \rho)gh$，代入上式可得

$$v_1 = \sqrt{\frac{2gh\ (\rho_1/\rho - 1)}{(D/d)^4 - 1}} \tag{2.5.15}$$

式中，ρ 为被测液体密度，ρ_1 为U形压差计内液体的密度。

式（2.5.15）乘以该截面处的面积就可得到流量，考虑到流体的黏性影响及制造工艺等因素，式（2.5.15）中还应乘以一个流量系数 C_q，流量系数由试验测得，一般在0.95～0.98之间。

2.6 动量积分方程和动量矩积分方程及其应用

除2.3节中讨论过的质量守恒定律外，动量定理和动量矩定理也是自然界中普遍存在的客观规律，将它们用于流体运动中去，同样可以得到各运动参数之间的关系式，即动量积分方程和动量矩积分方程。

在许多工程实际问题中，不必考虑流体内部的详细流动过程，而只需求解流体边界上流体与固体的相互作用力或力矩，例如：求弯管中流动的流体对弯管的作用力，叶轮机械的叶片通道中流动的流体受到叶片的作用力或作用力矩等问题，这时通常应用动量定理或动量矩定理直接求解显得十分方便。由于不需要了解流体内部的流动情况，所以不论对理想流体还是实际流体，可压缩流体还是不可压缩流体，动量定理和动量矩定理都能适用。

2.6.1 动量积分方程

根据动量定理：流体系统的动量 $\boldsymbol{K}$ 对时间的变化率等于外界作用在该系统上的合力 $\sum \boldsymbol{F}$，即

$$\frac{\mathrm{d}\boldsymbol{K}}{\mathrm{d}t}=\frac{\mathrm{d}}{\mathrm{d}t}\int_V \rho\,\boldsymbol{v}\,\mathrm{d}V=\sum \boldsymbol{F}$$

由于外力有质量力和表面力之分，故上式右边的等式可写为

$$\frac{\mathrm{d}}{\mathrm{d}t}\int_V \rho\,\boldsymbol{v}\,\mathrm{d}V=\int_V \rho \boldsymbol{f}\mathrm{d}V+\oint_S \boldsymbol{p}_n\mathrm{d}S$$

式中，$\boldsymbol{f}$ 为单位质量力；$\boldsymbol{p}_n$ 为表面应力。根据式（2.3.8）可得控制体的动量积分方程

$$\int_V \frac{\partial \rho\,\boldsymbol{v}}{\partial t}\mathrm{d}V+\oint_S \rho\,\boldsymbol{v}\,v_n\mathrm{d}S=\int_V \rho \boldsymbol{f}\mathrm{d}V+\oint_S \boldsymbol{p}_n\mathrm{d}S$$

对于定常流动，动量积分方程为

$$\oint_S \rho\,\boldsymbol{v}\,v_n\mathrm{d}S=\int_V \rho \boldsymbol{f}\mathrm{d}V+\oint_S \boldsymbol{p}_n\mathrm{d}S \tag{2.6.1}$$

式中，v_n 是截面外法线方向上的速度。

2.6.2 动量矩积分方程

根据动量矩定理：流体系统对某点的动量矩 $\boldsymbol{H}$ 对时间的变化率等于外界作用在该系统上的合力 $\sum \boldsymbol{F}$ 对同一点的力矩，即

$$\frac{\mathrm{d}\boldsymbol{H}}{\mathrm{d}t}=\frac{\mathrm{d}}{\mathrm{d}t}\int_V \boldsymbol{r}\times\rho\,\boldsymbol{v}\,\mathrm{d}V=\sum \boldsymbol{r}\times\boldsymbol{F}$$

由于外力有质量力和表面力之分，故上式右边的等式可写为

$$\frac{\mathrm{d}}{\mathrm{d}t}\int_V \boldsymbol{r}\times\rho\,\boldsymbol{v}\,\mathrm{d}V=\int_V \boldsymbol{r}\times\rho \boldsymbol{f}\mathrm{d}V+\int_S \boldsymbol{r}\times\boldsymbol{p}_n\mathrm{d}S$$

式中，$\boldsymbol{r}$ 为相应点的矢径。根据雷诺输运方程式（2.3.8）可得控制体的动量矩积分方程

$$\int_V \frac{\partial \boldsymbol{r}\times\rho\,\boldsymbol{v}}{\partial t}\mathrm{d}V+\oint_S \boldsymbol{r}\times\rho\,\boldsymbol{v}\,v_n\mathrm{d}S=\int_V \boldsymbol{r}\times\rho \boldsymbol{f}\mathrm{d}V+\oint_S \boldsymbol{r}\times\boldsymbol{p}_n\mathrm{d}S$$

对于定常流动，动量矩积分方程为

$$\oint_S \boldsymbol{r} \times \rho \boldsymbol{v} v_n \mathrm{d}S = \int_V \boldsymbol{r} \times \rho \boldsymbol{f} \mathrm{d}V + \oint_S \boldsymbol{r} \times \boldsymbol{p}_n \mathrm{d}S \tag{2.6.2}$$

2.6.3　动量积分方程和动量矩积分方程的应用

由于动量积分方程和动量矩积分方程形式简单，物理意义明确，在各种工程问题中得到广泛应用，尤其是用于计算流体与固体相互作用的力和力矩的问题。

在应用控制体的动量积分方程和动量矩积分方程时，首先要选好控制面。控制面的选择是任意的，但是为了使方程简单，控制面的选择就显得很重要，通常选择以下几种类型的面作为控制面：

1）与问题有关的边界面。

2）已知物理量较多的面。

3）流面，即流线组成的面（此时 $v_n=0$），两端截面垂直于流线（此时 $v_n=v$）。

在应用控制体的动量积分方程和动量矩积分方程时，还要注意如下几点：

1）方程是矢量式，为计算方便，要选择适宜的坐标系，以便于求出各项的投影值。

2）法向分量的正负号以控制面外法向为正，向内为负。

3）方程未知数较多时，可联立连续性方程和伯努利方程求解。

4）控制面上的压力计算最好使用相对压强 $p-p_a$。

下面都是针对理想不可压缩流体的例子，来说明方程的应用。

1. 水流对弯管的作用力

图 2.6.1a 所示弯管的截面 1－1 和 2－2 的过流面积分别为 A_1 和 A_2，弯管的转角为 θ。设水流量为 q，求固定此段弯管所需的力 $\boldsymbol{F}$。

先分析弯管管壁的受力。设弯管在水平面上，取如图示的水平面坐标系 Oxy。弯管内壁受水流压强 p_0 的作用，外壁受大气压 p_a 作用。设表面积为 A_0，外法线 $\boldsymbol{n}_0$，如图 2.6.1b 所示。在水流和大气压的作用下，管壁受到的合力 $\boldsymbol{F}'$ 为

$$\boldsymbol{F}' = \int_{A_0} (p_0 - p_a) \boldsymbol{n}_0 \mathrm{d}A$$

上式说明，水流对管壁的合力 $\boldsymbol{F}'$ 等于水流的相对压强对于管壁面积的积分。

下面应用动量积分方程。选取控制体为图 2.6.1a 中截面 1－1 和 2－2 之间的体积，其表面由 A_0、A_1 和 A_2 组成，外法线分别为 $\boldsymbol{n}_0$、$\boldsymbol{n}_1$ 和 $\boldsymbol{n}_2$，方向是由控制体内指向外边，如图 2.6.1c 所示。

分析控制体所受的外力。由于弯管在水平面上，不必考虑重力影响。因此

$$\begin{aligned}\sum \boldsymbol{F} &= -\oint_A p \boldsymbol{n} \mathrm{d}A = -\oint_A (p - p_a) \boldsymbol{n} \mathrm{d}A \\ &= -\int_{A_1} (p_1 - p_a) \boldsymbol{n}_1 \mathrm{d}A - \int_{A_2} (p_2 - p_a) \boldsymbol{n}_2 \mathrm{d}A - \int_{A_0} (p_0 - p_a) \boldsymbol{n}_0 \mathrm{d}A\end{aligned}$$

由于大气压 p_a 在任意封闭面的积分为零，因此，被积函数可以换成相对压强。可以看到，上式最后一项就表示水流对管壁的合力 $\boldsymbol{F}'$。

动量方程为

$$-\boldsymbol{F}' - (p_1 - p_a) \boldsymbol{n}_1 A_1 - (p_2 - p_a) \boldsymbol{n}_2 A_2 = \rho q (\boldsymbol{v}_2 - \boldsymbol{v}_1)$$

因为 $\boldsymbol{n}_1=-\boldsymbol{i}$，$\boldsymbol{n}_2=\boldsymbol{i}\cos\theta+\boldsymbol{j}\sin\theta$，故 $\boldsymbol{F}'$ 即水流对弯管作用力的两个分量可写为

$$F'_x=-\rho q(v_2\cos\theta-v_1)+(p_1-p_a)A_1-(p_2-p_a)A_2\cos\theta$$

$$F'_y=-\rho q v_2\sin\theta-(p_2-p_a)A_2\sin\theta \quad (2.6.3)$$

固定此段弯管所需的外力为

$$F_x=\rho q(v_2\cos\theta-v_1)-(p_1-p_a)A_1+(p_2-p_a)A_2\cos\theta$$

$$F_y=\rho q v_2\sin\theta+(p_2-p_a)A_2\sin\theta$$

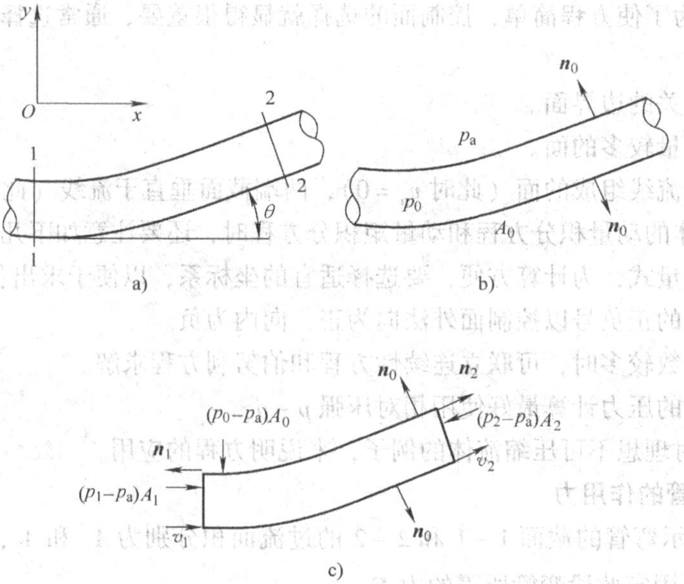

图 2.6.1 水流对弯管的作用力

例 2.6.1 如图 2.6.2 所示，一相对转角 $\theta=-90°$ 的弯管，内径 $d=0.1\text{m}$，水流的体积流量 $q=0.00314\text{m}^3/\text{s}$，水的密度 $\rho=1000\text{kg/m}^3$，不考虑重力的影响，求水流对弯管的作用力。

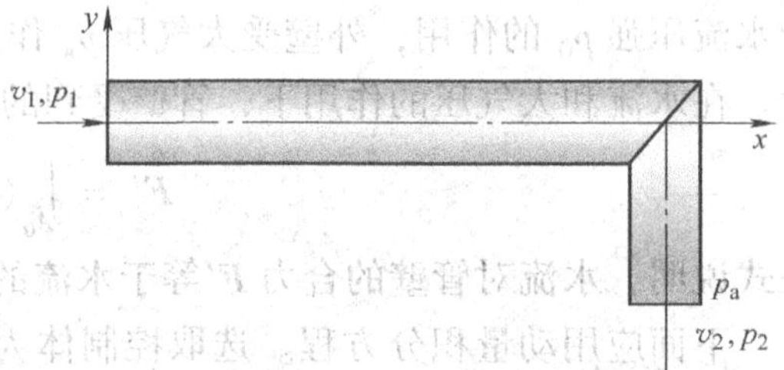

图 2.6.2 等截面弯管

解：由题设、一维流假设和伯努利方程可算得两截面面积、流速和压力

$$S_1=S_2=0.00785\text{m}^2$$

$$v_1=v_2=0.4\text{m/s}$$

$$p_1=p_2=p_a$$

又 $\cos(-90°)=0$，$\sin(-90°)=-1$，将以上数据代入式（2.6.3）后，可得

$$F'_x=-1000\times0.00314\times[0.4\times\cos(-90°)-0.4]\text{N}=1.256\text{N}$$

$$F'_y=-1000\times0.00314\times0.4\times\sin(-90°)\text{N}=1.256\text{N}$$

2. 射流对平板和叶片的作用力

如图 2.6.3 所示，平面射流射向一平板（单位宽度），射流的流量为 q_0，速度为 v_0，求射流对平板的作用力，不计重力影响。

取图 2.6.3 所示的控制体，控制面由如下几个部分组成：两条射流边界、平板和三个射流截面。三个射流截面离原点足够远，可以认为截面上的运动参数是均匀分布的，压力和速度的平均值等于射流边界上的值，由于射流边界是流线，边界上的压力都等于环境压力 p_a，即 $p_0 = p_1 = p_2 = p_a$，不考虑重力的影响，则由伯努利方程可得 $v_1 = v_2 = v_0$。

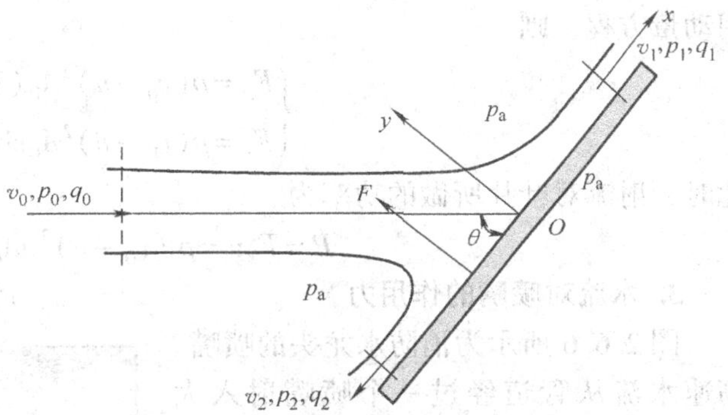

图 2.6.3　射流对平板的作用力

板给控制体的合力为 $\boldsymbol{F}$，方向与板面垂直，如图 2.6.3 所示。射流与平板的夹角为 θ。则动量方程为：

x 方向

$$\rho v_1 q_1 - \rho v_2 q_2 - \rho v_0 q_0 \cos\theta = 0$$

y 方向

$$F_y = \rho v_0 q_0 \sin\theta \tag{2.6.4}$$

由连续性方程 $q_0 = q_1 + q_2$，还可以得到

$$q_1 = \frac{1+\cos\theta}{2} q_0, \quad q_2 = \frac{1-\cos\theta}{2} q_0$$

图 2.6.4 所示为一股射向固定叶片的射流，射流速度为 v_0，射流截面面积为 A_0，叶片的折角为 θ。取截面 1－1 和 2－2 之间的控制体。射流与大气接触，进口和出口截面的高度相差不大，可以认为相同。根据伯努利方程，进、出口的流速相同，只是方向改变了角度 θ。设叶片对控制体内流体的反作用力分量分别为 F_x 和 F_y，方向如图所示。射流对叶片的作用力大小与之相等，而方向则相反。根据连续性方程，进、出口的过流面积相等。由动量方程易得

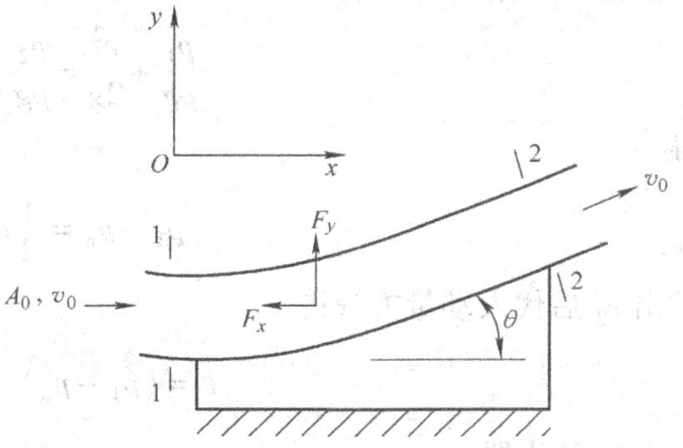

图 2.6.4　射流对固定叶片的作用力

$$\begin{cases} F_x = \rho v_0^2 A_0 (1-\cos\theta) \\ F_y = \rho v_0^2 A_0 \sin\theta \end{cases} \tag{2.6.5}$$

在叶轮机械中，叶片是运动的，其模型可用图 2.6.5 表示，一个固定不动的喷嘴流出的射流，其速度为 v_0，截面积为 A_0，这股射流冲击一个以常速度 u 向右运动的叶片，采用固定在叶片上的运动坐标，则在此动坐标上观察到的流动是定常的。取截面 1－1 和 2－2 之间的控制体，显然，此控制体进、出口截面上的速度应为相对速度 $v_0 - u$，过流面积仍为 A_0。应

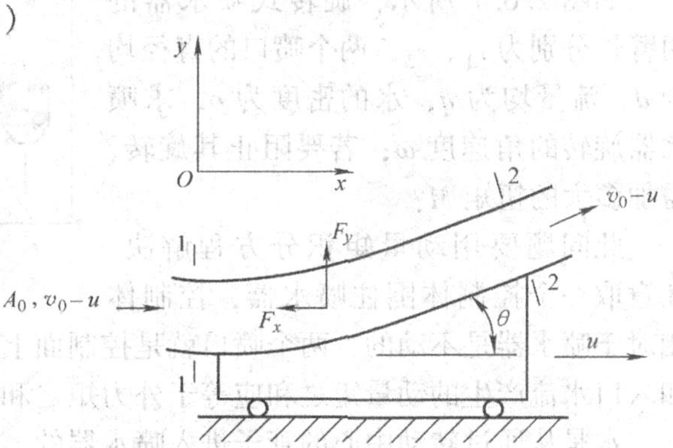

图 2.6.5　射流对运动叶片的作用

用动量方程，则

$$\begin{cases} F_x = \rho(v_0 - u)^2 A_0(1-\cos\theta) \\ F_y = \rho(v_0 - u)^2 A_0 \sin\theta \end{cases} \tag{2.6.6}$$

此时，射流对叶片所做的功率为

$$P = F_x u = \rho\,(v_0 - u)^2 u A_0(1-\cos\theta)$$

3. 水流对喷嘴的作用力

图2.6.6所示为消防水龙头的喷嘴。高速水流从管道经过一个喷嘴射入大气。管嘴截面从 A_1 收缩至 A_2，如果截面 A_1 处中心的相对压强为 $p_1 - p_a$，求水流给喷嘴的合力。

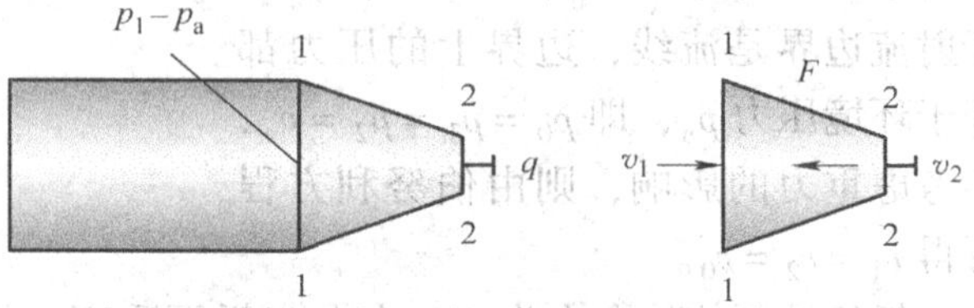

图2.6.6　消防水龙头的喷嘴

分析截面1－1和2－2之间的控制体受力。在截面1－1上，相对压强为 $p_1 - p_a$，截面2－2处的相对压强为零。水流给喷嘴壁面的合力向右，喷嘴壁面给水流控制体的合力 $\boldsymbol{F}$ 向左。应用动量方程，则有

$$-F + (p_1 - p_a)A_1 = \rho q(v_2 - v_1)$$

$$F = (p_1 - p_a)A_1 - \rho q(v_2 - v_1)$$

q、v_1、v_2 皆未知。由连续性方程得

$$\rho q(v_2 - v_1) = \rho v_2^2 A_2(1 - A_2/A_1)$$

由伯努利方程

$$\frac{p_1}{\rho g} + \frac{v_1^2}{2g} = \frac{p_2}{\rho g} + \frac{v_2^2}{2g}, \quad p_2 = p_a$$

得

$$p_1 - p_a = \frac{1}{2}\rho v_2^2\left[1 - \left(\frac{A_2}{A_1}\right)^2\right]$$

求出 v_2 后代入动量方程得

$$F = (p_1 - p_a)A_1\left(1 - \frac{2}{1 + A_1/A_2}\right) \tag{2.6.7}$$

4. 喷水器

如图2.6.7所示，旋转式喷水器的两臂长分别为 r_1、r_2，两个喷口的直径均为 d，流量均为 q，水的密度为 ρ，求喷水器旋转的角速度 ω；若要阻止其旋转，需加多大的扭矩 M？

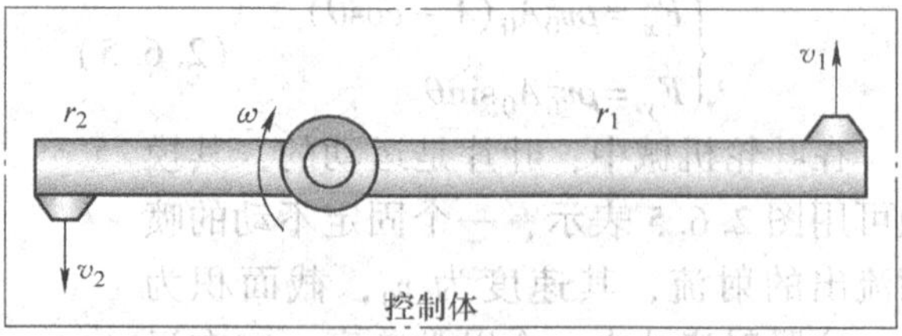

图2.6.7　旋转式喷水器

此问题要用动量矩积分方程解决。任意取一个控制体围住喷水器，控制体相对于喷水器是不动的，两个喷口就是控制面上的两个出口。喷口喷出的水流产生的动量矩和入口水流产生的动量矩之和应等于外力矩之和。

水是从通过转动中心的管子进入喷水器的，因此，入口水流产生的动量矩为零。控制面上均布的环境压力的力矩和为零，除此之外，再没有别的外力矩。因此本问题的动量矩积分

方程可写成

$$\rho q v_1 r_1 + \rho q v_2 r_2 = 0$$

$$v_1 r_1 + v_2 r_2 = 0$$

设 v 为喷水的相对速度，则有

$$v_1 = v - r_1\omega$$

$$v_2 = v - r_2\omega$$

将上式代入 $v_1 r_1 + v_2 r_2 = 0$，则解得

$$\omega = \frac{v(r_1 + r_2)}{r_1^2 + r_2^2} = \frac{4q(r_1 + r_2)}{\pi d^2 (r_1^2 + r_2^2)} \tag{2.6.8}$$

若要阻止其旋转，需要加扭矩为

$$M = \rho q(vr_1 + vr_2) = \frac{4\rho q^2 (r_1 + r_2)}{\pi d^2} \tag{2.6.9}$$

习　　题

2.1　试比较拉格朗日法和欧拉法中的变量 x、y、z 有什么不同含义？在求加速度时有什么不同？

2.2　已知二维速度场为 $\boldsymbol{v} = 3y^2\boldsymbol{i} + 2x\boldsymbol{j}$，求点 $(x, y) = (2, 1)$ 处的速度、当地加速度、迁移加速度、与速度矢量平行的加速度矢量以及与速度矢量垂直的加速度矢量。

2.3　二元流场中速度分布为 $v_x = 5x^3$，$v_y = -15x^2 y$，试求点 $(x, y) = (1, 2)$ 处的速度和加速度。

2.4　已知平面理想流体的两个分速度为 $v_x = x^2 - y^2 + x$，$v_y = -2xy - y$，压力场为 $p = 4x^3 - 2y^2$，试求点 $(x, y) = (2, 1)$ 处的加速度分量 a_x、a_y，压强变化 $\mathrm{d}p/\mathrm{d}t$。

2.5　试区别定常流动和非定常流动、流线和迹线这两对概念，并举例说明之。

2.6　已知速度分布为 $v_x = 2yt + t^3$，$v_y = 2xt$，试求 $t = 2$ 时刻过点 $(0, 1)$ 的流线方程。

2.7　已知速度分布为 $v_x = 1 + At$，$v_y = 2x$，式中 A 为常数，试求 $t = t_0$ 时刻过点 $(0, 1)$ 的流线方程。

2.8　已知速度分布为 $v_x = 2kx$，$v_y = 2ky$，$v_z = -4kz$，式中 k 为常数，试求通过点 $(1, 0, 1)$ 的流线方程。

2.9　给定速度场：$\boldsymbol{v} = x^2 y\boldsymbol{i} - 3y\boldsymbol{j} + 2z^2\boldsymbol{k}$。

(1) 流动是几维流动？

(2) 流动是否是一个可能的不可压缩流动？

(3) 求在空间点 $(x, y, z) = (3, 1, 2)$ 上质点的加速度。

2.10　指出下列流场中哪些可能代表三维不可压缩流动。

(1) $v_x = x + y + z^2$，$v_y = x - y + z$，$v_z = 2xy + y^2 + 4$。

(2) $v_x = xyzt$，$v_y = -xyzt$，$v_z = z^2(xt - yt)/2$。

(3) $v_x = kxyzt$，$v_y = -kxyzt$，$v_z = k^2 z^2 (xt^2 - yt)/2$，其中 k 为常数。

2.11　已知空间不可压缩流体的两个分速度为：① $v_x = ax^2 + by^2 + cz^2$，$v_y = -dxy - eyz -$

fzx；② $v_x=\ln(y^2/b^2+z^2/c^2)$，$v_y=\sin(x^2/a^2+z^2/c^2)$。其中 a、b、c、d、e、f 均为常数，已知当 $z=0$ 时 $v_z=0$，试求在以上两种情况下的第三个分速度 v_z。

2.12 有一不可压缩流体的流动，x 方向的速度分量 $v_x=ax^2+by$，z 方向的速度分量 $v_z=0$，且已知当 $y=0$ 时 $v_y=0$，试求 y 方向的速度分量 v_y。

2.13 三段管路串联，如题 2.13 图所示。直径 $d_1=1\text{m}$，$d_2=0.5\text{m}$，$d_3=0.25\text{m}$，已知断面平均速度 $v_3=10\text{m/s}$，试求 v_1 和 v_2。

2.14 如题 2.14 图所示，一水平放置的分支管路，已知 $d=100\text{mm}$，$q=1.5\times10^{-2}\text{m}^3/\text{s}$，$d_1=d_2=25\text{mm}$，$d_3=50\text{mm}$，$q_1=3q_3$，$v_2=4\text{m/s}$，试求 q_1、q_2、q_3、v_1、v_3。

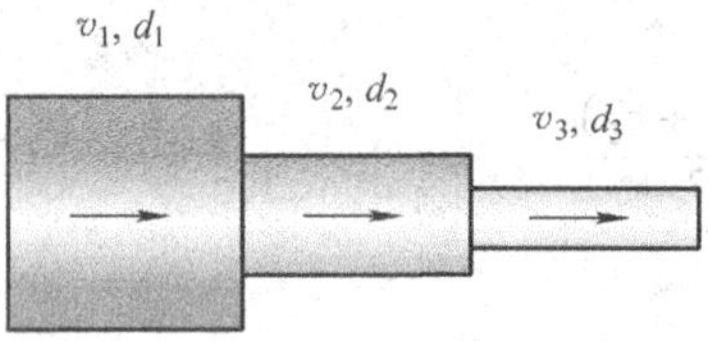

题 2.13 图

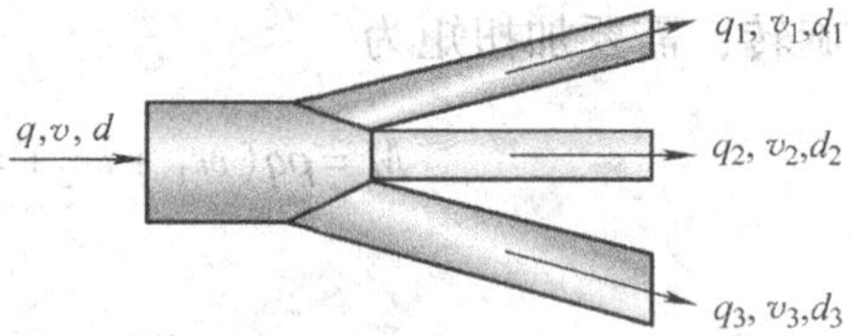

题 2.14 图

2.15 有一收缩形二元管道如题 2.15 图所示，其有效截面按线性变化，不可压缩流体流经管道每单位宽度的流量 $q=1\text{m}^3/\text{s}$，若流动是定常的，试求加速度与距离 x 的函数关系式及当从收缩截面开始 $x=1\text{m}$时的加速度值。

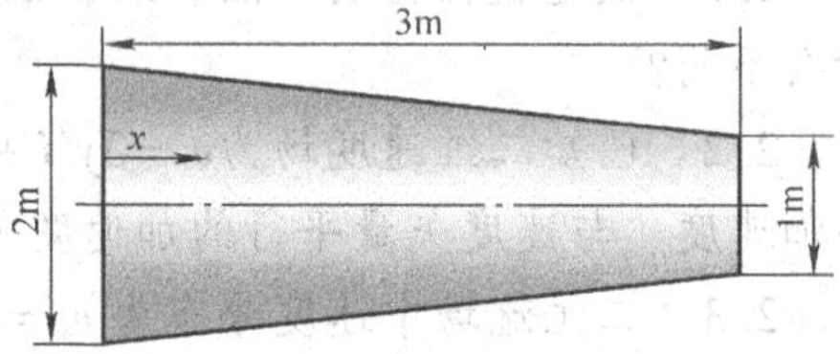

题 2.15 图

2.16 已知理想不可压缩流场 $\boldsymbol{v}=2xy\boldsymbol{i}-2y^2\boldsymbol{j}$，试求 x 方向上的压力梯度以及点 $(x,y)=(1,2)$ 处压力梯度的大小，不计重力的影响。

2.17 理想不可压缩流体在重力作用下做定常流动，已知速度分量为 $v_x=3x$，$v_y=4y$，$v_z=0$，试求流体运动微分方程。若坐标原点取在液流的自由表面上，求处于流体表面以下 1m 深处点 $A(2,2)$ 的压强，设流体的密度为 $\rho=1000\text{kg/m}^3$，自由表面处压强 $p_a=9.81\times10^4\text{Pa}$。

2.18 如题 2.18 图所示，试说明为什么在管截面最小处的测压管能将容器中的液体吸上一个高度 h？

2.19 如题 2.19 图所示，两船平行航行，靠近时有何危险？为什么？

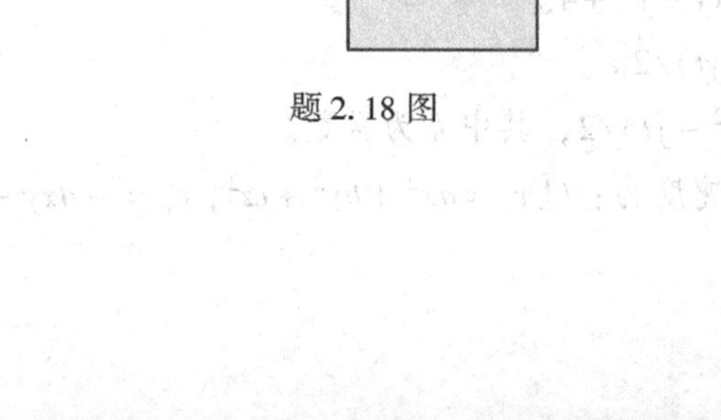

题 2.18 图

题 2.19 图

2.20　轿车高速行驶时，为何车身会变“轻”？

2.21　如题 2.21 图所示，一变直径的管段 AB，直径 $d_A=0.2\text{m}$，$d_B=0.4\text{m}$，高差 $h=1.0\text{m}$，用压强表测得 $p_A=7\times10^4\text{Pa}$，$p_B=4\times10^4\text{Pa}$，用流量计测得管中流量 $q=0.2\text{m}^3/\text{s}$，试判断水在管段中流动的方向，并求水头损失。

2.22　如题 2.22 图所示，用皮托管测量水的流速时，它的低端开口面向来流，其轴线与来流平行，管内水位高出水面 50mm，求来流速度。

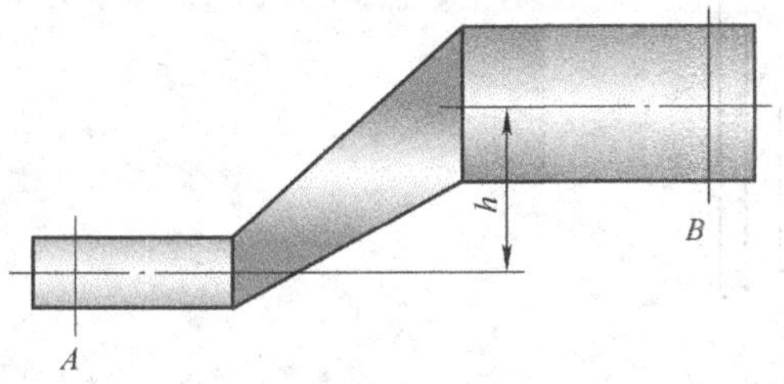

题 2.21 图

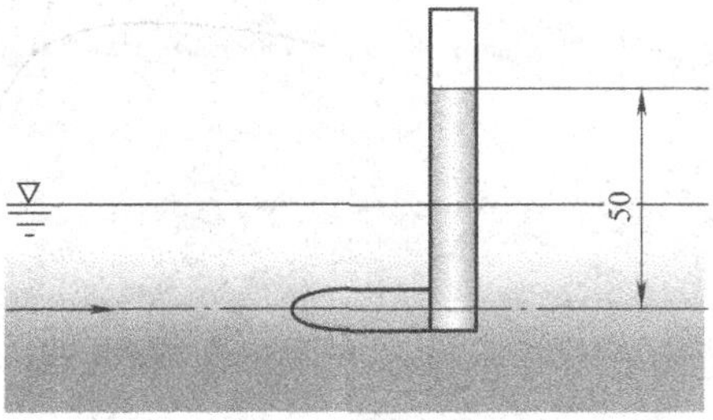

题 2.22 图

2.23　如题 2.23 图所示，用文丘里管推动控制机构的活塞 A 上升。已知活塞直径 $D=50\text{mm}$，质量 $m=0.51\text{kg}$，文丘里管的 $d_1=10\text{mm}$，$d_2=20\text{mm}$，$h=100\text{mm}$，试求管中水流量为多大时，可将活塞托起（不计流动中的任何损失，活塞杆的直径很小，所占面积可以忽略不计）？

2.24　如题 2.24 图所示，水通过虹吸管从水箱吸至 B 点，虹吸管直径 $d_1=60\text{mm}$，出口 B 处喷嘴直径 $d_2=30\text{mm}$，当 $H_1=2\text{m}$、$H_2=4\text{m}$ 时，在不计水头损失条件下，试求流量和 C 点处的压强。

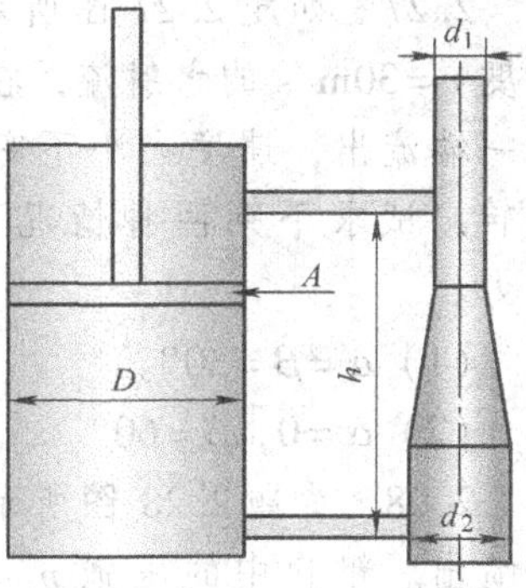

题 2.23 图

2.25　如题 2.25 图所示，截面 1－1 与 2－2 之间为某水管中的一段，已知水流量 $q=0.0314\text{m}^3/\text{s}$，水的密度为 $\rho=1000\text{kg/m}^3$，管径 $d_1=0.22\text{m}$，$d_2=0.2\text{m}$，转角 $\theta=30°$，截面 1－1 中心的相对压强为 $p_1-p_a=10\text{kPa}$，求水流对该段管壁的作用力。

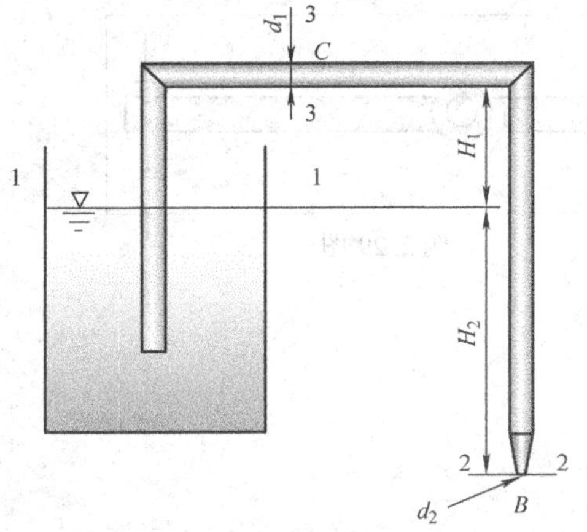

题 2.24 图

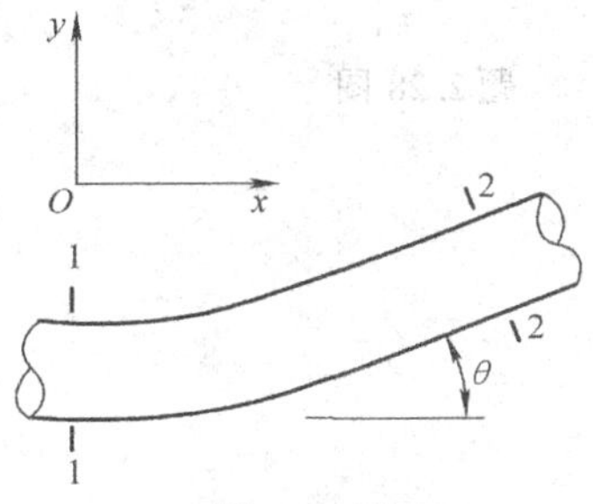

题 2.25 图

2.26 如题 2.26 图所示，一平板垂直插入水柱内，水柱的速度 $v = 30\text{m/s}$，总流量 $q = 36\text{kg/s}$，分流量 $q_1 = 12\text{kg/s}$，试求水柱作用在平板上的力和水流偏转角 α。

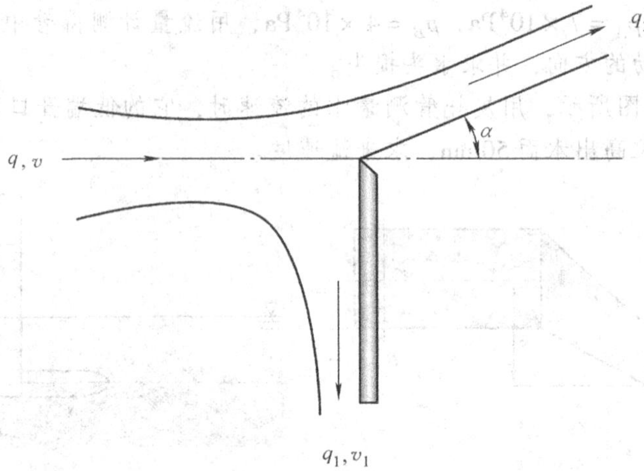

题 2.26 图

2.27 如题 2.27 图所示，直径 $d = 40\text{mm}$、速度 $v = 30\text{m/s}$ 的水射流，在叶片一端流入，从另一端流出，速度大小不变，但方向随叶片而偏转，试求下列两种情况下射流对叶片的作用力。

（1）$\alpha = \beta = 30°$。

（2）$\alpha = 0$，$\beta = 60°$。

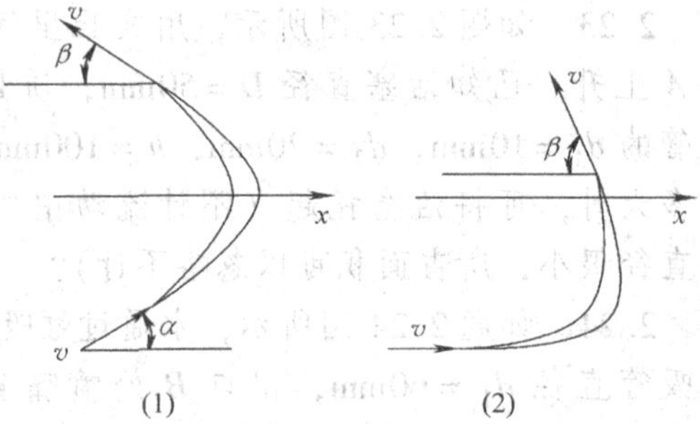

题 2.27 图

2.28 如题 2.28 图所示，水从救火用的喷管喷出。粗管中的压强 $p_1 = 0.51\text{atm}$（表压），截面面积 $A_1 = 5 \times 10^{-3}\text{m}^2$，$A_2 = 3 \times 10^{-3}\text{m}^2$。若喷嘴与粗管由四个螺钉联接着，试确定每个螺钉受力多大（忽略水重和黏性，$1\text{atm} = 1.01 \times 10^5\text{Pa}$）。

2.29 如题 2.29 图所示，$r_1 = 1.5\text{m}$，$r_2 = 1.2\text{m}$，若喷口直径 $d = 25\text{mm}$，每个喷口的水流量均 $q = 3 \times 10^{-3}\text{m}^3/\text{s}$，不计摩擦力矩，求转速。

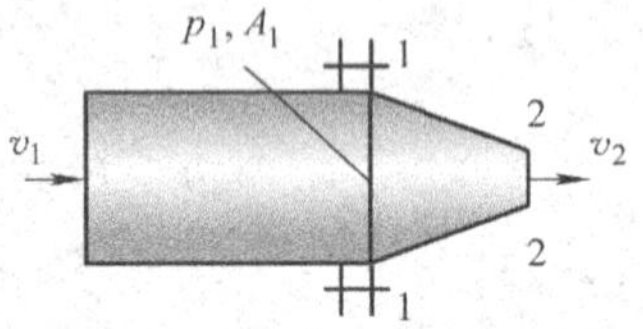

题 2.28 图

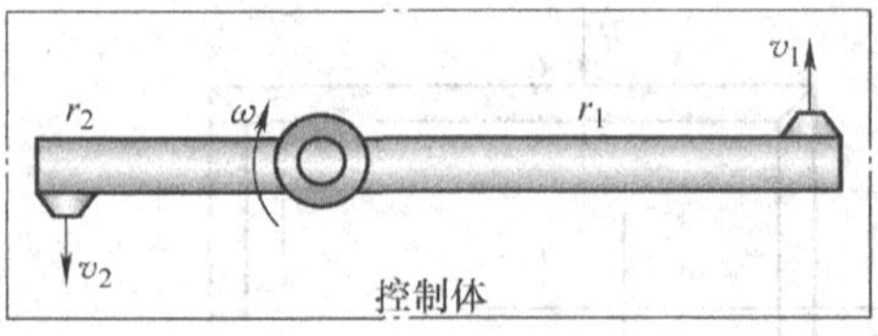

题 2.29 图

第3章　管流和边界层概述

本章首先从雷诺试验出发说明存在的两种截然不同的流动状态——层流和湍流，并阐明它们的判别标准。在此基础上，对层流和湍流的流动特性进行分析，并根据伯努利方程进行管路计算，确定沿程损失和局部损失。

流体的运动分为内流和外流，常见的内流为发生在管路中的流动。绕物体的流动称为外流，工程实际中存在大量的外流问题，如汽轮机、泵和压气机中流体绕叶栅流动，船舶在海洋中的航行，锅炉中烟气流过受热面管束等。在研究外流问题时，首先引入边界层的概念，并简要地介绍边界层流动的特征以及物体受到的绕流阻力。

3.1　黏性流体运动的两种流态

1883年，英国物理学家雷诺（O. Reynolds）发表了他的试验结果。他通过大量的试验研究发现，实际流体在管路中存在两种不同的状态，并且确定了层流和湍流这两种流动状态互相转化的条件。雷诺试验装置如图3.1.1所示。

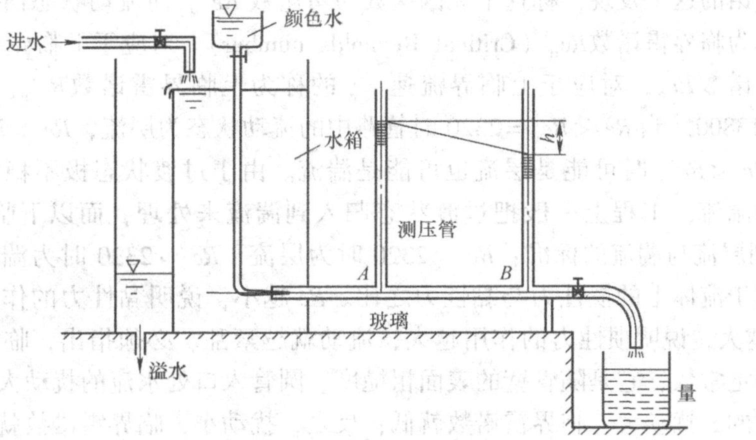

图3.1.1　雷诺试验装置

试验过程中使水箱中的颜色水位保持恒定。试验开始前水箱中颜色水的阀门以及玻璃管上的阀门都是关闭的。开始试验时，逐渐打开玻璃管出口端上的阀门，并开启颜色水的阀门，使颜色水能流入玻璃管中。当阀口开度较小、玻璃管中的流速较小时，颜色水保持一条平直的细线，不与周围的流体相混杂，如图3.1.2a所示。这说明管中流体质点都是平稳地沿管轴线方向运动，而无横向运动，流体就像分层流动一样，这种流动状态称为层流。如果继续缓慢开大阀门，玻璃管中的流速加快，可以发现，在一定的流速范围内，水流仍保持层流状态。当流速增大到某一值后，颜色水出现摆动现象，而不能维持直线状态，如图3.1.2b所示。这说明流体质点出现了与主流动方向垂直的横向运动。当继续开大阀门，流速增大到一定数值时，摆动的颜色水线突然扩散，并与周围的液体相混杂，颜色水充满整个玻璃管，如图3.1.2c 所示。这说明此时流体质点不仅有纵向运动，还有横向运动，处于杂乱无章的不规则状态，这种流动状态称为湍流。

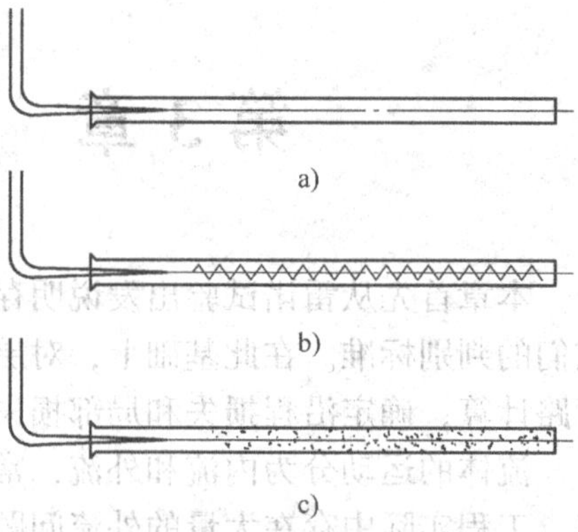

图 3.1.2　颜色线随速度的变化情况

如果将阀门从大缓慢关小，则现象以相反的顺序出现，即流动由湍流经过渡状态再恢复到层流状态。一般把由层流转变为湍流状态时的流速称为上临界流速 v'_c，而把由湍流转变为层流时的流速称为下临界流速 v_c。试验证明，$v_c < v'_c$。因此，由雷诺试验可知，实际流体在管中流动存在着两种不同的流动状态，即层流和湍流。并且当 $v < v_c$ 时为层流，$v > v'_c$ 时为湍流，$v_c < v < v'_c$ 时，可能是层流，也可能是湍流，属于过渡状态。

究竟如何判断管路中的流动是层流还是湍流呢？雷诺用各种不同管径的圆管重复了上述试验，结果发现流动由层流至湍流的转变与由管内平均流速 v、圆管直径 d、流体密度 ρ 以及流体黏度 μ 四个物理量组成的无因次数有关，该无因次数为

$$Re = \frac{\rho v d}{\mu} = \frac{vd}{\nu} \tag{3.1.1}$$

为纪念雷诺的这一发现，称这个无因次数为雷诺数 Re。而流动状态由层流转变成湍流时的雷诺数称为临界雷诺数 Re_c（Critical Reynolds number）。对应于下临界流速 v_c 的雷诺数称为下临界雷诺数 Re_c，对应于上临界流速 v'_c 的称为上临界雷诺数 Re'_c。实验测得 $Re_c = 2320$，$Re'_c = 13800$。当 $Re < Re_c = 2320$ 时管路中的流动状态为层流，$Re > Re'_c = 13800$ 时为湍流；$Re_c < Re < Re'_c$ 时可能是层流也可能是湍流。由于过渡状态极不稳定，外界稍有扰动，就转变为湍流，工程上一般把过渡状态归入到湍流来处理，而以下临界雷诺数 $Re_c = 2320$ 作为判别层流与湍流的标准：$Re < 2320$ 时为层流，$Re > 2320$ 时为湍流。雷诺数的物理意义是作用于流体上的惯性力与黏性力之比。Re 越小，说明黏性力的作用越大，流动就越稳定；Re 越大，说明惯性力的作用越大，流动就越紊乱。必须指出，临界雷诺数并不是一个准确的固定常数，它是随管壁的表面粗糙度、圆管入口处水流的扰动大小等实验条件不同而有所变化的。扰动大，临界雷诺数就低；反之，扰动小，临界雷诺数就高。利用这一现象，可人为地产生一些扰动以促使湍流的发生。产生这类扰动的装置称为激流装置。

雷诺数表达式（3.1.1）中的 d 代表的是管道的特征尺寸，对于圆形断面管道，d 就是管道直径；对于非圆形断面管道，可以用水力半径 R 或当量直径 d_H 来表示。设某一非圆断面管道的过流断面面积为 A，与液体相接触的过流断面润湿周界的长度为 l，则其水力半径为

$$R = \frac{A}{l} \tag{3.1.2}$$

对于圆管来说，$R = A/l = \pi d^2/4\pi d = d/4$，说明圆形断面管道直径为水力半径的 4 倍。用当量直径的概念可将非圆形断面管道折算为过流能力相同的圆形断面管道，所折算的直径称为当量直径 d_H，于是当量直径为

$$d_H = 4R = 4\frac{A}{l} \tag{3.1.3}$$

则雷诺数可以写成

$$Re = \frac{vd_H}{\nu} \tag{3.1.4}$$

式（3.1.4）适用于计算非圆形断面管道的雷诺数。

例 3.1.1　已知管径 $d = 150\text{mm}$，流量 $q = 0.015\text{m}^3/\text{s}$，液体温度为 10℃，其运动黏度 $\nu = 0.415\text{cm}^2/\text{s}$。试确定：

（1）在此温度下的流动状态。

（2）在此温度下的临界速度。

（3）若改为过流面积相等的正方形管道，则其流动状态如何？

解：（1）设管中平均速度为 v，由 $v\frac{\pi d^2}{4} = q$ 得

$$v = \frac{4q}{\pi d^2} = \frac{4\times 15\times 10^{-3}}{\pi \times 0.15^2}\text{m/s} = 0.85\text{m/s}$$

流动的雷诺数

$$Re = \frac{vd}{\nu} = \frac{0.85\times 0.15^2}{0.415\times 10^{-4}} = 3068 > 2320$$

可知在此温度下的流动状态为湍流。

（2）当 $Re = 2320$ 时，为层流、湍流的界限，设临界流速为 v_c，则

$$v_c = \frac{Re\,\nu}{d} = \frac{2320\times 0.145}{0.15}\text{m/s} = 0.64\text{m/s}$$

即此温度下的临界流速为 $v_c = 0.64\text{m/s}$

（3）设正方形管道边长为 a，由题设

$$a^2 = \frac{1}{4}\pi d^2,\quad a = \frac{1}{2}d\sqrt{\pi} = 0.133\text{m}$$

由式（3.1.3）得当量直径

$$d_H = 4\frac{A}{l} = \frac{4a^2}{4a} = a = 0.133\text{m}$$

所以

$$Re = \frac{vd_H}{\nu} = \frac{0.85\times 0.133}{0.415\times 10^{-4}} = 2724 > 2320$$

即流动状态仍为湍流。

3.2　管流水头损失

黏性流体在管路中流动时，由于要克服阻碍流体质点运动的内摩擦力等，必然要消耗一部分机械能，并使这部分机械能转变为热量而散失。这种机械能的消耗称为**能量损失**，单位重量流体所损失的机械能称为**能头损失**（或水头损失）。

流体阻力按产生的原因不同，可分为沿程阻力和局部阻力两种。

3.2.1 沿程水头损失

流体在管道中流动时，由于流体在管壁之间有黏附作用，以及流体质点与流体质点之间存在着内摩擦力等，沿流程阻碍着流体的运动，这种阻力称为沿程阻力。为克服沿程阻力而消耗的机械能称为**沿程阻力损失**，单位重量流体的沿程能量损失称为**沿程水头损失**，以 h_λ 表示，理论分析和试验都表明，h_λ 与管道长度 L 成正比，而与管径 D 成反比，即

$$h_\lambda = \lambda \frac{L}{D} \frac{v^2}{2g} \tag{3.2.1}$$

式中，λ 为沿程阻力系数，它与流动状态、管壁的表面粗糙度等因素有关；g 为重力加速度；v 为管中的平均速度。

这就是沿程水头损失的计算公式，称为达西（Darcy）公式。

能量损失往往又以压差的形式表现出来，因此又称压强损失，沿程压强损失表示为

$$\Delta p = p_1 - p_2 = \lambda \frac{L}{D} \frac{\rho v^2}{2} \tag{3.2.2}$$

式中，ρ 为流体的密度；p_1、p_2 为管长 L 两端的压强。

3.2.2 局部水头损失

流体在管道中流动，当经过弯管、阀门、三通等局部区域或流道突然扩大或缩小时，流速大小和方向被迫急剧地变化，因而发生流体质点的撞击，出现涡旋，由于黏性的作用，质点间发生剧烈的摩擦和能量交换，从而阻碍着流体的运动，这种在局部障碍处产生的阻力称为局部阻力。流体为克服局部阻力而消耗的机械能称为局部阻力损失，单位重量流体的局部阻力损失称为**局部水头损失**，以 h_ζ 表示

$$h_\zeta = \zeta \frac{v^2}{2g} \tag{3.2.3}$$

式中，ζ 为局部阻力系数，它的大小与局部障碍的结构形式有关；v 为管中的平均流速（通常指局部障碍之后的流速）。

局部压力损失为

$$\Delta p = \zeta \frac{\rho v^2}{2} \tag{3.2.4}$$

式中，Δp 为流经局部障碍前、后的压差。

局部障碍有多种形式，所引起的局部阻力特性、大小各异，但其共同的特点是阻力集中在一段较短的流程内。为分析计算方便起见，工程上通常将局部阻力损失看作集中在沿程的一点上。

3.2.3 总能量损失

在工程实际中，流体在管道中流动总是要同时产生沿程能量损失和局部能量损失。于是在某段管道上流体产生总的能量损失应该是这段管路上各种能量损失的叠加，即等于所有沿程能量损失与所有局部能量损失的和，用水头损失表示为

$$h_f = \sum h_\lambda + \sum h_\zeta \tag{3.2.5}$$

3.3　圆管中的层流运动

当流体沿圆形直管流动时，其雷诺数 $Re < Re_c$，则管中的流动状态就是层流。工程上层流的工况很多，如石油输送管道、化工管道、液压传动、机械润滑、机床静压轴承等。本节主要讨论黏性不可压缩流体在等径圆管内的匀速层流流动。由于管壁的阻滞作用和流体的黏性影响，使紧贴管壁处的流速为零，即流体质点黏附在管壁上不动，越往管子中心，流速越大。此时管道过流断面上的速度分布、切应力分布和沿程阻力损失可以通过数学分析的方法得到。

3.3.1　过流断面上流速的分布规律

已知不可压缩黏性流体在等截面水平直圆管中做定常层流流动，在所研究的圆管层流流动中，取一微小圆柱体为分析对象，其轴线与管轴线重合，如图 3.3.1 所示。设微小圆柱体长为 L，半径为 r，观察此圆柱体的受力平衡情况，不考虑重力。由于微小圆柱体做定常匀速流动，在圆柱体的两端面上，压强分别为 p_1 和 p_2，在圆柱体的侧表面上，压强的方向与轴线垂直，而切应力与轴线平行。由于流动是以轴线为对称轴的轴对称流动，作用在圆柱体表面上的外力平衡，所以

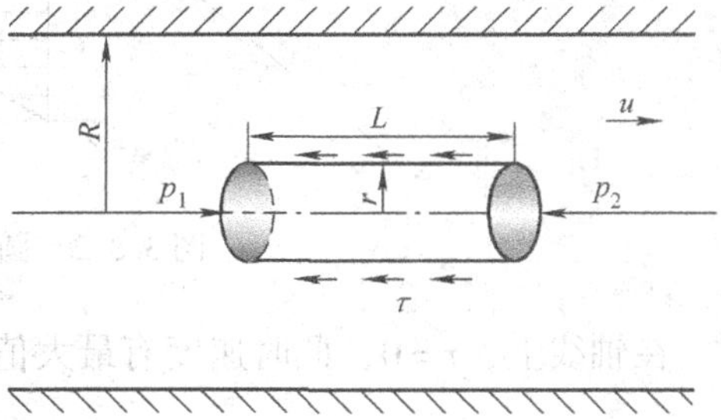

图 3.3.1　圆管层流

$$\pi r^2(p_1 - p_2) - 2\pi r L\tau = 0$$

或

$$\tau = \frac{p_1 - p_2}{L}\frac{r}{2} \tag{3.3.1}$$

由于是牛顿流体的层流流动，根据牛顿内摩擦定律，有

$$\tau = -\mu\frac{\mathrm{d}u}{\mathrm{d}r} \tag{3.3.2}$$

由于 $\mathrm{d}u/\mathrm{d}r$ 为负值，故等式右边加一负号。将式（3.3.2）代入式（3.3.1）得

$$\mu\frac{\mathrm{d}u}{\mathrm{d}r} = -\frac{1}{2L}(p_1 - p_2)r$$

或

$$\frac{\mathrm{d}u}{\mathrm{d}r} = -\frac{1}{2L\mu}(p_1 - p_2)r \tag{3.3.3}$$

令 $\Delta p = p_1 - p_2$，代入式（3.3.3），得

$$\frac{\mathrm{d}u}{\mathrm{d}r} = -\frac{\Delta p}{2L\mu}r \tag{3.3.4}$$

求解式（3.3.4）得

$$u = -\frac{\Delta p}{4L\mu}r^2 + C_1 \tag{3.3.5}$$

由边界条件确定 C_1，当 $r = R$ 时，即在管壁上，$u = 0$，代入式（3.3.5）得

$$C_1 = \frac{\Delta p}{4L\mu}R^2$$

故圆管过流断面上流速分布为

$$u = \frac{\Delta p}{4L\mu}(R^2 - r^2) \tag{3.3.6}$$

式（3.3.6）就是圆管层流时过流断面上的速度分布公式，该式说明流速沿半径按抛物线规律分布，如图 3.3.2 所示。

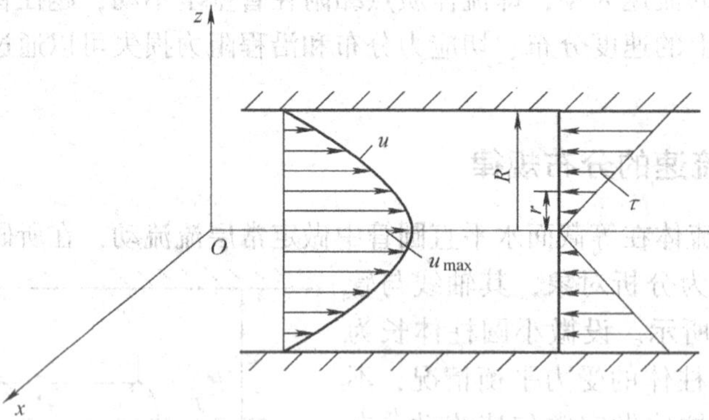

图 3.3.2　圆管层流速度和切应力分布

在轴线上，$r=0$，此时速度有最大值 u_{max}

$$u_{max} = \frac{\Delta p}{4\mu L}R^2 \tag{3.3.7}$$

沿过流断面的流速按式（3.3.6）抛物线规律分布的层流流动通常称为完全发展的层流流动。

3.3.2 流量计算

在过流断面的任一半径 r 处，取一宽度为 $\mathrm{d}r$ 的圆环，如图 3.3.3 所示。因为 $\mathrm{d}r$ 很小，可以认为其上速度相等，于是通过微元面积 $\mathrm{d}A = 2\pi r\mathrm{d}r$ 上的微小流量为

$$\mathrm{d}q = u\mathrm{d}A = u2\pi r\mathrm{d}r$$

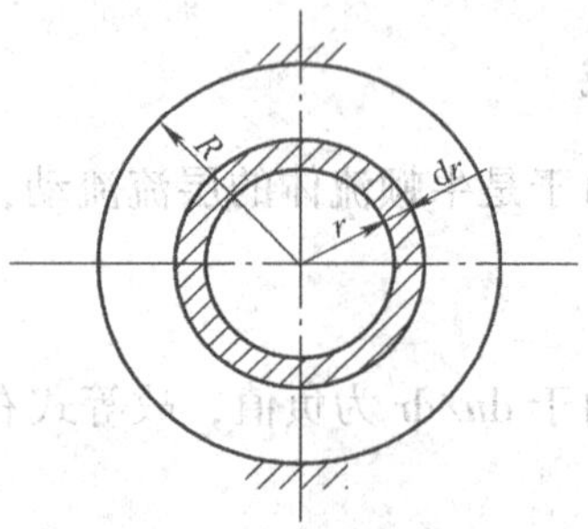

图 3.3.3　流量计算

通过整个过流断面的流量为

$$\begin{aligned} q &= \int \mathrm{d}q = \int_0^R u2\pi r\mathrm{d}r \\ &= \int_0^R \frac{\Delta p}{4\mu}(R^2 - r^2)2\pi r\mathrm{d}r \\ &= \frac{\pi R^4}{8\mu L}\Delta p \end{aligned} \tag{3.3.8}$$

式（3.3.8）就是圆管层流的流量计算公式，它与管径的四次方成正比，可见管径对流量的影响很大。

断面上的平均流速为

$$v = \frac{q}{A} = \frac{\Delta p R^2}{8\mu L} \tag{3.3.9}$$

比较式（3.3.9）和式（3.3.7），可得

$$v = \frac{1}{2}u_{\max}$$

上式说明圆管层流断面上的最大速度是平均速度的两倍。

3.3.3　切应力分布

由牛顿内摩擦定律可得切应力应为

$$\tau = -\mu\frac{\mathrm{d}u}{\mathrm{d}r}$$

将式（3.3.6）代入上式，得

$$\tau = -\mu\frac{\mathrm{d}}{\mathrm{d}r}\left[\frac{\Delta p}{4\mu L}(R^2 - r^2)\right] = \frac{\Delta p}{2L}r \tag{3.3.10}$$

由式（3.3.10）可知切应力沿半径方向按直线规律分布，如图 3.3.2 所示。

3.3.4　沿程阻力损失

流体在直管中流动造成的能量损失称为沿程阻力损失，这种阻力损失的计算方法如下。

图 3.3.4 所示的直管中，沿流程长度 L 的两端截面 1－1 及 2－2，写出有能量损失的伯努利方程，可得到

$$z_1 + \frac{p_1}{\rho g} + \frac{\alpha_1 v_1^2}{2g} = z_2 + \frac{p_2}{\rho g} + \frac{\alpha_2 v_2^2}{2g} + h_\lambda$$

对于水平放置的等直径管，则有 $z_1 = z_2$、$v_1 = v_2$ 和 $\alpha_1 = \alpha_2$，于是上式可简化成

$$h_\lambda = \frac{p_1 - p_2}{\rho g} = \frac{\Delta p}{\rho g} \tag{3.3.11}$$

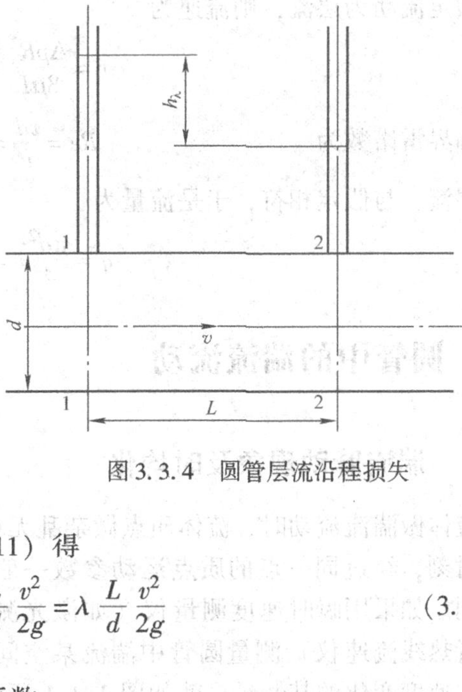

图 3.3.4　圆管层流沿程损失

由式（3.3.9）得 $\Delta p = 8\mu Lv/R^2$，代入式（3.3.11）得

$$h_\lambda = \frac{8\mu Lv}{\rho g R^2} = \frac{64}{\frac{\rho v d}{\mu}}\frac{L}{d}\frac{v^2}{2g} = \lambda\frac{L}{d}\frac{v^2}{2g} \tag{3.3.12}$$

其中，$\lambda = 64/Re$，为圆管层流的沿程阻力损失系数。

由以上过程可以看出，层流流动的沿程损失与平均速度的一次方成正比，沿程阻力损失系数 λ 仅与 Re 有关，与管壁表面粗糙度无关，这一结论已被试验所证实。

为克服沿程阻力而消耗的功率为

$$W = \rho g h_\lambda q = \Delta p q = \frac{128\mu L q^2}{\pi d^4} \tag{3.3.13}$$

由式（3.3.13）可知，当 q、d、L 一定时，μ 大，则功率损失大；μ 小，则功率损失小。因此在输送石油时，通常将油加热，使黏度降低，从而减少功率消耗。

例 3.3.1　设有一恒定有压均匀圆管流动，已知管径 $d = 20\mathrm{mm}$，管长 $l = 20\mathrm{m}$，管中水流

速度 $v=0.12\text{m/s}$，水温 $t=10℃$ 时水的运动黏度 $\nu=1.306\times10^{-6}\text{m}^2/\text{s}$。求沿程阻力损失。

解：因为

$$Re=\frac{vd}{\nu}=\frac{0.12\times0.02}{1.306\times10^{-6}}=1838<2320 \text{ 为层流}$$

所以该流动为层流。

所以

$$\lambda=\frac{64}{Re}=\frac{64}{1838}=0.035$$

$$h_\lambda=\lambda\frac{l}{d}\frac{v^2}{2g}=0.035\times\frac{20}{0.02}\times\frac{(0.12)^2}{2\times9.8}\text{mH}_2\text{O}=0.026\text{mH}_2\text{O}$$

例 3.3.2 设有长 $l=1000\text{m}$、直径 $d=150\text{mm}$ 的水平管道，出口的压强为大气压，入口的表压强为 $0.965\times10^6\text{Pa}$，管内石油的密度 $\rho=920\text{kg/m}^3$，运动黏度 $\nu=4\times10^{-4}\text{m}^2/\text{s}$，试求石油的流量 q。

解：

$$\mu=\rho\nu=0.368\text{kg/(m}\cdot\text{s)}$$

假定流动为层流，则流速为

$$v=\frac{\Delta pR^2}{8\mu L}=1.8438\text{m/s}$$

临界雷诺数为

$$Re=\frac{vd}{\nu}=691<2320$$

故为层流，与假定相符，于是流量为

$$q=\frac{\pi d^2}{4}v=0.0326\text{m}^2/\text{s}$$

3.4 圆管中的湍流流动

3.4.1 湍流脉动现象及时均化

流体做湍流流动时，流体质点做杂乱无章的无规律运动，流体质点相互混杂、碰撞。在不同时刻，经过同一点的质点运动参数一般都不相同。如果用瞬时速度测量仪（如激光测速仪或者热线流速仪）测量圆管中湍流某空间点上真实速度变化的其情景，就如图 3.4.1 所示。这种在定点上的瞬时运动参数随时间而发生波动的现象称为脉动。这种脉动导致很难从理论上来描述流体质点的运动规律。而在实际工程当中，这种瞬息变化的脉动值并无实际意义，所需计算的运动参数均是指其时间平均值。所以，研究湍流时通常采用时均法。

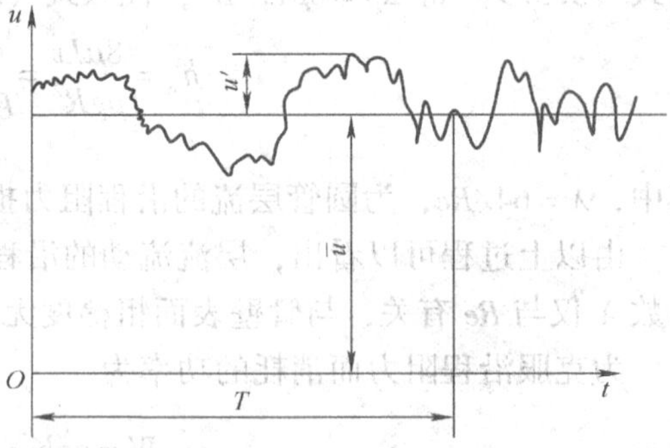

图 3.4.1 湍流速度分布

在用时均法分析湍流运动时，通常某一点的瞬时流速等于时均速度与脉动速度之和，即

$$u=\bar{u}+u' \tag{3.4.1}$$

式中，$\bar{u}$ 为时均速度；u' 为脉动速度，是瞬时速度与时均速度的差值。

如取时间间隔 T，瞬时速度在 T 时间内的平均值称为时间平均速度，简称时均速度，即

$$\bar{u} = \frac{1}{T}\int_0^T u\mathrm{d}t \tag{3.4.2}$$

同样，瞬时压强 p 为时均压强 $\bar{p}$ 和脉动压强 p' 之和，时均压强为

$$\bar{p} = \frac{1}{T}\int_0^T p\mathrm{d}t \tag{3.4.3}$$

由以上讨论可知，湍流运动实质是非定常的。实际上也并不存在真正的定常流动。但如果流场中各空间点上的流动参数的时均值不随时间变化，就可认为是定常流动。因此对于湍流，所讨论的定常流动是指时间平均的定常流动。在工程实际的一般问题中，只需研究各运动参量的时均值，用运动参量的时均值来研究湍流运动即可，因此可使问题大大简化。但在研究湍流运动的物理实质时，就必须考虑脉动的影响。通常只要不混淆，用 v 代表时均速度，用 p 代表时均压强。

3.4.2　湍流的速度结构与水力光滑管和水力粗糙管

1. 湍流的速度结构

试验观察指出，管中出现湍流时，并非全管中都是同样的湍流状态。在靠近管壁处，存在着一薄层，在这一薄层内，管壁的摩擦以及分子附着力的作用，使得流体质点的脉动受到很大的限制，近似认为是层流运动。而在管轴中心区域才是做完全的湍流运动。于是管中湍流的速度结构可以划分为以下三个区域：

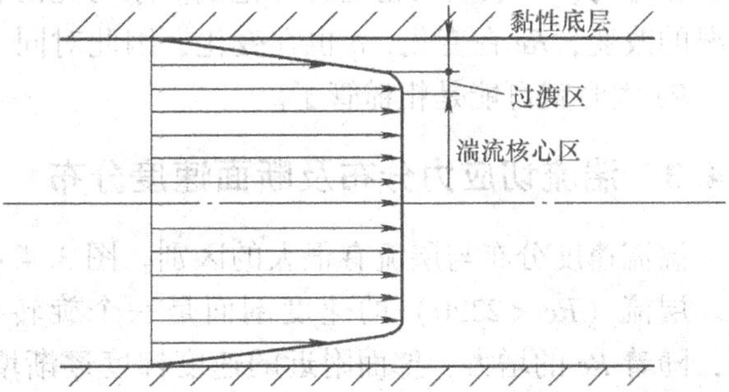

图3.4.2　湍流的速度结构

（1）黏性底层区　在靠近管壁的薄层区域内，流体的黏性力起主要作用，速度分布呈线性，速度梯度很大，这一薄层称为黏性底层，如图3.4.2所示。

（2）湍流核心区　在管轴中心区域，黏性的影响逐渐减弱，湍流的脉动比较剧烈，速度分布比较均匀，流体处于完全的湍流状态，这一区域称为湍流核心区。

（3）过渡区　处于黏性底层与湍流核心区之间的区域，这一区域范围很小，速度分布规律与湍流核心区相接近。

黏性底层的厚度 δ 很小，并且不是固定不变的。它与主流的脉动程度有关，脉动越剧烈，δ 越小，而脉动程度可由 Re 反映，因此 δ 与 Re 成反比，按经验公式有

$$\delta = \frac{32.8d}{Re\sqrt{\lambda}} \tag{3.4.4}$$

式中，d 为管径；λ 为沿程阻力系数。

2. 水力光滑管和水力粗糙管

对于任何一个管道，由于各种因素（如管子的材料、加工方法、使用条件及锈蚀等）

的影响，管壁内的表面总是凹凸不平的，把管壁内表面凹凸不平的平均尺寸Δ称为**绝对粗糙度**，如图3.4.3所示。而绝对粗糙度Δ与管径d之比称为**相对粗糙度**，用$\overline{\Delta}$表示。

当黏性底层的厚度δ大于管壁的绝对粗糙度Δ时，管壁的凹凸不平部分完全被黏性底层所覆盖，湍流核心区与凸起部分不接触，流动不受管壁粗糙度的影响，因而流动的能量损失也不受管壁粗糙度的影响，这时的管道称为**水力光滑管**，如图3.4.3a所示。这种流动称为水力光滑的流动。

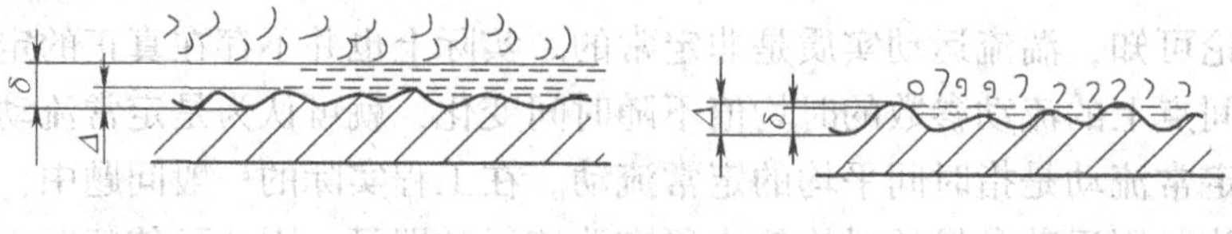

图3.4.3

a）水力光滑　b）水力粗糙

当黏性底层的厚度δ小于管壁的绝对粗糙度Δ时，管壁的凹凸不平部分完全暴露在黏性底层之外，湍流核心区与凸起部分相接触，流体冲击在凸起部分不断产生新的漩涡，加剧紊乱程度，增大能量损失，流动受管壁粗糙度的影响，这时的管道称为**水力粗糙管**，如图3.4.3b所示。这种流动称为水力粗糙的流动。当黏性底层的厚度δ与管壁的绝对粗糙度Δ近似相等时，一般归入粗糙管的范围。水力光滑管和水力粗糙管的概念是相对的，随着流动情况的改变，Re在变化，δ也在变化，因此对同一管道（Δ固定不变），Re小时可能是光滑管，Re大时就可能是粗糙管了。

3.4.3 湍流切应力分布及断面速度分布

湍流速度分布与层流有很大的区别。图3.4.4所示为圆管中不同雷诺数Re时的速度分布。层流（$Re < 2320$）的速度剖面是一个旋转抛物面，随着Re的增大，壁面附近的速度梯度逐渐增大，而在轴线附近一个较大的范围内，速度变化很平缓，湍流切应力集中分布于壁面附近。

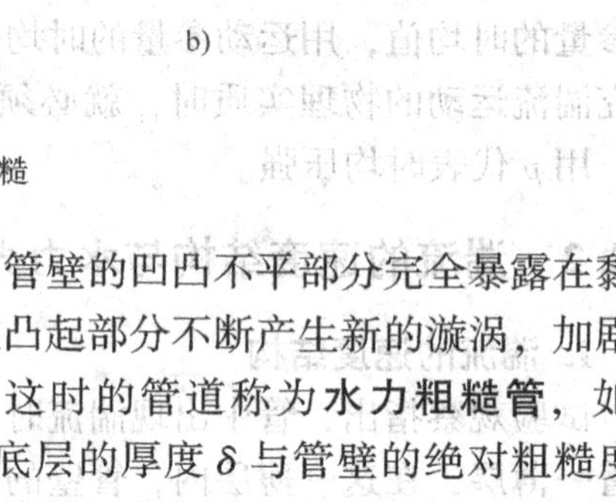

图3.4.4　圆管中不同雷诺数Re时的速度分布

1. 湍流切应力分布

在湍流流动中，流体质点速度大小和方向均在不停地随机变化，流体质点除具有主流动方向的运动外，还存在着沿不同方向的脉动。其结果使流体质点在垂直于主流动方向的层间产生相互掺混，由于在掺混前后层间掺混的那部分流体质点的速度方向发生变化，必然引起动量变化。由动量守恒定理可知，这种动量的变化必然随着层间沿主流动方向有力的传递，这个由湍流脉动引起的作用力通常称为附加切应力。

按普朗特（Prandtl）混合长度理论，附加切应力为

$$\tau' = \rho L^2 \left(\frac{du}{dy}\right)^2 \tag{3.4.5}$$

式中，ρ为流体的密度；y为流体质点至管壁的距离；du/dy为时均速度梯度；L为流体质点

的掺混路程，在普朗特理论中称为混合长度。

湍流中总的切应力应由黏性切应力和附加切应力两部分组成，即

$$\tau=\mu\frac{\mathrm{d}u}{\mathrm{d}y}+\rho L^2\left(\frac{\mathrm{d}u}{\mathrm{d}y}\right)^2 \tag{3.4.6}$$

由湍流速度结构可知，在黏性底层，流体为层流状态，切应力主要为黏性切应力，附加切应力可以不计。在湍流核心区，流体质点间的相互混杂使附加切应力占主导作用，黏性切应力可以忽略。而在过渡区，黏性切应力和附加切应力应具有同一数量级，但由于该区很小，一般将其并入湍流核心区来处理。

2. 断面速度分布

在黏性底层中有

$$\tau=\mu\frac{\mathrm{d}u}{\mathrm{d}y} \tag{3.4.7}$$

即

$$\mathrm{d}u=\frac{\tau}{\mu}\mathrm{d}y$$

由于黏性底层很薄，可近似用壁面上的切应力 τ_0 表示，于是积分上式得

$$u=\frac{\tau_0}{\mu}y \tag{3.4.8}$$

即在黏性底层中，速度分布是直线规律。在湍流核心区中，切应力满足

$$\tau=\rho L^2\left(\frac{\mathrm{d}u}{\mathrm{d}y}\right)^2$$

对于均匀湍流，切应力沿半径为直线分布，即 $\tau=\tau_0 r/R=\tau_0(1-y/R)$，又根据卡门（Karman）试验，混合长度可表示为（除管轴附近外）$L=ky\sqrt{1-y/R}$，其中 k 为常数，将这两式代入上式得

$$\tau_0\left(1-\frac{y}{R}\right)=\rho k^2y^2\left(1-\frac{y}{R}\right)\left(\frac{\mathrm{d}u}{\mathrm{d}y}\right)^2$$

整理并积分得

$$u=\sqrt{\frac{\tau_0}{\rho}}\frac{1}{k}\ln y+c \tag{3.4.9}$$

利用管中心的条件：$y=R$ 时，$u=u_{\max}$，求出积分常数 c，再代回原式得

$$\frac{u_{\max}-u}{u^*}=\frac{1}{k}\ln\frac{R}{y} \tag{3.4.10}$$

此式表明，管中湍流核心区的速度按对数规律分布，其特点是速度梯度小。这是因为湍流核心区内流体质点的剧烈掺混作用使得各质点的速度趋于均匀化。式中 $u^*=\sqrt{\tau_0/\rho}$具有速度的量纲，称为剪切速度。

此外湍流速度分布还可以近似表示为指数分布形式（n 分之一定律），即

$$\frac{u}{u_{\max}}=\left(\frac{y}{R}\right)^{1/n} \tag{3.4.11}$$

其中 n 与 Re 有关，根据试验可以得到：当 $Re=4\times10^3$ 时，$n=6$；$Re=10^5$ 时，$n=7$；$Re=3.24\times10^6$ 时，$n=9$。

3.4.4 圆管内湍流运动的沿程损失

湍流沿程阻力损失的计算公式与式（3.2.1）一样，为

$$h_\lambda = \lambda \frac{L}{D}\frac{v^2}{2g}$$

只是沿程阻力系数 λ 的取值方法不同。由于湍流运动很复杂，很难用理论方法直接推导求得，实际上都是采用试验数据和经验公式来求得 λ 的值，常用方法有两种。

1. 用经验公式计算

（1）对于湍流水力光滑管　雷诺数范围为 $4000 < Re < 3\times10^6$。

$4000 < Re < 10^5$ 时，可用布拉休斯公式

$$\lambda = \frac{0.3164}{Re^{0.25}} \tag{3.4.12}$$

$10^5 < Re < 3\times10^6$ 时，可用尼古拉兹公式

$$\lambda = 0.0032 + \frac{0.221}{Re^{0.237}} \tag{3.4.13}$$

$Re > 4000$ 时，也可用卡门－普朗特方程计算

$$\frac{1}{\sqrt{\lambda}} = 2\lg\left(Re\sqrt{\lambda}\right) - 0.8 \tag{3.4.14}$$

（2）对于粗糙管　当 $Re > 4160\ (d/2\Delta)^{0.85}$ 时，λ 可由下面公式计算

$$\lambda = \frac{1}{\left(1.74 + 2\lg\frac{d}{2\Delta}\right)^2} \tag{3.4.15}$$

由式（3.4.12）~式（3.4.15）可以看出湍流的水力粗糙管的沿程损失系数 λ 与雷诺数 Re 无关。

2. 查曲线图求得

（1）尼古拉兹试验曲线　尼古拉兹（Nikuradse）于1933年发表了试验结果。他将粒径不同的均匀砂粒均匀地粘在管道内壁上，构成人工均匀粗糙管，砂粒粒径 Δ 代表粗糙度，在不同 Δ 和不同相对粗糙度（Δ/d）下进行了大量的试验，得出了 λ 与 Re 之间的关系曲线（图3.4.5）。这些曲线大致可以划分为如下五个区域：

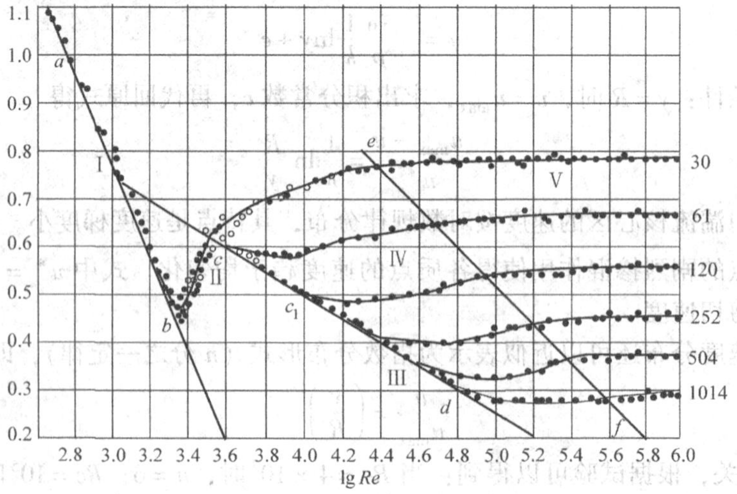

图3.4.5　尼古拉兹试验曲线

1）层流区，直线 ab，$Re < 2320$。

2）层流到湍流过渡区，曲线 bc，$2320 < Re < 4000$。

3）水力光滑区，直线 cd，$4000 < Re < 26.98\,(d/\Delta)^{8/7}$。

4）湍流粗糙管过渡区，直线 cd 和 ef 所夹区域，$26.98\,(d/\Delta)^{8/7} < Re < 4160\,(d/2\Delta)^{0.85}$。

5）水力粗糙区，又称阻力平方区，直线 ef 右侧，$Re > 4160\,(d/2\Delta)^{0.85}$。

（2）穆迪（Moody）图　粗糙度大小、形状和分布是不规则的。穆迪于 1944 年提供了工业管道 λ 与 Re、Δ/d 之间的关系图，称为穆迪图，如图 3.4.6 所示。该图也分为五个区域，图上编号依次是层流区、临界区（相当于尼古拉兹图的层流到湍流过渡区）、光滑管区、过渡区（相当于尼古拉兹曲线的湍流粗糙管过渡区）及完全湍流粗糙管区（尼古拉兹曲线的平方阻力区）。

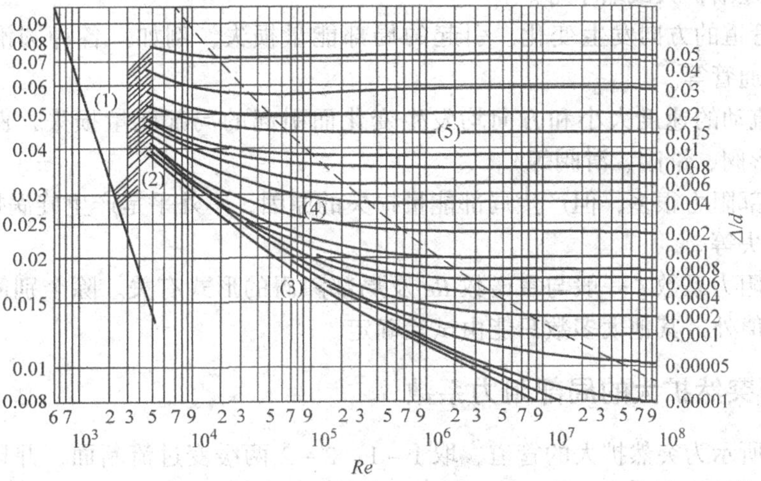

图 3.4.6　穆迪图

例 3.4.1　用直径 $d=200\text{mm}$、长 $l=3000\text{mm}$、管壁粗糙度 $\Delta=0.2\text{mm}$ 的管道输送密度 $\rho=900\text{kg/m}^3$ 的石油，流量 $q=27.8\times10^{-3}\text{m}^3/\text{s}$。油的运动黏度：冬季时，$\nu=1.092\times10^{-4}\text{m}^2/\text{s}$；夏季时，$\nu=0.355\times10^{-4}\text{m}^2/\text{s}$，试求沿程损失 h_λ。

解：$v=\dfrac{4q}{\pi d^2}=0.885\text{m/s}$。冬季时，$Re=vd/\nu=1620<2320$，为层流，所以

$$h_\lambda=\frac{64}{Re}\frac{l}{d}\frac{v^2}{2g}=23.65\text{m}\ （油柱）$$

夏季时，$Re=vd/\nu=4986$，因 $4000<Re<10^5$，故属于湍流，用布拉休斯公式得

$$\lambda=\frac{0.3164}{Re^{0.25}}=0.0378$$

所以

$$h_\lambda=\lambda\frac{l}{d}\frac{v^2}{2g}=22.64\text{m}\ （油柱）$$

例 3.4.2　某新铸铁管管壁粗糙度 $\Delta=0.3\text{mm}$，长 $l=100\text{m}$，管径 $d=0.25\text{m}$，水温为 20℃，水流量 $q=0.05\text{m}^3/\text{s}$，求沿程水头损失 h_λ。

解：$v=\dfrac{4q}{\pi d^2}=1.019\text{m/s}$。查表得水的运动黏度 $\nu=1.007\times10^{-6}\text{m}^2/\text{s}$，$Re=vd/\nu=2.53$

$\times 10^5$，$\Delta/d = 1.2\times 10^{-3}$；查穆迪图得 $\lambda = 0.021$，故

$$h_\lambda = \lambda \frac{l}{d}\frac{v^2}{2g} = 0.445\text{m}\ (\text{水柱})$$

3.5 局部阻力系数的确定

流体经过各种局部障碍装置（如变径管、弯管、阀门等），将产生局部阻力，引起局部能量损失，称为局部阻力损失。其计算公式为式（3.2.3）。

局部阻力损失大致可以分为三类：

1）由于管道断面面积的大小发生变化引起的局部能量损失，例如：管道断面突然扩大、或缩小、逐渐扩大或缩小等。

2）由于管道的方向发生变化，引起的局部能量损失，例如：各种圆滑弯头、直角弯头、折管、三通管等。

3）由于流动的速度大小和方向均发生变化而引起的局部能量损失，例如：各种阀门（平板阀、球形阀、锥阀、滑阀等）。

总之，局部阻力很多，但产生局部能量损失的原因，不外乎是产生旋涡损失、碰撞摩擦损失、加速损失等。

局部流动阻力系数 ζ 一般与雷诺数 Re 及局部障碍的形式有关。除个别简单情况可以从理论上求得 ζ 值外，其他大多数只能由试验确定。

3.5.1 断面突然扩大的局部阻力系数

图 3.5.1 所示为突然扩大的管道，取 1－1、2－2 两缓变过流断面，并以管轴线所在断面为基准面，列伯努利方程

$$z_1 + \frac{p_1}{\rho g} + \frac{\alpha_1 v_1^2}{2g} = z_2 + \frac{p_2}{\rho g} + \frac{\alpha_2 v_2^2}{2g} + h_f$$

式中 $z_1 = z_2$，取 $\alpha_1 = \alpha_2 = 1$，1－1、2－2 两断面间距较短，可不计沿程损失 h_λ，则 $h_f = h_\zeta$，即只有局部能量损失，于是

$$h_\zeta = \frac{p_1 - p_2}{\rho g} + \frac{v_1^2 - v_2^2}{2g} \qquad (3.5.1)$$

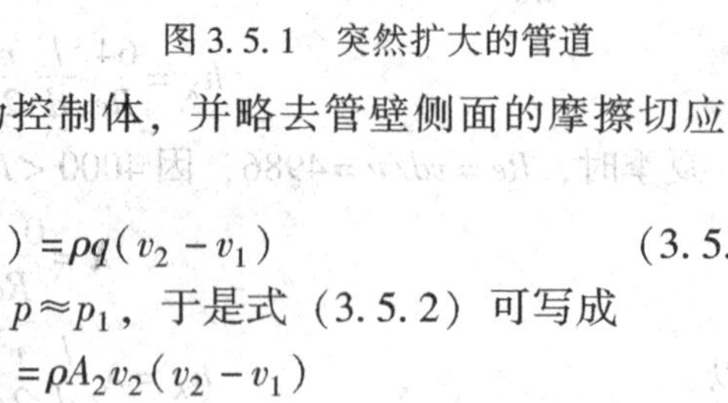

图 3.5.1 突然扩大的管道

以 1－1、2－2 两断面及管壁所包围的流体为控制体，并略去管壁侧面的摩擦切应力，列出轴线方向的动量方程式

$$p_1A_1 - p_2A_2 + p(A_2 - A_1) = \rho q(v_2 - v_1) \qquad (3.5.2)$$

式中，p 为突然扩大台阶上的平均压力，试验证明 $p \approx p_1$，于是式（3.5.2）可写成

$$(p_1 - p_2)A_2 = \rho q(v_2 - v_1) = \rho A_2 v_2(v_2 - v_1)$$

或

$$(p_1 - p_2) = \rho v_2(v_2 - v_1) \qquad (3.5.3)$$

由式（3.5.1）和式（3.5.3）可得

$$h_\zeta = \frac{(v_1 - v_2)^2}{2g} \tag{3.5.4}$$

根据连续性性方程 $v_1A_1 = v_2A_2$，上式可以变换为

$$h_\zeta = \left(1 - \frac{A_1}{A_2}\right)^2 \frac{v_1^2}{2g} = \zeta_1 \frac{v_1^2}{2g} \tag{3.5.5}$$

或

$$h_\zeta = \left(\frac{A_2}{A_1} - 1\right)^2 \frac{v_2^2}{2g} = \zeta_2 \frac{v_2^2}{2g} \tag{3.5.6}$$

式中，$\zeta_1 = (1 - A_1/A_2)^2$ 为对应于小截面速度水头的局部阻力系数，$\zeta_2 = (A_2/A_1 - 1)^2$ 为对应于大截面速度水头的局部阻力系数。

当 A_2 远大于 A_1 时，$A_1/A_2 \approx 0$，$\zeta_1 \approx 1$，$h_\zeta = v_1^2/2g$，即当管道出口与大截面容器相连时，流体的全部动能都将耗散于大容器中。

3.5.2　常见障碍的局部阻力系数

除断面突然扩大的局部障碍外，对工程实际中遇到的各种形式局部障碍的 ζ 值，可查阅有关资料和手册。这里给出一些常见局部障碍的局部阻力系数，见表 3.5.1 和表 3.5.2。

表 3.5.1　常见局部障碍的局部阻力系数

局部障碍名称	简图	局部阻力系数
逐渐扩大	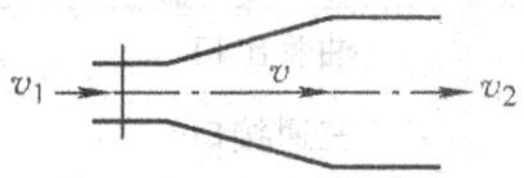	$\zeta = 0.2 \sim 0.72$
突然缩小	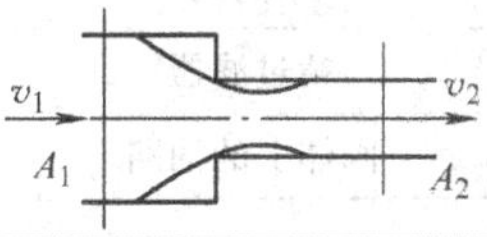	$\zeta = 0.5\left(1 - \frac{A_1}{A_2}\right)$
逐渐缩小	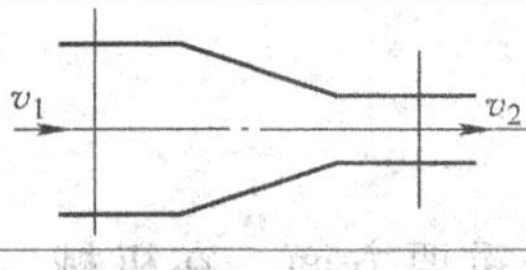	$\zeta = 0.01 \sim 0.05$
等径三通	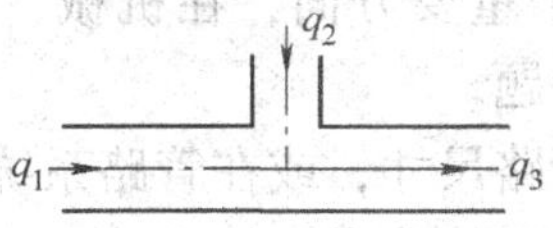	$q_2 = q_3$ 时，$\zeta = 1.5$ $q_2 = 0$ 时，$\zeta = 0.1$
等径三通	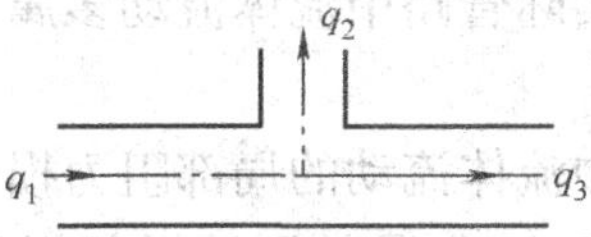	$q_1 = q_2$ 时，$\zeta = 1.5$ $q_1 > q_2$ 时，$\zeta = 0.1$
等径三通	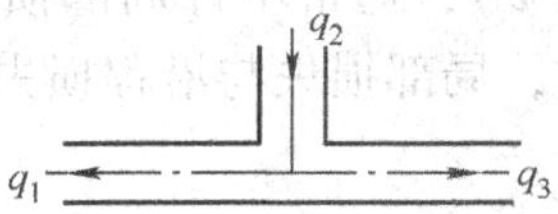	$\zeta = 1.5$
Y 型叉管	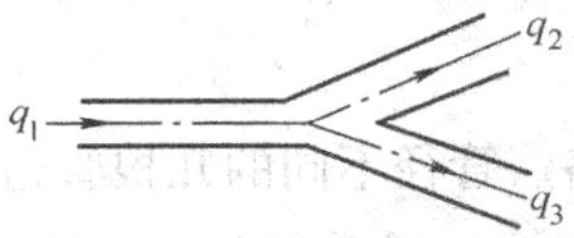	$\zeta = 1.0$

（续）

局部障碍名称	简图	局部阻力系数
Y 型叉管	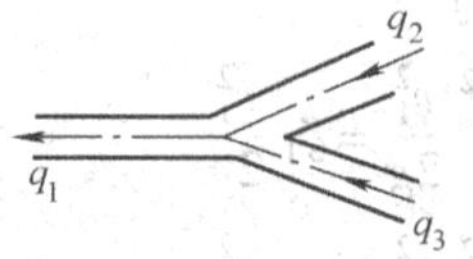	$\zeta = 1.5$
折角圆弯管	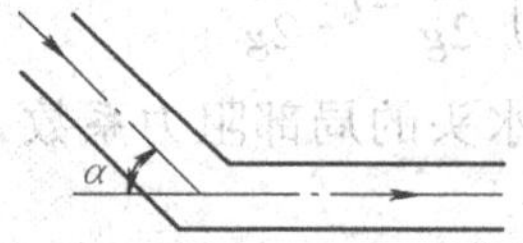	$\zeta = 0.946\sin^2\dfrac{\alpha}{2} + 2.047\sin^4\dfrac{\alpha}{4}$
90°圆弯管	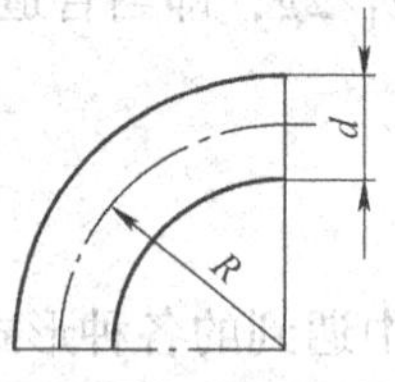	$\zeta = 0.131 + 0.16\left(\dfrac{d}{R}\right)^{3.5}$

表 3.5.2　常见液压附件的局部阻力系数

局部障碍名称	局部阻力系数	局部障碍名称	局部阻力系数
直角弯头	$\zeta = 0.9 \sim 1.2$	粗过滤器	$\zeta = 1 \sim 3$
45°弯头	$\zeta = 0.42$	油管出口	$\zeta = 1$
节流阀	$\zeta = 3 \sim 10$	三通接口	$\zeta = 1.5 \sim 1.8$
油管入口	$\zeta = 0.5$	单向阀	$\zeta = 3 \sim 16$
直角弯管	$\zeta = 0.3 \sim 0.6$	精过滤器	$\zeta = 3 \sim 17$
45°长弯管	$\zeta = 0.25$	阀体上的油路	$\zeta = 1.5 \sim 2.3$

3.6　管流水力计算

管路计算是工程流体力学实际应用的一个重要方面，在机械、土建、石油、化工、水利、液压传动等各个领域都会遇到管路计算问题。

管路计算的目的在于确定一定流量下的管路尺寸，或在管路系统的几何尺寸已知的情况下，确定管路中的流量或水头损失。考虑到实际管路中流体流动多属于稳定流动，本节只讨论定常流动。

管路计算通常有两种情况：一种是管路中流体流动的局部阻力损失与沿程阻力损失相比所占比例很小（一般小于沿程损失的 5% ~10%），通常不计局部损失和速度水头，这样的管路称为水力长管；另一种是在总水头损失中，局部损失与沿程损失均占相当的比例，都不能忽略，这种管路称为水力短管。

3.6.1　串联管路

管径相同、无分支管的管路称为简单管路。管径不同的几根管道顺次连接而成的管路称为**串联管路**，如图 3.6.1 所示。其特点是：

1）若连接点处无泄漏，则各段流量相等，即

$$q_1 = q_2 = q_3 \tag{3.6.1}$$

若连接点处有泄漏，则

$$q_2 = q_1 - q'_1,\ q_3 = q_2 - q'_2 \tag{3.6.2}$$

2）总水头损失为各段损失之和，即

$$h_f = \sum h_\lambda + \sum h_\zeta \tag{3.6.3}$$

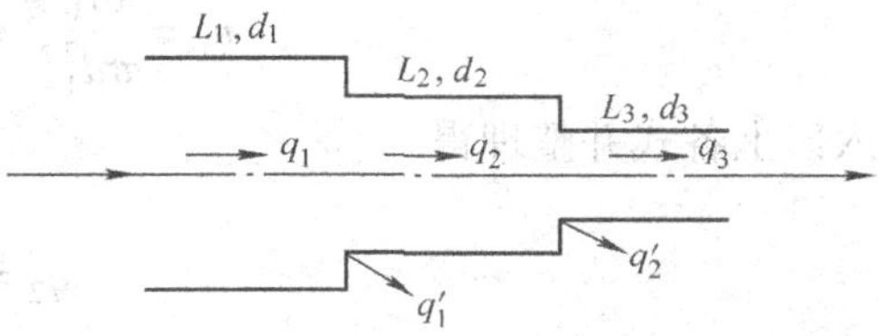

图 3.6.1　串联管路

3.6.2　并联管路

不同直径、不同长度的管道并列连接而成的管路称为**并联管路**，如图 3.6.2 所示。其特点是：

1）由流量连续性原理可知，总流量等于各分支点流量之和，即

$$q = q_1 + q_2 + q_3 \tag{3.6.4}$$

2）并联管段各分段管程的水头损失相等（不计局部阻力损失，并联管段具有共同的连接点，连接点间的压差即为各并联管路的水头损失），即有

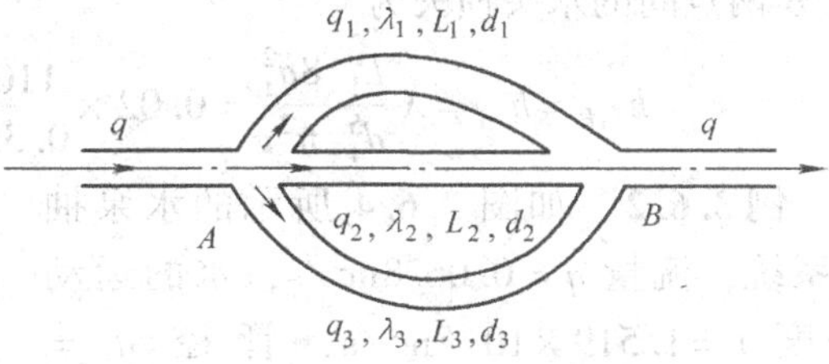

图 3.6.2　并联管路

$$h_{\lambda 1} = h_{\lambda 2} = h_{\lambda 3} = \lambda_i \frac{L_i}{d_i} \frac{v_i^2}{2g} \quad (i = 1,\ 2,\ 3) \tag{3.6.5}$$

需要注意的是：并联管段上的水头损失相等，并不意味着各管段上的能量损失也相等。因为各段阻力不同，流量也不同，以同样的水头损失乘以不同的质量流量所得到的各段功率损失是不同的。

例 3.6.1　某并联管路如图 3.6.3 所示，已知 $L_1 = 1100\text{m}$，$d_1 = 350\text{mm}$，$L_2 = 800\text{m}$，$d_2 = 300\text{m}$，$L_3 = 900\text{m}$，$d_3 = 400\text{m}$，各段沿程阻力系数均为 $\lambda = 0.02$，局部阻力可忽略不计。若总流量 $q = 0.6\text{m}^3/\text{s}$，求各支管的流量及 A、B 两点间的水头损失。

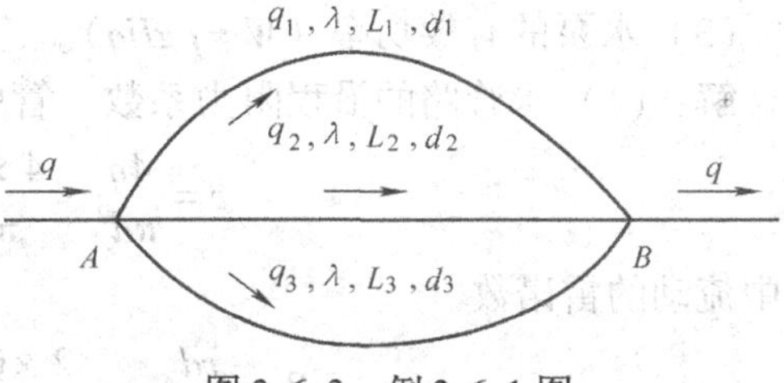

图 3.6.3　例 3.6.1 图

解：根据并联管路的特点，设各支管的流量分别为 q_1、q_2、q_3，则有

$$\begin{cases} q = q_1 + q_2 + q_3 \\ h_{fAB} = h_{\lambda 1} = h_{\lambda 2} = h_{\lambda 3} \end{cases} \tag{a}$$

即

$$\begin{cases} \lambda \dfrac{L_1}{d_1} \dfrac{v_1^2}{2g} = \lambda \dfrac{L_2}{d_2} \dfrac{v_2^2}{2g} \\ \lambda \dfrac{L_1}{d_1} \dfrac{v_1^2}{2g} = \lambda \dfrac{L_3}{d_3} \dfrac{v_3^2}{2g} \end{cases}$$

而

$$v_1=\frac{4q_1}{\pi d_1^2},\ v_2=\frac{4q_2}{\pi d_2^2},\ v_3=\frac{4q_3}{\pi d_3^2}$$

代入以上各式并整理得

$$q_2=q_1\sqrt{\frac{L_1d_2^5}{L_2d_1^5}} \tag{b}$$

$$q_3=q_1\sqrt{\frac{L_1d_3^5}{L_3d_1^5}} \tag{c}$$

联立求解式(a)～式(c)得

$$q_1=0.1796\text{m}^3/\text{s},\quad q_2=0.1432\text{m}^3/\text{s},\quad q_3=0.2772\text{m}^3/\text{s}$$

A、B 两点间的水头损失为

$$h_{fAB}=h_{\lambda1}=\lambda\frac{L_1}{d_1^5}\frac{8q_1^2}{\pi^2g}=0.02\times\frac{1100}{0.35^5}\times\frac{8\times(179.6\times10^{-3})^2}{\pi^2\times9.81}\text{m}=11.16\text{m}$$

例 3.6.2 如图 3.6.4 所示的水泵抽水系统，流量 $q=0.0628\text{m}^3/\text{s}$，水的运动黏度 $\nu=1.519\times10^{-6}\text{m}^2/\text{s}$，管径 $d=200\text{mm}$，绝对粗糙度 $\Delta=0.4\text{mm}$，$h_1=3\text{m}$，$h_2=17\text{m}$，$h_3=15\text{m}$，$L_2=12\text{m}$，各处局部阻力系数分别为：$\zeta_1=3$、ζ_2（直角弯管 $d/R=0.8$）、ζ_3（光滑弯管 $\theta=30°$）、$\zeta_4=1$。求：

(1) 管路的沿程阻力系数。

(2) 水泵的扬程。

(3) 水泵的有效功率（$W=\rho gHq$）。

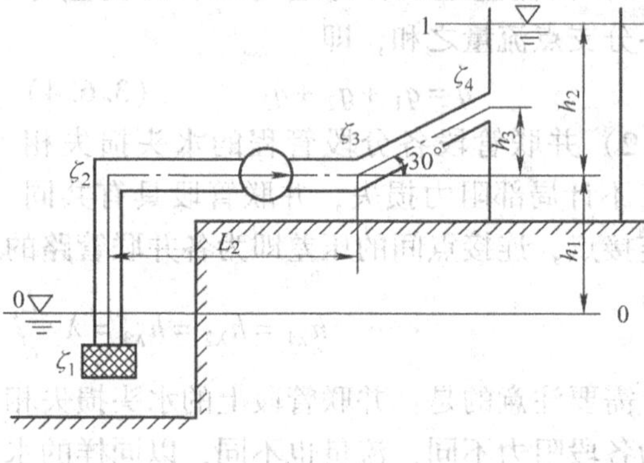

图 3.6.4 例 3.6.2 图

解：(1) 求管路的沿程阻力系数 管中平均速度

$$v=\frac{4q}{\pi d^2}=\frac{4\times0.0628}{\pi\times0.2^2}\text{m/s}=2\text{m/s}$$

管中流动的雷诺数

$$Re=\frac{vd}{\nu}=\frac{2\times0.2\text{m}^2/\text{s}}{1.519\times10^{-6}\text{m}^2/\text{s}}=2.63\times10^5$$

相对粗糙度

$$\frac{\Delta}{d}=\frac{0.4\times10^{-3}\text{mm}}{0.2\text{mm}}=2\times10^{-3}$$

根据 Re 及 Δ/d 值，查穆迪图可知

$$\lambda=0.0242$$

(2) 求水泵扬程 取 0－0、1－1 两缓变过流断面，并以 0－0 断面为基准面，列伯努利方程。考虑到 0－0、1－1 两断面间有泵，流体获得能量，设扬程为 H，则

$$z_0+\frac{p_0}{\rho g}+\frac{\alpha_0v_0^2}{2g}+H=z_1+\frac{p_1}{\rho g}+\frac{\alpha_1v_1^2}{2g}+h_f$$

式中，$z_0=0$，$z_1=h_1+h_2$，$p_0=p_1=0$（表压强），取 $\alpha_0=\alpha_1=1$，$v_0=v_1=0$，且

$$H = h_1 + h_2 + h_f$$

$$h_f = \sum h_\lambda + \sum h_\zeta$$

$$\sum h_\lambda = \lambda \frac{h_1}{d}\frac{v^2}{2g} + \lambda \frac{L_2}{d}\frac{v^2}{2g} + \lambda \frac{2h_3}{d}\frac{v^2}{2g} = \frac{\lambda}{d}(h_1 + L_2 + 2h_3)\frac{v^2}{2g}$$

$$\sum h_\zeta = \sum_{i=1}^{4}\zeta_i \frac{v^2}{2g} = (\zeta_1 + \zeta_2 + \zeta_3 + \zeta_4)\frac{v^2}{2g}$$

查表 3.5.1 和表 3.5.2 得，$\zeta_2 = 0.204$，$\zeta_3 = 0.073$。

$$H = h_1 + h_2 + \frac{\lambda}{d}(h_1 + L_2 + 2h_3)\frac{v^2}{2g} + (\zeta_1 + \zeta_2 + \zeta_3 + \zeta_4)\frac{v^2}{2g}$$

$$= 3\text{m} + 17\text{m} + \frac{0.0242}{0.2} \times (3 + 12 + 2 \times 15)\frac{2^2}{2 \times 9.8}\text{m} + (3 + 0.204 + 0.073 + 1) \times \frac{2^2}{2 \times 9.8}\text{m} = 21.98\text{m}$$

此即为水泵的有效扬程。

(3) 水泵的有效功率 W

$$W = \rho g H q = 1000 \times 9.81 \times 21.98 \times 0.0628\text{W} = 13.54\text{kW}$$

3.7 管路中的水击现象

在工业管道中，为了调节流量，管道阀门通常需要开启或关闭，这样，流体的速度、压强会随时间而变化，形成非定常流动。本节研究阀门突然关闭时，管内液体的压强变化情况。阀门的突然关闭，使液流速度突然改变，引起管内流体压强大幅度波动，这种现象称为**水击**。水击常伴随着很大的噪声和振动，它的压强峰值会对管道产生破坏。因此，弄清水击的本质，估算出压强峰值，并研究抑制措施，是十分必要的。分析水击现象时，必须考虑液体的可压缩性问题。

3.7.1 水击波的传播

首先分析一下水击的产生过程。有图 3.7.1 所示的一根等径直管，上游与一固定水面的大水池相连，出口经一快速阀门通大气，设管长为 l，管径为 D。在阀门正常开启情况下，管中的流速为 u_0，压强为 p（忽略沿程损失）。

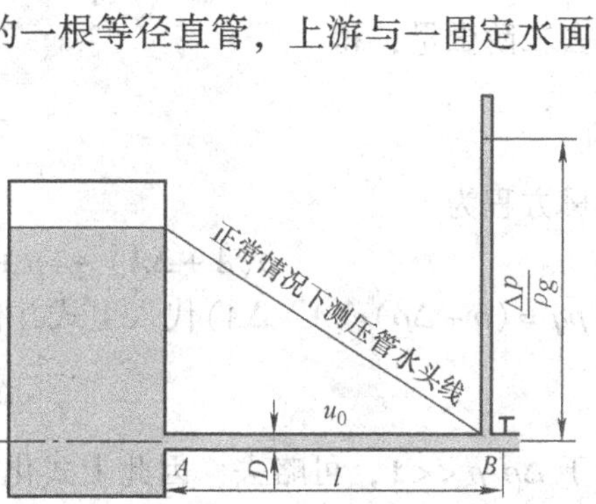

图 3.7.1 水击波的传播

1）如果阀门突然关闭，则靠近阀门的流体速度由 u_0 突然变为零，使压强为 p 增至 $p+\Delta p$，水的密度也由 ρ 增至 $\rho+\Delta\rho$，由于管壁有弹性，截面面积也由 A 增大至 $A+\Delta A$。随着时间的推移，高压区逐渐扩大，高压区和低压区的分界面称为水击波面，此波面以速度 c 向上游传播。Δp 称为水击压强，c 称为水击波传播速度。

2）在时刻 $t_1 = l/c$，水击波到达入口 A，这时，整个管道的流速均为零，压强均为 $p+\Delta p$。在 A 处，右侧压强高于左侧压强，在压差作用下，A 处的流体会产生一个与压差 Δp 相应的速度 u_0，并向水池做反向流动，致使压强从 $p+\Delta p$ 降至 p，流体的密度和管道截面面积分别从原来的$\rho+\Delta\rho$、$A+\Delta A$恢复至ρ和A。随着时间的推移，反向流动的区域逐渐扩大，水击波以速度c向右边反射。

3）在时刻$t_2=2l/c$，水击波到达B处。这时，整个管道的流速均为u_0，但其方向朝水池方向，管内压强、流体密度和管道面积均恢复为p、ρ和A。在B处，由于阀门已关闭，没有流体补充，使B处附近的流体被迫停止倒流，致使流体的密度从ρ减小至$\rho-\Delta\rho$，压强从p降至$p-\Delta p$，截面面积从A减小至$A-\Delta A$。随着时间的推移，减压区逐渐扩大，减压波以速度c向左传播。

4）在时刻$t_3=3l/c$，水击波到达A处。这时，整个管道的流速均为零，流体的压强和密度分别减小至$\rho-\Delta\rho$和$p-\Delta p$，截面面积减小至$A-\Delta A$。A处左边的压强高于右侧压强，于是流体产生一个速度u_0并朝阀门B的方向流动。由于管流得到来自水池的流体补充，管内流体的密度又恢复至ρ，压强恢复至p，截面面积恢复至A。

随着时间的推移，压强恢复区逐渐向右扩大，水击波向右传播，当$t_4=4l/c$时，水击波到达B处。这时，整个管道的流速均为u_0，但其方向朝阀门方向，管内压强、流体密度和管道截面面积均恢复为p、ρ、A。如阀门仍然关闭着，则将重复上述四个过程。显然阀门处的压强从大到小互换一次的时间$t_0=2l/c$，故压强变化的周期$T=2l/c$。

3.7.2 水击产生的最大压强升高值 Δp 和水击波的传播速度 c

水击波的传播是一个非定常过程，如果采用一个随波面一起运动的动坐标，则在此动坐标上观察到的流动是定常的。考虑水击波传播的第一阶段，波面以速度c向左传播，波面前方的流速为u_0，后方的流速则为零。采用动坐标x、y，并取一个控制体，控制体表面的流动参数如图3.7.2所示。应用定常流动的连续性方程和动量方程求水击压强Δp和传播速度c。

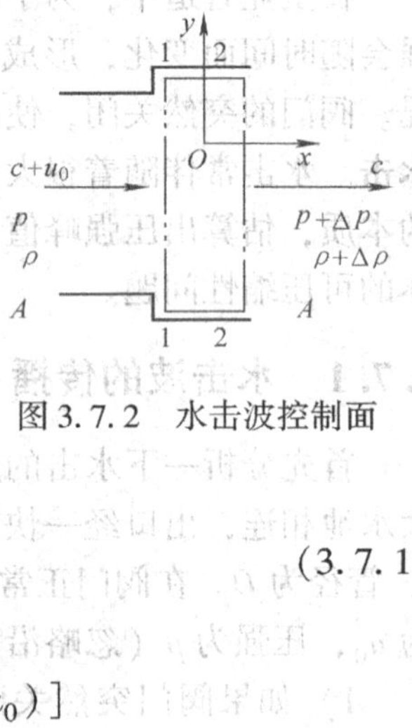

图3.7.2 水击波控制面

连续性方程为

$$\rho q=\rho(c+u_0)A=(\rho+\Delta\rho)c(A+\Delta A)$$

略去二阶微量，得

$$\frac{u_0}{c}=\frac{\Delta\rho}{\rho}+\frac{\Delta A}{A} \tag{3.7.1}$$

动量方程为

$$p(A+\Delta A)-(p+\Delta p)(A+\Delta A)=\rho q[c-(c+u_0)]$$

以$\rho q=(\rho+\Delta\rho)c(A+\Delta A)$代入上式并化简，得

$$\Delta p=(1+\frac{\Delta\rho}{\rho})\rho c u_0$$

由于$\Delta\rho/\rho<<1$，可略去，因此上式化简为

$$\Delta p=\rho c u_0 \tag{3.7.2}$$

这就是水击压强的计算公式。

为了推导c的计算公式，先研究连续性方程（3.7.1）中$\Delta\rho$和ΔA与Δp的关系。密度的增大必然引起压强的增大，根据液体的体积弹性系数E的定义有

$$\frac{\Delta\rho}{\rho}=\frac{\Delta p}{E}$$

管道里流体压强的增大，使管壁受到拉伸，引起截面面积的增大。截取单位长度的管段进行受力分析。用一个过管轴线的平面将此管段切开，如图3.7.3所示。管内的压强为Δp，管壁的拉力为T，显然管壁的拉力应该等于管壁表面的总压力在竖直方向的分量，如果管直径为D，则$D\Delta p=2T$。而拉力T等于管壁受到的拉应力σ与管壁切面面积的乘积。设管壁厚度为δ，则$T=\sigma\delta$，于是

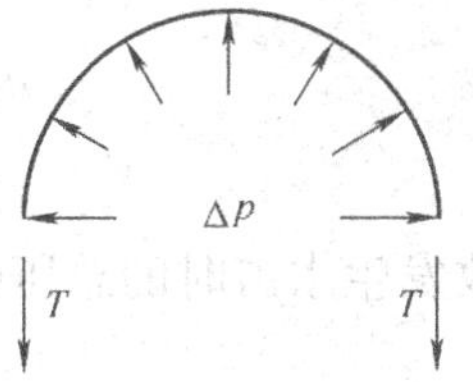

图3.7.3 管壁受力

$$D\Delta p=2\sigma\delta$$

另一方面管壁受到的拉应力σ与管壁的伸长率有关，$\sigma=E\varepsilon$，E是管壁材料的弹性模量，ε是管壁的伸长率。周长$S=2\pi r$，因此伸长率

$$\varepsilon=\frac{\Delta S}{S}=\frac{\Delta r}{r}$$

管道的截面面积为$A=\pi r^2$，面积的变化率为

$$\frac{\Delta A}{A}=\frac{2\Delta r}{r}$$

所以

$$D\Delta p=2E\delta\frac{2\Delta r}{r}=E\delta\frac{\Delta A}{A}$$

即

$$\frac{\Delta A}{A}=\frac{D\Delta p}{E\delta}$$

这样连续性方程（3.7.1）可以写成

$$\frac{u_0}{c}=\left(\frac{1}{K}+\frac{D}{E\delta}\right)\Delta p$$

将式（3.7.2）代入上式，化简后就得到水击波传播的速度

$$c=\sqrt{\frac{K/\rho}{1+\frac{KD}{E\delta}}} \tag{3.7.3}$$

式中，ρ为流体密度；E为管壁材料的弹性模量；δ为管壁厚度；D为管道直径。

若将管壁看作刚体，即$E=\infty$，而已知水的体积模量$K=2.1\times10^9$Pa，则由式（3.7.3）可知水击波的传播速度约为1425m/s，这就是水中的声速。如果考虑管壁的弹性，则水击波的传播速度就要比水中声速慢$1/\sqrt{1+KD/(E\delta)}$。

例3.7.1 有直径$D=205$mm、管壁厚度$\delta=10.5$mm的管道，管中水流速度$u_0=2$m/s，此时阀门处的压强$p_0=1.5$MPa，已知水的体积模量$K=2.1\times10^3$MPa，管壁材料的弹性模量$E=10^5$MPa，若阀门突然关闭，求管壁内产生的应力。

解：由式（3.7.2）和式（3.7.3）可得

$$\Delta p=\rho u_0\sqrt{\frac{K/\rho}{1+\frac{KD}{E\delta}}}$$

取$\rho=1000$kg/m³，则有

$$\Delta p = 1000 \times 2 \times \sqrt{\frac{2.1 \times 10^9 / 1000}{1 + \dfrac{2.1 \times 10^9 \times 0.205}{0.0105 \times 10^{11}}}}\text{MPa} = 2.44\text{MPa}$$

故发生水击时的总压强为

$$p = p_0 + \Delta p = (1.5 + 2.44)\text{MPa} = 3.94\text{MPa}$$

此时管壁中的应力为

$$\sigma = \frac{pD}{2\delta} = \frac{3.94 \times 20.5}{2 \times 1.05}\text{MPa} = 38.46\text{MPa}$$

而正常工作时管壁中的应力只有

$$\sigma = \frac{p_0 D}{2\delta} = \frac{1.5 \times 20.5}{2 \times 1.05}\text{MPa} = 14.6\text{MPa}$$

由此可见水击压强很大，要加以控制。常用的办法有：

1）缓慢关闭阀门。若使阀门关闭时间 $t > 2l/c$，则当返回的减压波回到阀门时，阀门还在关闭过程中，这后来产生的压强升高值将与返回的减压波抵消一部分，因此水击压强的峰值会减小。

2）缩短管子长度 l，也就是使 $t_0 = 2l/c$ 减小，同样可以达到 1）的效果。

3）限制管中液体的流速 u_0。

4）在管道靠近水击源处安装安全阀、蓄能器等装置。

水击现象并非有百害而无一利，事实上人们已利用水击的能量制成了一种水锤泵，用来扬水。

3.8 边界层概述

普朗特（1904）在大雷诺数绕流的试验中发现，贴近物面的流体运动很慢，但是离开物面很小距离以外的流动，与理想流体势流理论预测的基本一致。这表明，流体黏性只在贴近物面极薄的一层内起作用，这一层称为边界层（或附面层）。由于黏性的存在实际上将雷诺数较大的实际流体流动看作由两种不同性质的流动所组成。一种是固体边界附近的边界层流动，黏性的作用在这个流动里不能忽略，但边界层一般都很薄；另一种是边界层以外的流动，在这里黏性作用可以忽略，流动可以按较简单的理想流体流动来处理。普朗特这种处理实际流体流动的方法，不仅使历史上许多似是而非的流体力学疑问得以澄清，更重要的是，为近代流体力学的发展开辟了新的途径，所以，边界层理论在流体力学中有着极其深远的意义。

3.8.1 边界层的概念

绕平板的流动是一般外流的代表，图 3.8.1 所示就是这一流动。现以绕平板流动来说明边界层内外的流动特征。

如图 3.8.1 所示，有一个等速平行的平面流动，各点的流速都是 u_0，在这样一个流动中，放置一块与流动平行的薄板，平板是不动的。设想平板的上、下方流场的边界都为无穷远，由于实际流体与固体相接触时，固体边界上的流体质点必然贴附在边界上，不会与边界

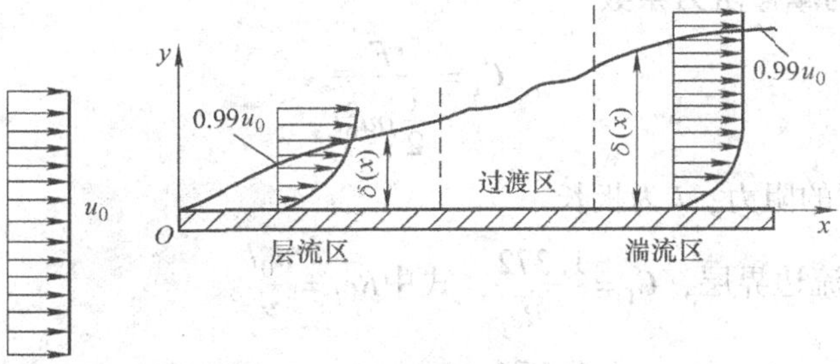

图 3. 8. 1　边界层

发生相对运动，这种约束特性称为黏性流体的无滑移条件。因此，平板上质点的流速必定为零，在其附近的质点由于黏性的作用，流速也有不同程度的减小，形成了横向的流速梯度，离板越远流速越接近于原有的来流流速 u_0。严格地说，黏性影响是逐步减小的，只能在无穷远处流速才能恢复到 u_0，也才是理想流体流动。但从实际上看，如果规定在 $u=0.99u_0$ 的地方作为边界层的界限，在该界限以外，由于流速梯度甚小，已完全可以近似看作为理想流体。因此，边界层的厚度定义为从平板壁面至 $u=0.99u_0$ 处的垂直距离，以 δ 表示。

边界层开始于平板的首端，越往下游，边界层越发展，即黏性的影响逐渐从边界向流体内部发展。在边界层的前部，由于厚度较小，流速梯度很大，因此黏滞应力 $\tau=\mu \mathrm{d}u/\mathrm{d}y$ 的作用较大，这时边界层内的流动将属于层流流态。这种边界层称为层流边界层。之后，随着边界层厚度增大，流速梯度减小，黏性作用也随之减小。边界层内的流态将从层流经过过渡段变为湍流，边界层也将转变为湍流边界层，如图 3. 8. 1 所示。

3. 8. 2　平板边界层的近似计算

平板边界层是最简单的边界层，依据普朗特边界层理论，以及在此基础上推导出的边界层运动微分方程和动量积分方程，对平板边界层的流动可以进行求解，得出半经验计算公式，这里限于篇幅略去推导，仅介绍一些有关的成果。

边界层内由过渡段转变为湍流的位置称为边界层的转折点 x_c，相应的雷诺数称为临界雷诺数Re_c，其值大小与来流的湍动强度及壁面粗糙度等因素有关，由试验得到Re_c 值为

$$Re_c=\frac{u_0x_c}{\nu}=3.0\times10^5\sim3.0\times10^6 \tag{3.8.1}$$

当平板很长时，层流边界层和过渡段的长度与湍流边界层的长度相比是很短的。

1. 平板边界层的厚度

理论分析和试验都证实了层流边界层的厚度比为

$$\frac{\delta}{x}=\frac{5.84}{\sqrt{Re_x}} \tag{3.8.2}$$

式中

$$Re_x=u_0x/\nu$$

湍流边界层的厚度比为

$$\frac{\delta}{x}=\frac{0.381}{Re_x^{1/5}} \tag{3.8.3}$$

2. 平板边界层的摩擦阻力系数

$$C_{\mathrm{f}}=\frac{F}{\frac{1}{2}\rho u_0^2 l} \tag{3.8.4}$$

式中，F 为单位宽度的阻力；l 为板长。

1）对于平板层流边界层，$C_{\mathrm{f}}=\frac{1.372}{\sqrt{Re_l}}$，式中$Re_l=\frac{u_0 l}{\nu}$。

2）对于平板湍流边界层，$C_{\mathrm{f}}=\frac{0.074}{Re_l^{0.2}}$（$5\times10^5<Re_l<10^7$）或 $C_{\mathrm{f}}=\frac{0.455}{(\lg Re_l)^{2.58}}$（$Re_l>10^7$）。

3）对于平板过渡区，$C_{\mathrm{f}}=\frac{0.074}{Re_l^{0.2}}-\frac{A}{Re_l}$ 或 $C_{\mathrm{f}}=\frac{0.455}{(\lg Re_l)^{2.58}}-\frac{A}{Re_l}$（$3.0\times10^5<Re_l<3.0\times10^6$）。

式中 A 取决于临界雷诺数 Re_{c}。

表 3.8.1 常用的 A 与 Re_{c} 的对应关系

Re_{c}	3×10^5	5×10^5	10^6	3×10^6
A	1050	1700	3300	8700

3.8.3 曲面边界层的分离

平板边界层是无压强梯度的边界层，而有曲面边界的物体，其边界层外缘的速度和压强沿着流动方向（x 方向）均有变化，亦即存在非零的压强梯度。这种压强梯度的存在会影响到边界层内的流动，其中最重要的就是在一定条件下会造成边界层的分离。边界层分离是边界层流动在一定条件下发生的一种极重要的流动现象。下面分析一个典型的边界层分离例子。

有一等速平行的平面流动，流速为 u。在该流场中放置一个固定的圆柱体，如图 3.8.2a 所示。现取一条正对圆心的流线分析，沿该流线的流速越接近圆柱体越小，在到达圆柱体表面一点 a 时，流速减至零，压强增到最大，该点即为前驻点，到达最高点 b 后压强降为最低，沿 ab 面压强是下降的，$\mathrm{d}p/\mathrm{d}x<0$（$x$ 为物面切向坐标），压降有利于流动，使流体逐渐加速。ab 区称为顺压区。从 b 点到后驻点 c，速度逐渐变小，压强逐渐增大，$\mathrm{d}p/\mathrm{d}x>0$，压强的逐渐增大不利于流体的流动，致使流体减速，$bc$ 区称为逆压区。

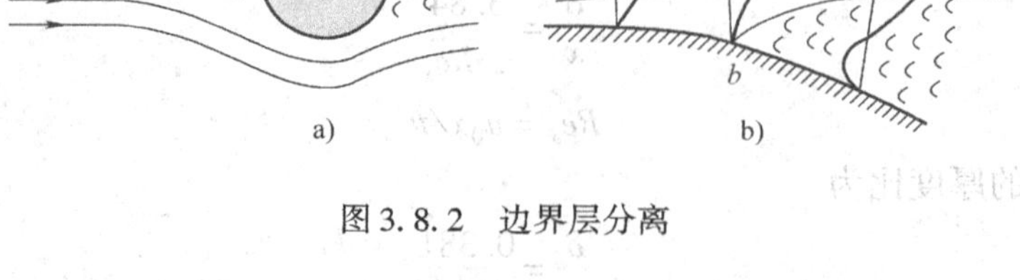

图 3.8.2 边界层分离

由于圆柱壁面的黏滞作用，从 a 点开始形成边界层内流动。从 a 点到 b 点区间，圆柱面的弯曲使流线密集，边界层内流动处于加速减压的情况，但在过了 b 点所在断面之后，情况呈现相反态势，由于流线的扩散，边界层内流动转而处在减速加压的情况下。此时，在切应力消耗动能和减速加压的双重作用下，边界层迅速扩大，边界层内流速和横向流速梯度迅速降低，到了一定的地点，如过 e 点所在的断面，靠近 e 点的质点流速 $u=0$，横向流速梯度 $\partial u/\partial y=0$，故又出现了驻点。又由于流体的不可压缩性，继续流来的质点势必要改变原有的流向，脱离边界，向外侧流去，如图3.8.2a、b所示。这种现象称为边界层分离，e 点称为分离点。边界层离体后，e 点的下游必将有新的流体来补充，形成反向的回流，即出现旋涡区，时均流速分布沿程将急剧改变。

可见产生分离的条件是：①流动的方向与压降方向相反，即图3.8.2a中的 bc 区域；②黏性对速度的迟滞作用。这两个条件同时存在才会产生分离现象。

以上是边界缓变，实际流体流动减速增压而导致的边界层分离。此外，在边界有突变或局部突出时，由于流动的流体质点具有惯性，不能沿着突变的边界做急剧的转折，因而也将产生边界层的脱离，出现旋涡区，时均流速分布则沿程急剧改变。这种流动脱体现象仍可解释为流体突然发生很大的减速增压的缘故，它与边界情况缓慢变化时产生边界层分离的原因本质上是一样的。

边界层分离现象以及回流旋涡区的产生，在工程实际的流体流动中是很常见的，例如：管道或渠道的突然扩大或突然缩小、转弯以及连续扩大等，或在流动中遇到障碍物，如闸阀、桥墩、拦污栅等。由于在边界层分离产生的回流区中存在着许多大小尺度的涡体，它们在运动、破裂、再形成等过程中，经常从流体中吸取一部分机械能，通过摩擦和碰撞的方式转化为热能而损耗掉，这就形成了能量损失，有的甚至引起工程上的意外事故发生，故而工程上需要采取适当措施以防止或推迟边界层分离现象的发生，详情可参阅有关专门书籍。

3.8.4　物体的阻力

边界层分离之后，物体的后部出现尾涡区，由于尾涡区的压强很低，是负压区，这就造成了前后有明显的压差，增加了物体的绕流阻力。所谓绕流阻力是指物体在流场中所受到的流动方向上的流体阻力（垂直于流动方向上的作用力为升力）。例如：飞机、舰船、桥墩等，都存在流动中的绕流阻力，所以这也是一个很重要的概念。如图3.8.3所示，有一平面平行流动，流场中放置一个二维固定物体，分析它所受到的绕流阻力。根据实际流体的边界层理论，可以分析得出绕流阻力实际上由摩擦阻力和压差阻力两部分所组成，物面上切应力所形成的阻力称为摩擦阻力，而物面上压应力所形成的阻力称为压差阻力。当产生边界层分离现象，特别是分离旋涡区较大时，压差阻力较大，将起主导作用。为了定量研究绕流阻力，根据试验提出以下计算式

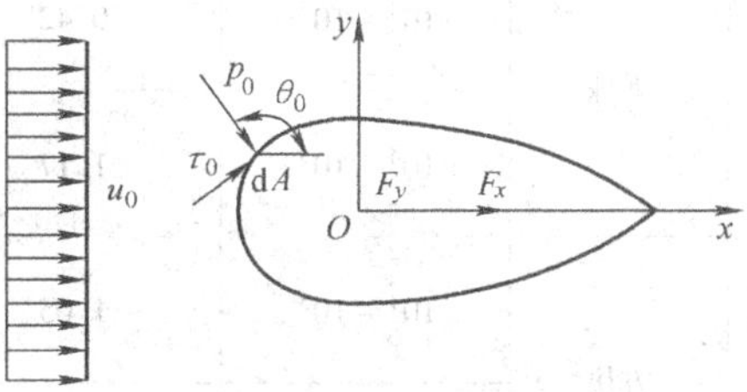

图3.8.3　绕流阻力

$$F=C_D\frac{\rho u_0^2}{2}A \tag{3.8.5}$$

式中，u_0 为来流流速；A 为绕流物体在垂直于来流方向上投影的面积；C_D 为绕流阻力系数，

它主要与物体的形状及雷诺数（$Re=u_0l/\nu$，其中 l 是物体的特征长度）有关，一般通过试验确定，表 3.8.2 列出了常见物型的阻力系数。

最后要指出的是，在工程实际中减小边界层的分离区，就能减小阻力损失及绕流阻力。所以，管道、渠道进口段，闸墩、桥墩的外形及汽车、飞机、舰船的外形，都要设计成流线型，以减少边界层的分离。

表 3.8.2　常见物型的阻力系数

物体类型		Re	C_D	图　示
二维物型	圆柱	$10^4\sim10^5$	1.2	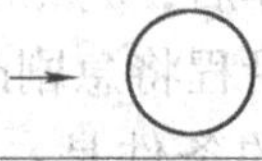
	半管	4×10^4	1.2	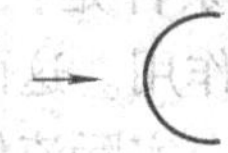
	半管	4×10^4	2.3	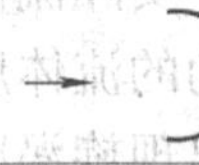
	方柱	3.5×10^4	2.0	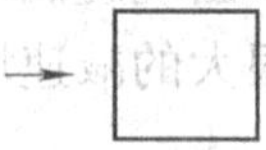
	平板	$10^4\sim10^6$	1.98	
	椭圆柱	10^5	0.46	
		2×10^5	0.20	
三维物型	球	$10^4\sim10^5$	0.47	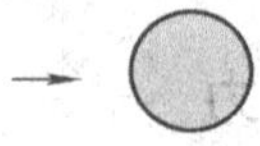
	半球	$10^4\sim10^5$	0.42	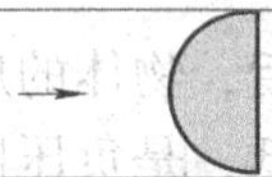
		$10^4\sim10^5$	1.17	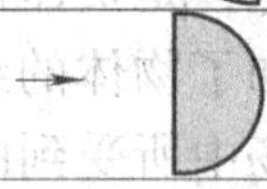
	方块	$10^4\sim10^5$	1.05	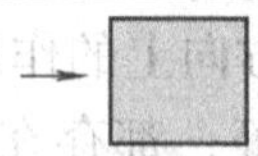
		$10^4\sim10^5$	0.80	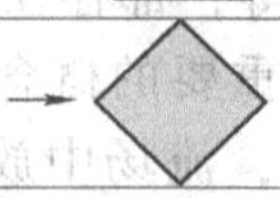
	矩形板（正方形）	$10^4\sim10^5$	0.80	
	矩形板（长/宽=5）	$10^3\sim10^5$	1.20	

3.8.5　管道进口流动和充分发展的流动

内流与外流不同，在内流的进口段存在边界层和均匀自由流，自由流因为边界层增厚而加速。另外一个重要区别是，当流动变成充分发展时，内流在整个通道内截面上形成速度分布。

考虑图 3.8.4 所示管道进口段内的流动，可以看到管流流速分布的发展过程。先讨论层流管流进口段的流动。当流体从大容器流入管道时，若管道进口是圆滑的，则进口处的流速分布相当均匀。流体进入管道后，由于黏附作用，与管壁相接触的流体速度迅速降为零。又由于黏性摩擦的作用，在管壁附近形成一层流层。由于通过管道的流量没有发生变化，为满足连续性条件，管轴附近的速度必然要加大，层流层的厚度随着离开管子进口处距离的增加而加厚。在离管道进口一定距离处，层流层在中心线处开始汇合，管内流动完全被层流层所占据，边界层的厚度 δ 等于管道的半径 R，速度分布变成抛物线，形成了完全发展的层流流动。该断面处与进口断面的距离 L 称为起始段长度，起始段相对长度 L/d 与雷诺数有关，一般认为 $L/d = 0.065Re$；工程上常将管轴线上的速度达到层流最大速度的 89% 作为起始段结束的标志，则起始段相对长度 $L/d = 0.02875Re$。湍流起始段长度 L 要小些，$L/d = 25 \sim 40$，进口附近和壁面附近仍为层流边界层，靠近核心区是湍流边界层。

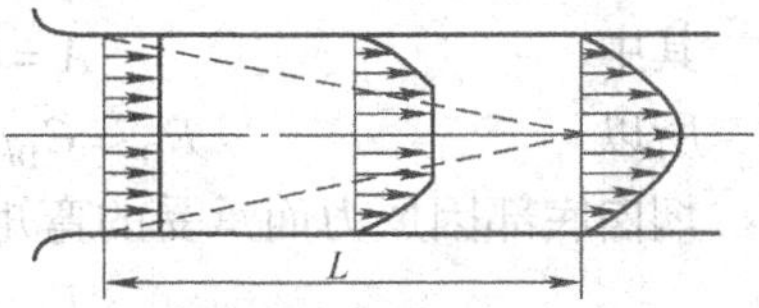

图 3.8.4　管道进口段内的流动

例 3.8.1　已知矩形薄板的宽 $b = 0.6\text{m}$，长 $L = 50\text{m}$，平板以速度 $U = 10\text{m/s}$ 在石油中滑动，不考虑板厚的影响，石油的黏度 $\mu = 0.0128\text{Pa} \cdot \text{s}$，密度 $\rho = 850\text{kg/m}^3$。设临界雷诺数 $Re_\text{c} = 5 \times 10^5$，试确定：

（1）沿平板层流边界层的长度 x_c。

（2）平板所受的阻力 F。

解：（1）可以利用临界雷诺数来确定层流边界层的长度 x_c。

$$Re_\text{c} = \frac{\rho U x_\text{c}}{\mu} = 5 \times 10^5$$

故

$$x_\text{c} = 5 \times 10^5 \times \frac{0.0128}{850 \times 10}\text{m} = 0.753\text{m}$$

（2）混合边界层的阻力系数公式为 $C_\text{f} = \dfrac{0.455}{(\lg Re_l)^{2.58}} - \dfrac{A}{Re_l}$，根据 $Re_\text{c} = 5 \times 10^5$，查表得到 $A = 1700$，而

$$Re_l = \frac{\rho U l}{\mu} = \frac{850 \times 10 \times 50}{0.0128} = 3.32 \times 10^7$$

所以平板受到的阻力为

$$\begin{aligned} F &= C_\text{f} \times \frac{1}{2}\rho U^2 \times 2bl \\ &= \left\{\frac{0.455}{[\lg(3.32 \times 10^7)]^{2.58}} - \frac{1700}{3.32 \times 10^7}\right\} \times 850 \times 10^2 \times 0.6 \times 50\text{N} = 6234\text{N} \end{aligned}$$

例 3.8.2　如图 3.8.5 所示，直径 1m 的圆柱形烟囱在标准大气条件下受到 50km/h 均匀风的作用。端部效应可忽略。估算由于风力造成的烟囱底部的弯矩。假设 $Re > 10^4$。

解：阻力系数定义为

$$C_D = \frac{F_D}{\frac{1}{2}\rho u_0^2 A}$$

其中 $A = dl$

所以 $F_D = C_D \rho u_0^2 A/2$

烟囱底部因风力而承受的弯矩则为

$$M_0 = F_D \frac{l}{2} = C_D A \frac{l}{4} \rho u_0^2$$

$u_0 = 50\text{km/h} = 13.9\text{m/s}$；对标准状况的空气，$\rho = 1.23\text{kg/m}^3$，$\mu = 1.78 \times 10^{-5}$，由此算得

$$Re = \frac{\rho u_0 d}{\mu} = 9.61 \times 10^5$$

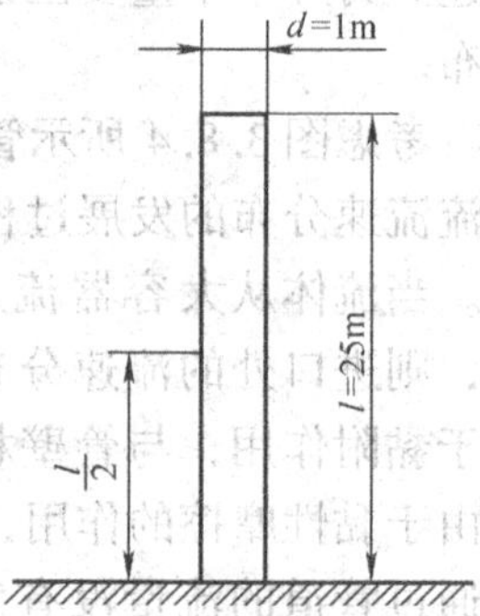

图 3.8.5　例 3.8.2 图

查表得到 $C_D \approx 1.2$，于是

$$M_0 = F_D \frac{l}{2} = C_D A \frac{l}{4} \rho u_0^2 = 1.2 \times 1 \times \frac{25^2}{4} \times 1.23 \times 13.9^2 \text{N} \cdot \text{m} = 44559\text{N} \cdot \text{m}$$

习　题

3.1　回答下列问题：

(1) 雷诺数 Re 有什么物理意义？为什么它能起到判别流态的作用？

(2) 两个管径不同的管道，通过不同黏性流体，它们的临界雷诺数是否相同？或者不能确定？

(3) 两个管径相同的管道，通过不同黏性的流体，它们的临界流速是否相同？或者不能确定？

3.2　管径、管长及管壁表面粗糙度不变，沿程阻力系数是否随流量 q 的增大而增加？沿程水头损失 h_λ 是否随流量 q 的增大而增加？

3.3　是否表面上几何光滑的管子一定是“水力光滑”管，而表面上几何粗糙的管子一定是“水力粗糙”管？为什么？

3.4　试比较圆管内流动的雷诺数定义和沿平板雷诺数的定义，并比较两种情况下的层流流动、湍流流动和临界雷诺数。

3.5　题 3.5 图所示为黏性流体的流动，若流动恒定，管长分别为 $2L$ 和 L，管径分别为 D 和 $2D$，试比较流量 q_1 和 q_2，流速 v_1 和 v_2。

3.6　管路流动装置如题 3.6 图所示，当阀门开度减小时，阀门前后两测压管的液面高 h_1、h_2 如何变化？为什么？

3.7　回答下列问题，并简述其理由：

(1) 物体绕流产生边界层分离后引起物体形状阻力增大还是减小？

(2) 边界层分离与哪些因素有关？试举例说明。

3.8　有一圆管，直径为 10mm，断面平均流速为 0.25m/s，水温为 10℃，试判别水流形态。若直径改为 25mm，水温和流速不变，流态如何？若直径仍为 25mm，水温同上，流

态由湍流变为层流时的流量为多少？

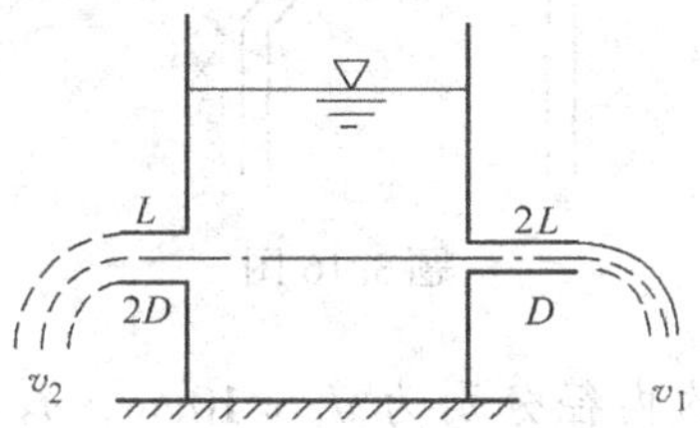

题3.5图

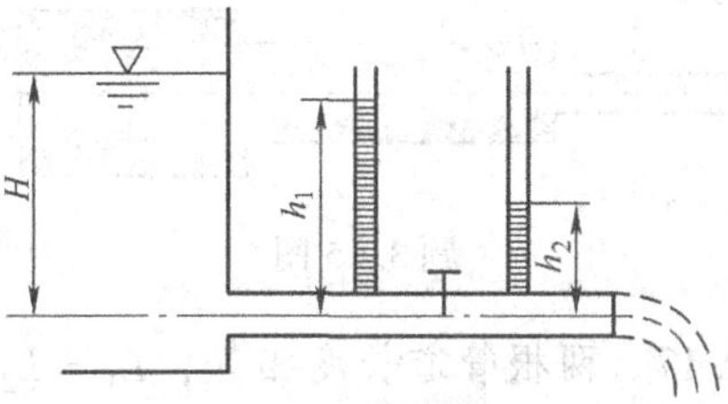

题3.6图

3.9　管道直径 $d=100\text{mm}$，输送水的流量为 10kg/s，如水温为 5℃，试确定管内水流的流态。如用此管输送同样质量流量的石油，已知石油密度 $\rho=850\text{kg/m}^3$，运动黏度 $\nu=1.14\text{cm}^2/\text{s}$，试确定石油流动的流态。

3.10　有一供试验用的圆管，直径为 15mm，用其进行沿程水头损失试验，测量段的长度为 4.0m，问：

（1）当流量为 $2\times10^{-5}\text{m}^3/\text{s}$ 时，水流是层流还是湍流？

（2）此时测量段的沿程水头损失多大？

（3）当水流处于由层流至湍流的临界转变点时，测量段的测压管水头差为多少（试验水温为 10℃）？

3.11　要一次测得圆管层流的断面平均流速，试问皮托管应放在距离管轴多远处？

3.12　有一圆管直径为 40mm，长 5m，绝对粗糙度 $\Delta=0.4\text{mm}$，水温为 20℃，问当分别通过流量为 $5.0\times10^{-5}\text{m}^3/\text{s}$ 和 $6.0\times10^{-3}\text{m}^3/\text{s}$ 时，沿程水头损失各是多少？

3.13　如题 3.13 图所示，从一水箱中引出一条长 50m、直径为 100mm 的管道，在管中间安装一个闸阀（处于半开），局部阻力系数为 2.5。当水头 $H=4.0\text{m}$ 时，其沿程阻力系数为 0.025，试求此时的流量，并绘出水管的总水头线和测压管水头线。

3.14　有一题 3.14 图所示的水平突然扩大管路，已知直径 $d_1=5\text{cm}$，直径 $d_2=10\text{cm}$，管中水流量 $q=0.02\text{m}^3/\text{s}$。试求 U 形管汞压差计中的压差读数 Δh。

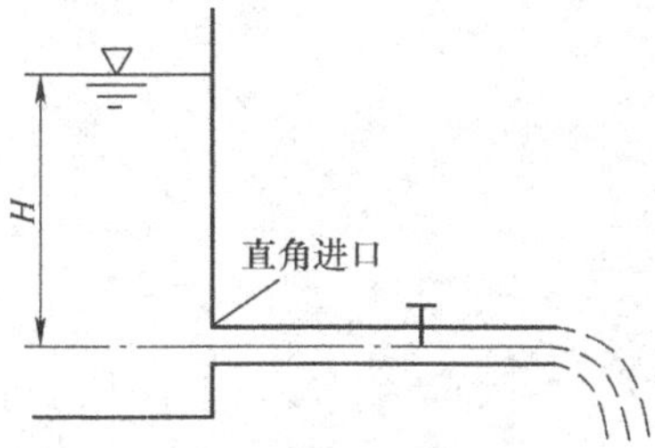

题3.13图

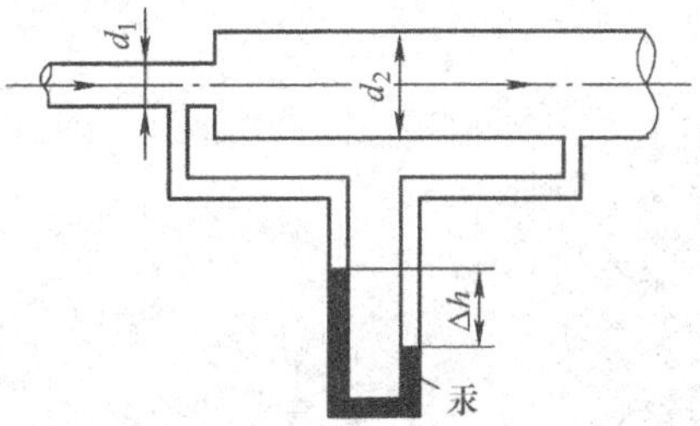

题3.14图

3.15　流速由 v_1 变到 v_2 的突然扩大管分两次扩大，如题 3.15 图所示。中间流速 v 取何值时局部阻力损失最小？此时局部阻力损失为多少？并与一次扩大的情况进行比较。

3.16　如题 3.16 图所示，某管直径为 200mm，流量为 $0.06\text{m}^3/\text{s}$，该管原有一个 90°的折角，今欲减少其水头损失，拟换为两个 45°的折角，或者换为一个 90°的缓弯（转弯半径 $R=1\text{m}$）。问两者与原来折角相比，各减少局部水头损失多少？哪个减少得最多？

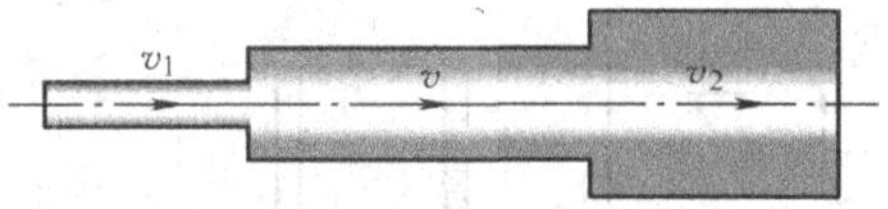

题 3.15 图

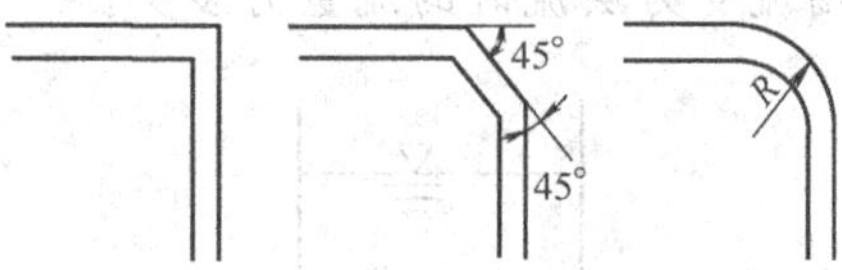

题 3.16 图

3.17 两根管道长度相等，$L_1 = L_2 = 250\text{m}$，它们的内径分别为 $d_1 = 10\text{cm}$，$d_2 = 20\text{cm}$，通过的总流量 $q = 0.08\text{m}^3/\text{s}$。忽略局部阻力。沿程阻力系数设为 $\lambda = 0.04$。试求两管道串联或并联时的水头损失。

3.18 一条管道，刚使用时，相对粗糙度 $\Delta/d = 10^{-4}$；使用多年后，发现在水头损失相同的情况下，流量减少了35%。试估算此使用多年后的管道的相对粗糙度 Δ/d。

3.19 某压力引水钢管，上游与水池相连，下游管末端设阀门控制流量。已知管长 $l = 600\text{m}$，管径 $D = 2400\text{mm}$，管壁厚 $\delta = 20\text{mm}$，水头 $H_0 = 200\text{m}$。阀门全开时管中流速 $v_{max} = 3\text{m/s}$。阀门在 1s 内全部关闭，此时管内发生水击。求阀门处的水击压强值。已知 $K = 19.6 \times 10^6\text{Pa}$，$E = 19.6 \times 10^8\text{Pa}$。

3.20 流体以速度 $u_0 = 0.6\text{m/s}$ 绕一块长 $l = 2\text{m}$ 的平板流动，如果流体分别是水（$v = 10^{-6}\text{m}^2/\text{s}$）和油（$v_2 = 8 \times 10^{-5}\text{m}^2/\text{s}$），试求平板末端的边界层厚度？

第4章　孔口出流与缝隙流动

流体流经孔口的流动现象称为**孔口出流**。孔口出流是一个有广泛应用的实际问题，在许多领域中都可见到。例如：水利工程中的泄水闸泄水，通航船闸闸室的充水、泄水，建筑物的输水、配水，水力采煤用的水枪，消防用的龙头，黏度计上的针孔，柴油机的喷嘴，以及液压技术中油液流经滑阀、锥阀、阻尼孔等，都可归纳为孔口出流问题。孔口的用途是控制液流和测量流量，是液压元件设计的关键。

在机械设备中存在着充满油液的各种形式的配合间隙，如轴与轴承间的环形间隙、工作台与导轨间的平面间隙、液压元件中的各种活动配合面形成的间隙（或称缝隙）等。这些尺寸不大的缝隙为液体流动提供了几何条件。探讨缝隙中液体的流动规律对于机械系统和液压元件的设计与分析具有实际意义。由于缝隙较小，液体自身又有一定的黏性，流体在缝隙中的雷诺数很小，一般认为属于层流范畴。

4.1　孔口出流的分类

根据孔口的结构形状和出流条件的不同，分类如下：

1. 薄壁孔口和厚壁孔口

如图4.1.1a所示，当水流从孔口出流时，由于惯性作用，流线不能在孔口处急剧地成折角地改变方向，因此，水流在出孔口后有收缩现象，在出孔口后约 $d/2$ 处，收缩完毕。该处的过流断面称为**收缩断面**，如图4.1.1a中的断面 $c-c$。

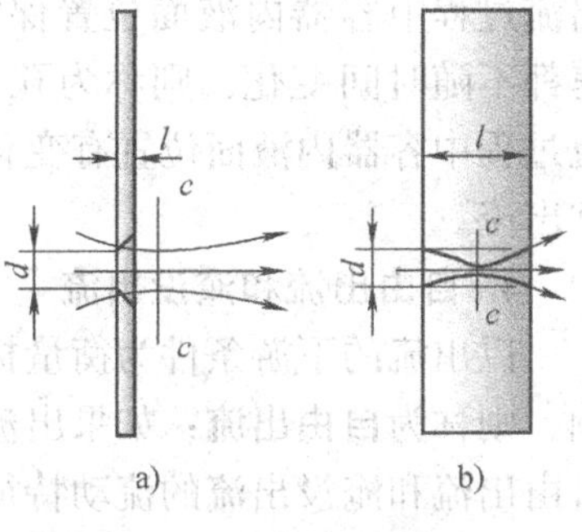

图4.1.1　薄壁孔口和厚壁孔口

如果液体具有一定的流速，能形成射流，且孔口具有尖锐的边缘，此时边缘厚度的变化对于液体出流不产生影响，这种孔口称为**薄壁孔口**。薄壁孔口的壁面厚度 l 与孔口直径 d 的比值小于或等于2，即 $l/d \leqslant 2$，如图4.1.1a所示。

如果液体具有一定的速度，能形成射流，此时虽然孔口也具有尖锐的边缘，射流也可以形成收缩断面，如图4.1.1b中的断面 $c-c$，但由于孔壁较厚，壁厚对射流影响显著，射流收缩后又扩散而附壁，这种孔口称为**厚壁孔口**或外伸管嘴，有时也称为长孔口。厚壁孔口的壁面厚度 l 与孔口直径 d 的比值大于2而小于或等于4，即 $2<l/d\leqslant 4$，如图4.1.1b所示。

液体从薄壁孔口出流时，没有沿程阻力损失，只有收缩而产生的局部阻力损失，而液体从厚壁孔口出流时不仅有收缩的局部阻力损失，而且还有沿程阻力损失。

收缩断面 $c-c$ 上的流线几乎已达到平行状态，若收缩断面面积以 A_c 表示，孔口断面面积以 A 表示，则两者比值

$$A_c/A = C_c \tag{4.1.1}$$

C_c 称为收缩系数。因为 $A_c < A$，所以 $C_c < 1$。收缩系数的大小，与孔口边缘的情况和孔口离开容器侧壁和底边的距离有关。

如图 4.1.2 所示，锐缘孔口的收缩系数最小；圆边孔口的收缩系数较大，有时甚至达到 1。试验证明，孔口所在位置不同，收缩状况也会有所不同。若孔口的全部边界都不与容器侧壁和底边重合，其四周的流线都会发生收缩，称为全部收缩孔口；反之，若孔口的部分边界与容器侧壁或底边重合，则为部分收缩孔口。若孔口的全部边界与容器侧壁和底边的距离都大于 3 倍的孔径，则称为完善收缩；反之，若孔口的部分边界与容器侧壁和底边的距离都小于 3 倍的孔径，则为不完善收缩。

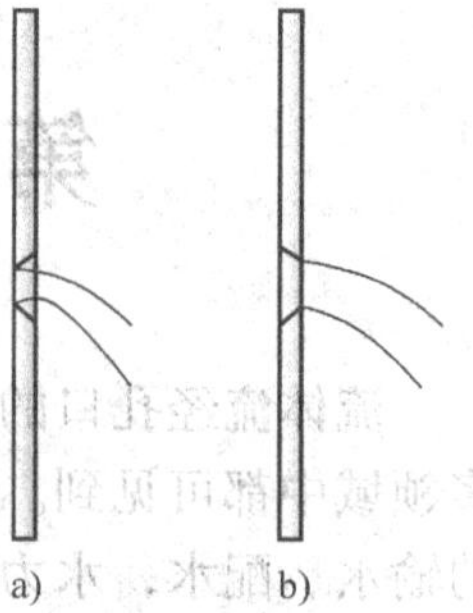

图 4.1.2 孔口边缘类型

a）锐缘孔口 b）圆边孔口

2. 大孔口和小孔口

以孔口断面上流速分布的均匀性为衡量标准，如图 4.1.3 所示。如果孔口断面上各点的流速是均匀分布的，则称为**小孔口**，小孔口的水头 H 大于 10 倍孔径 d，即 $H/d > 10$；如果孔口断面上各点的流速相差较大，不能按均匀分布计算，则称为**大孔口**，大孔口的水头 H 小于或等于 10 倍孔径 d，即 $H/d \leqslant 10$。

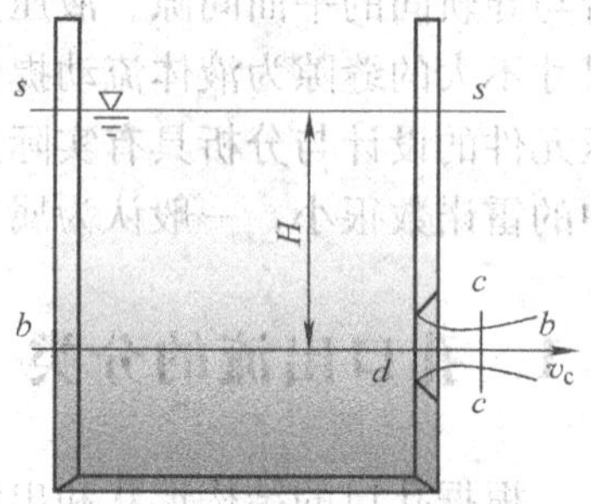

图 4.1.3 孔口出流的分类

3. 定常出流和非定常出流

以孔口的流量和流速的定常性为衡量标准，如果孔口出流过程中容器内液面位置保持不变，即孔口的流量和流速都不随时间变化，则称为孔口的定常出流；如果孔口出流过程中容器内液面位置有变化，即孔口的流量和流速都会随时间变化，则称为孔口的非定常出流。

4. 自由出流和淹没出流

以出流的下游条件为衡量标准，如果流体经过孔口后出流于大气中，不受下游水位的影响，则称为**自由出流**；如果出流于充满液体的空间，则称为**淹没出流**。尽管出流条件不同，自由出流和淹没出流的流动特征和计算方法完全类同。

4.2 薄壁孔口的定常自由出流

现在应用伯努利方程，推导薄壁小孔口的自由出流的流量公式。如图 4.2.1 所示，孔口中心的水头 H 保持不变，孔径较小，认为孔口各处的水头都为 H，收缩断面 $c-c$ 的水流与大气接触，上面各点的动水压力 p_c 等于大气压力 p_a，这类泄流主要是求泄流量。以通过孔口的中心线 $b-b$ 为基准面，对断面 $s-s$ 与 $c-c$ 列伯努利方程

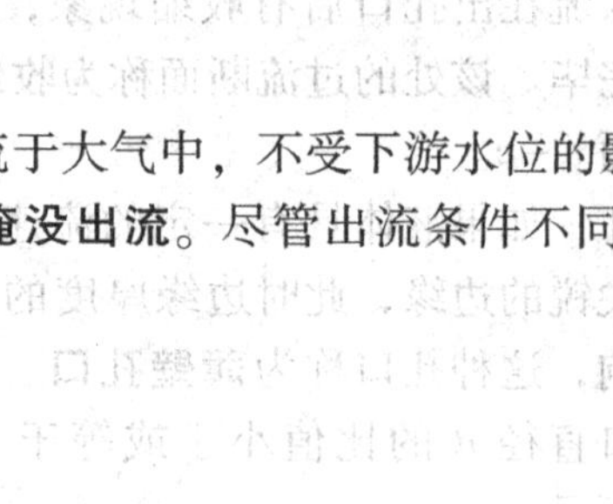

$$H + \frac{p_a}{\gamma} + \frac{a_0 v_0^2}{2g} = 0 + \frac{p_c}{\gamma} + \frac{a_c v_c^2}{2g} + h_f \qquad (4.2.1)$$

式中，$v_0 = 0$；v_c 是出孔后收缩断面处的平均流速；a_0、a_c

图 4.2.1 薄壁孔口的定常自由出流

为动能修正系数，因为流速分布较均匀，故取 $a_0=a_c=1$。

由于沿程损失很小，可忽略，故水头损失只计流经孔口的局部损失，则有 $h_f=\zeta v_c^2/(2g)$，ζ 为局部水头损失系数（或称局部阻力系数）。则式（4.2.1）可改写为

$$H=(1+\zeta)\frac{v_c^2}{2g}$$

从而得

$$v_c=\frac{1}{\sqrt{1+\zeta}}\sqrt{2gH}=C_v\sqrt{2gH} \tag{4.2.2}$$

式中，$C_v=1/\sqrt{1+\zeta}$为流速系数。

为了求流量，可将所得的流速乘以收缩断面面积，即

$$q=A_cv_c=AC_cC_v\sqrt{2gH}=AC_q\sqrt{2gH} \tag{4.2.3}$$

式中，$C_q=C_cC_v$ 为孔口自由出流的流量系数，取决于局部水头损失系数 ζ 和收缩系数 C_c。根据实验资料，对于完善、全部收缩情况下的薄壁小孔口来说，一般会有 $\zeta=0.05\sim0.06$，$C_c=0.63\sim0.64$，$C_v=0.97\sim0.98$，$C_q=0.60\sim0.62$。

大孔口自由出流的流量关系式与式（4.2.3）的形式一样，只是流量系数 C_q 的值不同。由于水头较小，大孔口的收缩系数较大，因而 C_q 值较大。例如：矩形大孔口的流量系数 C_q 值为 0.70～0.90。

在水处理系统的沉淀池的出水区，常利用淹没孔口作为均匀汇集沉淀清水之用。在液压技术中也经常遇到恒定淹没出流，如节流器或阻尼器等用于控制流量和压强，流体出流后，水流先收缩后扩散。

图 4.2.2 所示为薄壁孔口的定常淹没出流，其流动特性与自由出流相同，因此流速和流量也采用式（4.2.2）和式（4.2.3）来计算，其中 H 为左、右两容器液面的高度差。试验证明，孔口淹没出流的流量系数与自由出流时完全一样。

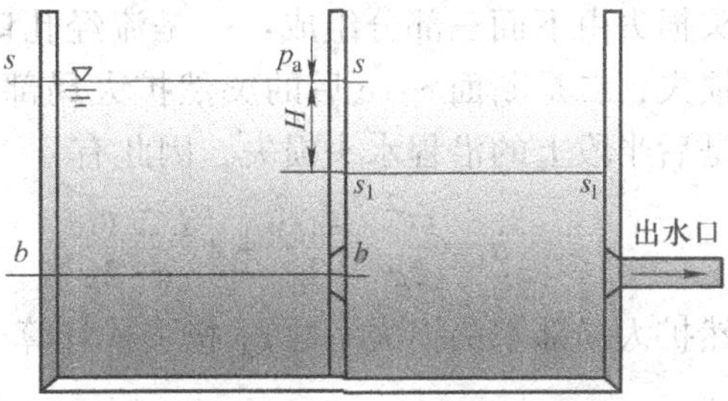

图 4.2.2　薄壁孔口的定常淹没出流

例 4.2.1　澄清器穿孔钢板集水槽两侧边壁各开一层圆形孔眼，用来汇集澄清池的清水。已知澄清器清水流量 $q=200\text{t/h}$，孔眼中心以上水头 $H=0.05\text{m}$，选用 $\phi25\text{mm}$ 的孔眼共应开多少个？孔眼流速是多大？

解： 1）应用式（4.2.3）可求得通过流量 $q=200\text{t/h}$ 所需的孔眼总面积 A。

$$q=200\text{t/h}=\frac{200}{60\times60}\text{m}^3/\text{s}=0.0555\text{m}^3/\text{s}$$

因 $H<10d$，属于大孔口自由出流，所以取 $C_q=0.70$

$$A=\frac{q}{C_q\sqrt{2gH}}=\frac{0.0555}{0.70\times\sqrt{2\times9.81\times0.05}}\text{m}^2=0.08025\text{m}^2$$

2）求孔眼总数。每个孔眼面积

$$A_1=\frac{\pi d^2}{4}=\frac{3.14\times(2.5\times10^{-2})^2}{4}\text{m}^2=4.91\times10^{-4}\text{m}^2$$

孔眼总数

$$n=\frac{0.08025}{4.91\times10^{-4}}\approx163$$

3）孔眼流速

$$v=\frac{q}{nA_1}=\frac{q}{A}=\frac{0.0555}{0.08025}\text{m/s}=0.694\text{m/s}$$

4.3 厚壁孔口的定常自由出流

图4.3.1所示为厚壁孔口的定常自由出流，取 $b-b$ 为基准面，对 $s-s$ 与 s_1-s_1 两断面列伯努利方程

$$H+\frac{p_a}{\gamma}+\frac{a_0v_0^2}{2g}=0+\frac{p_1}{\gamma}+\frac{a_1v_1^2}{2g}+h_f \tag{4.3.1}$$

式中，$p_1=p_a$，$a_0=a_1=1$，$v_0=0$，则式（4.3.1）可改写为

$$H=\frac{v_1^2}{2g}+h_f$$

对厚壁孔口自由出流，如果进口处边界是尖锐的，射流也会发生收缩，然后逐渐扩大充满全管，在离开厚壁孔口时，液体已充满全管，但孔口内部仍存在一收缩断面，即厚壁孔口只有内收缩而无外收缩，这是它与薄壁孔口的区别之一。区别之二是厚壁孔口水头损失由下面三部分组成：一是流经孔口的局部水头损失，二是断面 $c-c$ 后的突然扩大局部水头损失，三是后半段上的沿程水头损失。因此有

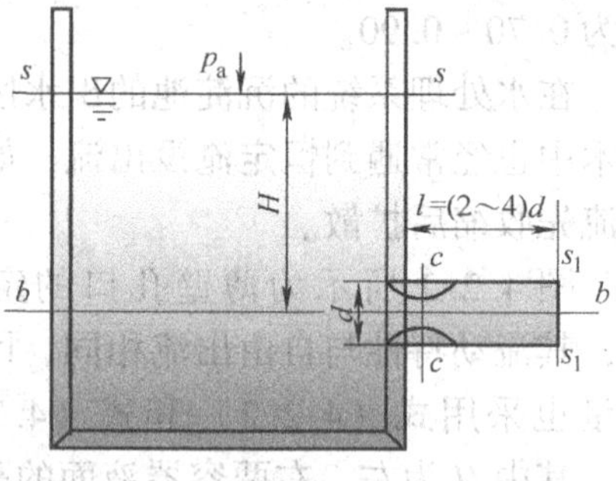

图4.3.1 厚壁孔口的定常自由出流

$$h_f=\frac{\zeta v_c^2}{2g}+\frac{\zeta_1v_1^2}{2g}+\lambda\frac{l/2}{d}\frac{v_1^2}{2g}$$

突然扩大局部水头损失系数 ζ_1 按下式计算

$$\zeta_1=\left(\frac{A}{A_c}-1\right)^2$$

因有 $v_c=Av_1/A_c=v_1/C_c$，故得

$$H=\left(1+\frac{\zeta}{C_c^2}+\zeta_1+\lambda\frac{l}{2d}\right)\frac{v_1^2}{2g}$$

$$v_1=\sqrt{2gH}/\sqrt{1+\zeta/C_c^2+\zeta_1+\lambda l/(2d)}=C_v\sqrt{2gH}$$

则流量

$$q=Av_1=AC_v\sqrt{2gH}=AC_q\sqrt{2gH} \tag{4.3.2}$$

式中，$C_q=C_v$，C_v 为厚壁孔口流速系数；C_q 为厚壁孔口流量系数。

由以上可知，厚壁孔口流速和流量计算公式在形式上与薄壁孔口的计算公式完全相同。按 $\zeta=0.06$、$C_c=0.64$、$\lambda=0.02$ 及 $l/(2d)=2$ 来计算，则得流量系数 $C_q=0.82$，这个数值已被试验所证实。

当液体从薄壁圆孔口出流时，其流量系数 $C_q=0.61$，而厚壁孔口的流量系数 $C_q=0.82$，为薄壁孔口的 1.34 倍，即当孔口面积相同时，通过厚壁孔口的流量大于薄壁孔口。产生这个结果的原因可解释为：当液体从厚壁孔口流到大气中去时流速为 v_1，在收缩断面上的流速 $v_c>v_1$，因此收缩断面上的压力 p_c 一定小于管嘴出流断面上的压力，即小于大气压 p_a，这样就在厚壁孔口的内收缩断面上产生真空，将从容器中抽吸流体，从而使厚壁孔口比面积相同的薄壁孔口流出更多的流量。

例 4.3.1　如图 4.3.2 所示，用管嘴将上、下两部分水体相连，已知小孔口直径 $d=10\text{mm}$，$v_0\approx v_1\approx 0$，上、下游水位差保持在 $H=0.3\text{m}$，流量系数 $C_q=0.82$，求流量 q。

解：应用式（4.3.2）可得

$$q=AC_q\sqrt{2gH}=3.14\times\frac{0.01^2}{4}\times 0.82\times\sqrt{2\times 9.81\times 0.3}\text{m}^3/\text{s}=1.56\times 10^{-4}\text{m}^3/\text{s}$$

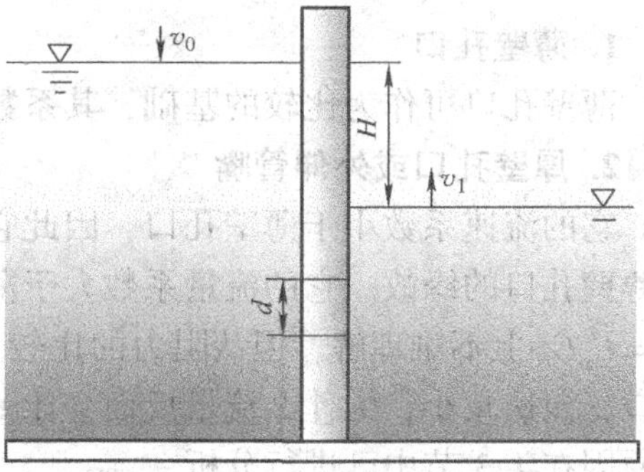

图 4.3.2　管嘴淹没出流

4.4　各种孔口出流性能的比较

从上述情况知道，不论是薄壁还是厚壁，也不论是大孔还是小孔，孔口出流的公式都可以写成同种形式，关键在于它们的出流系数各自不同。工程上常用的孔口有图 4.4.1 所示的几种，其中从左向右分别称为薄壁孔口、厚壁孔口或外伸管嘴、内伸管嘴、收缩管嘴、扩张管嘴、流线形管嘴。

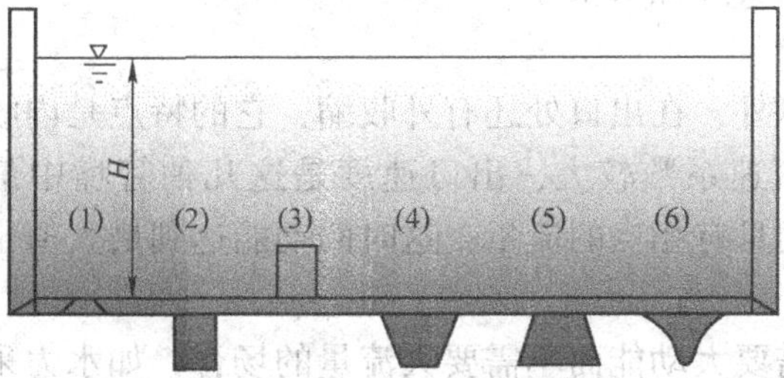

图 4.4.1　各种孔口

为了便于比较，假定它们在容器壁面上的面积 A 是相同的。通过试验测得它们的出流系数见表 4.4.1。这些系数都是对应于出口断面上的数值，应该注意到它们的出口断面面积是不完全相同的。

表 4.4.1　各类孔口出流系数

名　称	阻力系数 ζ	收缩系数 C_c	流速系数 C_v	流量系数 C_q
薄壁孔口	0.06	0.64	0.97	0.62
厚壁孔口（外伸管嘴）	0.5	1	0.82	0.82

(续)

名　称	阻力系数 ζ	收缩系数 C_c	流速系数 C_v	流量系数 C_q
内伸管嘴	1	1	0.71	0.71
收缩管嘴	0.09	0.98	0.96	0.95
扩张管嘴	4	1	0.45	0.45
流线形管嘴	0.04	1	0.98	0.98

1. 薄壁孔口

薄壁孔口可作为比较的基础，其系数值与4.2节中的叙述是一致的。

2. 厚壁孔口或外伸管嘴

它的流速系数小于薄壁孔口，因此它的速度也小于薄壁孔口，这自然是由于它的阻力大于薄壁孔口的缘故。它的流量系数大于薄壁孔口，因此它的流量也大于薄壁孔口，这从公式 $C_q = C_c C_v$ 上不难理解，但从阻力的比较上似乎有不易理解之处：既然它的阻力远大于薄壁孔口，流速减小，为什么流量反而会比薄壁孔口大呢？厚壁孔口流量大于薄壁孔口流量的物理原因在4.3节中已进行分析。

但要维持内收缩断面上的真空度需要两个条件：一是厚壁孔口长度不能太短，要求 $l=(2\sim4)d$，否则大气很容易冲入孔口内破坏真空，使厚壁孔口变成薄壁孔口；二是孔口前面的压力不能太大，因为若此处压力大，则孔口内将出现气穴，一切流动现象都遭到破坏，更谈不上什么增大流量了。维持厚壁孔口正常工作的这两个条件是设计和使用厚壁孔口时必须给予充分注意的。

3. 内伸管嘴

内伸管嘴与外伸管嘴的差别是阻力较大，适合装置于外形需隐蔽之处。但与外伸管嘴相比，它的流速和流量大约要降低15%。

4. 收缩管嘴

收缩管嘴除内收缩以外，在出口处还有外收缩，它的特点是内收缩后不需过分扩张，因而阻力较小。这种管嘴流速系数较大，出口速度是这几种管嘴中最高的。在 $\theta=13°\sim14°$ 时，不但出口速度大，而且有相当的流量，这时的动能达到最大值，如果 θ 继续增大，虽然速度提高，但流量要减小。

这种管嘴最适用于需要大动能而不需要大流量的场合，如水力采煤、水力喷沙、水力远射、冲击式水轮机喷管等。

5. 扩张管嘴

扩张管嘴的扩张阻力大，因而流速系数和流速都小，在 $\theta=5°\sim7°$ 时阻力最小，为最佳扩张角，θ 再大则流线脱离壁面形成薄壁孔口。

这种管嘴的真空度比外伸管嘴更大，因而它有更大的抽吸能力，它的流量系数表面上看来只有0.45，但这是对出口断面而言的，如果折合成其入口断面的数值，则流量系数是很大的，这是几种管嘴中流量最大的一种，它适用于大流量而低流速的场合，如水轮机的尾水管、喷射水泵、文丘里流量计等。

6. 流线形管嘴

流线形管嘴阻力最小，不收缩，不易产生气穴，流线不脱离壁面，适用于减小阻力与干扰等情况，但加工需圆滑。

在分析表 4.4.1 时，需要注意两点：

1）流速系数大的，流速也大，因为 $v=C_v\sqrt{2gH}$。

2）流量系数大的，流量却不一定大，因为 $q=AC_q\sqrt{2gH}$，这里 A 是出口面积。扩张管嘴的 C_q 虽不大，但由于它的出口面积大、吸力大，结果它的流量却是最大的；收缩管嘴的 C_q 虽然不小，但由于它的出口面积小、吸力小，结果它的流量却是最小的。也就是说当出口面积与器壁上的面积不相等时，C_q 的大小并不代表流量的大小，这是要特别注意的。

例 4.4.1　现有四只水箱，其上有圆形孔口，直径 d 均为 100mm，孔口形心上的水头均为 1.2m。除一只水箱上的孔口为薄壁孔口外，其他三只水箱都连接长为 400mm 的管嘴，一为圆柱形内伸管嘴，一为圆柱形外伸管嘴，一为圆锥形扩散管嘴（$\theta=6°$），试比较四种孔口的流量。

解：1）自薄壁孔口出流的流量

$$q=AC_q\sqrt{2gH}=\frac{3.14\times0.1^2}{4}\times0.62\times\sqrt{2\times9.81\times1.2}\mathrm{m^3/s}=0.0236\mathrm{m^3/s}$$

2）自圆柱形内伸管嘴出流的流量

$$q=AC_q\sqrt{2gH}=\frac{3.14\times0.1^2}{4}\times0.71\times\sqrt{2\times9.81\times1.2}\mathrm{m^3/s}=0.027\mathrm{m^3/s}$$

3）自圆柱形外伸管嘴出流的流量

$$q=AC_q\sqrt{2gH}=\frac{3.14\times0.1^2}{4}\times0.82\times\sqrt{2\times9.81\times1.2}\mathrm{m^3/s}=0.0312\mathrm{m^3/s}$$

4）自圆锥形扩散管嘴出流的流量

$$D=d+2l\tan3°=(0.1+2\times0.4\times0.0524)\mathrm{m}=0.142\mathrm{m}$$

$$q=AC_q\sqrt{2gH}=\frac{3.14\times0.142^2}{4}\times0.45\times\sqrt{2\times9.81\times1.2}\mathrm{m^3/s}=0.0346\mathrm{m^3/s}$$

5）比较。

① 在同样的 H 和孔口大小情况下，管嘴过流能力比孔口大，因此，在同一孔口条件下要使过流能力加大，就应加设圆锥形扩散管嘴或圆柱形外伸管嘴。

② 在同样条件下，圆柱形外伸管嘴的过流能力比圆柱形内伸管嘴大。

③ 如果要利用管嘴出口的巨大动能，则应采用圆锥形收缩管嘴。

4.5　平行平板之间的缝隙流动

本节主要研究平行平板之间的缝隙流动，它是讨论各种缝隙流动的基础。在缝隙流动中由缝隙两端的压差引起的流动通常称为压差流动；由配合机件间的相对运动引起的流动通常称为剪切流。

4.5.1　两固定平行平板间的缝隙流动

如图 4.5.1 所示，两平行平板长为 L，宽为 B，缝隙高度为 h，并假设两平行平板间的距离 h 与其宽度 B 比较很小，可以不考虑沿宽度方向的流动。下面分析缝隙两端由于压差

$\Delta p = p_1 - p_2$ 而引起的压差流动情况。

在图示的坐标系统中，一维定常层流的流体运动速度 $u = u(z)$、$v = 0$、$w = 0$，由连续性方程知 $\partial u/\partial x = 0$，对于不可压缩流体，并且忽略质量力，则 N－S 方程可以简化为

$$\begin{cases} -\dfrac{1}{\rho}\dfrac{\partial p}{\partial x} + \nu\dfrac{\partial^2 u}{\partial z^2} = 0 \\ -\dfrac{1}{\rho}\dfrac{\partial p}{\partial y} = 0 \\ -\dfrac{1}{\rho}\dfrac{\partial p}{\partial z} = 0 \end{cases} \tag{4.5.1}$$

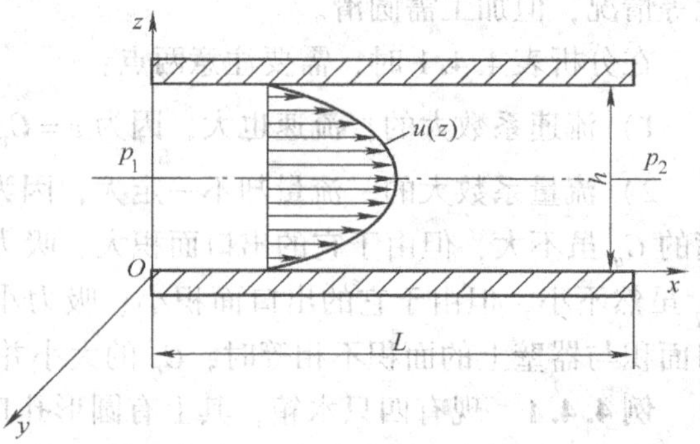

图 4.5.1　固定平行平板间的缝隙流动

后两个公式说明，压强 p 只是沿着 x 方向变化，与 y、z 无关，所以

$$\frac{\partial p}{\partial x} = \frac{\mathrm{d}p}{\mathrm{d}x} = -\frac{\Delta p}{L}$$

由于速度 u 只是 z 的函数，因而 $\partial^2 u/\partial z^2$ 可以写成 $\mathrm{d}^2 u/\mathrm{d}z^2$，于是式（4.5.1）变为

$$\frac{\mathrm{d}^2 u}{\mathrm{d}z^2} = \frac{1}{\mu}\frac{\mathrm{d}p}{\mathrm{d}x} = -\frac{\Delta p}{\mu L} \tag{4.5.2}$$

这就是平板缝隙中层流运动的常微分方程式。积分上式得到

$$u = \frac{1}{2\mu}\frac{\mathrm{d}p}{\mathrm{d}x}z^2 + C_1 z + C_2 \tag{4.5.3}$$

并利用边界条件 $z = 0$ 时，$u = 0$；$z = h$ 时，$u = 0$，可求得 $C_1 = -\dfrac{1}{2\mu}\dfrac{\mathrm{d}p}{\mathrm{d}x}h$，$C_2 = 0$，则沿断面速度分布规律为

$$u = \frac{1}{2\mu}\left(-\frac{\mathrm{d}p}{\mathrm{d}x}\right)(h - z)z = \frac{\Delta p}{2\mu L}(h - z)z \tag{4.5.4}$$

可见，速度 u 沿缝隙高度按抛物线规律分布，如图 4.5.1 所示。式（4.5.4）即为固定平行平板缝隙压差流动时的速度分布规律，它和圆管内层流运动速度分布公式形式相类似，其速度分布呈二次抛物曲面。

对式（4.5.4）求一阶导数并令其为零，即 $\mathrm{d}u/\mathrm{d}z = 0$，得 $z = h/2$ 处有最大速度

$$u_{\max} = \frac{\Delta p}{8\mu L}h^2 \tag{4.5.5}$$

通过缝隙的流量为

$$q = B\int_0^h u\mathrm{d}z = \frac{B\Delta p}{2\mu L}\int_0^h (hz - z^2)\mathrm{d}z = \frac{Bh^3\Delta p}{12\mu L} \tag{4.5.6}$$

由式（4.5.6）可以看出：通过两固定平行平板间隙的流量 q 与间隙高度 h 的三次方成正比，说明间隙高度 h 对流量的影响是很大的。

平均流速

$$v = \frac{q}{A} = \frac{q}{hB} = \frac{h^2\Delta p}{12\mu L} \tag{4.5.7}$$

与式（4.5.5）比较得

$$v = \frac{2}{3}u_{\max}$$

压力损失（压降）由式（4.5.6）可得

$$\Delta p = \frac{12\mu Lq}{Bh^3} \tag{4.5.8}$$

4.5.2　具有相对运动的两平行平板间的缝隙流动

在实际工程问题中，缝隙往往是由具有相对运动的壁面所组成的，例如齿轮轴面与轴套之间的缝隙，齿轮泵、齿轮马达的壳体内腔与齿顶间的缝隙等。

设两平行平板的间距为 h，宽度为 B，上平板以等速 U 运动，下平板不动，两端无压差。运动壁面对缝隙中的油液引起纯剪切流动。断面上的速度分布仍为式（4.5.3），利用边界条件 $z=h$ 时，$u=U$；$z=0$ 时，$u=0$，确定积分常数，得速度分布规律为

$$u = \frac{U}{h}z \tag{4.5.9}$$

式（4.5.9）即为平行平板缝隙纯剪切流动时的速度分布公式。由公式可知，流速沿 z 方向线性变化。

由速度分布，求得流量

$$q = B\int_0^h u\mathrm{d}z = \frac{UBh}{2} \tag{4.5.10}$$

当缝隙中的流体既受压差作用又受剪切作用而流动时，缝隙中流体的流速 u 和流量 q 将是这两种运动的叠加，即

$$u = \frac{\Delta p}{2\mu L}(hz - z^2) \pm \frac{U}{h}z \tag{4.5.11}$$

$$q = \frac{Bh^3\Delta p}{12\mu L} \pm \frac{UBh}{2} \tag{4.5.12}$$

相对运动的方向与缝隙中压差流动方向相同时（图4.5.2a），式（4.5.11）和式（4.5.12）的第二项取正号；相对运动的方向与缝隙中压差流动方向相反时（图4.5.2b），则式（4.5.11）和式（4.5.12）的第二项取负号。

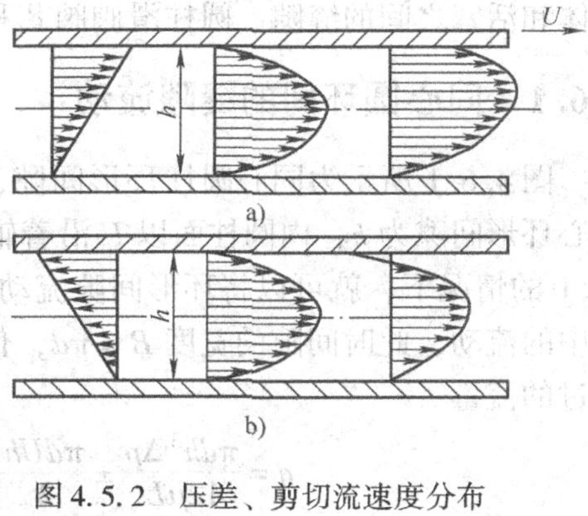

图4.5.2　压差、剪切流速度分布

4.5.3　具有相对运动的两平行平板的最佳缝隙高度

平行平板缝隙中液体的泄漏量将引起一定程度的功率损失，从而降低液压元件的效率。从式（4.5.12）可以看出，缝隙高度 h 越小则泄漏越小，泄漏损失的功率就越小，但缝隙中因相对运动引起的速度梯度 U/h 增大，于是黏性摩擦力引起的功率损失增加，总功率损失为此两项损失的代数和，故应存在一缝隙高度 h_0，使得总的功率损失最小，此 h_0 称为**最佳缝隙高度**。

设平板运动的方向和压差的方向相同（图4.5.2a），则运动平板上受到流体总摩擦力为

$$F=-\mu BL\frac{\mathrm{d}u}{\mathrm{d}z}\bigg|_{z=h}=BL\left(\frac{h\Delta p}{2L}-\frac{\mu U}{h}\right)$$

从上式可以看出上平板受到的摩擦力也分为两个部分，第一项式表示压差引起的摩擦力，促进平板运动，做正功；第二项是平板相对运动产生的摩擦力，总是阻碍平板运动，做负功。由于摩擦力 F 引起的功率损失是指阻碍上平板运动所消耗的功率，故摩擦力引起的功率损失大小为

$$W_F=-FU=-BL\left(\frac{h\Delta p}{2L}-\frac{\mu U}{h}\right)U$$

由泄漏引起的功率损失为

$$W_0=\Delta pq=\Delta pB\left(\frac{h^3\Delta p}{12\mu L}+\frac{Uh}{2}\right)$$

所以总功率损失为

$$W=W_F+W_0=\frac{B\Delta p^2h^3}{12\mu L}+\frac{BL\mu U^2}{h}$$

不难推证，当压差流动和剪切流动方向相反时，总功率损失仍为上式。对上式求导，并令 $\mathrm{d}W/\mathrm{d}h=0$，则得最佳缝隙高度

$$h_0=\sqrt{\frac{2\mu LU}{\Delta p}} \tag{4.5.13}$$

以上仅从能量损失最小的观点求得最佳缝隙高度 h_0，具体的某最佳缝隙高度还需要考虑热胀冷缩、表面质量、受力变形等其他因素来综合确定。

4.6 圆环间隙的缝隙流动

由内、外两圆柱面围成的缝隙为圆环缝隙。这种缝隙在流体工程中普遍存在，如液压缸缸体和活塞之间的缝隙、圆柱滑阀阀芯和阀孔之间的缝隙就属于此类。

4.6.1 同心圆环间的缝隙流动

图4.6.1所示为同心圆柱环形间隙，设内圆柱直径为 d，同心环形间隙为 h，内圆柱面以 U 沿着轴线方向运动，在 $h/d \ll 1$ 的情况下，就可以将环形间隙流动近似看成平行平板间隙中的流动，此时间隙的宽度 $B=\pi d$，代入式（4.5.12），则通过的流量

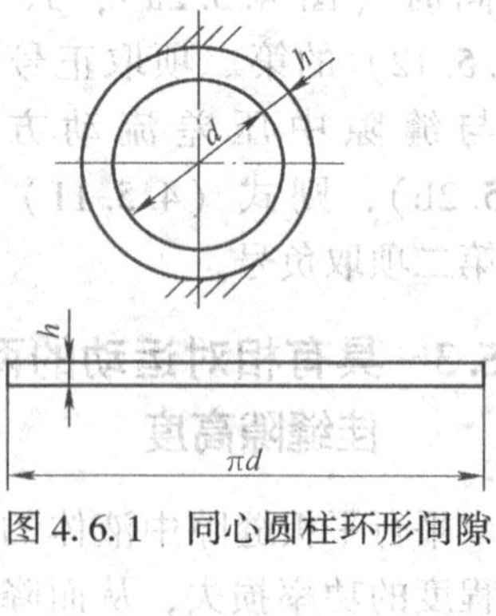

图4.6.1 同心圆柱环形间隙

$$q=\frac{\pi dh^3\Delta p}{12\mu L}\pm\frac{\pi dUh}{2} \tag{4.6.1}$$

式中正负号的选取方法与前述平板缝隙流动相同。

4.6.2 偏心圆柱环形缝隙流动

工程上，由于装配、受力、自重等原因，完全同心的情况并不多见，如液压缸缸筒与活塞间形成的间隙，由于活塞受力不均匀，往往是偏心的。对图4.6.2所示的偏心环形间隙，

设 r 和 R 分别为圆柱和圆孔的半径，e 为偏心距，圆柱和圆孔所形成的间隙高度 h 仍很小，并且是随着 θ 角变化的变量，且有

$$h(\theta) = e\cos\theta + R - r = e\cos\theta + \delta$$
$$= \delta\left(1 + \frac{e}{\delta}\cos\theta\right) = \delta(1 + \varepsilon_e\cos\theta) \tag{4.6.2}$$

式中，δ 为同心时圆环的缝隙高度，$\delta = R - r$；e 为偏心距；ε_e 为相对偏心率，$\varepsilon_e = e/\delta$。

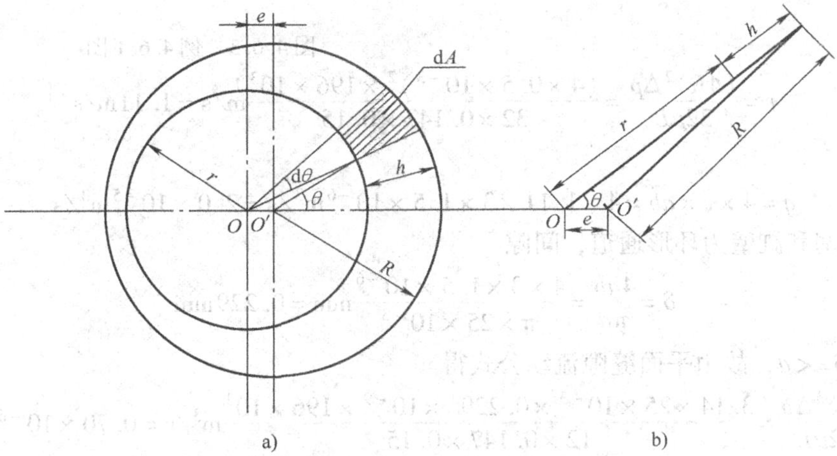

图 4.6.2　偏心圆柱环缝隙流动

流体经微断面 dA 的流动也可视为平行平板间的缝隙流动，经过面积 dA 的流量为

$$\mathrm{d}q = \left(\frac{h^3\Delta p}{12\mu L} \pm \frac{h}{2}U\right)r\mathrm{d}\theta$$

将式（4.6.2）代入上式并沿圆周积分，即得流体流经偏心圆环缝隙时的流量公式

$$q = \int_0^{2\pi}\left[\frac{\Delta p r\delta^3}{12\mu L}(1 + \varepsilon_e\cos\theta)^3 \pm \frac{\delta r}{2}U(1 + \varepsilon_e\cos\theta)\right]\mathrm{d}\theta$$
$$= \frac{\pi d\Delta p\delta^3}{12\mu L}\left(1 + \frac{3}{2}\varepsilon_e^2\right) \pm \frac{\pi d\delta}{2}U \tag{4.6.3}$$

式中，U 为内、外两圆柱面相对运动的速度；正负号的选取与前述相同。

当 $U = 0$，$\varepsilon_e = 1$，完全偏心时，泄漏流量 q 为

$$q = 2.5\frac{\pi d}{12\mu L}\Delta p\delta^3 \tag{4.6.4}$$

于是，完全偏心时的流量将为同心时流量的 2.5 倍。

在液压元件中，上述由于偏心引起的泄漏流量较大，偏心必须加以控制。常见的方法是加平衡槽，具体的做法和分析可参见有关的液压传动教材。

例 4.6.1　如图 4.6.3 所示，直径 $d = 25$mm 的液压缸中有长度 $L = 150$mm 的柱塞，两端作用的压强为 $\Delta p = 196$kPa，油液的动力黏度 $\mu = 0147$Pa·s，求下列情况下缝隙中的泄漏流量：

（1）柱塞有四个 $a = 3$mm、$b = 1.5$mm 的沟槽。

（2）没有沟槽，但柱塞和缸壁间的环形通道面积与上述四个沟槽的面积相同。

解：(1) 柱塞上沟槽的水力半径为

$$R=\frac{ab}{2(a+b)}=\frac{3\times1.5}{2\times4.5}\text{mm}=0.5\text{mm}$$

设流动为层流，则由圆管层流公式可得到

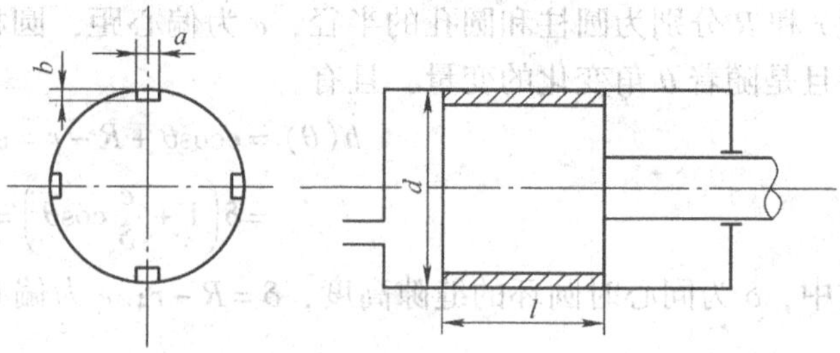

图 4.6.3　例 4.6.1 图

$$v=\frac{(4R)^2\Delta p}{32\mu L}=\frac{(4\times0.5\times10^{-3})^2\times196\times10^3}{32\times0.147\times0.15}\text{m/s}=1.11\text{m/s}$$

故

$$q=4\times v\times ab=4\times1.11\times3\times1.5\times10^{-6}\text{m}^3/\text{s}=2.0\times10^{-5}\text{m}^3/\text{s}$$

(2) 柱塞和缸壁为环形通道，间隙

$$\delta=\frac{4ab}{\pi d}=\frac{4\times3\times1.5\times10^{-6}}{\pi\times25\times10^{-3}}\text{mm}=0.229\text{mm}$$

因为，$\delta\ll d$，故由平面缝隙流动公式得

$$q=\frac{\pi d\delta^3\Delta p}{12\mu L}=\frac{3.14\times25\times10^{-3}\times0.229^3\times10^{-9}\times196\times10^3}{12\times0.147\times0.15}\text{m}^3/\text{s}=0.70\times10^{-6}\text{m}^3/\text{s}$$

例 4.6.2　如图 4.6.4 所示，固定的工作桶及固定的柱塞之间形成同心的径向间隙 δ，且 $\delta\ll d$，油由工作桶底部流进其中，并且经径向间隙流到大气中去。设桶内表压力为 p。

(1) 试确定油经过间隙的泄漏流量为多少？

(2) 若柱塞向下有运动，泄漏流量又是多少？

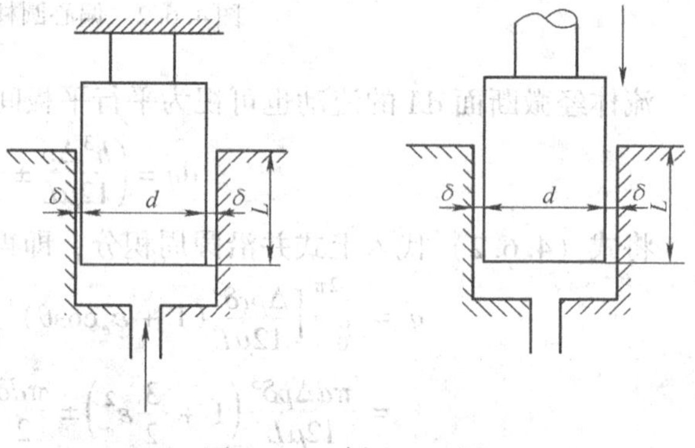

图 4.6.4　例 4.6.2 图

解：(1) 因为 $\delta\ll d$，同样 $\delta\ll L$，故可把两圆柱表面所形成的圆柱环形间隙看成是无限宽平行平板间的压差流动，流量可直接应用式（4.6.1）。

根据题意有：$\Delta p=p$、$h=\delta$、$B=\pi d$，代入式（4.6.1）得

$$q=\frac{\pi d\delta^3\Delta p}{12\mu L}$$

可见油通过径向间隙的泄漏流量与间隙 δ 的三次方成比例。因此为了减少漏油，必须适当地减小 δ。

(2) 当柱塞向下运动时，相当于压差与剪切的合成流动。设柱塞以速度 U 向下运动，因压差与剪切流动方向相反，合成流量为

$$q=q_{压差}-q_{剪切}$$

式中，$q_{压差}$ 为因压差而引起的流量；$q_{剪切}$ 为因柱塞运动而引起的流量。

而 $q_{压差}=\dfrac{\pi d\delta^3\Delta p}{12\mu L}$，$q_{剪切}=\dfrac{UBh}{2}$，且 $B=\pi d$，$h=\delta$，所以

$$q=\frac{\pi d\delta^3\Delta p}{12\mu L}-\frac{U}{2}\delta\pi d=\frac{\delta\pi d}{2}\left(\frac{p\delta^2}{6\mu L}-U\right)$$

4.7　平行圆板间的径向层流流动

平行平板间隙中的径向流动为轴对称流动，它可以分为两种情况：一种是**压差流动**，即两平行平板构成不变的间隙，有压流体通过中心导管引入间隙，于是液体就沿径向间隙向四周流动，或者流体在间隙中从四周流向轴心导管，前者称为源流，后者称为汇流；另一种是两平行平板间充满不可压缩的流体，两平行平板以某一相对速度相互靠拢，因而挤压流体就沿径向向四周流动，这种流动常称为**挤压流动**。

由于缝隙很小，流动呈层流状态，又因为流动是径向的，所以对称于中心轴线。现分别讨论压差流动和挤压流动这两种情况。

4.7.1　压差流动

具有固定间隙的两平行圆板，如图4.7.1 所示。设导管半径为 r_0，来流压强为 p_1，流量为 q，两板之间的间距为 h，圆板的半径为 R_0，忽略质量力，仅考虑黏性力的影响，在任一半径为 r 处取一小段 dr 的流层，近似地可把这薄流层视为宽度为 $2\pi r$ 的平行平板间的流动，于是速度分布为

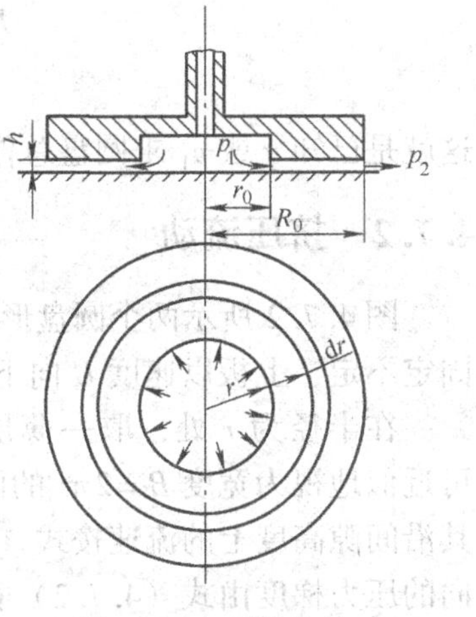

图4.7.1　压差流动

$$u=\frac{1}{2\mu}\left(-\frac{\mathrm{d}p}{\mathrm{d}r}\right)(hz-z^2)\qquad(4.7.1)$$

由式（4.5.8）得到，沿径向的压力梯度为

$$\frac{\mathrm{d}p}{\mathrm{d}r}=-\frac{6\mu q}{\pi rh^3}\qquad(4.7.2)$$

积分式（4.7.2）可得

$$p=-\frac{6\mu q}{\pi h^3}\ln r+c\,(r_0\leqslant r\leqslant R_0)\qquad(4.7.3)$$

当 $r=R_0$ 时，$p=p_2$，于是

$$c=\frac{6\mu q}{\pi h^3}\ln R_0+p_2$$

代入式（4.7.3）得

$$p=\frac{6\mu q}{\pi h^3}\ln\frac{R_0}{r}+p_2\qquad(4.7.4)$$

当 $r=r_0$ 时，$p=p_1$，则

$$\Delta p=p_1-p_2=\frac{6\mu q}{\pi h^3}\ln\frac{R_0}{r_0}\qquad(4.7.5)$$

于是流量

$$q = \frac{\pi h^3 \Delta p}{6\mu \ln \dfrac{R_0}{r_0}} \tag{4.7.6}$$

由式（4.7.4），通过对 $2\pi r dr$ 的积分，可以求出下圆盘所受液体总作用力为

$$F = p_1 \pi r_0^2 + \int_{r_0}^{R_0} \left[p_2 + \frac{6\mu q}{\pi h^3} \ln \frac{R_0}{r} \right] 2\pi r \mathrm{d}r = p_1 \pi r_0^2 + p_2 \pi (R_0^2 - r_0^2) +$$

$$\frac{12\mu q}{h^3} \left[\int_{r_0}^{R_0} r \ln R_0 \mathrm{d}r - \int_{r_0}^{R_0} r \ln r \mathrm{d}r \right]$$

最后一个积分式用分部积分法，可得

$$F = (p_1 - p_2) \pi r_0^2 + p_2 \pi R_0^2 + \frac{12\mu q}{h^3} \left(\frac{R_0^2 - r_0^2}{4} - \frac{r_0^2}{2} \ln \frac{R_0}{r_0} \right)$$

将式（4.7.5）代入到上式并化简得到

$$F = p_2 \pi R_0^2 + \frac{3\mu q}{h^3} (R_0^2 - r_0^2) = p_2 \pi R_0^2 + \frac{\pi (p_1 - p_2)(R_0^2 - r_0^2)}{2\ln \dfrac{R_0}{r_0}} \tag{4.7.7}$$

如果圆盘外的压强 $p_2 = 0$，则式（4.4.7）可以简化为

$$F = \frac{3\mu q}{h^3} (R_0^2 - r_0^2) = \frac{\pi p_1}{2\ln \dfrac{R_0}{r_0}} (R_0^2 - r_0^2)$$

这就是已知 q 或 p_1 求圆盘总作用力的两个公式。

4.7.2 挤压流动

图 4.7.2 所示两个圆盘形平板的半径为 R，两板间间隙为 h，坐标如图选取。假设下板固定不定，上板以速度 U 向下运动，于是挤压板间的流体做轴对称流动。

在半径为 r 处，取一薄层 $\mathrm{d}r$，将此薄层展开后，可近似地视为宽度 $B = 2\pi r$ 的两平行平板的流动，因此其沿间隙高度上的流速按式（4.7.1）规律分布，沿径向的压力梯度由式（4.7.2）得到

$$\frac{\mathrm{d}p}{\mathrm{d}r} = -\frac{6\mu q}{\pi r h^3} \tag{4.7.8}$$

另外，通过半径 r 处过流断面的流量应等于半径以内液体被排挤的流量，即

$$q = \pi r^2 U \tag{4.7.9}$$

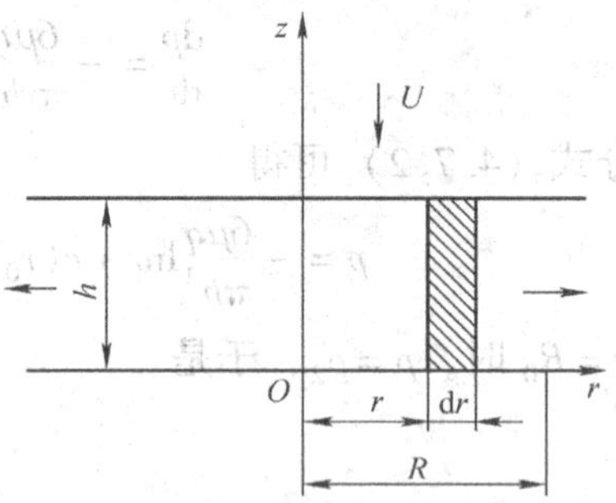

图 4.7.2 径向挤压流动

将式（4.4.9）代入式（4.4.8），得

$$\frac{\mathrm{d}p}{\mathrm{d}r} = -\frac{6\mu U}{h^3} r$$

积分上式，得

$$p = -\frac{3\mu U}{h^3} r^2 + c$$

式中积分常数 c 可由边界条件确定，当 $r = R$ 时，$p = p_0$，于是

$$c = p_0 + \frac{3\mu U}{h^3} R^2$$

于是求得压强分布规律为

$$p = p_0 + \frac{3\mu U}{h^3}(R^2 - r^2) \tag{4.7.10}$$

由式（4.7.10）可知，挤压流动中压强沿径向按抛物线规律分布，且在 $r=0$ 处，压强有最大值 p_{max}

$$p_{max} = p_0 + \frac{3\mu U R^2}{h^3} \tag{4.7.11}$$

板上的总作用力

$$F = \int_0^R p 2\pi r \mathrm{d}r = \int_0^R \left[p_0 + \frac{3\mu U}{h^3}(R^2 - r^2)\right] 2\pi r \mathrm{d}r = \pi R^2 p_0 + \frac{3\pi\mu R^4 U}{2h^3} \tag{4.7.12}$$

若 $p_0 = 0$（按表压强算），则

$$F = \frac{3}{2}\pi\mu U \frac{R^4}{h^3} \tag{4.7.13}$$

可见，圆板上的总作用力 F 与挤压速度 U 的一次方、半径 R 的四次方成正比，与间隙 h 的三次方成反比。

4.8　倾斜平板之间的缝隙流动

当某一平板相对于另一平板成一角度放置时，两平板间的液体流动称为倾斜平板缝隙流动。这类问题在液压技术中也常出现，如端面止推轴承中推力滑块与轴端面形成倾斜缝隙，产生一定的轴向推力用以平衡主机运行时产生的轴向力。

本节借助于平行平板缝隙流动的分析方法和结论推导倾斜平板缝隙流动的流速分布、流量计算公式和缝隙中压力分布规律。

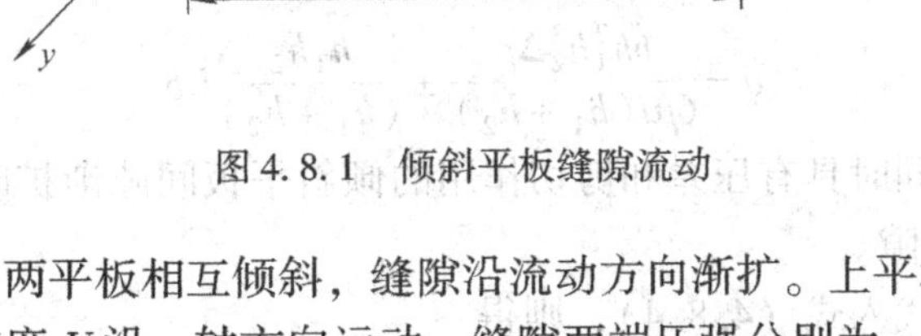

图 4.8.1　倾斜平板缝隙流动

如图 4.8.1 所示，两平板相互倾斜，缝隙沿流动方向渐扩。上平板固定不动且与下平板倾斜 θ 角，下平板以速度 U 沿 x 轴方向运动，缝隙两端压强分别为 p_1 和 p_2，高度分别为 h_1 和 h_2，设平板宽度为 b，平板的长度为 l，且有 $h_2/b \ll 1$。由于倾角很小，可忽略 z 方向上

流动的速度分量。如同研究平行平板缝隙流动一样，这时式（4.5.3）仍成立，即

$$u=\frac{1}{2\mu}\frac{\mathrm{d}p}{\mathrm{d}x}z^2+C_1z+C_2$$

但在确定积分常数 C_1、C_2 时，其边界条件有所不同：即当 $z=0$ 时，$u=U$；当 $z=h$ 时，$u=0$。代入上式可得 $C_1=-\frac{1}{2\mu}\frac{\mathrm{d}p}{\mathrm{d}x}h-\frac{U}{h}$，$C_2=U$，于是

$$u=\frac{1}{2\mu}\frac{\mathrm{d}p}{\mathrm{d}x}(z^2-zh)+\left(1-\frac{z}{h}\right)U \tag{4.8.1}$$

式（4.8.1）即为流体在缝隙中流动时任意截面处的速度分布公式。与前面平行平板缝隙流动相比，第一项为压差作用下的速度分布，第二项为剪切作用下的速度分布，同时如速度 U 与压差方向相反则两项相应相减，所以速度分布的一般形式为

$$u=\frac{1}{2\mu}\frac{\mathrm{d}p}{\mathrm{d}x}(z^2-zh)\pm\left(1-\frac{z}{h}\right)U \tag{4.8.2}$$

流过缝隙高度为 h 截面处的流量 q 为

$$q=\int_0^h ub\mathrm{d}z=-\frac{bh^3}{12\mu}\frac{\mathrm{d}p}{\mathrm{d}x}\pm\frac{bh}{2}U$$

或

$$\frac{\mathrm{d}p}{\mathrm{d}x}=-\frac{12\mu q}{bh^3}\pm\frac{6\mu U}{h^2} \tag{4.8.3}$$

缝隙的高度 h 随 x 变化，由图 4.8.1 可知

$$h=h_1+x\tan\theta,\ \tan\theta=(h_2-h_1)/l,$$

则

$$\mathrm{d}h=\tan\theta\mathrm{d}x$$

于是式（4.8.3）可写成

$$\mathrm{d}p=12\mu\left(-\frac{q\mathrm{d}h}{bh^3\tan\theta}\pm\frac{U\mathrm{d}h}{2h^2\tan\theta}\right)$$

由连续性方程，通过缝隙各截面的流量为常数。对上式积分得

$$\int_{p_1}^{p}\mathrm{d}p=\int_{h_1}^{h}12\mu\left(-\frac{q\mathrm{d}h}{bh^3\tan\theta}\pm\frac{U\mathrm{d}h}{2h^2\tan\theta}\right)=\frac{12\mu}{\tan\theta}\left(\frac{q}{b}\int_{h_1}^{h}-\frac{\mathrm{d}h}{h^3}\pm\frac{U}{2}\int_{h_1}^{h}\frac{\mathrm{d}h}{h^2}\right)$$

$$p-p_1=-\frac{6q\mu}{b\tan\theta}\left(\frac{1}{h_1^2}-\frac{1}{h^2}\right)\pm\frac{6\mu U}{\tan\theta}\left(\frac{1}{h_1}-\frac{1}{h}\right) \tag{4.8.4}$$

式（4.8.4）表示缝隙内任一截面上压强 p 和缝隙高度 h 的关系。当 $h=h_2$ 时，有 $p=p_2$，则

$$p_1-p_2=\Delta p=6\mu l\left(\frac{q}{b}\frac{h_1+h_2}{h_1^2h_2^2}\mp\frac{U}{h_1h_2}\right)$$

整理得

$$q=\frac{bh_1^2h_2^2\Delta p}{6\mu l(h_1+h_2)}\pm\frac{h_1h_2}{(h_1+h_2)}Ub \tag{4.8.5}$$

式（4.8.5）即为同时具有压差和剪切作用的倾斜平板间隙渐扩时的流量公式，正负号取法同前述平行平板缝隙。

若将式（4.8.5）代入式（4.8.4），则得

$$p=p_1-\frac{h_2^2(h_1+h)}{h^2(h_1+h_2)l}\frac{x}{l}\Delta p\mp\frac{6\mu u(h_2-h)x}{h^2(h_1+h_2)} \tag{4.8.6}$$

式（4.8.6）即为缝隙内流体压强沿 x 方向的分布公式。

对于缝隙沿流动方向渐缩的情况，按上面同样的方法可得流量和压强分布公式，其形式和式（4.8.5）及式（4.8.6）完全一样，只是这时 $h_1 > h_2$，$\tan\theta = (h_1 - h_2)/l$，$h = h_1 - x\tan\theta$。

下面进一步分析倾斜平板间缝隙流动的压强分布情况，在仅有两端压差作用时，由式（4.8.6）得

$$p = p_1 - \frac{h_2^2(h_1 + h)}{h^2(h_1 + h_2)}\frac{x}{l}\Delta p \tag{4.8.7}$$

当缝隙渐扩时，因 $h = h_1 + x\tan\theta$，$h_1 < h_2$，上式中 p 的二阶导数 $d^2p/d^2x > 0$，分布曲线将下凹，扩大越甚，则下凹越多，如图4.8.2a所示；当缝隙渐缩时，因 $h = h_1 - x\tan\theta$，$h_1 > h_2$，$d^2p/d^2x < 0$，即二阶导数小于零，分布曲线将上凸，缩小越甚，则上凸越多，如图4.8.2b所示。

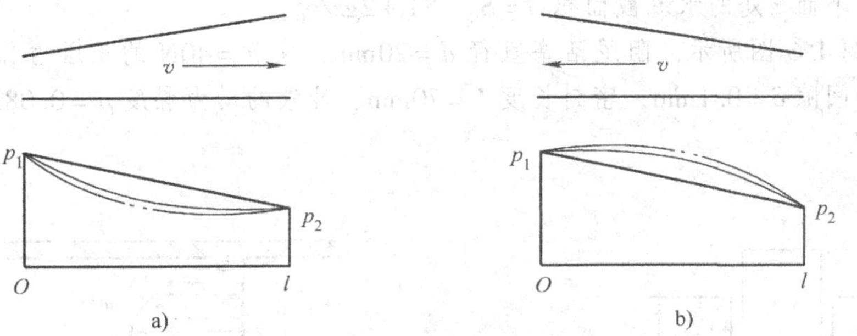

图4.8.2　倾斜平板缝隙流动压强分布

液压装置中，如圆柱体和孔配合，由于加工和装配误差产生了流动方向上程度不同的渐扩或渐缩的缝隙流动，因此根据前面分析的其缝隙中的压强分布有所不同，从而在某些情况下柱体表面所受径向压强的作用力不平衡，使柱体压向孔的一侧，造成柱体在孔中的轴向摩擦阻力增大而被卡紧甚至不能运动，这种现象称为**液压卡紧**。倾斜平板缝隙流动的压强分布特性是产生液压卡紧现象的主要原因。

习　题

4.1　一薄壁圆形孔口恒定射流，孔口直径 $d = 10\text{mm}$，水头 $H = 2\text{m}$，收缩系数 $C_c = 0.63$，流速系数 $C_v = 0.97$，求流量 q。

4.2　如题4.2图所示，用薄隔板将水流分成上、下两部分水体，已知小孔口直径 $d = 20\text{mm}$，$v_0 \approx v_1 \approx 0$，上、下游水位差 $H = 2.5\text{m}$，求流量 q。

4.3　如题4.3图所示，泄水池侧壁有一外伸管嘴，作用水头 $H = 4\text{m}$，通过的流量 $q = 5\text{m}^3/\text{s}$，试确定外伸管嘴的直径 d。

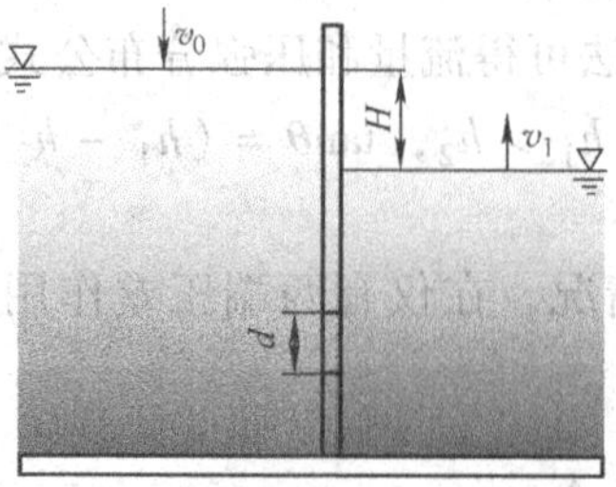

题4.2图

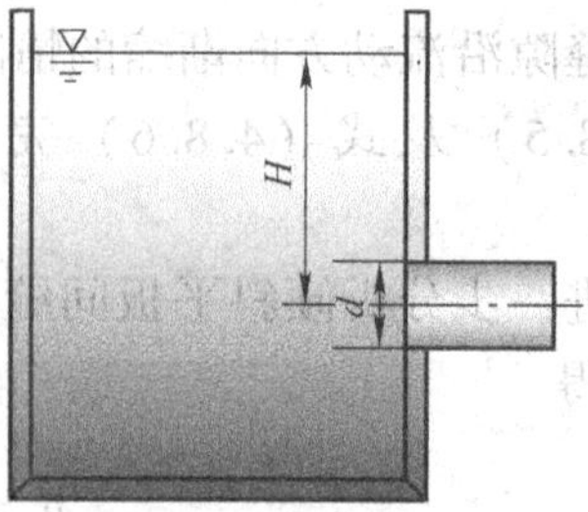

题4.3图

4.4 两大型水池用一管嘴相连，两水池的水位差 $H=6\text{m}$，通过的流量 $q=1\text{m}^3/\text{s}$，试确定管径 d。

4.5 一大储水箱底部开一面积为 S_0 的小圆孔，水在定常出流时孔口处的速度为 v_0，试证明距离孔口下面 z 处的水流截面积 $S=S_0/\sqrt{1+2gz/v_0^2}$。

4.6 如题4.6图所示，阻尼活塞直径 $d=20\text{mm}$，在 $F=40\text{N}$ 的正压力作用下运动，活塞与缸体间的间隙 $\delta=0.1\text{mm}$，密封长度 $L=70\text{mm}$，油液的动力黏度 $\mu=0.08\text{Pa}\cdot\text{s}$，试求活塞下降速度 U。

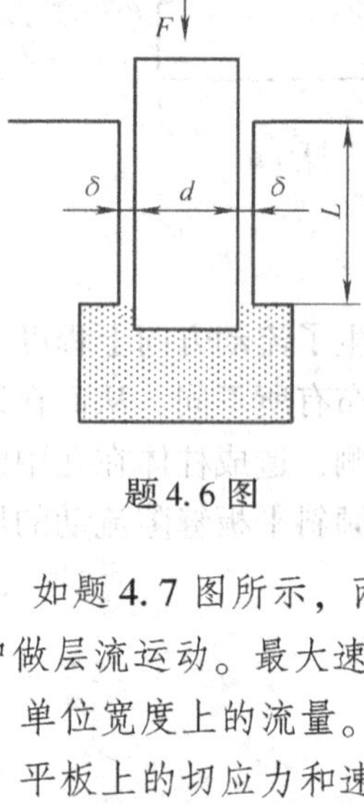

题4.6图

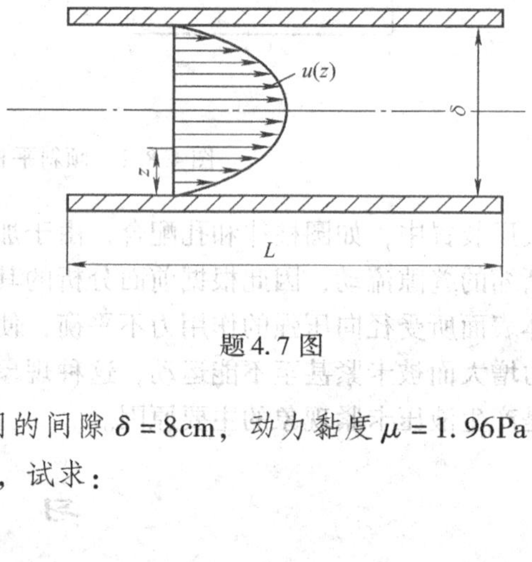

题4.7图

4.7 如题4.7图所示，两固定平行平板间的间隙 $\delta=8\text{cm}$，动力黏度 $\mu=1.96\text{Pa}\cdot\text{s}$ 的油在其中做层流运动。最大速度 $u_{\max}=1.5\text{m/s}$，试求：

(1) 单位宽度上的流量。

(2) 平板上的切应力和速度梯度。

(3) $L=25\text{m}$ 前后的压差及 $z=2\text{cm}$ 处的流体速度。

4.8 如题4.8图所示，直径 $d=5\text{cm}$ 的轴在内径为 5.004cm 的轴承内同心旋转，转速 $n=110\text{r/min}$，间隙中充满动力黏度 $\mu=0.08\text{Pa}\cdot\text{s}$ 的油液，轴承长度 $L=20\text{cm}$，两端压差为 3.924MPa，试求：

(1) 沿轴向的泄漏流量。

(2) 作用在轴上的摩擦力矩 M。

4.9 如题4.9图所示，柱塞直径 $d=38\text{mm}$，长度 $L=80\text{mm}$，在 $D=40\text{mm}$ 的缸体中处于平衡状态，油液动力黏度 $\mu=0.12\text{Pa}\cdot\text{s}$。试求下列两种情况下流经缝隙的液体流量：

（1）柱塞与缸体同心，两端压差为 0.1MPa。

（2）柱塞在缸体中偏心，偏心距 $e=1\text{mm}$，柱塞两端压差为 0.04MPa。

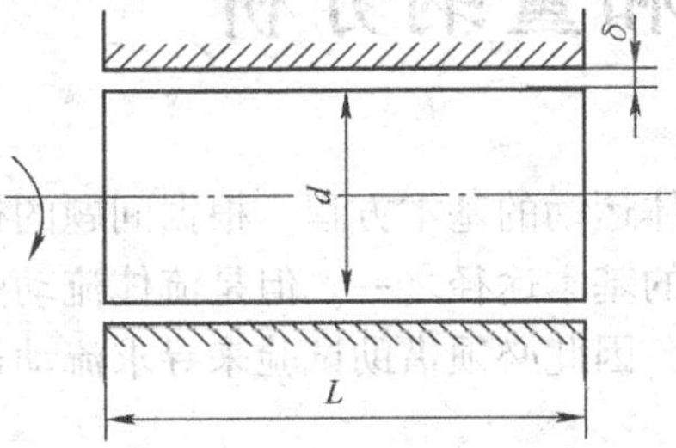

题4.8图

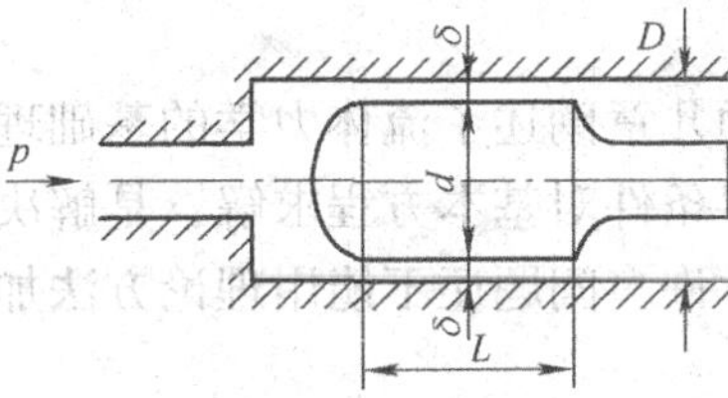

题4.9图

4.10　如题 4.10 图所示，活塞直径为 d，长度为 L，同心缝隙为 δ，活塞位移 x 与时间 t 的函数关系式为 $x=a\sin\omega t$，式中 a 为常数，ω 为活塞曲柄角速度。假定活塞两端压强相等，油液动力黏度为 μ，不计惯性力，试求活塞运动所需要的功率。

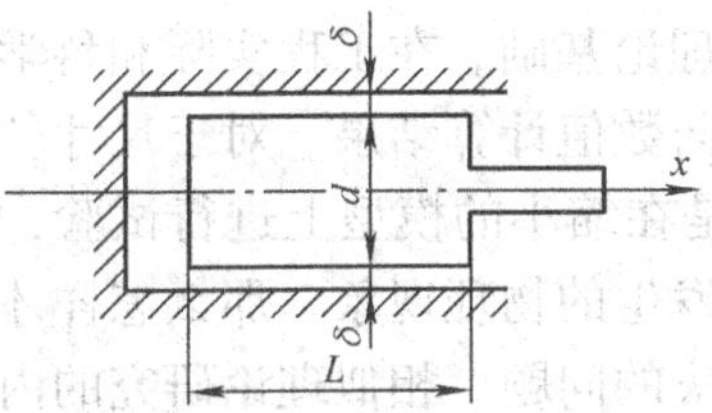

题4.10图

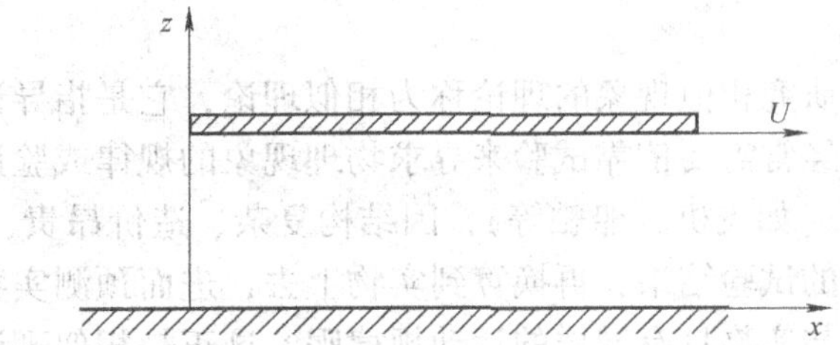

题4.11图

4.11　如题 4.11 图所示，相距 0.01m 的平行平板间充满 $\mu=0.08\text{Pa}\cdot\text{s}$ 的油，上平板运动速度 $u=1\text{m/s}$，在 80m 的距离上，压强从 $17.65\times10^4\text{Pa}$ 降到 $9.81\times10^4\text{Pa}$。求流体的速度分布规律，并由此计算单位宽度上的流量及上平板的切应力。

4.12　如题 4.12 图所示的端面止推轴承，其间隙高度为 h_0，圆盘直径为 D，当油液黏度为 μ，旋转角速度为 ω 时，试求其摩擦力矩和所消耗的功率。

4.13　如题 4.13 图所示，动力黏度 $\mu=0.147\text{Pa}\cdot\text{s}$ 的油液从直径 $d_1=10\text{mm}$ 的小管进入圆管缝隙，然后经 $\delta=2\text{mm}$ 的缝隙从 $d_2=40\text{mm}$ 的圆盘外缘流入大气，流量 $q=4\text{L/s}$，试求小管与圆盘交界处的压强 p_1 及流体作用在圆盘上的力。

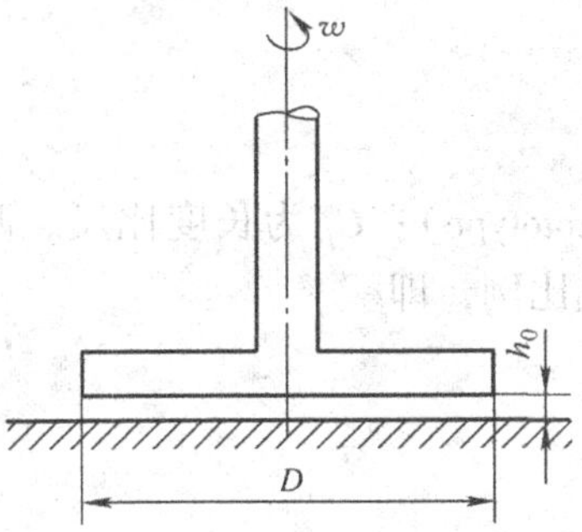

题4.12图

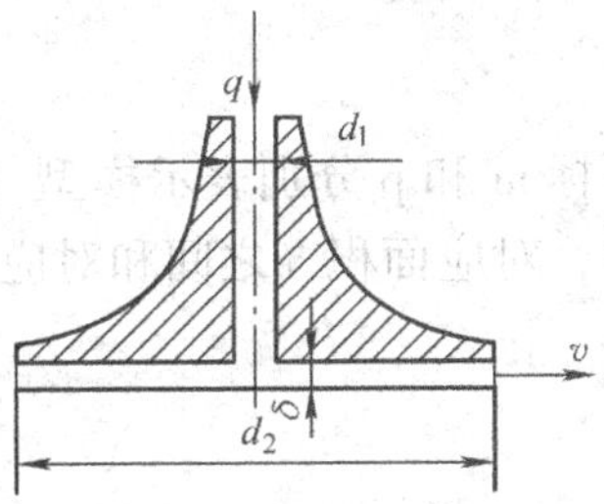

题4.13图

第 5 章　相似理论和量纲分析

前面几章阐述了流体力学的基础理论，建立了流体运动的基本方程。根据问题的初始条件和边界条件对基本方程求解，是解决流体力学问题的基本途径之一。但是流体流动的现象很复杂，许多问题还不能用理论方法加以描述和解决，因此必须借助试验来寻求流动过程的规律。

相似理论和量纲分析给简化复杂问题以及科学地组织试验和整理试验结果提供了有力的理论指导，是发展流体力学理论、解决实际工程问题的有力工具。因此，熟练地掌握和运用该方法是很有必要的。

5.1　相似理论

研究相似现象的理论称为相似理论，它是指导试验的理论基础。在工程实际和科学研究中，经常需要依靠试验来寻求物理现象的规律或验证理论与数值计算结果。对于尺寸较大的实物（如飞机、船舶等），因结构复杂、造价昂贵，通常是在缩小的模型上进行试验，得到所需的试验结果，再换算到实物上去，进而预测实物可能发生的物理现象。那么怎样才能使模型与实物具有同样的运动规律呢？这正是相似理论要解决的问题。相似理论研究的内容包括：应该在什么条件下进行试验、如何整理试验结果以及如何将模型试验结果运用到实物上去。

5.1.1　力学相似

相似的概念起源于几何学中图形的相似。例如：如果两个三角形相似，则它们的对应角相等、对应边成比例。所谓模型和实物的力学相似，即要求在对应瞬时，这两个流动系统对应位置上的相应物理量之比相等。也就是要满足几何相似、运动相似和动力相似。

1. 几何相似

几何相似就是几何形状相似，即两个系统的对应长度 l 具有同一比例，且对应角相等，即

$$\frac{l_m}{l_p} = C_l \tag{5.1.1}$$

式中，下标 m 和 p 分别表示模型（model）和原型（prototype）；C_l 为长度比尺。两系统几何相似时，对应面积 S 之间和对应体积 V 之间也分别成比例，即

$$C_S = \frac{S_m}{S_p} = \frac{l_m^2}{l_p^2} = C_l^2 \tag{5.1.2}$$

$$C_V = \frac{V_m}{V_p} = \frac{l_m^3}{l_p^3} = C_l^3 \tag{5.1.3}$$

式中，C_S、C_V 分别为面积比尺和体积比尺。

2. 运动相似

运动相似是指流体运动的速度场相似，即在满足几何相似的两个系统中，在对应瞬时，对应点上的速度方向相同，大小成同一比例，即

$$\frac{v_{\mathrm{m}}}{v_{\mathrm{p}}}=C_v \tag{5.1.4}$$

式中，C_v 为速度比尺。运动相似也意味着对应点通过对应距离的时间也相似，即

$$C_t=\frac{t_{\mathrm{m}}}{t_{\mathrm{p}}}=\frac{l_{\mathrm{m}}/v_{\mathrm{m}}}{l_{\mathrm{p}}/v_{\mathrm{p}}}=\frac{C_l}{C_v} \tag{5.1.5}$$

式中，C_t 为时间比尺。同理，两系统运动相似时，对应点的加速度也相似，即

$$C_a=\frac{a_{\mathrm{m}}}{a_{\mathrm{p}}}=\frac{v_{\mathrm{m}}/t_{\mathrm{m}}}{v_{\mathrm{p}}/t_{\mathrm{p}}}=\frac{C_v}{C_t} \tag{5.1.6}$$

式中，C_a 为加速度比尺。

3. 动力相似

动力相似是指两系统在对应瞬时，对应位置处各作用力的方向相同，大小成同一比例，即

$$\frac{F_{\mathrm{m}}}{F_{\mathrm{p}}}=C_F \tag{5.1.7}$$

式中，C_F 为力的比尺。动力相似包括运动相似，而运动相似又包括几何相似。所以动力相似包括力、时间和长度三个基本物理量相似。两系统的其他力学物理量由它们所决定，所以也必然相似。以密度相似为例说明如下

$$C_\rho=\frac{\rho_{\mathrm{m}}}{\rho_{\mathrm{p}}}=\frac{\lim\limits_{\Delta V_{\mathrm{m}}\to 0}\dfrac{\Delta m_{\mathrm{m}}}{\Delta V_{\mathrm{m}}}}{\lim\limits_{\Delta V_{\mathrm{p}}\to 0}\dfrac{\Delta m_{\mathrm{p}}}{\Delta V_{\mathrm{p}}}}=\lim_{\substack{\Delta V_{\mathrm{m}}\to 0\\ \Delta V_{\mathrm{p}}\to 0}}\frac{\dfrac{\Delta m_{\mathrm{m}}}{\Delta m_{\mathrm{p}}}}{\dfrac{\Delta V_{\mathrm{m}}}{\Delta V_{\mathrm{p}}}}=\lim_{\substack{\Delta V_{\mathrm{m}}\to 0\\ \Delta V_{\mathrm{p}}\to 0}}\frac{\dfrac{\Delta G_{\mathrm{m}}}{\Delta G_{\mathrm{p}}}\Big/\dfrac{g_{\mathrm{m}}}{g_{\mathrm{p}}}}{\dfrac{\Delta V_{\mathrm{m}}}{\Delta V_{\mathrm{p}}}}=\frac{C_F/C_a}{C_V}=\frac{C_FC_t^2}{C_l^4}$$

式中，m 和 G 分别表示质量和重量；g 表示重力加速度。由于 C_F、C_t 和 C_t 均为常数，所以 C_ρ 也为常数，即两系统对应点的密度相似。

此外，还可以推导出：在满足动力相似的条件下，对应的流体动力系数（压力系数、升力系数和阻力系数等）是相等的。

无因次的流体动力系数 C_P 由下式定义

$$C_P=\frac{P}{\frac{1}{2}\rho v^2 S} \tag{5.1.8}$$

式中，P 为流体作用力；ρ、v 和 S 分别为选定的作为特征量的流体密度、速度和面积。对两动力相似系统

$$C_{P_{\mathrm{m}}}=\frac{P_{\mathrm{m}}}{\frac{1}{2}\rho_{\mathrm{m}}v_{\mathrm{m}}^2S_{\mathrm{m}}}=\frac{C_FP_{\mathrm{p}}}{\frac{1}{2}C_\rho\rho_{\mathrm{p}}C_v^2v_{\mathrm{p}}^2C_SS_{\mathrm{p}}}=\frac{C_F}{C_\rho C_v^2C_S}\ \frac{P_{\mathrm{p}}}{\frac{1}{2}\rho_{\mathrm{p}}v_{\mathrm{p}}^2S_{\mathrm{p}}}$$

其中 $\dfrac{C_F}{C_\rho C_v^2C_S}=\dfrac{C_FC_t^2}{C_\rho C_l^4}=\dfrac{C_\rho}{C_\rho}=1$，$\dfrac{P_{\mathrm{p}}}{\frac{1}{2}\rho_{\mathrm{p}}v_{\mathrm{p}}^2S_{\mathrm{p}}}=C_{P_{\mathrm{p}}}$

因此有 $$C_{P\mathrm{m}} = C_{P\mathrm{p}}$$

即两动力相似系统的流体动力系数相等。这样可先通过模型试验求出模型的流体动力系数，再利用此性质计算出实物上的流体动力。这就将模型试验结果换算到实物上去了。

5.1.2 相似准则

由上节讨论可知，两流动系统相似应具有几何相似、运动相似、动力相似以及初始条件和边界条件一致这些要求。一般来说，几何相似是流动相似的基础，动力相似则是决定两流动相似的主导因素，运动相似是几何相似和动力相似的表现。因此，在几何相似的前提下，要使流动相似，必须保证动力相似。由第 2 章可知，黏性不可压缩流体的基本方程是 N－S 方程，流体受到惯性力、压力、质量力和黏性力的作用，要使两系统流动相似，则上述各力应相应保持成同一比例。

流场中某一指定状态的物理量称为特征量。设流体流动的特征物理量分别为密度 ρ、速度 v、长度 L、黏性系数 μ、压力 p、重力加速度 g 和时间 t。由式（2.4.6）的 N－S 方程可以看出单位质量的各力用这些特征量的量级表示如下：

1）压力 $F_p \sim \dfrac{p}{\rho L}$。

2）黏性力 $F_\mu \sim \mu \dfrac{v}{\rho L^2}$。

3）质量力 $F_g \sim g$。

4）局部惯性力 $F_t \sim \dfrac{v}{t}$。

5）迁移惯性力 $F_l \sim \dfrac{v^2}{L}$。

由动力相似条件得

$$\frac{(F_p)_\mathrm{m}}{(F_p)_\mathrm{p}} = \frac{(F_\mu)_\mathrm{m}}{(F_\mu)_\mathrm{p}} = \frac{(F_l)_\mathrm{m}}{(F_l)_\mathrm{p}} = \frac{(F_t)_\mathrm{m}}{(F_t)_\mathrm{p}} = \frac{(F_g)_\mathrm{m}}{(F_g)_\mathrm{p}} = C_F \tag{5.1.9}$$

在上述各力中，直接影响流动的力是惯性力，它力图维持原有的流动状态；而其他各力是流体受到的外力，它们都力图改变流动状态，流动的变化就是惯性力与其他各力相互作用的结果。因此将式（5.1.9）的迁移惯性力与其他各力进行比较就可以得到如下的相似准则数。

1. 雷诺数 *Re*

雷诺数（Reynolds number）是惯性力与黏性力的比值，即

$$\frac{\text{惯性力}}{\text{黏性力}} \sim \frac{v^2}{L} \Big/ \mu \frac{v}{\rho L^2} = \frac{vL}{\nu} = Re \tag{5.1.10}$$

可见雷诺数反映了流体黏性的作用，Re相等表示两个流动现象的黏性相似。与黏性力有关的现象由Re决定。此外，Re 的大小还反映黏性作用的大小，Re 小表示黏性作用大；Re大则黏性作用小。

2. 弗劳德数 *Fr*

弗劳德数（Froude number）是惯性力与重力的比值，即

$$\frac{\text{惯性力}}{\text{重力}} \sim \frac{v^2}{L} \Big/ g = \frac{v^2}{gL} = Fr^2 \tag{5.1.11}$$

可见弗劳德数 $Fr=v/\sqrt{gL}$反映了重力（质量力）对流体流动的作用。和重力有关的现象由 Fr 决定，如波浪运动和船舶兴波阻力等问题。Fr 变大，重力影响变小；反之则大。

3. 施特鲁哈尔数 *St*

施特鲁哈尔数（Strouhal number）是迁移惯性力与局部惯性力的比值，即

$$\frac{迁移惯性力}{局部惯性力}\sim\frac{v^2}{L}\bigg/\frac{v}{t}=\frac{vt}{L}=St \tag{5.1.12}$$

施特鲁哈尔数反映流体非定常运动的相似，对于周期性的非定常运动就反映其周期性相似。对于定常流动，施特鲁哈尔数便不存在。在螺旋桨理论中，与 St 数相当的是螺旋桨的相对进程（进速系数）J

$$J=\frac{v_A}{nD} \tag{5.1.13}$$

式中，v_A 为螺旋桨进速；D 为螺旋桨直径；n 为转速。

4. 欧拉数 *Eu*

欧拉数（Euler number）是压力与惯性力的比值，即

$$\frac{压力}{惯性力}\sim\frac{p}{\rho L}\bigg/\frac{v^2}{L}=\frac{p}{\rho v^2}=Eu \tag{5.1.14}$$

欧拉数反映了压力对流体的作用。和压力有关的现象由 Eu 数决定，如空泡现象等。在讨论空泡问题时这一相似准数又称为空泡数

$$\sigma=\frac{p-p_v}{\frac{1}{2}\rho v^2} \tag{5.1.15}$$

式中，p_v 为液体的饱和蒸汽压力。一般情况下，欧拉数准则不是决定性的相似准则，因为流体的压强与速度之间有一定的关系，所以当与速度有关的准则成立时，欧拉数准则也必定会成立。

在几何相似的基础上，要求上述所有的相似准则数都相等实际上是很困难的。例如：如果在模型试验中要求雷诺数Re 与弗劳德数 Fr 这两个相似准则数相等，假设流动是在同一种介质中，即 $\nu_m=\nu_p$。则有：

Re 相等
$$\frac{v_m L_m}{\nu_m}=\frac{v_p L_p}{\nu_p}\Rightarrow v_m=v_p\frac{L_p}{L_m} \tag{5.1.16}$$

Fr 相等
$$\frac{v_m}{\sqrt{gL_m}}=\frac{v_p}{\sqrt{gL_p}}\Rightarrow v_m=v_p\sqrt{\frac{L_m}{L_p}} \tag{5.1.17}$$

很明显，这两个条件是无法同时满足的。如果在不同的流体中进行试验，将式（5.1.17）代入式（5.1.16）可得

$$\nu_p=\nu_m(L_p/L_m)^{3/2}$$

如果原型与模型的尺度比为 $L_p/L_m=10$，则 $\nu_p/\nu_m=31.6$，即要求原型中流体的运动黏度是模型试验时的 31.6 倍，要达到这种条件通常是很困难的。因此，在实际模型试验中，只能抓住对流动过程起主要作用的相似数准则来安排试验，而忽略影响较小的相似数准则，这就是所谓的局部相似。如考虑船舶黏性阻力或流体在水平管道中流动时，因黏性力起主导作用，应按雷诺数相等的准则来安排试验；而研究船舶的兴波阻力时，重力起主导作用，应按

弗劳德数相等的准则进行试验。

例 5.1.1 一潜艇长 $L=78\text{m}$，水面航速为 13kn，现用 1∶50 的模型在水池中做试验测它的兴波阻力，试确定水池拖车的拖曳速度。

解：试验应按弗劳德数准则进行。船模长度 $L_m=\frac{1}{50}\times78\text{m}=1.56\text{m}$，实艇水面航速

$$v_p=13\times0.515\text{m/s}=6.7\text{m/s}$$

$$\frac{v_p}{\sqrt{gL_p}}=\frac{v_m}{\sqrt{gL_m}}$$

则试验时船模的拖曳速度为

$$v_m=v_p\sqrt{\frac{L_m}{L_p}}=0.95\text{m/s}$$

5.2 量纲分析

5.2.1 单位和量纲

在科学研究中会涉及各种物理量，如质量、时间、力、速度、长度等，大多数物理量是有单位的。但是量纲与单位不同，物理量测量单位的类别称为因次或量纲。同一物理量，可以用不同的单位来度量，但只有唯一的量纲，例如：长度可以用 m、cm、ft、in 等不同单位度量，但作为物理量的种类，都属于长度量纲，用 L 表示。其他物理量也各具有一种量纲，如时间、速度、力等。量纲分基本量纲和导出量纲。基本量纲必须具有独立性，不能从其他基本量纲推导出来，但可以用它来参与表示其他各物理量的量纲。对于不可压缩流体，国际单位制中的基本量纲有长度 L、时间 T 和质量 M 等。由基本量纲通过物理方程或定义推导出来的量纲，称为导出量纲。导出量 X 的量纲可以用基本量纲表示为

$$\text{dim}X=\text{M}^a\text{L}^b\text{T}^c\cdots \tag{5.2.1}$$

式（5.2.1）称为量纲公式。指数 a、b、c 为实数。若指数全为零，则 X 为无量纲量或无量纲数。它的特点是既无量纲又无单位，数值的大小与所采用的单位制无关。所以在模型试验时常用同一个无量纲量（如雷诺数或弗劳德数）作为相似准则数。部分常用物理量的量纲见表 5.2.1。

表 5.2.1 部分常用物理量的量纲

速度（v）	力（F）	密度（ρ）	压力（p）	动力黏度	运动黏度
LT^{-1}	MLT^{-2}	ML^{-3}	$\text{ML}^{-1}\text{T}^{-2}$	$\text{ML}^{-1}\text{T}^{-1}$	L^2T^{-1}

5.2.2 量纲分析法

凡正确反映自然界客观规律的物理方程，不管采用何种单位制，其等式两边各项的量纲必然相等，这一特性称为量纲齐次性或量纲和谐原理。它是进行量纲分析的理论基础。应用这一原理将有量纲关系式变为无量纲关系式的方法就称为**量纲分析法**。

在工程设计和科研工作中，常会遇到这样的情况：根据经验或分析判断只知道所研究的

问题与某些物理量有关，但是由于情况复杂，运用已有的理论方法尚不能确定出准确描述这种变化过程的方程式，要揭示这些物理量之间的函数关系就需要做模型试验。如果用依次改变每个自变量的方法试验，显然对于有多种影响因素的情况来说是不适宜的。为了合理地选择试验变量，同时又能使试验结果具有普遍的使用价值，一般需要将物理量之间的函数式转化为无量纲数之间的函数式。用无量纲数之间的函数式所表达的试验曲线具有更普遍的使用价值。因此，量纲分析至少有两方面的好处：第一，试验变量的数目减少了，可以节省大量的时间、人力和财力；第二，按无量纲参数整理的试验结果可以直接用于实物上去。

那么如何来组成无量纲数呢？下面介绍量纲分析的具体方法，一种称为指数法，适用于比较简单的问题；另一种称为 Π 定理，是一种具有普遍性的方法。

1. 指数法

指数法的基本原理是某个物理过程与几个物理量有关

$$f(q_1, q_2, \cdots, q_n)=0$$

其中的某一个物理量 q_i 可以表示成其他物理量的指数乘积

$$q_i = Kq_1^a q_2^b \cdots q_n^p$$

式中，K 为无量纲数。写出等式两边各物理量的量纲式，将量纲式按式（5.2.1）表示为基本量纲的指数乘积形式，并根据量纲和谐原理确定指数 a、b、…、p，就可以得出表示该物理过程的方程式。

下面用一个具体的例子来说明指数法的应用。

例 5.2.1　黏性流体中运动物体所受的阻力为 R，影响它的因素有物体的长度 L，运动速度 v，流体的密度 ρ 以及流体的动力黏性系数 μ，试确定它们之间的关系式。

解：由题意有如下的关系式

$$R=f(\mu, \rho, v, L)$$

由指数法有 $R=K\mu^a\rho^b v^c L^d$，式中，K 为无量纲数，指数 a、b、c、d 待定。等式两边写成量纲方程得

$$\dim R = (\dim\mu)^a\ (\dim\rho)^b\ (\dim v)^c\ (\dim L)^d$$

将各物理量的量纲用基本量纲表示并代入上式，得

$$\mathrm{MLT}^{-2} = [\mathrm{ML}^{-1}\mathrm{T}^{-1}]^a\ [\mathrm{ML}^{-3}]^b\ [\mathrm{LT}^{-1}]^c\ [\mathrm{L}]^d = \mathrm{M}^{a+b}\mathrm{L}^{-a-3b+c+d}T^{-a-c}$$

由量纲齐次性知，等式两边各基本量纲的指数应分别相等，于是有

$$\begin{cases} a+b=1 \\ -a-3b+c+d=1 \\ -a-c=-2 \end{cases}$$

三个方程有四个未知数，为此任意指定一个未知量为待定指数，如选 a 为待定指数，则可从上式解出

$$b=1-a,\quad c=2-a,\quad d=2-a$$

于是有

$$R=K\mu^a\rho^{1-a}v^{2-a}L^{2-a}=K\rho v^2L^2\left(\frac{\mu}{\rho vL}\right)^a=K\rho v^2L^2\ Re^{-a}$$

因 K 和Re 都为无量纲量，所以上式表明无量纲量 $R/(\rho v^2L^2)$ 和Re 之间存在某种待定的函数

关系，并可写成

$$C_R \equiv \frac{R}{\frac{1}{2}\rho v^2 L^2} = f_1(Re)$$

式中，C_R 为阻力系数，它需要通过试验确定。以上分析表明两点：①要确定实物的阻力大小，需按 Re 数相似准则进行试验；②试验时只需改变速度的大小就能确定 $C_R - Re$ 的关系曲线图，然后换算到实物即可得到实物的阻力。

需要指出的是，选择不同的待定指数，无量纲函数关系可能有不同的形式，究竟采用哪一种，要通过对试验结果的分析做出选择。

2. Π 定理

Π 定理又称布金汉（Buckingham）定理，符号 Π 仅用于表示无量纲量，没有其他数学意义。Π 定理指出，若某一物理现象与 n 个物理量有关，即

$$f(q_1, q_2, \cdots, q_n) = 0$$

其中涉及的基本量为 m 个，则该物理过程可由这 n 个物理量构成的 $n-m$ 个无量纲量来描述，即

$$F(\Pi_1, \Pi_2, \cdots, \Pi_{n-m}) = 0$$

运用 Π 定理的步骤如下：

1）确定与物理现象有关的 n 个物理量并分别写出各自的基本量纲表达式。

2）从 n 个物理量中选取 m 个基本量。不可压缩流体运动一般取 $m=3$。假设 q_1、q_2、q_3 为所选基本量，由量纲公式（5.2.1）有

$$\dim q_1 = \mathrm{M}^{\alpha_1}\mathrm{L}^{\beta_1}\mathrm{T}^{\gamma_1},\ \dim q_2 = \mathrm{M}^{\alpha_2}\mathrm{L}^{\beta_2}\mathrm{T}^{\gamma_2},\ \dim q_3 = \mathrm{M}^{\alpha_3}\mathrm{L}^{\beta_3}\mathrm{T}^{\gamma_3}$$

满足基本量量纲独立的条件是量纲式中的指数行列式不等于零，即

$$\begin{vmatrix} \alpha_1 & \beta_1 & \gamma_1 \\ \alpha_2 & \beta_2 & \gamma_2 \\ \alpha_3 & \beta_3 & \gamma_3 \end{vmatrix} \neq 0$$

对于不可压缩流体，为保证几何相似，可选取一个长度变量；为保证运动相似，可选一个速度变量；为保证动力相似，可选一个与质量有关的物理量，如密度。通常，这 m 个基本量的组合应包含基本量纲 M、L、T。

3）用 m 个基本量与其他的 $n-m$ 个物理量构成 $n-m$ 个无量纲量，并确定之。

4）整理方程式。

例 5.2.2 黏性不可压缩流体在水平直管中做定常流动，其压降 Δp 取决于管长 l、管径 d、管壁绝对粗糙度 Δ、流体的密度 ρ、动力黏度 μ 以及流速 v，试用 Π 定理确定压降 Δp 与其他物理量的函数关系。

解：1）根据题意知

$$\Delta p = f(l, d, \Delta, \rho, \mu, v)$$

有 $n=7$ 个物理量，将它们的量纲用基本量纲表示，见表 5.2.2。

表 5.2.2　各物理量的量纲

物理量	Δp	ρ	μ	l	d	Δ	v
量纲	$ML^{-1}T^{-2}$	ML^{-3}	$ML^{-1}T^{-1}$	L	L	L	LT^{-1}

2）选择 ρ、v、d 为基本量，$m=3$。

3）将基本量与其他物理量组成 $n-m=4$ 个无量纲量

$$\Pi_1=\frac{\Delta p}{v^a d^b \rho^c}$$

于是有

$$ML^{-1}T^{-2}=(LT^{-1})^a\ (L)^b\ (ML^{-3})^c=M^cL^{a+b-3c}T^{-a}$$

由此解得 $a=2$、$b=0$、$c=1$，故 $\Pi_1=\dfrac{\Delta p}{\rho v^2}$，$\Pi_2=\dfrac{\mu}{v^a d^b \rho^c}$

同理有

$$ML^{-1}T^{-1}=M^cL^{a+b-3c}T^{-a}$$

由此解得 $a=1$，$b=1$，$c=1$，故

$$\Pi_2=\frac{\mu}{\rho v d}=\frac{1}{Re}$$

显然对物理量 l 和 Δ 有

$$\Pi_3=\frac{l}{d},\ \Pi_4=\frac{\Delta}{d}$$

4）整理方程式有

$$\frac{\Delta p}{\rho v^2}=f(\frac{1}{Re},\ \frac{l}{d},\ \frac{\Delta}{d})=f_1\left(Re\ ,\ \frac{l}{d},\ \frac{\Delta}{d}\right)$$

试验研究表明，压降 Δp 与管长 l 成正比，与管径 d 成反比，故可将 l/d 移至函数式外面

$$\frac{\Delta p}{\rho v^2}=f_1(Re\ ,\ \frac{\Delta}{d})\frac{l}{d}$$

沿程水头损失

$$h_f=\frac{\Delta p}{\rho g}=2f_1\left(Re\ ,\frac{\Delta}{d}\right)\frac{l}{d}\ \frac{v^2}{2g}=\lambda\ \frac{l}{d}\ \frac{v^2}{2g}$$

上式称为达西公式，它是计算管路沿程水头损失的一个重要公式。式中

$$2f_1(Re\ ,\ \frac{\Delta}{d})=\lambda$$

就是沿程损失系数。

习　　题

5.1　储水箱模型内盛满水，打开水门排完需要4min，若模型与实物的缩尺比为1/225，排完实物内的储水需要多少时间？

5.2　油船长60m，吃水面积为400m²，船速为6m/s，现用模型在水中进行试验，模型吃水面积为1m²。若只计重力影响，求模型长度及船速。

5.3 有一缩尺比为1/6的汽车模型在风洞中做阻力试验，汽车原型速度为60km/h，风洞试验中测得汽车模型的阻力为510N，试求原型的阻力（假定模型和原型中空气密度和黏度都相同）。

5.4 实船航速为37km/h，要用1∶30的缩尺模型在船池中测定它的兴波阻力，拖车的速度应为多大？如果测得船模的兴波阻力为10.19N，则实船的兴波阻力是多少？

5.5 在地球上，从一喷嘴中喷出一垂直向上的水射流，其速度为25m/s，上升高度为30m。同一喷嘴如在月球上喷出射流，射出高度仍为30m，其速度应为多大（月球上的重力加速度为地球上的1/6，大气阻力略去不计）？

5.6 假设自由落体的下落距离 s 与落体的质量 m、重力加速度 g 及下落时间 t 有关，试用指数法导出自由落体下落距离的关系式。

5.7 单摆在黏性流体中摆动时，其周期 T 与摆长 l、重力加速度 g、流体的密度 ρ 及动力黏度 μ 有关，试用 Π 定理确定单摆周期 T 与其他量的函数关系。

5.8 固体颗粒在液体中等速沉降的速度 v 与固体颗粒的直径 d、密度 ρ_1 及液体的密度 ρ、动力黏度 μ、重力加速度 g 有关。试用 Π 定理建立沉降速度公式的基本形式。

5.9 试用 Π 定理推导鱼雷在水中所受阻力 R 的表达式，已知阻力 R 与鱼雷的速度 v、长度 l 及水的黏度 μ、密度 ρ 有关。

5.10 在一定的速度范围内，垂直于来流的圆柱体后面会产生交替的旋涡，引起垂直于来流方向的交变力。产生旋涡的频率 f 与来流速度 U、流体密度 ρ、黏度 μ 以及圆柱直径 d 等因素有关。试用量纲分析法导出频率 f 的无量纲函数关系式。

第6章　可压缩气体的一元流动

气体动力学是研究可压缩气体运动规律及其在工程实际中的应用的一门学科，随着航空航天技术的发展，气体动力学早已成为流体力学中最为活跃的一个独立分支。

气体的一元流动是气体动力学中最基本的内容，它只研究气体流动参数在过流断面上的平均值的变化规律，而不研究气体流场的空间变化情况。

气体的显著特点是它具有可压缩性，但是气体的流动速度不大于70~100m/s时，气体的可压缩性很不明显，此时可把液体流动规律直接用在气体上；当气体的流动速度大于70~100m/s时，气体的可压缩性将明显增加，此时还必须考虑热效应（热变态）。因为当气体速度比较大时，由摩擦生成的热必然引起气体的热状态变化，这样气体动力学就与热动力学有着密切的关系。因此确定气体状态的参数要比确定液体运动状态的参数多，确定气体运动状态的参数一般有压强 p、流速 u、密度 ρ、气体的绝对温度 T 四个，而不可压缩流体中，流体参数只有压强 p 和流速 u。

气体的一元流动虽然简单，但很实用。除了航空科学外，许多技术领域中的问题大都可简化为一元流动问题，如发动机的空气供给、气动控制元件、风动工具、燃气轮和涡轮减压器等都可用一元流动方法求得一些简化实用的结果。

本章将介绍气体一元流动的一些概念和力学特点，并讨论气体在管道和喷管中的运动规律。这些基本知识与工程热力学的关系非常密切，有些内容可互为参考。

6.1　声速和马赫数

当气流速度比较大时，必须考虑可压缩性效应。气体可压缩性对流动性能的影响，是用气流速度接近声速的程度来决定的，这就涉及声速和马赫数两个概念。

6.1.1　声速

声速是微小扰动在介质中的传播速度。例如：弹拨琴弦，振动了空气，空气的压强、密度等参数发生了微弱的变化，这种状态变化在空气中形成一种不平衡的扰动，扰动又以波的形式迅速外传，其传播速度就是声速。下面通过一个简单的例子来推求声速的公式。

如图6.1.1所示，在充满静止空气的刚性光滑的长直管道内，有一面积为 A 的活塞以微小的匀速 $\mathrm{d}u$ 向右运动，即给管道中的气体一个微弱扰动，使得紧靠活塞的一层气体受压，压强和密度增大，并以声速 c 向右传播。因为 $c>>\mathrm{d}u$，所以经过 $\mathrm{d}t$ 时间虽然活塞只移动了 $\mathrm{d}u\mathrm{d}t$ 距离，而扰动波却早已传播了 $c\mathrm{d}t$ 的距离。由于波前气体处于静止状态，$u=0$，其状态参数为 p、ρ、T，而波后气体处于受扰动状态，并在活塞推动下产生了一个随活塞一起缓慢运动的速度变化 $\mathrm{d}u$，其状态参数也有微小变化，分别是 $p+\mathrm{d}p$、$\rho+\mathrm{d}\rho$、$T+\mathrm{d}T$。首先分析受到扰动的这部分气体在 $\mathrm{d}t$ 时间前和 $\mathrm{d}t$ 时间后的质量守恒表达式。

在 $\mathrm{d}t$ 时间前气体的质量为 $\rho c\mathrm{d}tA$，而 $\mathrm{d}t$ 时间后气体的质量为

$$(\rho+\mathrm{d}\rho)(c-\mathrm{d}u)\mathrm{d}tA$$

根据质量守恒可得

$$\rho c\mathrm{d}tA=(\rho+\mathrm{d}\rho)(c-\mathrm{d}u)\mathrm{d}tA$$

消去 $\mathrm{d}tA$，得

$$\mathrm{d}u=\frac{c\mathrm{d}\rho}{\rho+\mathrm{d}\rho} \tag{6.1.1}$$

其次分析受到扰动这部分气体在 $\mathrm{d}t$ 时间前后的动量变化和所受到的合外力冲量。在 $\mathrm{d}t$ 时间前气体的动量为零，$\mathrm{d}t$ 时间后气体的动量为 $\rho c\mathrm{d}tA\mathrm{d}u$，这部分气体左端压强为 $p+\mathrm{d}p$，右端压强为 p，合外力为

$$(p+\mathrm{d}p)A-pA=\mathrm{d}pA$$

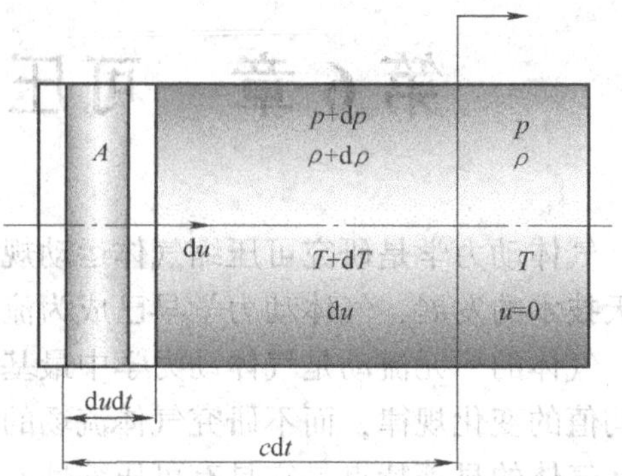

图 6.1.1 长直管道内可压缩气体一元流动图

沿活塞运动方向列动量方程得

$$\mathrm{d}pA\mathrm{d}t=\rho c\mathrm{d}tA\ (\mathrm{d}u-0)$$

消去 $\mathrm{d}tA$ 得

$$\mathrm{d}u=\frac{\mathrm{d}p}{\rho c} \tag{6.1.2}$$

由式（6.1.1）和式（6.1.2）得

$$\frac{c\mathrm{d}\rho}{\rho+\mathrm{d}\rho}=\frac{\mathrm{d}p}{\rho c}$$

整理得

$$c=\sqrt{\frac{\mathrm{d}p}{\mathrm{d}\rho}\left(1+\frac{\mathrm{d}\rho}{\rho}\right)} \tag{6.1.3}$$

因活塞移动速度很小，气体受到的扰动也很微弱，状态参数变化量很小，$\mathrm{d}\rho/\rho$ 项可以忽略不计，于是弱扰动波的传播速度为

$$c=\sqrt{\mathrm{d}p/\mathrm{d}\rho} \tag{6.1.4}$$

由式（6.1.4）可知，声速 c 的大小与扰动过程中压强的变化量同密度的变化量的比值有关，介质越容易压缩则声速就越小，反之就越大。因此水中声速要比空气中大，特别是对于不可压缩流体这一极限情形，即当 $\rho=$ 常数，$\mathrm{d}\rho=0$ 时，$c\to\infty$。

因为微弱扰动波的传播速度很快，所引起的气体的压强、温度和密度等参数的变化也很微小，因此可以假设此过程不仅绝热而且可逆（即等熵过程），于是根据等熵过程条件为

$$\frac{p}{\rho^k}=C \tag{6.1.5}$$

式中，k 为等熵系数。或

$$p=C\rho^k$$

对上式求导数，则

$$\frac{\mathrm{d}p}{\mathrm{d}\rho}=Ck\rho^{k-1}=\frac{kp}{\rho} \tag{6.1.6}$$

又根据完全气体的状态方程式

$$\frac{p}{\rho}=RT \tag{6.1.7}$$

得

$$\frac{\mathrm{d}p}{\mathrm{d}\rho}=kRT \tag{6.1.8}$$

于是声速的表达式又可以写为

$$c=\sqrt{\frac{\mathrm{d}p}{\mathrm{d}\rho}}=\sqrt{\frac{kp}{\rho}}=\sqrt{kRT} \tag{6.1.9}$$

对于空气，等熵指数 $k=1.4$，气体常数 $R=287\mathrm{J/(kg\cdot K)}$，于是空气中的声速（单位为 m/s）为

$$c=\sqrt{1.4\times287T}=20.1\sqrt{T} \tag{6.1.10}$$

式（6.1.10）说明，在同种介质中声速只是当地绝对温度的函数。不同地点不同位置气体的温度不同，声速也就不同，这一点在机械中尤其重要。气体机械的不同位置均有不同的温度，因而各处都有不同的声速，故将某一点处的声速称为当地声速。

6.1.2　马赫数

定义流场中某一点的速度 u 与该点的当地声速 c 之比为马赫数，用 Ma 表示

$$Ma=\frac{u}{c} \tag{6.1.11}$$

下面研究扰动源不动和做直线等速运动时的情形。依据扰动源运动速度 u 的大小可分为如下四种情况：

1）扰动源不动，即 $u=0$，也即 $Ma=0$。此时弱扰动沿各个方向以声速 c 传播，其波面为同心圆球面，如图 6.1.2a 所示。

2）扰动源的速度 u 小于声速，即 $Ma<1$。此时小扰动源向各个方向传播，但在各个方向上的传播速度却不一样，其波面如图 6.1.2b 所示。但由于 $u<c$，扰动源始终赶不上波面，也即波面总是在扰动源的前面。

3）扰动源速度 u 等于声速，即 $Ma=1$。此时扰动源和扰动波同时达到某一位置，扰动波面也在同一点相切，如图 6.1.2c 所示。

4）扰动源速度大于声速，即 $Ma>1$。此时扰动源始终在波面的前方，这时扰动与未扰动气体的分界面是一个圆锥面（也称马赫锥），夹角 θ 称为马赫角，如图 6.1.2d 所示。显然有

$$\sin\theta=\frac{c}{u}=\frac{1}{Ma}$$

以上所讨论的是扰动源运动而气体静止的情况，若扰动源不动，而气体以速度 u 运动，则可将上述讨论的情形反过来，即将坐标系取在不动的点源上，使流体从左向右以流度 u 运动，可得到类似马赫波面形式。

根据马赫数的大小，可压缩气体的流动可分为：

1）$Ma<1$ 时，亚声速流动。

2）$Ma=1$ 时，临界流动。

3）$Ma>1$ 时，超声速流动。

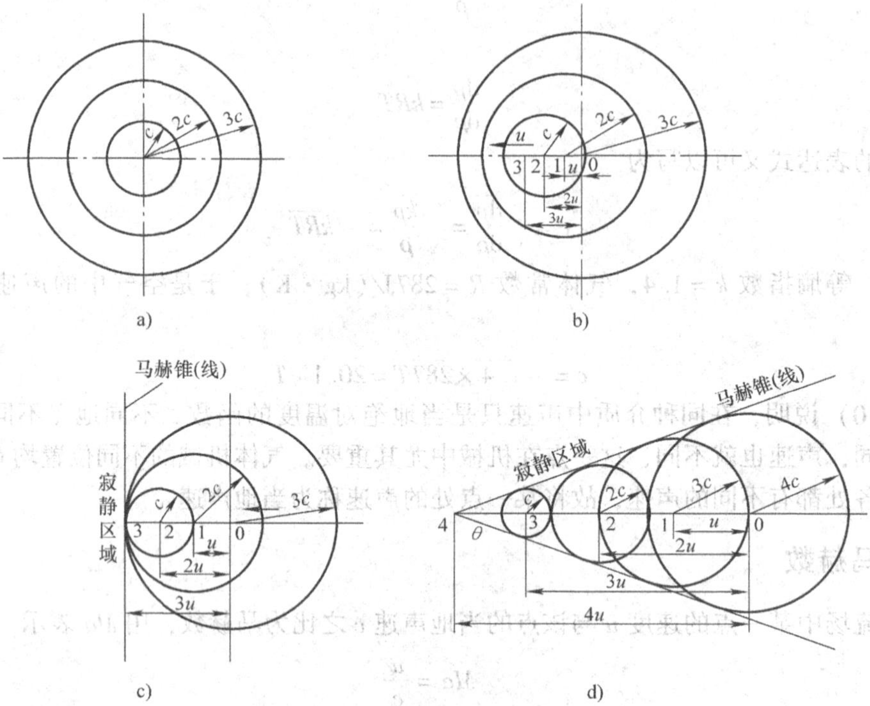

图 6.1.2 弱扰动在空间中的传播

例 6.1.1 飞机在温度 $t=20℃$ 的海平面或 $t=-55℃$ 的同温层飞行，若速度相等，试求后一情况的马赫数比前一情况的马赫数大多少？

解：由声速方程得

$$c_1=\sqrt{kRT_1}=\sqrt{1.4\times287\times(273+20)}\mathrm{m/s}=343\mathrm{m/s}$$

$$c_2=\sqrt{kRT_2}=\sqrt{1.4\times287\times(273-55)}\mathrm{m/s}=296\mathrm{m/s}$$

$$\frac{Ma_2-Ma_1}{Ma_1}=\frac{\dfrac{u}{c_2}-\dfrac{u}{c_1}}{\dfrac{u}{c_1}}=\frac{c_1-c_2}{c_2}=\frac{343-296}{296}$$

$$=0.159=15.9\%$$

飞机在同温层飞行时的马赫数比在海平面飞行时的马赫数大出 15.9%。

6.2 可压缩气体一元流动的基本方程式

气体流动时，若过流断面上各参数均布，其状态参数只是流程的函数，则这种流动称为一元流动。气体沿管道、喷管或节流器的流动等都可近似认为是一元流动。下面来讨论一元定常流动的基本方程式。

6.2.1　可压缩气体总流的连续性方程式

如图 6.2.1 所示，可压缩气体在流管内做定常流动，在流管上任取两个断面 A_1 和 A_2，并设过流断面上流动参数是均匀分布的（否则取平均值），流速分别是 u_1 和 u_2，密度分别为 ρ_1 和 ρ_2。由于是定常流动，所以在相同时间内通过过流断面 A_1 和 A_2 的质量流量相等，即有

$$\rho_1 u_1 A_1 = \rho_2 u_2 A_2$$

或

$$\rho u A = C \tag{6.2.1}$$

对式（6.2.1）取对数，得

$$\ln(\rho u A) = \ln\rho + \ln u + \ln A = C$$

再微分，则

$$\frac{\mathrm{d}\rho}{\rho} + \frac{\mathrm{d}u}{u} + \frac{\mathrm{d}A}{A} = 0 \tag{6.2.2}$$

式（6.2.2）是微分形式可压缩气体总流的连续性方程式。该式表明，沿流管流动流体的速度、密度和流管的断面面积这三者的相对变化量的代数和必须等于零。

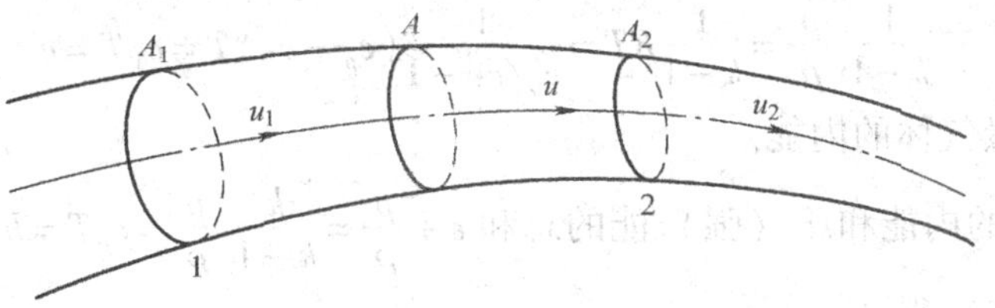

图 6.2.1　可压缩气体在流管内的定常流动

6.2.2　可压缩气体的能量方程式

由于气体的密度很小，所以质量力可以忽略不计。对于理想气体做定常流动，欧拉运动微分方程可写成

$$\rho u \frac{\mathrm{d}u}{\mathrm{d}x} = -\frac{\mathrm{d}p}{\mathrm{d}x}$$

$$u\frac{\mathrm{d}u}{\mathrm{d}x} + \frac{1}{\rho}\frac{\mathrm{d}p}{\mathrm{d}x} = 0$$

沿流线的积分方程为

$$\int\frac{\mathrm{d}p}{\rho} + \frac{u^2}{2} = C \tag{6.2.3}$$

对于完全气体的等熵流动，由 $\frac{p}{\rho^k} = C$ 得

$$\int\frac{\mathrm{d}p}{\rho} = C^{1/k}\int p^{-1/k}\mathrm{d}p = \frac{k}{k-1}\frac{p}{\rho} \tag{6.2.4}$$

于是得

$$\frac{k}{k-1}\frac{p}{\rho}+\frac{u^2}{2}=C \tag{6.2.5}$$

因为

$$\frac{k}{k-1}\frac{p}{\rho}=\frac{1}{k-1}\frac{p}{\rho}+\frac{p}{\rho} \tag{6.2.6}$$

于是式（6.2.5）可以写成

$$\frac{1}{k-1}\frac{p}{\rho}+\frac{u^2}{2}+\frac{p}{\rho}=C$$

又因为式（6.1.7），上式可写成

$$\frac{p}{\rho}+\frac{u^2}{2}+\frac{RT}{k-1}=C$$

式中，$\frac{u^2}{2}$为单位质量气体的动能；$\frac{p}{\rho}$为单位质量气体的压强能。

由热力学知：质量定压热容 $c_p=\frac{k}{k-1}R$，质量定容热容 $c_V=\frac{1}{k-1}R$，可导出

$$R=c_p-c_V$$

所以

$$\frac{1}{k-1}\frac{p}{\rho}=\frac{1}{k-1}RT=\frac{1}{c_p/c_V-1}(c_p-c_V)T=c_VT=e$$

式中，e 为单位质量气体的内能。

单位质量气体的内能和压（强）能的总和 $e+\frac{p}{\rho}=\frac{k}{k-1}\frac{p}{\rho}=c_pT=h$，$h$ 在热力学中称为焓，代入式（6.2.5）得

$$h+\frac{u^2}{2}=C$$

或

$$c_pT+\frac{u^2}{2}=C \tag{6.2.7}$$

式(6.2.5)～式（6.2.7）是等熵流动的能量方程，又称为可压缩流体的伯努利方程。它们建立了速度和温度、压力、密度的相互关系。由热力学知：它们既适用于可逆的绝热流动过程（等熵过程），又适用于不可逆的绝热流动过程，同时表明单位质量气体所具有的机械能（动能和压能）和内能的总和为一常数。

例 6.2.1 设有空气从气罐经过一个变截面管道流出，如图 6.2.2 所示。今测得罐内空气的温度为 40℃，又测得管道某处的温度为 15℃，求该处的气流速度 u [空气的质量定压热容 $c_p=1003\text{J}/(\text{kg}\cdot\text{K})$]。

解：这类问题称为气体从大容器的出流问题。假定大容器的气流速度为零。气体的出流可视为绝热过程，空气的质量定压热容 $c_p=1003\text{J}/(\text{kg}\cdot\text{K})$，容器内温度为 T_0，速度为零，由能量方程得

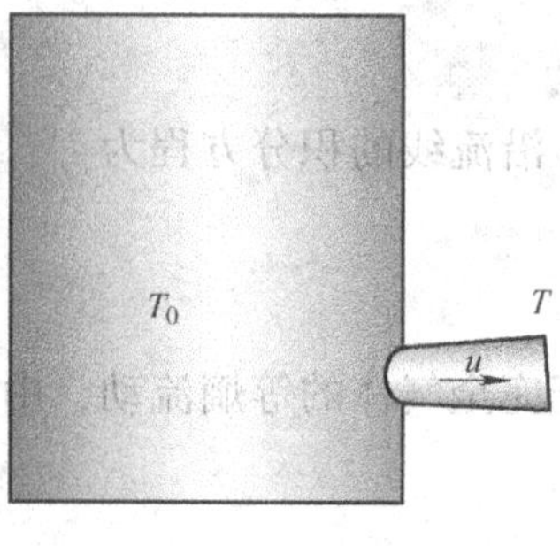

图 6.2.2　例 6.2.1 图

$$c_pT_0 = c_pT + \frac{u^2}{2}$$

所以

$$\begin{aligned} u &= \sqrt{2c_p(T_0 - T)} \\ &= \sqrt{2\times1003\times[(273+40)-(273+15)]}\,\text{m/s} \\ &= 223.94\,\text{m/s} \end{aligned}$$

6.3　一元气流的基本特性

下面利用伯努利方程来讨论一元等熵流动特定的状态参数。

6.3.1　滞止状态和滞止参数

在温度 T 的气体系统中单位质量的物质得到的热量为 dq，热力学函数熵 s 定义是

$$ds = \frac{dq}{T}$$

气体做等熵流动速度降到零时的状态称为滞止状态，以下标“0”表示。在图6.3.1中，左边气罐或燃烧室中的速度可以认为是零，气体处于滞止状态。

对滞止状态截面和任一截面列能量方程，滞止状态时的焓升到最大值，即总焓

$$h_0 = h + \frac{u^2}{2} = C \tag{6.3.1}$$

又

$$h_0 = \frac{k}{k-1}RT_0 = c_pT_0 \tag{6.3.2}$$

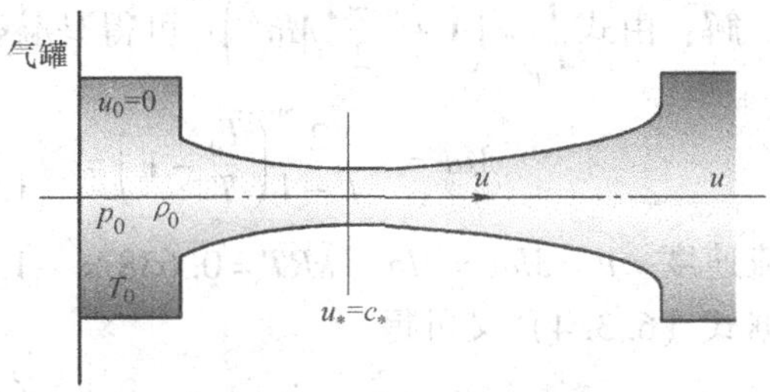

图6.3.1　气体的滞止状态

即气体的温度也升到最大值，T_0 称为总温，在滞止状态下气流的动能全部转化为热能，总焓 h_0 就表示单位质量气体具有的总能量。此时对应的温度、压强和密度分别为滞止温度、滞止压强和滞止密度，分别以 T_0、p_0 和 ρ_0 表示，它们统称为滞止参数。

气流的滞止温度可由式（6.2.7）得出

$$\frac{k}{k-1}RT_0 = \frac{k}{k-1}RT + \frac{u^2}{2} \text{或} c_pT_0 = c_pT + \frac{u^2}{2}$$

故

$$\begin{aligned} \frac{T_0}{T} &= 1 + \frac{u^2}{2c_pT} = 1 + \frac{k-1}{2}\frac{u^2}{kRT} \\ &= 1 + \frac{k-1}{2}\left(\frac{u}{c}\right)^2 = 1 + \frac{k-1}{2}Ma^2 \end{aligned} \tag{6.3.3}$$

根据等熵方程 $\frac{p}{\rho^k} = \frac{p_0}{\rho_0^k}$ 和完全气体状态方程 $\frac{p}{\rho} = RT$ 知

$$\frac{p}{p_0} = \left(\frac{\rho}{\rho_0}\right)^k = \frac{\left(\frac{p}{RT}\right)^k}{\left(\frac{p_0}{RT_0}\right)^k} = \left(\frac{p}{p_0}\right)^k\left(\frac{T_0}{T}\right)^k$$

即

$$\frac{p_0}{p}=\left(\frac{T_0}{T}\right)^{\frac{k}{k-1}}=\left(1+\frac{k-1}{2}Ma^2\right)^{\frac{k}{k-1}} \tag{6.3.4}$$

因而

$$\frac{\rho_0}{\rho}=\left(\frac{T_0}{T}\right)^{\frac{1}{k-1}}=\left(1+\frac{k-1}{2}Ma^2\right)^{\frac{1}{k-1}} \tag{6.3.5}$$

从式（6.3.3）、式（6.3.4）和式（6.3.5）三式可知，对等熵流动只要知道气流的滞止参数和某一指定截面上的马赫数，就可以求出管内该指定截面上的温度、压力和密度。

例 6.3.1 图 6.3.2 所示模型实验中气流温度为 15℃，而驻点 P 的温度为 40℃，流动可视为绝热，试求：

（1）气流的马赫数。

（2）气流速度。

（3）驻点压强比气流压强增大的百分数。

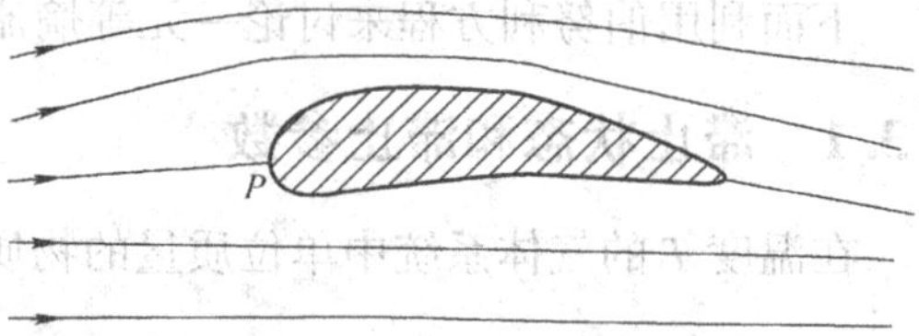

图 6.3.2 例 6.3.1 图

解：由式 $\frac{T}{T_0}=\left(1+\frac{k-1}{2}Ma^2\right)^{-1}$ 可得马赫数

$$Ma=\sqrt{\frac{2}{k-1}\left(\frac{T_0}{T}-1\right)}=\sqrt{\frac{2}{1.4-1}\times\left(\frac{273+40}{273+15}-1\right)}=0.658$$

气流速度 $u=Mac=Ma\sqrt{kRT}=0.658\times\sqrt{1.4\times287\times(273+15)}\,\text{m/s}=222\text{m/s}$

根据式（6.3.4）又可得

$$\frac{p_0}{p}=\left(1+\frac{k-1}{2}Ma^2\right)^{\frac{k}{k-1}}=\left(1+\frac{1.4-1}{2}\times0.658^2\right)^{\frac{1.4}{0.4}}=1.34$$

$$\frac{p_0-p}{p}=1.34-1=0.34=34\%$$

6.3.2 最大速度状态

另一种极限情况是气体的全部能量转变成动能，即压强为零，此时的速度为最大速度，对应的状态为最大速度状态。由式（6.2.5）得

$$\frac{u_{\max}^2}{2}=\frac{k}{k-1}RT+\frac{u^2}{2}=\frac{k}{k-1}RT_0$$

由此得最大速度

$$u_{\max}=\sqrt{\frac{2k}{k-1}RT_0}=\sqrt{2h_0}$$

或

$$u_{\max}=\sqrt{\frac{2k}{k-1}\frac{p_0}{\rho_0}}=\sqrt{\frac{2kRT_0}{k-1}}=c_0\sqrt{\frac{2}{k-1}} \tag{6.3.6}$$

对于空气，$k=1.4$，所以

$$u_{\max}=\sqrt{\frac{2}{1.4-1}}c_0=\sqrt{5}c_0$$

式中，$c_0=\sqrt{kRT_0}$为滞止状态下的声速，称为滞止声速。

真正达到u_{max}是不可能的，因为这相当于气体流入绝对真空，即$h=0$，$T=0$，$p=0$。

6.3.3 临界状态和临界参数

设理想气体从滞止状态$u_0=0$开始，经过一管道逐渐加速流动，最后达到u_{max}，如图6.3.1所示。于是相应的声速必然从最大值逐渐地变化到$c=0$的状态，这中间必然有一截面的流速恰好等于当地的声速，即$u=c$，这种状态就称为临界状态，对应的气流参数称为临界参数，临界参数用下标“*”表示。以临界参数表示的能量方程是

$$c_pT+\frac{u^2}{2}=c_pT_0=\frac{k+1}{2(k-1)}c_*^2$$

同除以c_pT_0或$\frac{k+1}{2(k-1)}c_*^2$，并引入速度系数$\lambda=\frac{u}{c_*}$，则有

$$\frac{T}{T_0}=1-\frac{k-1}{k+1}\lambda^2 \tag{6.3.7}$$

如流动等熵，则式（6.3.4）、式（6.3.5）写为

$$\frac{p}{p_0}=\left(1-\frac{k-1}{k+1}\lambda^2\right)^{\frac{k}{k-1}}$$

$$\frac{\rho}{\rho_0}=\left(1-\frac{k-1}{k+1}\lambda^2\right)^{\frac{1}{k-1}}$$

以上得出气流参数与速度系数的关系式。

速度系数λ是气流速度u与临界声速的比值，是一个无量纲参数。λ与Ma的关系可以下式确定，即

$$\lambda^2=\frac{u^2}{c^2}\frac{c^2}{c_*^2}=Ma^2\frac{T}{T_*}$$

由式（6.3.3）及式（6.3.7）得

$$\lambda^2=\frac{\frac{k+1}{2}Ma^2}{1+\frac{k-1}{2}Ma^2}\text{或}Ma^2=\frac{\frac{2}{k+1}\lambda^2}{1-\frac{k-1}{k+1}\lambda^2}$$

由上式可以看出，当$Ma>1$时，$\lambda>1$；当$Ma<1$时，$\lambda<1$，因此，由λ是否大于1可以判断是否为超声速流动。但是，当$Ma\to\infty$时，λ并不趋于无限大，而是$\lambda\to\sqrt{\frac{k+1}{k-1}}$。

将$u=c$代入式（6.3.3），并注意到$c_0=\sqrt{kRT_0}$，则可得临界速度和滞止声速的关系式

$$c_*=c_0\sqrt{\frac{2}{k+1}}=u_{max}\sqrt{\frac{k-1}{k+1}} \tag{6.3.8}$$

从式（6.3.8）可以看出，滞止声速、临界速度和最大速度这三个特征速度是相互联系的。

在临界截面上，流动也为某一指定状态，也满足式（6.3.3）、式（6.3.4）和式（6.3.5），将$Ma=1$代入这三式中，即可得临界参数与滞止参数之间的关系

$$\frac{T_0}{T_*}=\frac{k+1}{2}$$

$$\frac{p_0}{p_*}=\left(\frac{k+1}{2}\right)^{\frac{k}{k-1}}$$

$$\frac{\rho_0}{\rho_*}=\left(\frac{k+1}{2}\right)^{\frac{1}{k-1}}$$

由此可知，临界状态下参数完全由滞止状态下的参数和气体的物理性质所决定。对于空气，$k=1.4$，代入以上三式，有

$$T_*=0.8333T_0$$

$$p_*=0.5283p_0$$

$$\rho_*=0.6339\rho_0$$

例 6.3.2 某收缩喷管中气流做定常等熵流动，已知喷管中某截面处气流的速度 $u=100\text{m/s}$，压力 $p=200\text{kPa}$，温度 $T=300\text{K}$。试求：

(1) 该管流的总压 p_0 和总温 T_0。

(2) 临界压力 p_* 和临界温度 T_*。

解：该截面上气流的声速

$$c=\sqrt{kRT}=\sqrt{1.4\times287\times300}\text{m/s}=347.2\text{m/s}$$

该截面上气流的马赫数

$$Ma=u/c=100/347.2=0.288$$

滞止压力（总压）

$$p_0=p\left(1+\frac{k-1}{2}Ma^2\right)^{\frac{k}{k-1}}=200\times\left(1+\frac{1.4-1}{2}\times0.288^2\right)^{\frac{1.4}{1.4-1}}\text{kPa}$$

$$=211.9\text{kPa}$$

滞止温度（总温）

$$T_0=T\left(1+\frac{k-1}{2}Ma^2\right)=300\times\left(1+\frac{1.4-1}{2}\times0.288^2\right)\text{K}=305.9\text{K}$$

临界压力

$$p_*=p_0\times0.5283=211.9\times0.5283\text{kPa}=111.9\text{kPa}$$

临界温度

$$T_*=T_0\times0.8333=305.9\times0.8333\text{K}=254.2\text{K}$$

6.4 气体在变截面管（喷管）中的流动

工程中使用的喷管一般都比较短，因此可以认为其中的流动是无黏性的绝热流动，并假设为一维流动，于是对喷管的讨论可利用一元等熵流动的结果。

6.4.1 流动参数和截面面积的关系

若理想气体做定常流动，则欧拉运动微分方程可写成

$$u\frac{\mathrm{d}u}{\mathrm{d}x}=-\frac{1}{\rho}\frac{\mathrm{d}p}{\mathrm{d}x}$$

流速和管道截面的关系为

$$u\mathrm{d}u=-\frac{\mathrm{d}p}{\mathrm{d}\rho}\frac{\mathrm{d}\rho}{\rho}=-c^2\frac{\mathrm{d}\rho}{\rho}$$

或

$$\frac{\mathrm{d}\rho}{\rho}=-\frac{u\mathrm{d}u}{c^2}=-\frac{u^2\mathrm{d}u}{uc^2}=-Ma^2\frac{\mathrm{d}u}{u}$$

即

$$\frac{\mathrm{d}\rho}{\rho}+Ma^2\frac{\mathrm{d}u}{u}=0 \tag{6.4.1}$$

由式（6.2.2）得

$$\frac{\mathrm{d}A}{A}=-\left(\frac{\mathrm{d}\rho}{\rho}+\frac{\mathrm{d}u}{u}\right)$$

将式（6.4.1）代入上式，得

$$\frac{\mathrm{d}A}{A}=Ma^2\frac{\mathrm{d}u}{u}-\frac{\mathrm{d}u}{u}=(Ma^2-1)\frac{\mathrm{d}u}{u}$$

或

$$\frac{\mathrm{d}u}{u}=\frac{\mathrm{d}A}{(Ma^2-1)A} \tag{6.4.2}$$

由式（6.1.6）可得

$$\frac{\mathrm{d}p}{p}=k\frac{\mathrm{d}\rho}{\rho} \tag{6.4.3}$$

将式（6.4.1）、式（6.4.2）代入式（6.4.3），可得截面面积和压强的关系为

$$\frac{\mathrm{d}p}{p}=\frac{kMa^2}{1-Ma^2}\frac{\mathrm{d}A}{A} \tag{6.4.4}$$

下面分别对式（6.4.2）和式（6.4.4）进行分析。

分析式（6.4.2）：

1）若 $Ma<1$（亚声速流动），$Ma^2-1<0$，等式右边的系数总是负值，因此管道收缩时（$\mathrm{d}A$ 为负）时，流速增大（$\mathrm{d}u$ 为正），即只有在管道过流截面减小的情况下，才能使气流加速；反之，喷管过流截面扩大，则流速减小，这与不可压缩流体的规律是一致的。

2）若 $Ma>1$（超声速流动），则 $Ma^2-1>0$，只有在管道过流截面增大（$\mathrm{d}A>0$）的情况下，才能使气流加速（$\mathrm{d}u>0$）；管道收缩，流速反倒减小，可见超声速流动规律和亚声速流动规律相反。

3）若 $Ma=1$（临界流动），则有 $\mathrm{d}A=0$，在数学上表示截面面积 A 的极值条件（极大值或极小值），通常 $Ma=1$ 的临界状态，只可能发生在管道的最小截面上。

分析式（6.4.4）：

1）若 $Ma<1$（亚声速流动），$1-Ma^2>0$，等号两侧具有相同的符号。因此，管道截面增大（$\mathrm{d}A>0$）将导致压强上升（$\mathrm{d}p>0$）；反之，管道截面减小（$\mathrm{d}A<0$）将导致压强下降（$\mathrm{d}p<0$），这也与不可压缩流体的规律是一致的。

2）若 $Ma>1$（超声速），则 $1-Ma^2<0$，等号两侧具有相反的符号。因此，管道截面增大（$dA>0$）将导致压强下降（如 $dp<0$）；反之，管道截面减小（$dA<0$）将导致压强增大（如 $dp>0$），这正好与不可压缩流体的规律相反。

3）若 $Ma=1$（临界流动），则有 $dA=0$，也就是截面面积沿流程不变，$dA=0$ 的截面是最小截面。

具有最小截面的管道通常称为具有喉部的管道。若喉部之前是亚声速，随截面的收缩，气流加速，这样才有可能增加到声速；若喉部之前是超声速，随截面的收缩，气流减速，这样才能减小到声速。而具有最大截面的管道通常称为鼓形管道，若在最大截面之前为亚声速，随着截面扩大，气流减速，因此不可能达到声速；若在最大截面之前为超声速，则随着截面扩大，气流加速，同样不可能达到声速。因此在变截面管道中声速只能发生在喉部，即最小截面处。在变截面管道中只能通过具有喉部的管道才能把亚声速流变成超声速流或将超声速流变成亚声速流。

速度与管道面积的变化关系见表 6.4.1。

表 6.4.1　速度与管道面积的变化关系

管道面积 / 速度	收缩管道 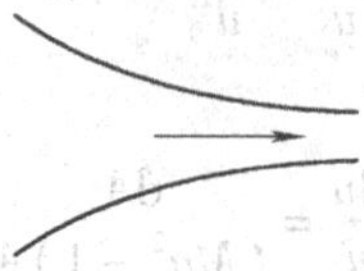	扩散管道 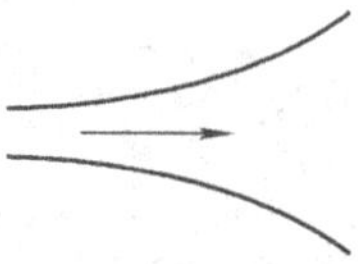
亚声速气流	$\frac{du}{dx}>0$	$\frac{du}{dx}<0$
超声速气流	$\frac{du}{dx}<0$	$\frac{du}{dx}>0$

下面导出任意两个截面上的面积和马赫数的关系：

由连续性方程 $\rho_1u_1A_1=\rho_2u_2A_2$，有

$$\frac{A_2}{A_1}=\frac{\rho_1u_1}{\rho_2u_2}$$

由于 $\frac{\rho_1}{\rho_2}=\left(\frac{T_1}{T_2}\right)^{\frac{1}{k-1}}$，$\frac{u_1}{u_2}=\frac{Ma_1c_1}{Ma_2c_2}=\frac{Ma_1}{Ma_2}\left(\frac{T_1}{T_2}\right)^{\frac{1}{2}}$，$\frac{T_1}{T_2}=\frac{T_1}{T_0}\frac{T_0}{T_2}=\frac{1+\frac{k-1}{2}Ma_2^2}{1+\frac{k-1}{2}Ma_1^2}$

所以

$$\frac{A_2}{A_1}=\frac{Ma_1}{Ma_2}\left(\frac{1+\frac{k-1}{2}Ma_2^2}{1+\frac{k-1}{2}Ma_1^2}\right)^{\frac{k+1}{2(k-1)}}$$

6.4.2　渐缩喷管和拉瓦尔喷管

在汽轮机、压气机及火箭中，为使气流加速，广泛采用渐缩喷管和拉瓦尔喷管。前者用于亚声速气流的加速，后者可使亚声速气流加速到超声速或使超声速气流减速到亚声速。这里主要推导速度和流量的计算公式，以便在已知喷管尺寸和压强时计算流量和速度；也可以

反过来，由已知的喷管流量和压强，设计喷管的形式和尺寸。

1. 渐缩喷管

渐缩喷管加速的最大界限是出口达到声速，即 $Ma \leqslant 1$，因此渐缩喷管主要用于亚声速范围。由于渐缩喷管比较短，流速比较大，来不及进行热量交换，因此可以认为是绝热流动，又假设是理想气体，因此这种流动是等熵流动。如图 6.4.1 所示，在一储气箱上安置一渐缩喷管（喷嘴），设气体在箱内的参数分别为 p_0、ρ_0 和 T_0，喷嘴出口断面面积为 A，喷嘴的环境参数为 p、ρ 和 T，外界的环境压强为 p'。

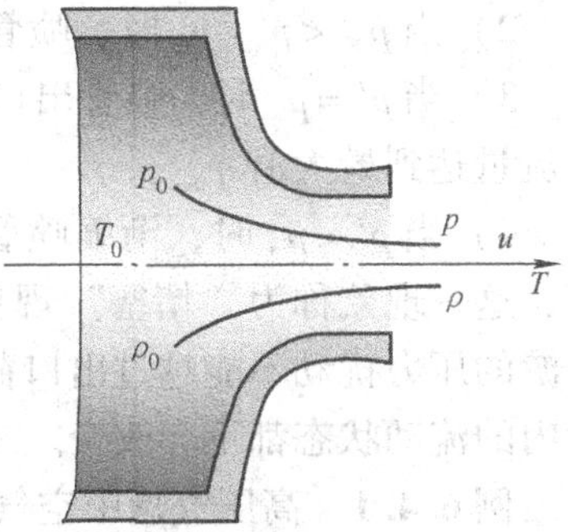

图 6.4.1　渐缩喷管

列出储气箱和出口断面的能量方程式

$$\frac{k}{k-1}\frac{p_0}{\rho_0}=\frac{k}{k-1}\frac{p}{\rho}+\frac{u^2}{2}$$

等熵流动时 $\rho=\rho_0\left(\dfrac{p}{p_0}\right)^{\frac{1}{k}}$，由这两式可得出流速度

$$u=\sqrt{\frac{2k}{k-1}\frac{p_0}{\rho_0}\left[1-\left(\frac{p}{p_0}\right)^{\frac{k-1}{k}}\right]} \tag{6.4.5}$$

这就是喷管出流的速度公式，也称为圣维南（Saint Venant）定律，此公式对亚声速和超声速出流都是成立的。

经喷管的质量流量为

$$q_m=\rho uA=A\left(\frac{p}{p_0}\right)^{\frac{1}{k}}\sqrt{\frac{2k}{k-1}p_0\rho_0\left[1-\left(\frac{p}{p_0}\right)^{\frac{k-1}{k}}\right]} \tag{6.4.6}$$

由此可见，经喷管的流量只取决于喷管前后的压强比 p/p_0，当 $p/p_0=0$ 时，流入绝对真空，$q_m=0$；当 $p/p_0=1$ 时，无压差，管中无流动，即 $q_m=0$；因此流量必有一极大值，当 $\dfrac{\mathrm{d}q_m}{\mathrm{d}(p/p_0)}=0$ 时，可得极值条件

$$\frac{p}{p_0}=\left(\frac{2}{k+1}\right)^{\frac{k}{k-1}} \tag{6.4.7}$$

由式（6.4.7）可知，等式右端正是临界压强比 p_*/p_0。也就是当 $p/p_0=p_*/p_0$，即 $p=p_*$ 时，流经喷管的流量达到最大值。将极值条件式（6.4.7）代入式（6.4.6）可以得到质量流量极大值为

$$q_{m\max}=\left(\frac{2}{k+1}\right)^{\frac{1}{k-1}}A\left(\frac{2k}{k+1}p_0\rho_0\right)^{\frac{1}{2}} \tag{6.4.8}$$

与最大流量相对应的速度为临界速度 u_*，它实际上就是当地声速，即

$$u_*=c_*=\sqrt{\frac{2k}{k+1}\frac{p_0}{\rho_0}}=c_0\sqrt{\frac{2}{k+1}} \tag{6.4.9}$$

工程上经渐缩管喷出的气体往往是进入到一个压力室（如气缸室），此时压力室的压力为 p'，称其为背压。

下面研究背压 p' 由大到小变化时喷管内的流动：

1）当背压 $p'=p_0$ 时，喷管内无气体流动，即 $u=0$。

2）当 $p_*<p'<p_0$ 时，喷管内流速和质量流量按式（6.4.5）、式（6.4.6）计算。

3）当 $p'=p_*$ 时，喷管出口气流为临界状态，$Ma=1$，气流速度 $u=c_*$（当地声速），质量流量达到最大值 $q_{m\max}$。

4）当 $p'<p_*$ 时，渐缩喷管出口的压强不会降低，仍为临界压强，质量流量仍为最大值，这一现象称为"堵塞"现象。这是因为出口已达到临界状态，出口气流马赫数 $Ma=1$，下游的压力扰动不能越过出口截面传到上游，这时，无论怎样降低出口外部的背压，收缩喷管内的流动状态都不会改变。

例 6.4.1 高压气罐中空气压力为 2.5×10^5Pa，密度为 2.64kg/m^3，温度为 300K，容器壁接一渐缩形喷管，出口面积为 20cm^2，出口背压为 10^5Pa。

（1）喷管出口截面处能否达到声速？出口声速为多大？

（2）喷管的质量流量 q_m 为多少？

解：气罐中空气的压力可作为滞止压（总压）、背压和总压之比

$$\frac{p'}{p_0}=\frac{10^5\text{Pa}}{2.5\times10^5\text{Pa}}=0.4<0.5283=\frac{p_*}{p_0}$$

因出口处不可能达到超声速，只能达到声速，即出口处 $Ma=1$，故喷管出口截面作为临界截面计算。

又因为

$$T_*=T_0\times0.8333=275\text{K}$$

$$\rho_*=\rho_0\times0.6339=1.6373\ \text{kg/m}^3$$

所以出口速度

$$u=c_*=\sqrt{kRT_*}=332.4\text{m/s}$$

质量流量

$$q_*=\rho_*c_*A_*=1.673\times332.4\times20\times10^{-4}\text{kg/s}=1.122\text{kg/s}$$

2. 拉瓦尔喷管

拉瓦尔（Laval）喷管是用来使气流获得超声速的装置，它的形状是先收缩后扩散。用拉瓦尔喷管可以使气流在管中充分膨胀，充分加速。如图 6.4.2 所示，过临界断面 A_* 后，在喷管出口处可得到超声速气流 $u>c_*$。

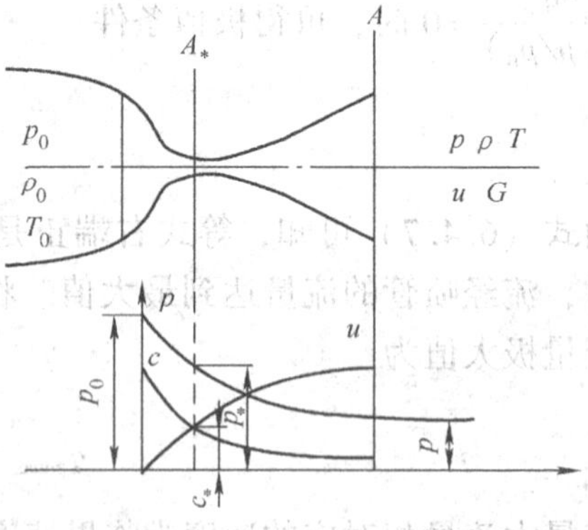

图 6.4.2 拉瓦尔喷管

选用渐缩喷管或拉瓦尔喷管的关键在于确定喷管前后压强比 p/p_0 是否小于 $\frac{p_*}{p_0}=\left(\frac{2}{k-1}\right)^{\frac{k}{k-1}}$。如果 $p<p_*$，用拉瓦尔喷管可充分发挥作用；如果 $p>p_*$，只用渐缩喷管就可以了。这是汽轮机中选用不同喷管形式的依据。对于欲获得超声速气流的火箭来说，只能用拉瓦尔喷管。拉瓦尔喷管和渐缩喷管相比较，通过临界断面的质量流量是一样的，即可用式（6.4.8）来计算，因而有

$$q_{m\max}=\left(\frac{2}{k+1}\right)^{\frac{1}{k-1}}A_*\left(\frac{2k}{k+1}p_0\rho_0\right)^{\frac{1}{2}} \tag{6.4.10}$$

式中，A_*为喷管的最窄处面积。

计算拉瓦尔喷管出口处的速度仍然用圣维南公式，即式（6.4.5）。由于$\frac{p}{p_0}<\frac{p_*}{p_0}$，故由此所得的速度 u 一定是大于 c 的。

如果质量流量和储气箱中滞止压力及滞止密度（或滞止温度）给定，最窄断面（喉部）A_*可以根据式（6.4.10）确定。

在临界断面之后，气流在扩散段内的进一步发展完全由环境压力（背压）所决定，关于背压的影响，可参考有关文献。

当用拉瓦尔喷管产生超声速气流时，若已知出口的截面面积 A 和压强 p，质量流量可按式（6.4.6）计算；若已知喉部面积，则可按 $q_*=\rho_* c_* A_*$ 计算。由连续性方程可知，这两个截面上的质量流量相等。

例 6.4.2　过热蒸汽在喷管里做等熵流动，气体参数为 $k=1.33$、$R=462\text{J/(kg·K)}$，滞止参数为 $p_0=28\times10^5\text{Pa}$、$T_0=773\text{K}$，出口压强 $p=7\times10^5\text{Pa}$。试设计一种喷管，使其质量流量为 $q_m=8.5\text{kg/s}$。

解：出口处压强等于背压，即 $p=p'$，且

$$\frac{p_*}{p_0}=\left(\frac{2}{k+1}\right)^{\frac{k}{k-1}}=0.54，\quad \frac{p}{p_0}=0.25<\frac{p_*}{p_0}$$

故采用拉瓦尔喷管，并根据质量流量确定出口面积 A 及喉部面积 A_*。

出口气流参数及面积 A：

$$p=7\times10^5\text{Pa}$$

$$\frac{T}{T_0}=\left(\frac{p}{p_0}\right)^{\frac{k-1}{k}}=0.7090，\quad T=548.1\text{K}$$

$$\frac{T_0}{T}=1+\frac{k-1}{2}Ma^2，\quad Ma=1.5772$$

$$\rho=\frac{p}{RT}=2.7644\ \text{kg/m}^3$$

$$u=Ma\sqrt{KRT}=915.3\text{m/s}$$

$$A=\frac{q_m}{\rho u}=3.3593\times10^{-3}\text{m}^2$$

喉部气流参数及面积 A_*：

$$\rho_0=\frac{p_0}{RT_0}=7.8404\ \text{kg/m}^3$$

$$\frac{\rho_*}{\rho_0}=\left(\frac{T_*}{T_0}\right)^{\frac{1}{k-1}}=\left(\frac{2}{k+1}\right)^{\frac{1}{k-1}}=0.6295，\quad \rho_*=4.9355\ \text{kg/m}^3$$

$$\frac{T_*}{T_0}=\frac{2}{k+1}，\quad T_*=\frac{2}{k+1}T_0=663.5\text{K}，\quad c_*=\sqrt{KRT_*}=638.51\text{m/s}$$

$$A_*=\frac{q_m}{\rho_* c_*}=2.6972\times10^{-3}\text{m}^2$$

例 6.4.3　空气在渐缩管内流动，气流的滞止参数为 $p_0=10^6\text{Pa}$、$T_0=350\text{K}$，出口截面面积为 0.001m^2，背压 $p'=9.3\times10^5\text{Pa}$。如果要求喉部的马赫数达到 $Ma_1=0.6$，试求喉部面

积 A_1。

解：管内为亚声速流动，出口处压强等于背压，即 $p=p'$。利用喉部和出口的质量流量确定喉部面积 A_1。

出口参数：

$$\frac{T_0}{T}=\left(\frac{p_0}{p}\right)^{\frac{k-1}{k}}=1.0210,\ T=342.8\text{K}$$

$$\frac{T_0}{T}=1+\frac{k-1}{2}Ma^2,\ Ma=0.3240$$

$$\rho=\frac{p}{RT}=9.4528\text{kg/m}^3$$

$$u=Mac=Ma\ \sqrt{kRT}=120.25\text{m/s}$$

喉部参数：

$$Ma_1=0.6$$

$$\frac{T_0}{T_1}=1+\frac{k-1}{2}Ma_1^2=1.072,\ T_1=316.5\text{K}$$

$$\frac{p_0}{p_1}=\left(\frac{T_0}{T_1}\right)^{\frac{k}{k-1}}=1.2755,\ p_1=0.784\times10^6\text{Pa}$$

$$\rho_1=\frac{p_1}{RT_1}=8.3666\text{kg/m}^3$$

$$u_1=M_1\ \sqrt{kRT_1}=217.32\text{m/s}$$

$$A_1=A\frac{\rho u}{\rho_1 u_1}=0.6252\times10^{-3}\text{m}^2$$

6.5 在等截面管中有摩擦的绝热流动

以上讨论的是无黏性的理想气体在绝热过程中的流动问题。但是实际气体是有黏性的，这样气体在管道中流动时，由于有摩擦阻力存在，一部分机械能不可逆转地转化为热能，从而气流的熵值增加。另外，气流可通过管壁与外界发生热交换，也就变成了非绝热流动。所以实际上，气体在管道中的流动问题是十分复杂的。现在来研究气体在管道中有摩擦的绝热流动。

6.5.1 有摩擦时管道截面面积与速度变化的关系

如图 6.5.1 所示，在管道中取长度为 dx 的微元管段，在这微元管段中定常流动的气流所受的作用力如图所示，其中摩擦力与管壁切向应力 τ_0 有关。

根据动量定理得

$$p\frac{\pi D^2}{4}-(p+\mathrm{d}p)\frac{\pi(D+\mathrm{d}D)^2}{4}+\left(p+\frac{\mathrm{d}p}{2}\right)\pi\left(D+\frac{\mathrm{d}D}{2}\right)\mathrm{d}x\frac{\mathrm{d}D}{2\mathrm{d}x}-\tau_0\pi\left(D+\frac{\mathrm{d}D}{2}\right)\mathrm{d}x=\rho u\frac{\pi D^2}{4}(u+\mathrm{d}u-u) \tag{6.5.1}$$

略去二阶以上小量后，得

$$udu+\frac{dp}{\rho}+\frac{4\tau_0}{\rho}\frac{dx}{D}=0 \qquad (6.5.2)$$

而管壁切向应力可用与阻力损失相类似的公式 $\tau_0=\frac{\lambda}{8}\rho u^2$（其中 λ 为沿程阻力系数）表示，代入式（6.5.2），得到与外界无热交换而有摩擦存在时，气流的一元定常运动微分方程

$$udu+\frac{dp}{\rho}+\lambda\frac{u^2}{2}\frac{dx}{D}=0 \qquad (6.5.3)$$

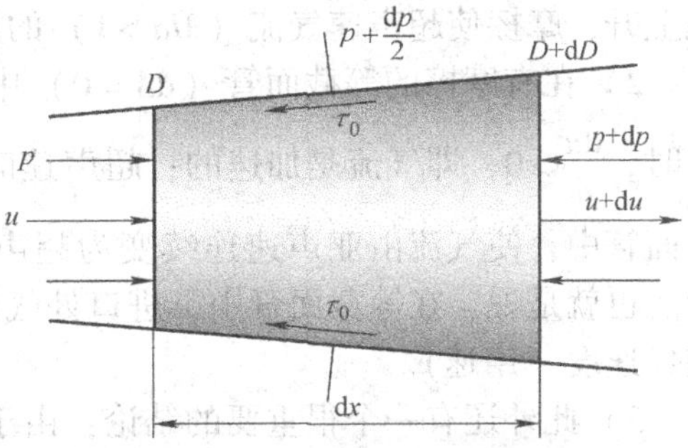

图 6.5.1　有摩擦的绝热流动

显然，式（6.5.3）中第三项为单位质量气体在微元管段 dx 上的摩擦功。

在绝热过程中有摩擦的能量方程仍为

$$h+\frac{u^2}{2}=C \qquad (6.5.4)$$

或写为

$$dh+udu=0 \qquad (6.5.5)$$

由于 $h=c_pT$，$c_p=\frac{k}{k-1}R$，而对于完全气体 $\frac{p}{\rho}=RT$，将这些关系式代入式（6.5.5），得到能量方程的微分形式

$$\frac{dp}{\rho}=\frac{p}{\rho}\frac{d\rho}{\rho}-\frac{k-1}{k}udu \qquad (6.5.6)$$

再将连续性方程 $\frac{d\rho}{\rho}+\frac{du}{u}+\frac{dA}{A}=0$ 代入式（6.5.6），得

$$\frac{dp}{\rho}=\left(\frac{u^2}{k}-\frac{p}{\rho}\right)\frac{du}{u}-\frac{p}{\rho}\frac{dA}{A}-udu \qquad (6.5.7)$$

将式（6.5.7）代入式（6.5.3），得

$$\left(\frac{u^2}{k}-\frac{p}{\rho}\right)\frac{du}{u}-\frac{p}{\rho}\frac{dA}{A}+\lambda\frac{u^2}{2}\frac{dx}{D}=0 \qquad (6.5.8)$$

又由于 $\frac{p}{\rho}=\frac{c^2}{k}$，于是

$$(u^2-c^2)\frac{du}{u}-c^2\frac{dA}{A}+\lambda\frac{k}{2}u^2\frac{dx}{D}=0 \qquad (6.5.9)$$

或

$$(Ma^2-1)\frac{du}{u}=\frac{dA}{A}-\lambda\frac{k}{2}Ma^2\frac{dx}{D} \qquad (6.5.10)$$

分析式（6.5.10），可得出如下结论：

1）流动各参数沿管道的变化是由管道截面的变化和摩擦力的作用这两方面的因素引起的。摩擦的作用永远是单向的，它的作用总是相当于将截面减小。在收缩形管（$dA<0$）中，摩擦使亚声速气流（$Ma<1$）比在理想无损失的过程中加速更快些 $\left(\frac{du}{u}>0\right)$，因而压力更快地下降；摩擦使超声速气流（$Ma>1$）的速度下降得更快些 $\left(\frac{du}{u}<0\right)$，因而压力更快地上升。在渐扩形管（$dA>0$）中，摩擦使亚声速气流（$Ma<1$）减速得较慢些，而压力较慢

地上升；摩擦使超声速气流（$Ma>1$）的加速减慢，而压力也较慢地降低。

2）在有摩擦的等截面管（$\mathrm{d}A=0$）中流动，就相当于在收缩管中无摩擦的流动。亚声速时，$\frac{\mathrm{d}u}{u}>0$，即气流是加速的；超声速时，$\frac{\mathrm{d}u}{u}<0$，气流必减速。所以在有摩擦存在的等截面管中，使气流由亚声速连续变为超声速，或由超声速连续地变为亚声速，都是不可能的。也就是说，在等截面管中，进口处气流不论是亚声速还是超声速，它们的极限速度都是临界速度（声速）。

3）此外还有一个很重要的结论：由于摩擦的作用，在缩放变截面管中气流的临界截面并非在最小截面处。因为在临界截面即 $Ma=1$ 处，式（6.5.10）变为

$$\frac{\mathrm{d}A}{A}=\lambda\frac{k}{2}\frac{\mathrm{d}x}{D} \tag{6.5.11}$$

等式右边永远是正的。也就是说，不论来流是亚声速还是超声速，气流总是在最小截面后面的扩张段（$\mathrm{d}A>0$）中才能达到临界速度。

6.5.2 有摩擦等截面管流的最大管长

现在进一步研究气体在等截面管中有摩擦的定常流动。在式（6.5.10）中，令 $\mathrm{d}A=0$，得

$$(Ma^2-1)\frac{\mathrm{d}u}{u}=-\lambda\frac{k}{2}Ma^2\frac{\mathrm{d}x}{D} \tag{6.5.12}$$

由 $\mathrm{d}h=-u\mathrm{d}u$ 可得

$$\frac{\mathrm{d}u}{u}=-\frac{\mathrm{d}h}{Ma^2c^2}=-\frac{C_p\mathrm{d}T}{Ma^2kRT}=\frac{-1}{Ma^2(k-1)}\frac{\mathrm{d}T}{T} \tag{6.5.13}$$

将 $u^2=Ma^2kRT$ 微分，并除以式（6.5.13），得

$$2\frac{\mathrm{d}u}{u}=2\frac{\mathrm{d}Ma}{Ma}+\frac{\mathrm{d}T}{T} \tag{6.5.14}$$

在式（6.5.13）和式（6.5.14）中消去$\frac{\mathrm{d}T}{T}$，得

$$\frac{\mathrm{d}u}{u}=\frac{\frac{\mathrm{d}Ma}{Ma}}{\frac{k-1}{2}Ma^2+1} \tag{6.5.15}$$

将式（6.5.15）代入式（6.5.12），整理后得

$$\lambda\frac{\mathrm{d}x}{D}=\frac{2(1-Ma^2)\mathrm{d}Ma}{kMa^3\left(\frac{k-1}{2}Ma^2+1\right)}=\frac{2\mathrm{d}Ma}{kMa^3}-\frac{k+1}{k}\frac{\mathrm{d}Ma}{Ma\left(\frac{k-1}{2}Ma^2+1\right)} \tag{6.5.16}$$

积分式（6.5.16），并取积分上下限为：$x=0$，$Ma=Ma_i$；$x=l$，$Ma=Ma_i$，于是有

$$\lambda\frac{l}{D}=-\frac{1}{kMa^2}\Bigg|_{Ma_i}^{Ma}-\frac{k+1}{2k}\ln\frac{Ma^2}{\frac{k-1}{k}Ma^2+1}\Bigg|_{Ma_i}^{Ma} \tag{6.5.17}$$

$$=\frac{1}{k}\left(\frac{1}{Ma_i^2}-\frac{1}{Ma}\right)+\frac{k+1}{2k}\ln\left[\left(\frac{Ma_i}{Ma}\right)^2\frac{(k-1)Ma^2+2}{(k-1)Ma_i+2}\right]$$

若 $Ma_i>1$，则 Ma 不小于1；若 $Ma_i<1$，则 Ma 不大于1，因此不论管道进口处是超声速还是亚声速气流，极限条件只能是 $Ma=1$。而当 $Ma=1$ 时，管道长度达到最大值，式(6.5.17)成为

$$\lambda\frac{l_{max}}{D}=\frac{1}{k}\left(\frac{1}{Ma_i^2}-1\right)+\frac{k+1}{2k}\ln\frac{(k+1)Ma_i^2}{(k-1)Ma_i^2+2} \tag{6.5.18}$$

习　题

6.1　一个大容器，其内空气的温度为27℃，容器内的空气经一条管道等熵地流出至温度为17℃的大气中，求气流的速度。

6.2　子弹在15℃的大气中飞行，已测到其头部的马赫角为40°，求子弹的飞行速度 u。

6.3　一元等熵空气气流某处的流动参数 $u=150\text{m/s}$，$T=288\text{K}$，$p=1.3\times10^5\text{Pa}$，求此气流的滞止参数 p_0、ρ_0、T_0、c_0。

6.4　空气在管道中做绝热无摩擦流动，某截面上的流动参数为 $u=152\text{m/s}$、$T=333\text{K}$、$p=207\text{kPa}$，试求临界参数 p_*、ρ_*、T_*。

6.5　在绝热气体中，测得流线上1点的速度 $u_1=225\text{m/s}$，声速 $c_1=335\text{m/s}$，压强 $p_1=1.03\text{bar}$，2点的速度 $u_2=315\text{m/s}$，绝热指数 $k=1.4$，试求2点的压强 p_2。

6.6　空气以超声速从喷管流出，已知喉部直径 $d=25\text{mm}$，喉部压强 $p=0.5\times10^5\text{Pa}$，喉部温度 $T=-20℃$，试求喷管的质量流量。

6.7　压缩空气从气罐进入管道，已知气罐中压强 $p_0=7\text{atm}$，$T_0=70℃$，气罐出口处 $Ma=0.6$，试求气罐出口处的速度、温度、压强和密度。

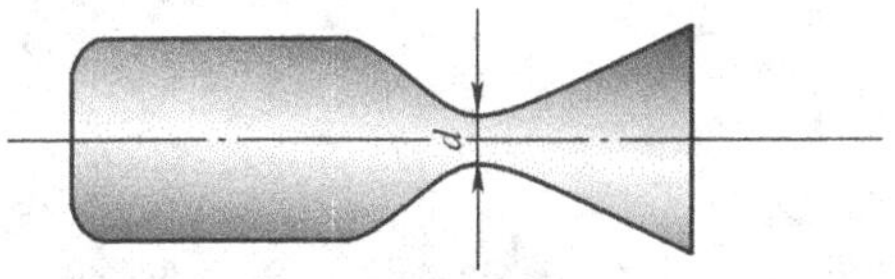

题6.6图

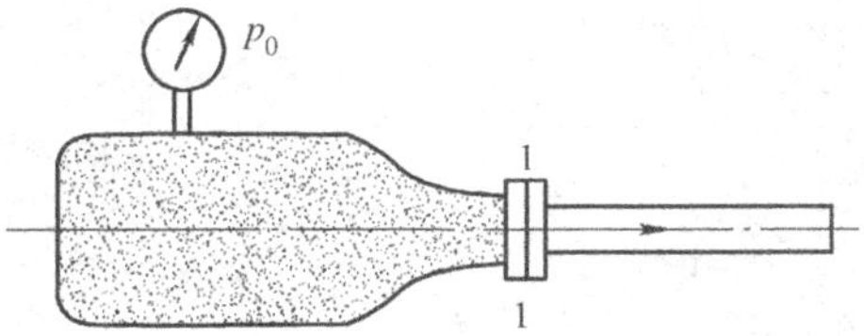

题6.7图

6.8　有压缩空气通过一段收缩管道排入大气，在收缩管道的进口处流速很低，测得此处压强为690kPa，温度为282℃；管道外大气压为101.2kPa。如要求每秒排放1kg的压缩空气，管道出口面积应取多大？并计算出口处流速。

6.9　空气的超声速喷管质量流量 $q_m=0.051\text{kg/s}$，出口处马赫数 $Ma=3$，滞止压强 $p_0=88300\text{Pa}$，滞止温度 $T_0=25℃$。

(1) 求喉部直径 d。

(2) 求临界压强、临界密度、临界温度。

(3) 求出口断面直径 D；

(4) 求出口断面上的压强、密度和温度。

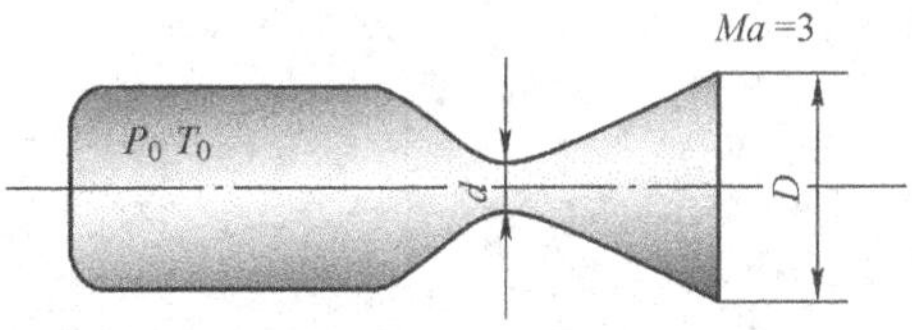

题6.9图

6.10　空气的一元等熵气流，截面1上的参数为 $p_1=140\text{kPa}$、$T_1=290\text{K}$、$u_1=80\text{m/s}$，在截面2上测得压强 $p_2=100\text{kPa}$，试计算该截面上的速度 u_2。

6.11　空气 [$k=1.4$、$R=287\text{J/(kg·K)}$] 自大容器经一个渐缩喷管流出，容器内的压强和温度分别为 $p_0=200\text{kPa}$、$T_0=330\text{K}$，速度可视为零。喷管出口处截面面积 $A=12\ \text{cm}^2$，求出口外部的背压 p' 分别为120kPa和100kPa时气流的质量流量 q_m。

6.12　高压氮气从容器经渐缩喷管等熵地流出，氮气的参数为 $k=1.4$、$R=297\text{J/(kg·K)}$、$T_1=330\text{K}$，容器中的压强和温度分别为 $p_0=1.6\times10^5\text{Pa}$、$T_0=330\text{K}$，喷管出口（最小）处截面面积 $A=8\text{cm}^2$，出口外部的背压 $p'=10^5\text{Pa}$。

（1）求喷管出口处的流速 u 及质量流量 q_m。

（2）如果容器内的压强和温度分别为 $p_0=2.5\times10^5\text{Pa}$、$T_0=330\text{K}$，背压仍为 $p'=10^5\text{Pa}$，u 和 q_m 又为多少？

6.13　空气气流在拉瓦尔喷管内做等熵流动，滞止压强 $p_0=12\times10^5\text{Pa}$，如果出口处截面面积与喉部截面面积比 $A/A_*=2.5$，试求喷管出口处的压强 p。设喉部已达到临界状态。

6.14　空气流入直径 $D=0.03\text{m}$ 的圆管，进口压强 $p_1=2\times10^5\text{Pa}$，温度 $T_1=280\text{K}$，马赫数 $Ma_1=0.2$，沿程损失系数 $\lambda=0.02$，试求最大管长及出口处的气流参数 p_*、T_*。

6.15　空气在等截面管道中做绝热有摩擦流动，已知 $D=0.1\text{m}$、$\lambda=0.02$，进口处：$Ma_1=3$、$T_1=288.5\text{K}$、$p_1=10^5\text{Pa}$。求：

（1）最大管长 $l_{\max}$。

（2）在 $Ma=2$ 处的管长 l 与参数 p_2、T_2、u_2 以及熵增 $\Delta s=s_2-s_1$。

第 7 章　旋涡基本理论

在生活中经常看到流体做明显的旋涡运动，比如桨划过水面后水的运动以及龙卷风、台风或小旋风等都是旋涡运动，但更多的是肉眼观察不到的，如湍流中的尺度不一的大小旋涡。

本章首先介绍旋涡运动的基本概念，包括涡线、涡管、旋涡强度等，旋涡强度是反映旋涡对周围流体影响的量，它可用速度环流来度量（斯托克斯定理）；然后叙述旋涡速度环流在时间上的变化（汤姆孙定理）和在空间上的变化（亥姆霍兹定理），其间由汤姆孙定理和斯托克斯定理可以证明拉格朗日定理；再然后介绍旋涡的诱导速度；最后介绍兰金涡。

7.1　旋涡运动的基本概念

7.1.1　涡量和平均旋转角速度

速度场的旋度称为涡量。涡量 $\boldsymbol{\Omega}$ 的数学定义就是

$$\boldsymbol{\Omega}=\nabla\times\boldsymbol{v} \tag{7.1.1}$$

流场按涡量是否为零划分成两类：$\boldsymbol{\Omega}\neq0$ 的流场称为有旋流场；$\boldsymbol{\Omega}=0$ 的流场称为无旋流场。

因为

$$\nabla\times\boldsymbol{v}=\begin{vmatrix}\boldsymbol{i} & \boldsymbol{j} & \boldsymbol{k}\\ \partial/\partial x & \partial/\partial y & \partial/\partial z\\ v_x & v_y & v_z\end{vmatrix}=\left(\frac{\partial v_z}{\partial y}-\frac{\partial v_y}{\partial z}\right)\boldsymbol{i}+\left(\frac{\partial v_x}{\partial z}-\frac{\partial v_z}{\partial x}\right)\boldsymbol{j}+\left(\frac{\partial v_y}{\partial x}-\frac{\partial v_x}{\partial y}\right)\boldsymbol{k}$$

若令

$$\begin{cases}\omega_x=\dfrac{1}{2}\left(\dfrac{\partial v_z}{\partial y}-\dfrac{\partial v_y}{\partial z}\right)\\ \omega_y=\dfrac{1}{2}\left(\dfrac{\partial v_x}{\partial z}-\dfrac{\partial v_z}{\partial x}\right)\\ \omega_z=\dfrac{1}{2}\left(\dfrac{\partial v_y}{\partial x}-\dfrac{\partial v_x}{\partial y}\right)\end{cases} \tag{7.1.2}$$

则

$$\boldsymbol{\Omega}=2\boldsymbol{\omega} \tag{7.1.3}$$

式（7.1.2）定义的 $\boldsymbol{\omega}$ 是流体微团的平均旋转角速度。下面用几何分析的方法对此加以说明。

t 瞬时在 M 点取一长方形微元流体 $MACB$，如图 7.1.1 所示。图中 $\overline{MA}=\mathrm{d}x$，$\overline{MB}=\mathrm{d}y$。在 $t+\mathrm{d}t$ 瞬时，该微元体运动到新的位置，同时发生了变形和旋转，成为微元体 $M_1A_1C_1B_1$。为便于比较分析，图中已将微元体 $M_1A_1C_1B_1$ 平移到 M 点，使 M 和 M_1 点重合。现在先分别计算 MA 和 MB 边的旋转角速度。设 M 点的速度为 v_x、v_y，则 A 点的速度可以写成

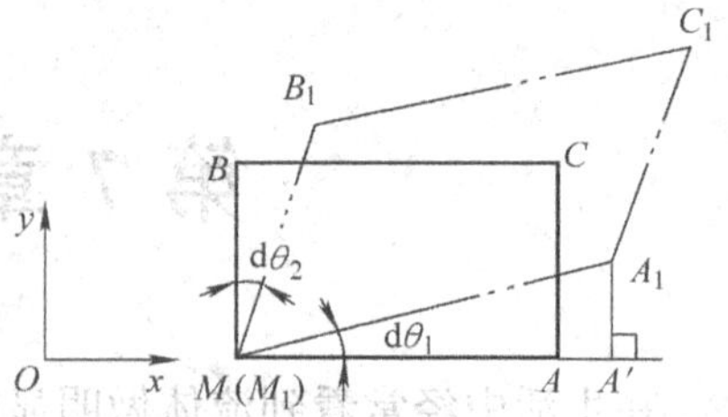

图 7.1.1 流体微团的变形

$$\begin{cases}(v_x)_A = v_x + \dfrac{\partial v_x}{\partial x}\mathrm{d}x \\ (v_y)_A = v_y + \dfrac{\partial v_y}{\partial x}\mathrm{d}x\end{cases} \tag{7.1.4}$$

过 A_1 点作 MA 边延长线的垂线交于 A' 点，按几何关系和运动学关系，有

$$\sin(\mathrm{d}\theta_1) = \frac{\overline{A_1A'}}{\overline{MA}+\overline{AA'}} = \frac{[(v_y)_A - v_y]\mathrm{d}t}{\mathrm{d}x + [(v_x)_A - v_x]\mathrm{d}t} = \frac{(\partial v_y/\partial x)\mathrm{d}t}{1+(\partial v_x/\partial x)\mathrm{d}t}$$

式中，$\mathrm{d}\theta_1$ 为 MA 边在 $\mathrm{d}t$ 时间内的转角。

当 $\mathrm{d}t\to 0$ 时，$\overline{AA'}\to 0$，所以上式可写成

$$\mathrm{d}\theta_1 = \frac{\partial v_y}{\partial x}\mathrm{d}t$$

即

$$\frac{\mathrm{d}\theta_1}{\mathrm{d}t} = \frac{\partial v_y}{\partial x} \tag{7.1.5}$$

这就是 MA 边的旋转角速度。同样可得 MB 边的旋转角速度

$$\frac{\mathrm{d}\theta_2}{\mathrm{d}t} = \frac{\partial v_x}{\partial y} \tag{7.1.6}$$

用两邻边旋转角速度的平均值作为流体在 M 点的平均旋转角速度，并记为 ω_z，则有

$$\omega_z = \frac{1}{2}\left(\frac{\mathrm{d}\theta_1}{\mathrm{d}t} - \frac{\mathrm{d}\theta_2}{\mathrm{d}t}\right) = \frac{1}{2}\left(\frac{\partial v_y}{\partial x} - \frac{\partial v_x}{\partial y}\right) \tag{7.1.7}$$

对于空间运动，同样可定义 ω_x 和 ω_y，因此，有式（7.1.2），这就说明 ω_x、ω_y、ω_z 是流体微团平均旋转角速度 $\boldsymbol{\omega}$ 的三个分量。

流场是否有旋不能依据流线的形状来判断。用一个通俗的例子打比方，一列受检阅的三军行列式，迈着整齐的步伐正步前进，这是“无旋”的；载歌载舞的文艺队伍，边跳、边转地前进，这就是“有旋”的（尽管行进路线都是直线）。再看下面一个具体的例子。

例 7.1.1 已知在 xy 平面上，流体质点的速度与矢径成反比，即

$$\boldsymbol{v} = \frac{\Gamma}{2\pi}\frac{1}{\boldsymbol{r}}$$

式中，$\dfrac{\Gamma}{2\pi}$为比例数。

解：在直角坐标系中

$$\begin{cases} v_x = -\dfrac{\Gamma}{2\pi}\dfrac{y}{x^2+y^2} \\ v_y = \dfrac{\Gamma}{2\pi}\dfrac{x}{x^2+y^2}\end{cases}$$

将上式代入式（7.1.2），可得

$$\omega_x = \omega_y = 0,\ \omega_z = \frac{1}{2}\left(\frac{\partial v_y}{\partial x} - \frac{\partial v_x}{\partial y}\right) = 0$$

说明流动是无旋的。图 7.1.2a 所示的就是这种流动的一个几何说明，带标记的流体微团在

做圆周运动，但自身没有旋转，流动是无旋的。

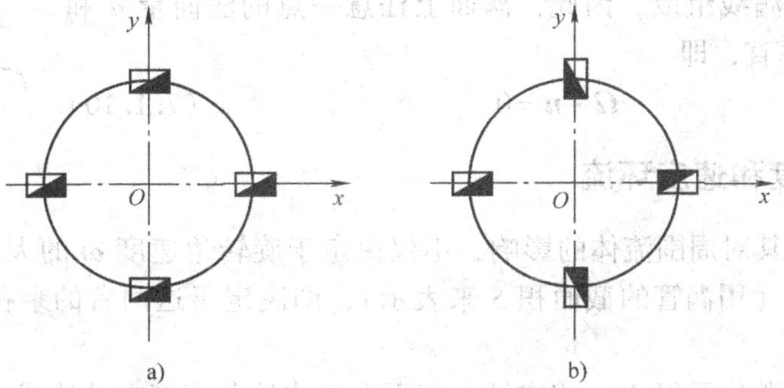

图 7.1.2　例 7.1.1 图

a）无旋运动　b）有旋运动

例 7.1.2　已知在 Oxy 平面上，流体质点的速度与矢径 r 成正比，即

$$\boldsymbol{v} = \omega \boldsymbol{r}$$

在直角坐标系中

$$\begin{cases} v_x = -\omega y \\ v_y = \omega x \end{cases}$$

式中，ω 为比例数。

解：将 $\begin{cases} v_x = -\omega y \\ v_y = \omega x \end{cases}$ 代入式（7.1.2），可得

$$\omega_x = \omega_y = 0,\ \omega_z = \frac{1}{2}\left(\frac{\partial v_y}{\partial x} - \frac{\partial v_x}{y}\right) = \omega$$

可见这种流动为有旋流动。如图 7.1.2b 所示，它像刚体似的以角速度 ω 旋转。日常生活中的旋涡往往属于这一种，台风、龙卷风等的核心区属于这种速度分布。

7.1.2　涡线、涡面和涡管

涡量场是一个矢量场，类似于速度场，在速度场中用流线使流动图形化，同样在涡量场中可以定义涡线——同一瞬时线上各点的涡矢量均与该线相切（图 7.1.3）。涡线具有瞬时的概念，不同瞬时，它有不同的形状，而在定常运动中它的形状保持不变。

涡线方程可以写成

$$\frac{\mathrm{d}x}{\Omega_x} = \frac{\mathrm{d}y}{\Omega_y} = \frac{\mathrm{d}z}{\Omega_z} \tag{7.1.8}$$

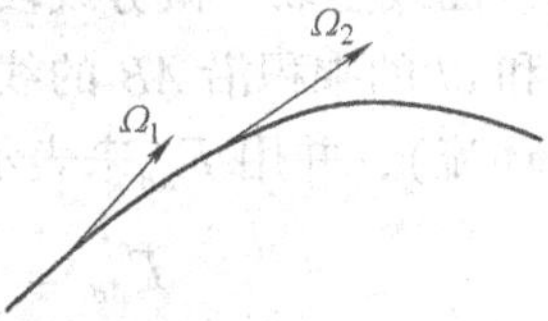

图 7.1.3　涡线

圆柱坐标系中，涡线方程为

$$\frac{\mathrm{d}r}{\Omega_r} = \frac{r\mathrm{d}\theta}{\Omega_\theta} = \frac{\mathrm{d}z}{\Omega_z} \tag{7.1.9}$$

下面来讨论涡面和涡管的定义，它们是与流面和流管相对应的（图 2.2.3）。

如果在旋转角速度场中作一任意曲线 C（非涡线），则经过这一曲线上的所有涡线形成的曲面称为涡面。当所取曲线 C 为一封闭可缩曲线时，则所构成的管状涡面称为涡管（图 7.1.4）。

截面积无限小的涡管称为涡索。

涡面和涡管由涡线组成，因此，涡面上任意一点的法向量 $\boldsymbol{n}$ 和当地的涡矢量 $\boldsymbol{\Omega}$ 垂直，即

$$\boldsymbol{\Omega} \cdot \boldsymbol{n} = 0 \tag{7.1.10}$$

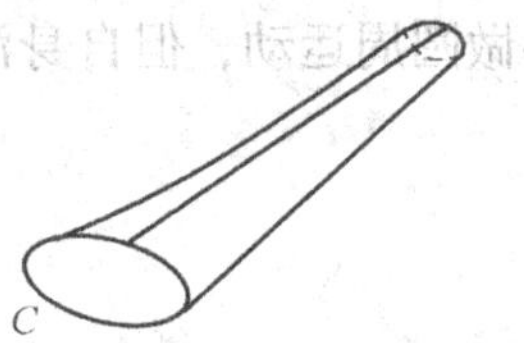

图 7.1.4　涡管

7.1.3　涡管强度和速度环流

旋涡的变化及其对周围流体的影响，不仅决定于旋转角速度 $\boldsymbol{\omega}$ 的大小，还决定于旋涡所包含流体的多少（用涡管的截面积 S 来表示），即决定于这两者的乘积 ωS，称为旋涡强度，其定义如下：

在流体中取一微分面积 $\mathrm{d}S$，将在这一表面上流体的角速度在外法线方向 $\boldsymbol{n}$ 上的投影 ω_n 与 $\mathrm{d}S$ 的乘积定义为通过 $\mathrm{d}S$ 的旋涡强度，并用 $\mathrm{d}J$ 来表示，即 $\mathrm{d}J = \omega_n \mathrm{d}S$，此式是和流体的体积流量相对应的，体积流量也可称为速度 $\boldsymbol{v}$ 的通量。所以旋涡强度也可称为角速度 $\boldsymbol{\omega}$ 的通量，简称**涡通量**。

通过以曲线 C 为边界的任意曲面 S 的涡通量定义为

$$J = \int_S \boldsymbol{\omega} \cdot \boldsymbol{n} \mathrm{d}S = \int_S \omega_n \mathrm{d}S \tag{7.1.11}$$

式中，$\boldsymbol{n}$ 为曲面 S 的法线单位矢量，如图 7.1.5 所示。

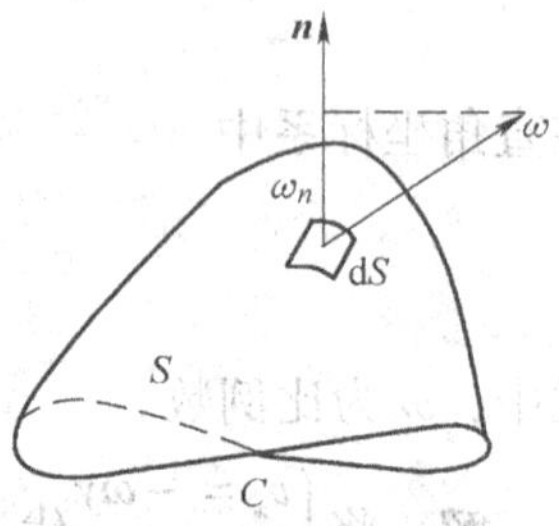

图 7.1.5　涡通量

如果 S 是涡管截面，则 J 又称为涡管的**旋涡强度**，简称**涡管强度**。如果 $\boldsymbol{\omega}$ 在 S 面上是均匀分布的，而且垂直于 S 面，则 $J = \omega S$。

下面来讨论速度环流的概念。

对式（7.1.11）右边进行积分需要知道 ω_n 在 S 上的分布规律，根据斯托克斯（Stokes）定理可以将对 $\boldsymbol{\omega}$ 的面积分改变为对 $\boldsymbol{v}$ 的线积分，即只要知道 S 面的边线上速度的分布规律就可以积分了。斯托克斯定理的数学表示为

$$\oint_C \boldsymbol{v} \cdot \mathrm{d}\boldsymbol{l} = 2\int_S \omega_n \mathrm{d}S \tag{7.1.12}$$

式中，C 为 S 的边界围线；左边积分号内的量 $\boldsymbol{v} \cdot \mathrm{d}\boldsymbol{l}$ 就称为速度环流。

为了计算旋涡强度而引入了速度环流这一概念，它是度量旋涡强度的一个量，是速度矢量的环流（或称旋转量）。它的定义如下：

在某一瞬时在流体中取任意曲线 AB（不一定为流线），在该曲线上取一微分线段 $\mathrm{d}\boldsymbol{l}$。速度 $\boldsymbol{v}$ 在 $\mathrm{d}\boldsymbol{l}$ 方向上的投影为 v_l。v_l 和 $\mathrm{d}l$ 的乘积沿 AB 的线积分为 AB 曲线的速度环流（或简称环流），并用 Γ_{AB} 来表示，如图 7.1.6 所示。

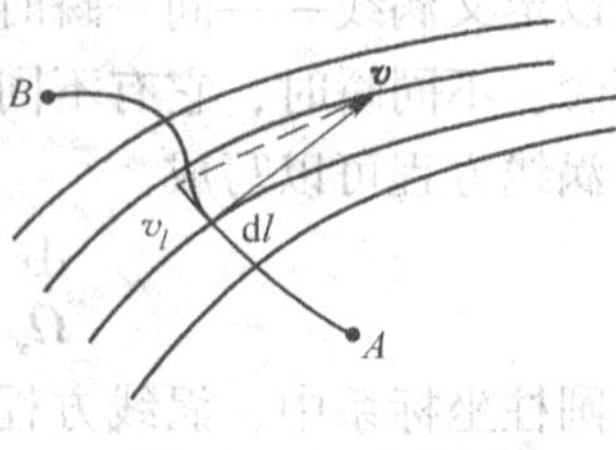

图 7.1.6　速度环流

$$\Gamma_{AB} = \int_{AB} \boldsymbol{v} \cdot \mathrm{d}\boldsymbol{l} = \int_{AB} v_l \mathrm{d}l \tag{7.1.13}$$

或用如下形式表示

$$\Gamma_{AB} = \int_{AB} v\cos(\boldsymbol{v}, \mathrm{d}\boldsymbol{l})\mathrm{d}l \tag{7.1.14}$$

或

$$\Gamma_{AB} = \int_{AB} v_x \mathrm{d}x + v_y \mathrm{d}y + v_z \mathrm{d}z \tag{7.1.15}$$

速度环流具有瞬时的概念，根据同一瞬时在 AB 上的速度分布来计算，即积分时 t 作为参变数。速度环流表示在某一瞬时所有在 AB 曲线上的质点沿 AB 运动的趋势，它的概念和力所做功的概念相类似。

速度环流是个标量，具有正负号，当速度方向和 AB 曲线方向同向（成锐角）时为正，异向（成钝角）时为负。这和功的正负号的判断是一样的。线积分方向相反的速度环流相差一个负号，即

$$\Gamma_{AB} = -\Gamma_{BA} \tag{7.1.16}$$

7.2　速度环流定理

速度环流定理（斯托克斯定理）：沿任意封闭曲线 C 的速度环流 Γ_C 等于通过以这一曲线为边界的曲面 S 的旋涡强度 J 的两倍，即

$$2\int_S \boldsymbol{\omega} \cdot \boldsymbol{n}\mathrm{d}S = \oint_C \boldsymbol{v} \cdot \mathrm{d}\boldsymbol{l} \tag{7.2.1a}$$

或

$$2\iint_S (\omega_x \mathrm{d}y\mathrm{d}z + \omega_y \mathrm{d}z\mathrm{d}x + \omega_z \mathrm{d}x\mathrm{d}y) = \oint_C (v_x \mathrm{d}x + v_y \mathrm{d}y + v_z \mathrm{d}z) \tag{7.2.1b}$$

式中，$\boldsymbol{n}$ 和 $\mathrm{d}\boldsymbol{l}$ 沿周线的取向符合右手法则（右手四指沿周线方向，拇指指向法线方向）。这个定理在数学的矢量分析中将一般的线积分和面积分联系起来，在流体力学中则是具体地将旋涡强度和速度环流联系起来，通过速度环流来计算旋涡强度。

用微积分理论或场论中的斯托克斯公式很容易证明式（7.2.1）。也可以根据流体力学的速度环量、涡通量概念来直接证明，在此证明从略。

对于无旋运动，流体中 $\boldsymbol{\omega}$ 处处为 0，则沿任意封闭围线的速度环量为 0，因为

$$\Gamma_C = 2\int_S \omega_n \mathrm{d}S = 2\int_S 0 \cdot \mathrm{d}S = 0$$

但沿某一确定的封闭围线的速度环量为零，并不一定为无旋的，这时也可能包围具有强度相同，但转向相反的旋涡。

以上结论只适用于单连通域。所谓单连通域，是指封闭曲线 C 可在该区域内任意缩为一点，即 C 为可缩曲线，否则为复连通域。图 7.2.1 所示的平面周线 C 所围区域 S 是一个双连通域，因为它里面包围着一个翼剖面，平面周线 C 无法绕过翼剖面缩为一点。将这一区域在 AB 处切开，则将双连通域改变为由过 $ABDB'A'EA$ 的曲线构成的单连通域。对于这个单连通域，速度环量应分成四部分计算，即

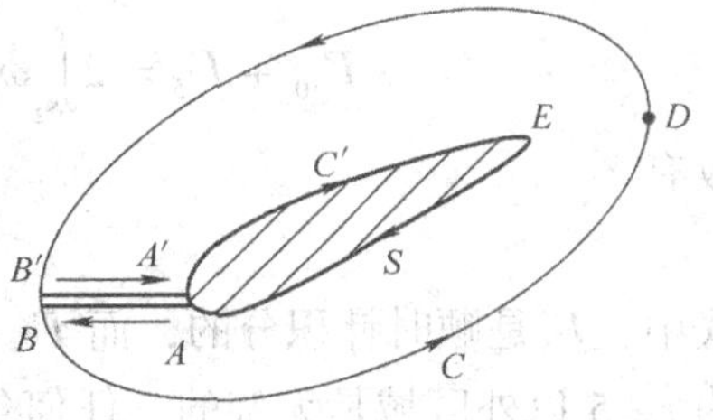

图 7.2.1　双连通域

$$\oint_{ABDB'A'EA} \boldsymbol{v} \cdot \mathrm{d}\boldsymbol{l} = \Gamma_{AB} + \Gamma_{BDB'} + \Gamma_{B'A'} + \Gamma_{A'EA}$$

因为 AB 和 $A'B'$ 无限靠近，积分方向 $A \to B$ 与 $B' \to A'$ 正相反，所以

$$\Gamma_{AB} = -\Gamma_{B'A'}$$

又

$$\Gamma_{BDB'} = \Gamma_C$$

$$\Gamma_{A'EA} = \Gamma_{C'}$$

所以

$$\oint_{A \to A} \boldsymbol{v} \cdot \mathrm{d}\boldsymbol{l} = \Gamma_C + \Gamma_{C'}$$

注意：沿周线积分方向左边都是定义域。将这一结果用于式（7.2.1a）即得双连通域的斯托克斯公式

$$2\int_S \boldsymbol{\omega} \cdot \boldsymbol{n} \mathrm{d}S = \oint_C \boldsymbol{v} \cdot \mathrm{d}\boldsymbol{l} + \oint_{C'} \boldsymbol{v} \cdot \mathrm{d}\boldsymbol{l} \tag{7.2.2}$$

例 7.2.1 已知如下速度分布：

在 $r \leqslant 5$ 范围内 $v_x = -\frac{1}{5}y$，$v_y = \frac{1}{5}x$

在 $r \geqslant 5$ 范围内 $v_x = -5y/(x^2+y^2)$，$v_y = 5x/(x^2+y^2)$

试分别求出半径为 $r=3$、5 和 10 的三个圆周上的速度环量 Γ_3、Γ_5 和 Γ_{10}。

解：如图 7.2.2 所示，半径 $r=5$ 圆内区域记为 S_1，圆外区域记为 S_2 内，因为

$$\omega_z = \frac{1}{2}\left(\frac{\partial v_y}{\partial x} - \frac{\partial v_x}{\partial y}\right) = \frac{1}{5}$$

所以，当 $r \leqslant 5$ 时，以 r 为半径的圆上速度环量为

$$\Gamma_r = 2\int_{S_1(r)} \omega_z \mathrm{d}S = 2\int_0^r \frac{1}{5} 2\pi r \mathrm{d}r = \frac{2\pi}{5} r^2$$

因而可得

$$\Gamma_3 = \frac{18\pi}{5}$$

$$\Gamma_5 = 10\pi$$

在 S_2 内，$\omega_z = 0$，所以 $\int_S \omega_z \mathrm{d}S = 0$，在 $r_1 = 5$ 和 $r_2 = 10$ 的环形区域是双连通的，因此

$$\Gamma_{10} + \Gamma'_5 = 2\int_{S_2} \omega_z \mathrm{d}S = 0$$

图 7.2.2 圆上速度环量

故有

$$\Gamma_{10} = -\Gamma'_5 = \Gamma_5 = 10\pi$$

式中，Γ'_5 是顺时针积分的，而 Γ_5 是逆时针积分的，两者反号。这个结果是可以预期的，因为 $r \geqslant 5$ 以外区域是无旋的，任何包围 $r=5$ 这个圆在内的闭曲线上速度环量恒为 10π。

例 7.2.2 已知 $v_x = a\sqrt{y^2+z^2}$，$v_y = v_z = 0$，a 为常数。试求涡线方程沿封闭曲线

$$\begin{cases} x^2 + y^2 = b^2 \\ z = 0 \end{cases}$$

的速度环量，式中，b 为常数。

解：（1）涡线 由题设条件可得

$$\begin{cases}\omega_x = 0 \\ \omega_y = \dfrac{a}{2}\dfrac{z}{\sqrt{y^2+z^2}} \\ \omega_z = -\dfrac{a}{2}\dfrac{y}{\sqrt{y^2+z^2}}\end{cases}$$

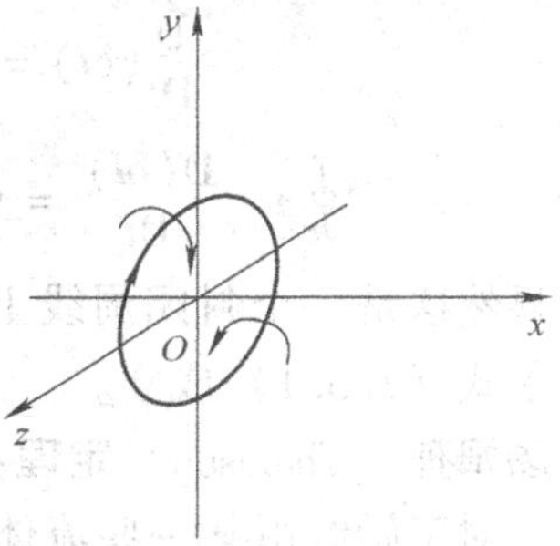

图 7.2.3　Oyz 坐标平面上的一条涡线

将此结果代入涡线方程，有

$$\frac{dx}{0} = \frac{dy}{z} = \frac{dz}{-y}$$

积分得涡线方程

$$\begin{cases}x = C_1 \\ y^2 + z^2 = C_2\end{cases}$$

如图 7.2.3 所示，涡线是平行 Oyz 坐标平面上的同心圆族，圆心在 x 轴上。

（2）速度环量　如图 7.2.4 所示，积分曲线 C 是圆心在原点、半径为 b 的 Oxy 坐标平面上的圆。根据斯托克斯公式，有

$$\Gamma_C = 2\int_S \omega_z dS = 2\int_{S_上} \omega_z dS + 2\int_{S_下} \omega_z dS$$

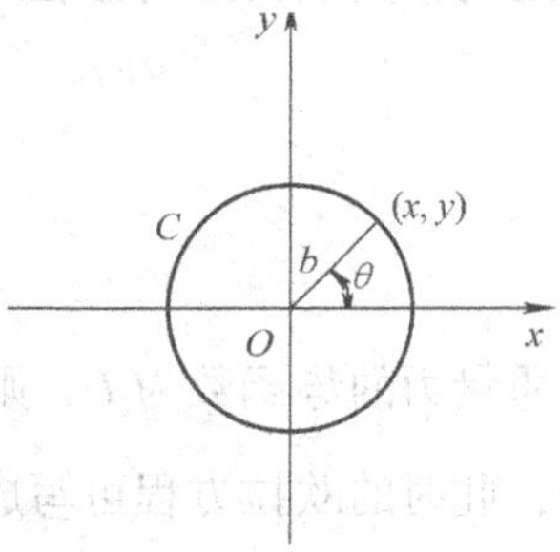

图 7.2.4　积分曲线

在 $S_上$（上半圆）区域，$\omega_z = -\dfrac{a}{2}$；在 $S_下$ 区域，$\omega_z = +\dfrac{a}{2}$，所以

$$\Gamma_C = 0$$

这并不能说明圆内是无旋的，只是上、下两半圆内涡量大小相等、反号相抵消而已。结合图 7.2.3 所示的涡线情况，很容易看到这一点。

7.3　汤姆孙定理

由相同流体质点组成的连续曲线称为流体线。流体线随流体质点移动而转移、变形。这里将讨论沿封闭的流体周线速度环量随时间变化而变化的问题。

沿封闭流体周线 C 的速度环量的导数等于加速度环量，即

$$\frac{D}{Dt}\oint_C \boldsymbol{v}\cdot\delta\boldsymbol{l} = \oint_C \frac{D\boldsymbol{v}}{Dt}\cdot\delta\boldsymbol{l} \tag{7.3.1}$$

式中，积分是在瞬时 t 对流体周线进行的，空间的微分符号用 δ 表示。下面证明此式。

速度环量的微商由两部分组成，即

$$\frac{D\Gamma}{Dt} = \frac{D}{Dt}\oint_C \boldsymbol{v}\cdot\delta\boldsymbol{l} = \oint_C \frac{D\boldsymbol{v}}{Dt}\cdot\delta\boldsymbol{l} + \oint_C \boldsymbol{v}\cdot\frac{D(\delta\boldsymbol{l})}{Dt} \tag{7.3.2}$$

可见，如果能证明式（7.3.2）最后一项为零，就证明了本定理。为此，首先考察一下 $\delta\boldsymbol{l}$ 随时间的变化情况。如图 7.3.1 所示，在瞬时 t 流体周线上的微分段 $\delta\boldsymbol{l}$ 在 $t+dt$ 瞬时变为周线 C' 上的 $\delta\boldsymbol{l}'$，它们之间有如下关系

$$\begin{aligned}\delta\boldsymbol{l}' &= \delta\boldsymbol{l} + d\boldsymbol{r}_2 - d\boldsymbol{r}_1 = \delta\boldsymbol{l} + \boldsymbol{v}_2 dt - \boldsymbol{v}_1 dt \\ &= \delta\boldsymbol{l} + (\boldsymbol{v}_2 - \boldsymbol{v}_1)dt = \delta\boldsymbol{l} + \delta\boldsymbol{v}\cdot dt\end{aligned}$$

因此 $$\frac{\mathrm{D}}{\mathrm{D}t}(\delta \boldsymbol{l}) = \lim_{\mathrm{d}t\to 0}\frac{\delta \boldsymbol{l}' - \delta \boldsymbol{l}}{\mathrm{d}t} = \delta \boldsymbol{v}$$

于是 $$\oint_C \boldsymbol{v} \cdot \frac{\mathrm{D}(\delta \boldsymbol{l})}{\mathrm{D}t} = \oint_C \boldsymbol{v} \cdot \delta \boldsymbol{v} = \oint_C \delta \frac{v^2}{2} = 0$$

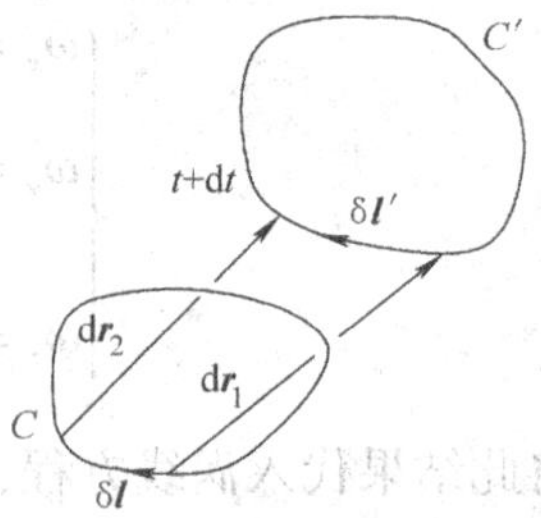

图 7.3.1 封闭流体周线

显然这是一个封闭周线上的全微分的积分，应等于零，这就证明了式（7.3.1）成立。

汤姆孙（Thomson）定理：当质量力有势，流体是理想而且正压的，对于始终由某一些流体质点所组成的任意封闭曲线的速度环流不随时间而变，即对时间的全微分为零。

$$\frac{\mathrm{D}}{\mathrm{D}t}\oint_C \boldsymbol{v} \cdot \delta \boldsymbol{l} = 0 \tag{7.3.3}$$

如果能证明式（7.3.1）的加速度环量此时为零，就证明了本定理。理想正压流体在势力场中运动，其欧拉运动方程式为

$$\frac{\mathrm{D}v_i}{\mathrm{D}t} = f_i - \frac{1}{\rho} \cdot \frac{\partial p}{\partial x_i} (i = 1, 2, 3)$$

$$\frac{\mathrm{D}\boldsymbol{v}}{\mathrm{D}t} = \boldsymbol{F} - \frac{1}{\rho}\nabla p \tag{7.3.4}$$

设质量力的势函数为 U，则 $\boldsymbol{F} = \nabla U$；正压流体的压力函数 $P = \int \mathrm{d}p/\rho$，于是 $\nabla p/\rho = \nabla P$，所以，此时的欧拉方程可写成

$$\frac{\mathrm{D}\boldsymbol{v}}{\mathrm{D}t} = \nabla U - \nabla P = \nabla(U - P)$$

因而加速度环量

$$\oint_C \frac{\mathrm{D}\boldsymbol{v}}{\mathrm{D}t} \cdot \delta \boldsymbol{l} = \oint_C \nabla(U - P) \cdot \delta \boldsymbol{l} = \oint_C \delta(U - P) = 0$$

因此，汤姆孙定理式（7.3.3）得证。汤姆孙定理又称开尔文（Kelvin）定理。

7.4 拉格朗日定理

拉格朗日（Lagrange）定理又称涡量不生不灭定理。

定理：若流体理想、正压，且外力有势，当初始时刻某部分流体内无旋，则以前及以后任一时刻中这部分流体皆无旋，反之，当初始时刻此部分流体有旋，则以前及以后任一时刻中该部分流体皆有旋。

证明：设初始时刻在所考虑的那部分流体 C 中，运动无旋。则在这部分流体中有

$$\boldsymbol{\Omega} = 0$$

于是通过 C 内任一物质面 S 的涡通量

$$\int_S \boldsymbol{\Omega} \cdot \mathrm{d}\boldsymbol{S} = 0$$

根据汤姆孙定理，在以前或以后任一时刻，涡通量 $\int_{S'} \boldsymbol{\Omega} \cdot \mathrm{d}\boldsymbol{S}$ 皆为零，其中 S' 是组成 S 的流体质点在该时刻组成的曲面。由于 S 面是任意的，因而 S' 面也是任意选取的，故 $\boldsymbol{\Omega} = 0$，

这样就证明了在以前或以后的任一时刻内这部分流体永远是无旋的。

现在证明定理的后一部分。可用反证法。设初始时刻流体有旋，假设存在以前或以后的某一时刻中这部分流体无旋，则根据所证定理前一部分，立即得到在任一时刻特别地在初始时刻流体是无旋的，这个结论显然与初始时刻流体有旋相矛盾，证明了初始时刻流体有旋，则任一时刻皆有旋。

拉格朗日定理是判断流体运动是否无旋的理论依据。例如，说水波运动是无旋的，根据就在于：①黏性的影响可以不考虑，水可以当作理想流体；②水是不可压缩的，符合正压条件；③重力是有势的质量力；④初始水面静止，环量处处为零，是无旋的，根据拉格朗日定理，扰动产生的水波运动也将是无旋的。

可以将拉格朗日定理表述为：在理想、正压、质量力有势的条件下，涡量不生不灭。因此，在这时的无旋流场中若存在若干孤立的涡，那么涡核以内的有旋流和涡核以外的无旋流始终是分开的。孤立的集中涡称为旋涡。旋涡在理想流体的无旋流场中有何表现，对流动有何影响，这些都是值得关注的问题。

若拉格朗日定理的三个前提条件不满足，则无旋流动就不能维持下去。由此，可以推断涡的产生至少有三种可能的诱发因素：①流体的黏性；②非正压性；③非有势质量力的作用。此外，在超声速流场中，弯曲的激波后面也会产生涡。

7.5 亥姆霍兹定理

亥姆霍兹（Helmholtz）有三个关于涡管的定理。

第一定理：在同一瞬时沿涡管长度，涡管强度保持不变。

在涡管上任取两个截面 S 和 S'，两截面间的涡管侧壁为 S''（图7.5.1），S 截面的边沿周线为 C，根据斯托克斯定理，有

$$\oint_C \boldsymbol{v}\cdot \mathrm{d}\boldsymbol{l} = 2\int_S \boldsymbol{\omega}\cdot \boldsymbol{n}\mathrm{d}S = 2\int_{S'+S''} \boldsymbol{\omega}\cdot \boldsymbol{n}\mathrm{d}S$$

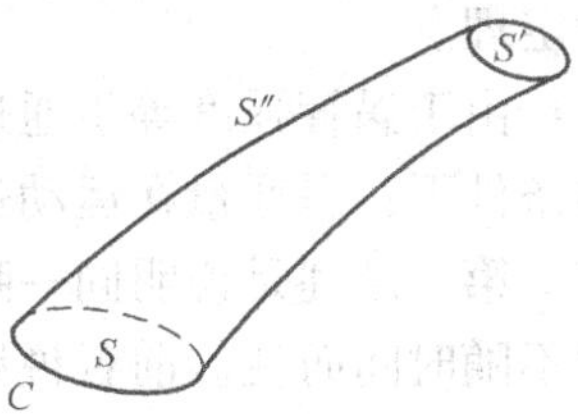

图7.5.1 涡管

因为 S''是涡管侧壁，在 S''上处处 $\boldsymbol{\omega}\cdot\boldsymbol{n}=0$，所以由上式可得

$$\int_S \boldsymbol{\omega}\cdot \boldsymbol{n}\mathrm{d}S = \int_{S'} \boldsymbol{\omega}\cdot \boldsymbol{n}\mathrm{d}S$$

由于两个截面是任意取的，说明任意截面的涡通量相等，定理得证。

如果涡管很小，而且截面 δS 和 $\boldsymbol{\omega}$ 垂直，$\omega_n=\omega$，由上述定理有

$$\omega\delta S = c \ (c\text{ 为常数}) \tag{7.5.1}$$

由式（7.5.1）可知：涡管不能在流体中终止或开始。因为当 $\delta S\to 0$ 时，由式（7.5.1）可知 $\omega\to\infty$，事实上流体的旋转角速度不可能达到无限大的数值，所以 δS 不可能为零，即旋涡不能在流体内部某点终止或开始，它们或者形成封闭形（如涡环），或者终止和开始于边界面，或者（理论上）延伸到无限远处（图7.5.2）。此外，涡管不能在非旋转固壁上终止，否则涡管强度将在那里消

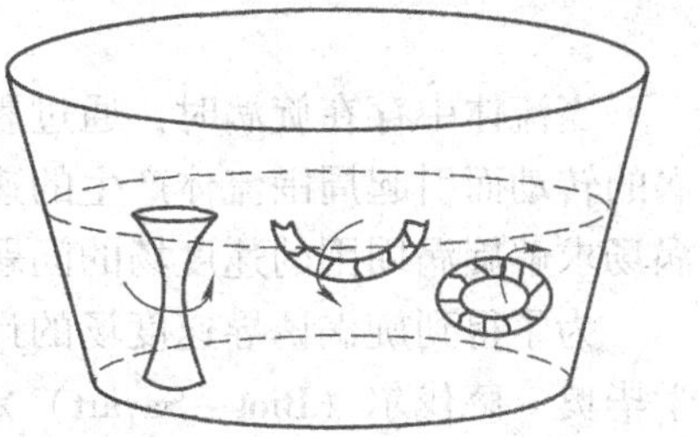
图7.5.2 旋涡的可能形式

失，这违背了第一定理。靠近非旋转壁面，涡管将呈喇叭状扩张，其截面在固壁处趋向无限大，只有这样，固壁上的无滑移条件和第一定理才能相容。

第二定理：理想正压流体在势力场中运动时，构成涡面的流体质点在瞬时也构成涡面，构成涡管的流体质点在瞬时也构成涡管，即涡面、涡管保持定理。

首先证明涡面保持定理。

设初始时刻 $t=t_0$ 时，流体中有一涡面 Σ，根据涡面的定义，涡矢量 $\boldsymbol{\Omega}$ 在涡面法线单位矢量 $\boldsymbol{n}$ 上的投影为零，即

$$\Omega_n = 0$$

在涡面上任取一面积 S，则通过 S 的涡通量

$$\int_S \Omega_n \mathrm{d}S = 0$$

设在以前或以后的某一时刻，组成涡面 Σ 的流体质点组成新的曲面 Σ'，而 S 面变成 Σ' 上的 S' 面。需证 Σ' 必为涡面。根据汤姆孙定理，有

$$\int_S \Omega_n \mathrm{d}S = \int_{S'} \Omega_n \mathrm{d}S = 0$$

因 S' 是任意选取的，由此得到 $\Omega_n = 0$，根据定义有 Σ' 是一涡面，故构成涡面的流体质点保持构成涡面。

涡管是涡面的一种特殊情况，因此由涡面保持定理立即得到涡管保持定理。如果流体理想、正压，外力有势，也有涡线保持定理，即在某时刻组成涡线的流体质点在前面时刻或后面时刻里也永远组成涡线，证明略。

第三定理：理想的正压流体在势力场中运动时，涡管强度不随时间而变，即涡管强度保持定理。

由于涡管强度等于通过任一横截面的涡通量，根据汤姆孙定理在理想、正压且外力有势的条件下，涡通量在运动过程中是不变的，由此推出涡管强度守恒。

第一定理是说明同一瞬时沿涡管长度，旋涡强度不变。而第三定理则说明涡管的旋涡强度不随时间而变。前者说明在同一瞬时在空间上的变化情况，后者则说明在时间上的变化情况。

以上三个定理中，第一定理是速度环流定理的推论，是运动学方面的定理，它既适用于理想流体也适用于黏性流体；而后两条则要求运动是环量守恒的，需要用汤姆孙定理来证明，所以只适用于理想的正压流体。

7.6 旋涡的诱导速度

当流体中存在旋涡时，通过黏性的作用，旋涡的旋转会引起周围流体产生流动。由于旋涡的转动而引起周围流体产生的速度称为旋涡的诱导速度。在这一节内容中，就要解决由旋涡场求解旋涡周围的速度场的问题。

为了得到旋涡诱导速度场的计算公式，首先给出磁场强度和流体的比拟关系，即从电磁学毕奥 - 萨伐尔（Biot - Savart）定律得到流体力学中的毕奥 - 萨伐尔定律。

7.6.1　毕奥 – 萨伐尔定律

电磁学和流体力学之间有许多类似的地方，它们有对应的物理现象，有在形式上相同的数学表达式。这种不同性质的物理现象存在的对应关系称为比拟。根据比拟的性质可以在电磁场中进行流体力学的试验，或者相反地在流体中进行电磁学的试验，也可以相互采用对方已有的理论或试验结果。

将电磁学的基本方程式和流体力学的对应方程式进行比较，可以得到表 7.6.1 所列物理量之间的对应关系。

表 7.6.1　电磁场与流场物理量之间的对应关系

电磁场	方程	流场	方程
磁场强度 $\boldsymbol{H}$	$\nabla\cdot\boldsymbol{H}=0$	流速 $\boldsymbol{v}$	$\nabla\cdot\boldsymbol{v}=0$
磁场势 V	$\boldsymbol{H}=-\nabla V$ $\nabla^2 V=0$	速度势 φ	$\boldsymbol{v}=\nabla\varphi$ $\nabla^2\varphi=0$
电流面密度 $\boldsymbol{\delta}$	$\boldsymbol{\delta}=\nabla\times\boldsymbol{H}$	涡量 $\boldsymbol{\Omega}$	$\boldsymbol{\Omega}=\nabla\times\boldsymbol{v}$
电流 $\boldsymbol{i}$	$i=\oint_l \boldsymbol{H}\cdot d\boldsymbol{l}=\int_S \boldsymbol{\delta}\cdot \boldsymbol{n}dS$	环流 $\boldsymbol{\Gamma}$	$\Gamma=\oint_l \boldsymbol{v}\cdot d\boldsymbol{l}=\int_S \boldsymbol{\Omega}\cdot \boldsymbol{n}dS$

现在根据这种比拟来确定旋涡和它所引起的周围流体的速度场之间的关系。由表 7.6.1 所列的对应关系可知，可以利用电磁学中电流和由它所诱导的磁场强度之间的关系来获得流体力学中旋涡和由它所引起的速度之间的关系。下面是电磁学中的毕奥 – 萨伐尔定律（Biot – Savart law），如图 7.6.1 所示。

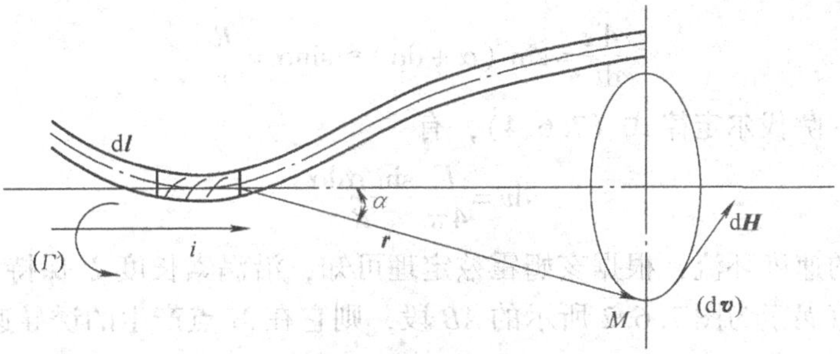

图 7.6.1　毕奥 – 萨伐尔定律

$$\mu_0 d\boldsymbol{H}=d\boldsymbol{B}=\mu_0\frac{i}{4\pi}\frac{d\boldsymbol{l}\times\boldsymbol{r}}{r^3} \tag{7.6.1}$$

式中，$d\boldsymbol{l}$ 为导线的微分长度；i 为导线中的电流；$d\boldsymbol{H}$ 表示离这根微分导线的距离为 r 的某一点 M 的微分磁场强度，它的方向垂直于 $d\boldsymbol{l}$ 和 $\boldsymbol{r}$ 所组成的平面，指向按右手法则根据电流方向来决定。

磁场强度的大小为

$$|d\boldsymbol{H}|=\frac{i}{4\pi}\frac{\sin\alpha dl}{r^2} \tag{7.6.2}$$

根据比拟的对应关系，可以将上式应用于流体力学中：如果有一涡索，其旋涡强度为 J，或用速度环流 Γ 来度量，那么一微段对周围流体中某一点所引起的速度微分为（图

7.6.1）

$$\mathrm{d}\boldsymbol{v} = \frac{\Gamma}{4\pi}\frac{\mathrm{d}\boldsymbol{l}\times\boldsymbol{r}}{r^3} \tag{7.6.3}$$

dv 的大小为

$$\mathrm{d}v = \frac{\Gamma}{4\pi}\frac{\sin\alpha\mathrm{d}l}{r^2} \tag{7.6.4}$$

式（7.6.3）与式（7.6.4）为流体力学的毕奥－萨伐尔定律。

7.6.2 诱导速度公式

为了便于说明问题，首先明确以下概念：

1）涡索是无旋流场所包围的横截面充分小的细长涡管。

2）线涡是横截面积趋于零，但强度沿轴线保持不变的涡管。

3）点涡是无限长的直线涡。

注意：线涡和涡索是两个不同的概念。涡索上各点的涡量可以大小不等，线涡上的涡量为常量。

涡索上每一段所引起的流动是以该微段的延长线为轴线的圆周运动，其转动方向和该微段的角速度相同，所引起的速度由小而逐渐增大，当达到式（7.6.4）所规定的大小后保持稳定。在达到稳定状态以前黏性起主要作用，在达到稳定后黏性作用较小，往往可以略去不计，而将流体当作理想流体来处理。

现在来确定一段直涡索对距涡索轴线为 R 的某一点 M 的诱导速度，如图 7.6.2 所示。有如下几何关系

$$\frac{r\mathrm{d}\alpha}{\mathrm{d}l} = \sin(\alpha + \mathrm{d}\alpha) \approx \sin\alpha = \frac{R}{r}$$

将上式代入毕奥－萨伐尔定律式（7.6.4），有

$$\mathrm{d}v = \frac{\Gamma}{4\pi}\frac{\sin\alpha\mathrm{d}\alpha}{R} \tag{7.6.5}$$

式中，Γ 为涡索的速度环流，根据亥姆霍兹定理可知，沿涡索长度 Γ 保持为常数。

这样，如果直涡索为图 7.6.2 所示的 AB 段，则它在 M 点产生的诱导速度可按如下积分结果去计算

$$v = \frac{\Gamma}{4\pi R}\int_{\alpha_A}^{180^\circ-\alpha_B}\sin\alpha\mathrm{d}\alpha = \frac{\Gamma}{4\pi R}(\cos\alpha_A + \cos\alpha_B) \tag{7.6.6}$$

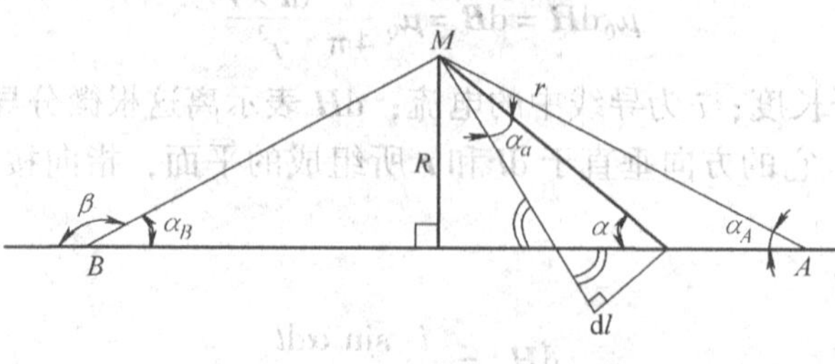

图 7.6.2 直涡索的诱导速度

对于无限长涡索，$\alpha_A = 0°$，$\alpha_B = 0°$，且有

$$v=\frac{\Gamma}{2\pi R} \tag{7.6.7}$$

对于半无限长涡索，有

$$v=\frac{\Gamma}{4\pi R} \tag{7.6.8}$$

现在来讨论点涡，如果在原点没有源和汇，而仅有点涡的话，则 $v_r=0$，又由于点涡是无限长的直线涡，由式（7.6.7）得点涡周围的速度场就是

$$\begin{cases} v_\theta=\dfrac{\Gamma}{2\pi r} \\ v_r=0 \end{cases} \tag{7.6.9}$$

例 7.1.1 讨论过这种流动的流谱和无旋性质。由于原点有点涡存在，在它周围（$r=0$ 除外）产生的速度场［见式（7.6.9）］，称为点涡的诱导速度场。因这个速度场是无旋的，点涡也称为势涡。为什么做圆周运动的流体又是无旋的呢？算一算它的公转角速度 ω_1 和自转角速度 ω_2 即可得知。在半径为 r 的圆周上运动的流体微团，它的公转角速度（按刚体旋转计算）为

$$\omega_1=\frac{v_\theta}{r}=\frac{\Gamma}{2\pi r^2} \tag{7.6.10}$$

而自转角速度

$$\omega_2=\frac{\mathrm{d}v_\theta}{\mathrm{d}r}=-\frac{\Gamma}{2\pi r^2} \tag{7.6.11}$$

所以，它的总的旋转角速度

$$\omega=\omega_1+\omega_2=0$$

这就是点涡是势涡的物理原因。在这里应注意涡索本身当然是有旋运动，但它所引起的诱导速度场却是无旋运动，这一点已由上面的分析说明了。

直线涡在自身轴及其延长线上各点不产生诱导速度，因为 $R\to 0$ 时，$v\to\infty$，物理上是不可能的。式（7.6.6）~式（7.6.8）中速度 v 的方向可以根据给定的环量方向来判定。

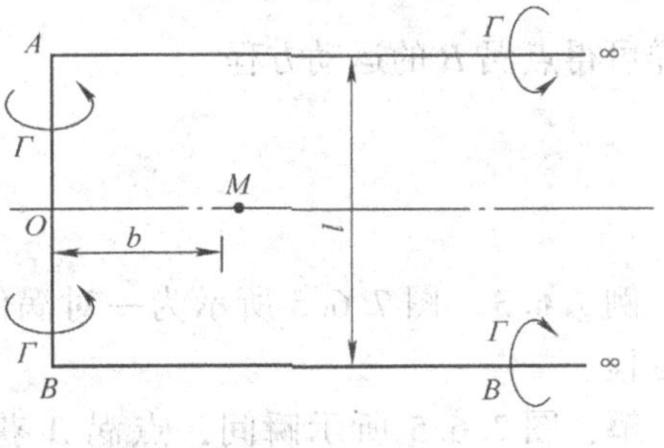

图 7.6.3　Π形涡

例 7.6.1　如图 7.6.3 所示，一Π形涡，环量为 Γ，试计算该涡所在平面对称轴上 M 点和 O 点两处的诱导速度。

解：各段涡在 M 点的诱导速度都垂直指向纸面（向里），各段的诱导速度是：

在 OA 段　$$v_1=\frac{\Gamma}{4\pi b}\left(\cos 90^\circ+\frac{l/2}{\sqrt{(l/2)^2+b^2}}\right)=\frac{\Gamma}{4\pi b}\frac{l/2}{\sqrt{(l/2)^2+b^2}}$$

在 $A\infty$ 段　$$v_2=\frac{\Gamma}{4\pi\ (l/2)}\left(\frac{b}{\sqrt{(l/2)^2+b^2}}+\cos 0^\circ\right)=\frac{\Gamma}{4\pi\ (l/2)}\left(\frac{b}{\sqrt{(l/2)^2+b^2}}+1\right)$$

在 M 点　$$v_M=2(v_1+v_2)=\frac{\Gamma}{\pi l}\left(\frac{\sqrt{(l/2)^2+b^2}}{b}+1\right)$$

在 O 点
$$v_0 = 2(v_2)_{b=0} = \frac{\Gamma}{\pi l}$$

例 7.6.2 如图 7.6.4 所示，环量为 Γ 的一对点涡对称地布置在 x 轴上，试求两个点涡的运动方程。

解：点涡 B 在 A 点的诱导速度
$$v_{xA} = 0,\ v_{yA} = -\frac{\Gamma}{2\pi(2a)}$$

点涡 A 在 B 点的诱导速度
$$v_{xB} = 0,\ v_{yB} = -\frac{\Gamma}{2\pi(2a)}$$

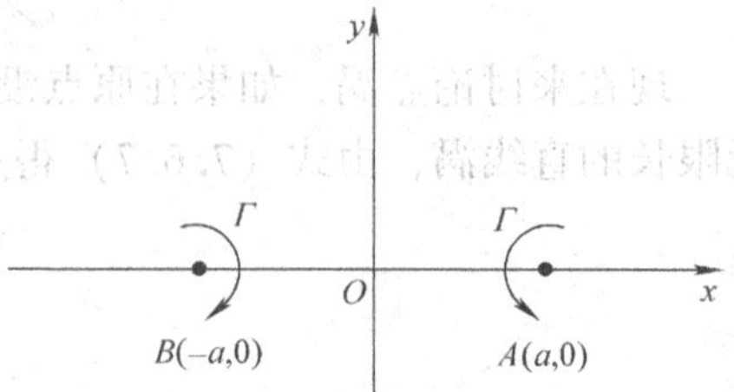

图 7.6.4 涡对

上述结果表明，这一对点涡将以 $v_y = -\frac{\Gamma}{4\pi a}$ 的速度沿负 y 轴方向做等速直线运动，点涡 A 的运动微分方程为
$$\begin{cases} dx_A = v_{xA}dt = 0 \\ dy_A = v_{yA}dt = -\frac{\Gamma}{4\pi a}dt \end{cases}$$

积分上式得
$$\begin{cases} x_A = C_1 \\ y_A = -\frac{\Gamma}{4\pi a}t + C_2 \end{cases}$$

初始条件是 $t=0$ 时，$x_A = a$，$y_A = 0$，按此条件得 $C_1 = a$，$C_2 = 0$，所以点涡 A 的运动方程为
$$\begin{cases} x_A = a \\ y_A = -\frac{\Gamma}{4\pi a}t \end{cases}$$

同样可得点涡 B 的运动方程
$$\begin{cases} x_B = -a \\ y_B = -\frac{\Gamma}{4\pi a}t \end{cases}$$

例 7.6.3 图 7.6.5 所示为一对涡偶，求它们的运动方程。

解：图 7.6.5 所示瞬间，点涡 A 获得铅垂向上的速度
$$v_{xA} = 0,\ v_{yA} = \frac{\Gamma}{4\pi a}$$

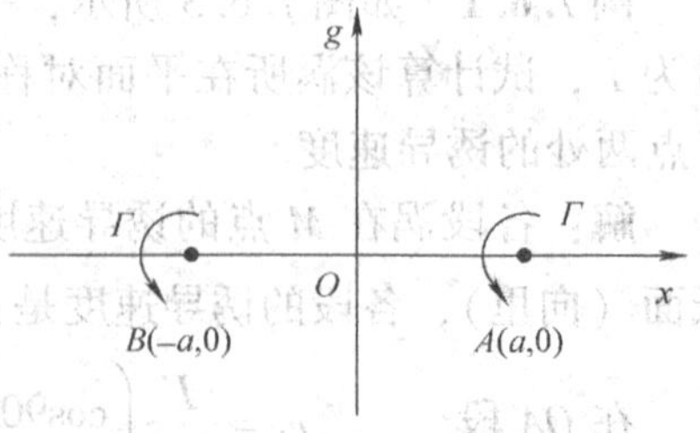

图 7.6.5 涡偶

而点涡 B 获得铅垂向下的速度
$$v_{xB} = 0,\ v_{yB} = -\frac{\Gamma}{4\pi a}$$

由于这种涡偶有反对称性，因此，两个点涡将保持 $2a$ 的距离，同时绕 O 点逆时针方向等速旋转，转动角速度为

$$\omega = \frac{v_{yA}}{a} = \frac{\Gamma}{4\pi a^2}$$

用极坐标表示的运动方程如下：

对于点涡 A，有　$r_A = a,\ \theta_A = \frac{\Gamma}{4\pi a^2}t$

对于点涡 B，有　$r_B = a,\ \theta_B = \pi + \frac{\Gamma}{4\pi a^2}t$

7.7　兰金涡

点涡是无限长的直线涡，而直线涡是横截面积为零的涡索，显然这是一种理想化模型。真实的旋涡都有涡核存在，且核心的旋转线速度几乎为零，所以点涡的速度场只能模拟集中涡外围的运动情况。有核旋涡的简化模型称为兰金（Rankine）涡。

7.7.1　速度分布

兰金涡模型：设流场中有一半径为 R 的圆柱形流体（涡核）像刚体一样绕其轴线转动，角速度为 ω。整个流场可以划分为两部分：①圆柱内为旋涡区，如涡索本身或龙卷风、台风的核心，这里 $\omega \neq 0$，涡量均匀分布，是有旋运动；②圆柱外围为无旋区，即诱导速度区，如涡索本身以外的区域，或龙卷风、台风的外围，这里 $\omega = 0$，是无旋运动。

下面先推导涡核内的速度表达式。因为涡核内涡量是均匀分布的，半径为 r 的圆截面上涡通量 $\pi r^2\omega$ 和该圆周上的环量 $\Gamma_r = 2\pi r v_\theta$ 有如下关系

$$\Gamma_r = 2\pi r v_\theta = 2\pi r^2 \omega$$

所以在涡核内

$$v_\theta = r\omega\ （r \leqslant R） \tag{7.7.1}$$

而在涡核以外

$$v_\theta = \frac{\Gamma}{2\pi r}\ （r \geqslant R） \tag{7.7.2}$$

这就是点涡的速度分布。环量 Γ 和涡核的旋转角速度 ω 之间有如下关系

$$R\omega = \frac{\Gamma}{2\pi R} \tag{7.7.3}$$

这是当 $r = R$ 时，由式（7.7.1）和式（7.7.2）相等推导出来的。利用这一关系，式（7.7.2）可以写成

$$v_\theta = \frac{R^2}{r}\omega\ （r \geqslant R） \tag{7.7.4}$$

至此，可以用柱坐标写出兰金涡的速度分布

$$\begin{cases} v_r = v_z = 0 \\ v_\theta = \begin{cases} r\omega\ （r \leqslant R） \\ \dfrac{R^2}{r}\omega\ （r \geqslant R） \end{cases} \end{cases} \tag{7.7.5}$$

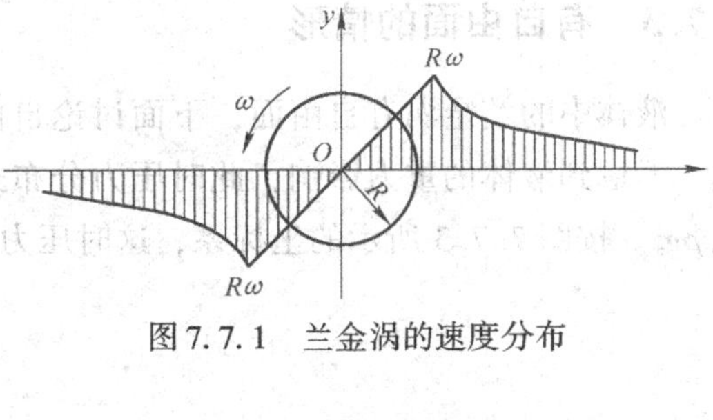

图 7.7.1　兰金涡的速度分布

兰金涡的速度分布如图 7.7.1 所示。

从式（7.7.5）可以看出，当 $r=0$ 时 $v=0$，且环量等于零，在涡核内 $v\propto r$。这些结果粗略地反映了真实旋涡的一些基本特征。例如：台风直径可达 160～180km，但总有一个“风眼”，其直径达 16～32km。风眼内一片平静，白昼可见蓝天，夜间星光闪烁。风眼以外 8～20km 的环形地带则是云墙区，这里才是台风显威风之处，大风、暴雨都出现在这一带，最大风速出现在云墙外侧。云墙由高耸的螺旋状积雨云组成。当然，这些复杂的涡结构还不能用一个简单的模型来描述。

7.7.2 压力分布

下面确定重力场中兰金涡的压力分布。柱坐标系中运动方程为

$$\frac{\partial v_r}{\partial t}+(\boldsymbol{v}\cdot\nabla)v_r-\frac{v_\theta^2}{r}=f_r-\frac{1}{\rho}\frac{\partial p}{\partial r} \tag{7.7.6}$$

兰金涡的 $v_r=0$，重力场的 $f_r=0$，所以式（7.7.6）可简化为

$$\frac{v_\theta^2}{r}=\frac{1}{\rho}\frac{\partial p}{\partial r} \tag{7.7.7}$$

当 $r\geqslant R$ 时，式（7.7.7）的积分为

$$p=-\frac{1}{2}\rho\frac{R^4}{r^2}\omega^2+C_1$$

根据边界条件，$r\to\infty$ 时 $p=p_\infty$，可得 $C_1=p_\infty$，于是

$$p=p_\infty-\frac{1}{2}\rho\frac{R^4}{r^2}\omega^2\quad(r\geqslant R) \tag{7.7.8}$$

当 $r\leqslant R$ 时，可得

$$p=\frac{1}{2}\rho r^2\omega^2+C_2$$

根据边界条件，$r=R$ 时，p 满足式（7.7.8），可得

$$C_2=p_\infty-\rho R^2\omega^2$$

所以有

$$p=p_\infty-\rho\omega^2\left(R^2-\frac{r^2}{2}\right)\quad(r\leqslant R) \tag{7.7.9}$$

式（7.7.8）和式（7.7.9）的曲线如图 7.7.2 所示，越靠近中心，压力越低，形成吸力，所以一旦卷入旋涡就很难出去。

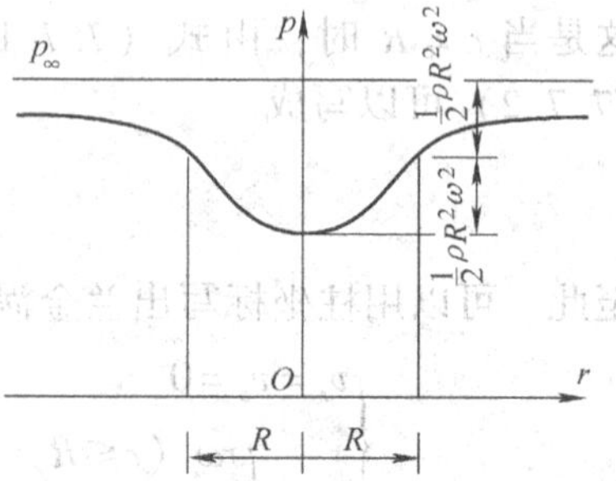

图 7.7.2 压力分布

7.7.3 有自由面的情形

液体中的兰金涡有自由面，下面讨论自由面的形状问题。考虑到液体的重力影响，此时压力分布式中应加上一项 ρgz。按图 7.7.3 所示的坐标系，这时压力分布应写成

$$p=\begin{cases}p_a-\dfrac{1}{2}\rho\dfrac{R^4}{r^2}\omega^2-\rho gz & (r\geqslant R)\\ p_a-\rho\omega^2\left(R^2-\dfrac{r^2}{2}\right)-\rho gz & (r\leqslant R)\end{cases}\tag{7.7.10}$$

式中，p_a 为自由面上的大气压力。

当式（7.7.10）左边的 $p=p_a$ 时，就可以得到自由面的坐标 z，因此自由面方程就是

$$z=\begin{cases}-\dfrac{\omega^2R^2}{2g}\left(\dfrac{R}{r}\right)^2 & (r\geqslant R)\\ -\dfrac{\omega^2R^2}{2g}\left(2-\dfrac{r^2}{R^2}\right) & (r\leqslant R)\end{cases}\tag{7.7.11}$$

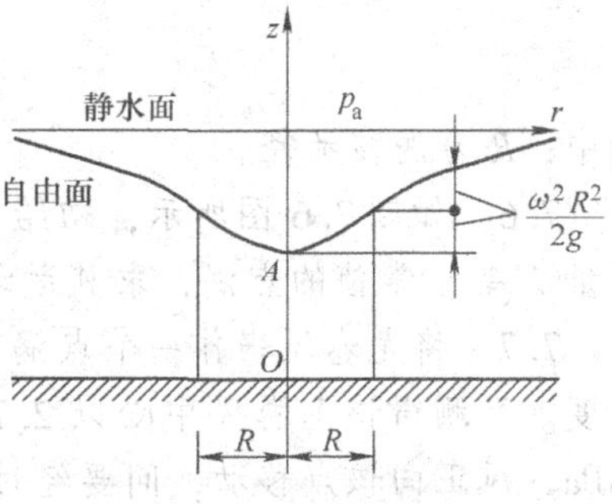

图 7.7.3　自由面形状

习　　题

7.1　已知 $v_x=y+2z$，$v_y=z+2x$，$v_z=x+2y$，求：

（1）涡量及涡线方程。

（2）在 $z=0$ 平面，面积 $dS=0.0001\text{m}^2$ 上的涡通量。

7.2　在原来静止、不可压缩、无界流场中给定涡量分布：

$$\begin{cases}\Omega=2\omega k & (r\leqslant a)\\ \Omega=0 & (r>a)\end{cases}$$

式中，ω、a 均为常数；k 是圆柱坐标系（r，θ，z）中 z 方向的单位矢量。

假设速度分布是轴对称的，求此分布。

7.3　已知

$$v_x=\frac{\Gamma}{2\pi}\frac{y}{(x-3)^2+y^2},\quad v_y=\frac{\Gamma}{2\pi}\frac{x-3}{(x-3)^2+y^2}$$

式中，Γ 是常数。

求沿围线 C_1、C_2、C_3 的速度环量。如题 7.3 图所示，C_1 和 C_2 是正方形，C_3 是圆。

7.4　设在（1，0）点上有 $\Gamma=\Gamma_0$ 的旋涡，在（−1，0）点上有 $\Gamma=-\Gamma_0$ 的旋涡，求下列路线的速度环流。

（1）$x^2+y^2=4$。

（2）$(x-1)^2+y^2=1$。

（3）$x=\pm2$，$y=\pm2$ 的方框。

（4）$x=\pm0.5$，$y=\pm0.5$ 的方框。

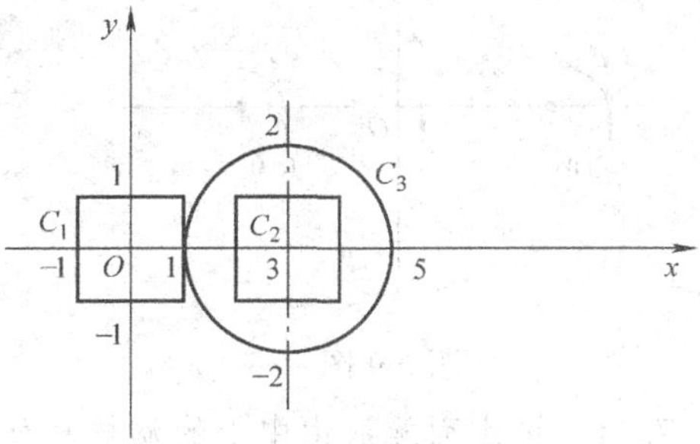

题 7.3 图

7.5　圆涡环的涡量为 Γ，涡环的半径为 a（题 7.5 图），求涡环对其环平面中心点的诱导速度并将此速度和涡环自诱导的整体运动速度（涡环沿中心轴线移动速度）做比较，问哪一个速度大？判别的参数是什么？

$$v=\frac{\Gamma}{4\pi a}\left(\ln\frac{8a}{R}-\frac{1}{4}\right)$$

式中，R 为涡核半径。

7.6 如题7.6图所示，初始在（0，1）、（−1，0）、（0，1）和（0，−1）四点上有环量 Γ 等于常值的点涡，求其运动轨迹。

7.7 将龙卷风当作一个点涡，已知距涡心 30m 处压力下降为 192Pa，求该处旋风的线速度。又测得该龙卷风中心以 2.7m/s 的速度在做直线移动。在它经过的某点测得压降为 48Pa，风正向该点移动，问要经过多久该点的压降恰好达到 192Pa？

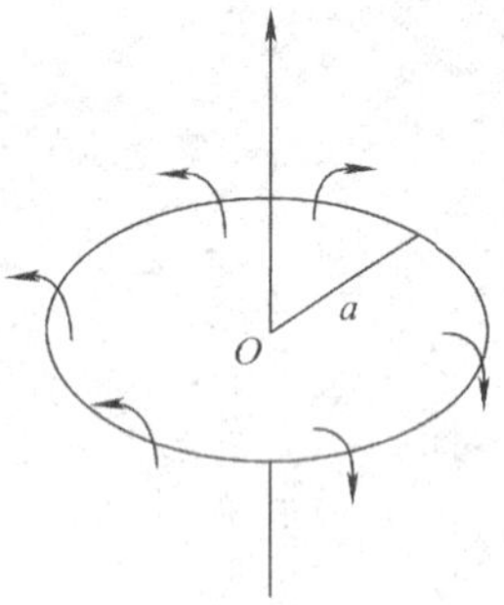

题7.5图

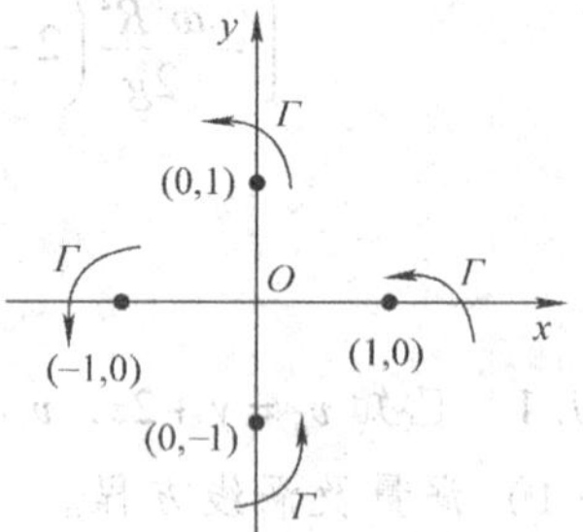

题7.6图

7.8 承题7.7，假设涡核半径 $R=30$m，试按兰金涡模型作核内、核外静压随 r 的分布曲线。

7.9 如题7.9图所示，三个强度相等的点涡初始均布在 x 轴上，求它们的运动方程。如果将无数个点涡沿 x 轴等间距排列成一条无穷长的涡链，试定性说明该涡链的运动情况。

7.10 如题7.10图所示，有一∏形涡，强度为 Γ，两平行线段延伸至无穷远，求 x 轴上各点的诱导速度。

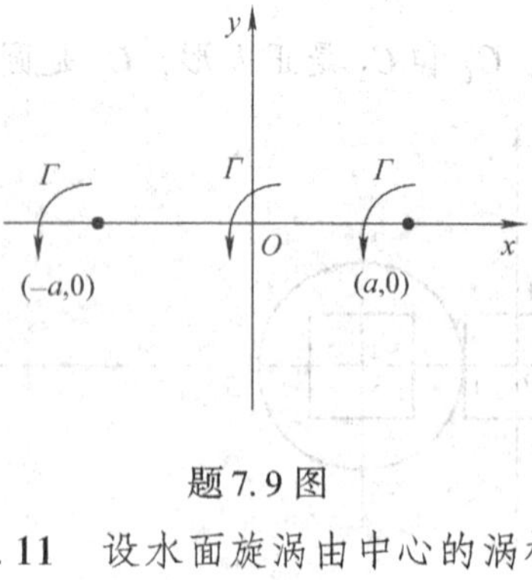

题7.9图

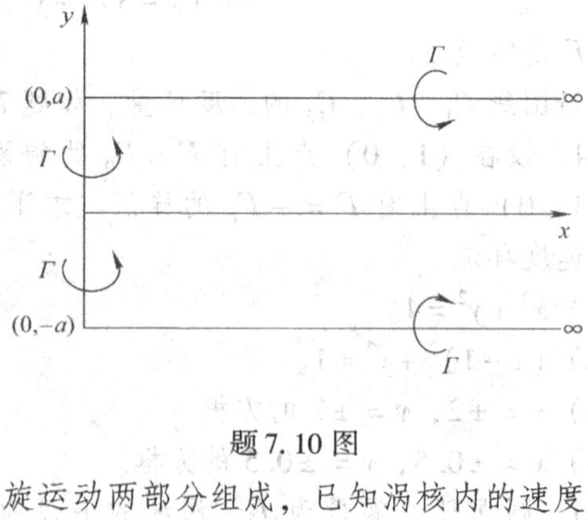

题7.10图

7.11 设水面旋涡由中心的涡核和外围无旋运动两部分组成，已知涡核内的速度分布为 $v_\theta=10r$，外部为 $v_\theta=0.9/r$，求：

（1）涡核的半径。

（2）旋涡中心水面下陷的深度。

第8章　不可压缩势流

8.1　速度势和流函数

本节将利用解析的方法，引入特殊函数速度势和流函数，将求解三个速度 v_x、v_y 和 v_z 的问题变为求解特殊函数，并由此决定流体的速度和压强分布。

8.1.1　速度势函数

流动无旋的条件是

$$\boldsymbol{\Omega} = \nabla \times \boldsymbol{v} = 0 \tag{8.1.1}$$

场论已证明：标量函数 φ 的梯度的旋度必为零，即

$$\nabla \times \nabla\varphi \equiv 0 \tag{8.1.2}$$

因此，速度可以用标量函数的梯度 $\nabla\varphi$ 表示，即

$$\boldsymbol{v} = \nabla\varphi \tag{8.1.3}$$

由式（8.1.3）定义的标量函数 φ 称为速度势。根据数学分析可知，满足上述关系的充分和必要条件是存在某一函数 φ，它和速度的三个分量的关系为

$$v_x = \frac{\partial\varphi}{\partial x}, \quad v_y = \frac{\partial\varphi}{\partial y}, \quad v_z = \frac{\partial\varphi}{\partial z} \tag{8.1.4}$$

式（8.1.4）就是式（8.1.3）的三个分量的关系式。显然用函数 φ 的偏导数表达速度分量 v_x、v_y 和 v_z 是满足无旋条件的。从以上分析可知，不论是可压缩还是不可压缩流体，也不论是定常还是非定常流动，只要满足无旋条件，必然有势存在。

速度势函数的性质：

1）速度势 φ 在任意指定的 $\boldsymbol{n}$ 方向的导数等于速度在该方向的分量，即

$$\frac{\partial\varphi}{\partial n} = v_n \tag{8.1.5}$$

因为方向导数

$$\frac{\partial\varphi}{\partial \boldsymbol{n}} = \frac{\partial\varphi}{\partial x}\cos<\boldsymbol{n},x> + \frac{\partial\varphi}{\partial y}\cos<\boldsymbol{n},y> + \frac{\partial\varphi}{\partial z}\cos<\boldsymbol{n},z>$$

$$= v_x\cos<\boldsymbol{n},x> + v_y\cos<\boldsymbol{n},y> + v_z\cos<\boldsymbol{n},z>$$

根据矢量的投影关系，上式的最后结果就是速度分量 v_n，所以式（8.1.5）成立。根据这一性质，立即就可以写出圆柱坐标系中势流速度的三个分量

$$v_r = \frac{\partial\varphi}{\partial r}, \quad v_\theta = \frac{\partial\varphi}{r\partial\theta}, \quad v_z = \frac{\partial\varphi}{\partial z} \tag{8.1.6}$$

2）等势面 $\varphi = C$（常数）和流线正交。因为在等势面上，有

$$\mathrm{d}\varphi = \frac{\partial\varphi}{\partial x}\mathrm{d}x + \frac{\partial\varphi}{\partial y}\mathrm{d}y + \frac{\partial\varphi}{\partial z}\mathrm{d}z = 0$$

即

$$v_x \mathrm{d}x + v_y \mathrm{d}y + v_z \mathrm{d}z = 0$$

或

$$\boldsymbol{v} \cdot \mathrm{d}\boldsymbol{l} = 0$$

这说明，等势面上任意一点的速度矢量与通过该点的等势面上有向线段正交，这也就是所要证明的等势面 $\varphi = C$ 和流线正交。

3）速度势 φ 和速度环量 Γ 的关系。现引入速度环量的概念，假定在某一瞬时，速度场已知，在流场中任取一封闭曲线 l，如图 8.1.1 所示。速度环量定义为速度 $\boldsymbol{v}$ 沿封闭曲线 l 的线积分，即

$$\Gamma = \oint_l \boldsymbol{v} \mathrm{d}\boldsymbol{s} = \int_l v_x \mathrm{d}x + v_y \mathrm{d}y + v_z \mathrm{d}z$$

按照惯例，曲线积分的方向规定逆时针方向为正。

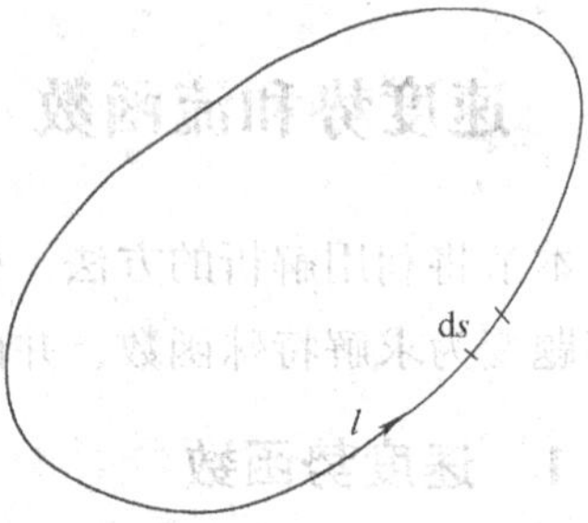

图 8.1.1 流场中任取的封闭曲线

根据上述速度环量的定义，可以得到任意曲线上的速度环量等于曲线两端点上速度势函数值之差，即

$$\Gamma_{AB} = \int_A^B \boldsymbol{v}\, \mathrm{d}\boldsymbol{s} = \int_A^B v_x \mathrm{d}x + v_y \mathrm{d}y + v_z \mathrm{d}z = \int_A^B \mathrm{d}\varphi = \Phi_B - \Phi_A \tag{8.1.7}$$

4）速度势函数是调和函数。

将 φ 表达的速度分量 v_x、v_y 和 v_z 代入到不可压流体的连续性方程，则有

$$\frac{\partial^2 \varphi}{\partial x^2} + \frac{\partial^2 \varphi}{\partial y^2} + \frac{\partial^2 \varphi}{\partial z^2} = \nabla^2 \varphi = 0$$

此式称为拉普拉斯方程。满足拉普拉斯方程的函数称为调和函数，所以速度势函数是调和函数。

例 8.1.1 已知速度分布

$$v_x = \frac{Cx}{x^2 + y^2}, \quad v_y = \frac{Cy}{x^2 + y^2}$$

式中 C 为常数，试求流动的速度势。

解：

$$\varphi = \int v_x \mathrm{d}x + c(y) = \frac{1}{2} C\ln(x^2 + y^2) + c_1(y)$$

$$\frac{\partial \varphi}{\partial y} = \frac{\partial c_1(y)}{\partial y} = v_y = \frac{Cy}{x^2 + y^2}$$

有

$$\varphi = \int v_x \mathrm{d}x + c(y) = \frac{1}{2} C\ln(x^2 + y^2) + C$$

因此，速度势为

$$\varphi = \frac{C}{2} \ln(x^2 + y^2) + C$$

常数项通常可不写，因为它对速度场没有影响，所以，最后结果是

$$\varphi = \frac{C}{2} \ln(x^2 + y^2)$$

8.1.2 流函数

所谓平面平行流动，是指流体质点在平行的平面上运动，并且平面上的流动都有相同的

情况。例如，在垂直于轴线绕过无穷长直圆柱体的流动中，各横截面上的绕流情况均相同，因此，整个流动就可以简化为一个平面上的绕圆柱体的流动。

不可压缩流体做平面运动时必须满足质量守恒方程

$$\frac{\partial v_x}{\partial x}+\frac{\partial v_y}{\partial y}=0 \tag{8.1.8}$$

由这个方程可知，一定存在一个函数 ψ 可以取代 v_x 和 v_y，它们之间的关系是

$$v_x=\frac{\partial \psi}{\partial y},\quad v_y=-\frac{\partial \psi}{\partial x} \tag{8.1.9}$$

将式（8.1.9）代入式（8.1.8）即可得到证明。因为

$$\frac{\partial v_x}{\partial x}=\frac{\partial^2 \psi}{\partial x \partial y},\frac{\partial v_y}{\partial x}=-\frac{\partial^2 \psi}{\partial y \partial x}$$

两者之和等于零。

式（8.1.9）定义的 ψ 称为流函数。

流函数 ψ 的性质：

1）沿同一流线流函数值为常数，即

$$\psi=C \tag{8.1.10}$$

将式（8.1.9）确定的 v_x 和 v_y 代入流线方程

$$\frac{\mathrm{d}x}{v_x}=\frac{\mathrm{d}y}{v_y}$$

即得

$$\frac{\partial \psi}{\partial x}\mathrm{d}x+\frac{\partial \psi}{\partial y}\mathrm{d}y=\mathrm{d}\psi=0$$

因此，流线方程可以写成式（8.1.10）。

2）流函数和流量之间的关系。如图 8.1.2 所示，过 A 点的流线为 $\psi=\Psi_A$，过 B 点的流线为 $\psi=\Psi_B$，分别是 A 点和 B 点的流函数，要计算通过任意曲线 AB 的体积流量。为此，在 AB 曲线上任取一有向线元 $\mathrm{d}\boldsymbol{l}=\boldsymbol{i}\mathrm{d}x+\boldsymbol{j}\mathrm{d}y$ 而

$$\boldsymbol{n}=\boldsymbol{i}\cos<\boldsymbol{n},\ x>+\boldsymbol{j}\cos<\boldsymbol{n},\ y>=\frac{\mathrm{d}y}{\mathrm{d}l}\boldsymbol{i}-\frac{\mathrm{d}x}{\mathrm{d}l}\boldsymbol{j}$$

是曲线的法线单位矢量。通过 $\mathrm{d}l$ 微段上的体积流量就可以写成

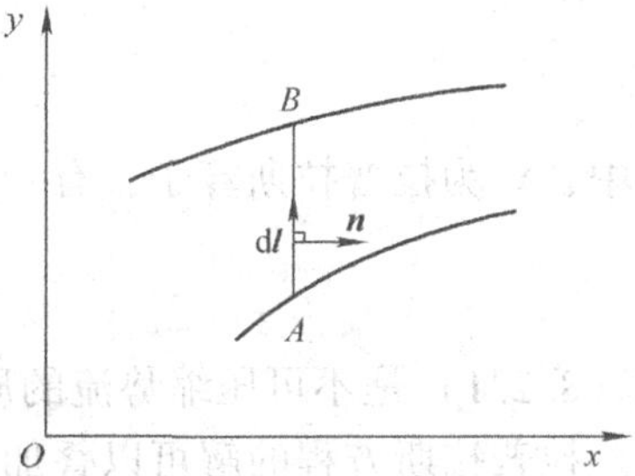

图 8.1.2　流函数与流量关系示意图

$$\mathrm{d}q=\boldsymbol{v}\cdot\boldsymbol{n}\mathrm{d}l=v_x\mathrm{d}y-v_y\mathrm{d}x=\frac{\partial \psi}{\partial y}\mathrm{d}y+\frac{\partial \psi}{\partial x}\mathrm{d}x=\mathrm{d}\psi$$

所以，通过任意曲线 AB 的流量

$$q_{AB}=\int_A^B \mathrm{d}q=\int_A^B \mathrm{d}\psi=\Psi_B-\Psi_A \tag{8.1.11}$$

这就是说，通过任意一条曲线 AB 的流量等于该曲线两端点的流函数的差值。

3）在无旋的平面流动中，流函数是调和函数。因为无旋，所以

$$\omega=\frac{1}{2}\left(\frac{\partial v_y}{v_x}-\frac{\partial v_x}{\partial y}\right)=0$$

将式（8.1.9）代入上式，即得

$$\frac{\partial^2\psi}{\partial x^2}+\frac{\partial^2\psi}{\partial y^2}=0 \tag{8.1.12}$$

这说明流函数 ψ 满足拉普拉斯方程，所以它是调和函数。求解式（8.1.12）在物面上应满足的条件可以写成 $\psi=C$，即物面是流线，不可穿透。

在极坐标中，质量守恒方程为

$$\frac{\partial(rv_r)}{\partial r}+\frac{\partial v_\theta}{\partial\theta}=0 \tag{8.1.13}$$

仿照式（8.1.9），可以定义流函数为

$$v_r=\frac{\partial\psi}{r\partial\theta},\quad v_\theta=-\frac{\partial\psi}{\partial r} \tag{8.1.14}$$

以上在直角坐标系中讨论的式（8.1.11）~式（8.1.13）的结论，在极坐标系中均成立。

8.2 不可压缩势流的基本方程和边界条件

8.2.1 不可压缩势流的质量守恒方程

不可压势流的质量守恒方程是式（2.3.2），即

$$\frac{\partial v_x}{\partial x}+\frac{\partial v_y}{\partial y}+\frac{\partial v_z}{\partial z}=0$$

将式（8.1.4）代入上式，得

$$\frac{\partial^2\varphi}{\partial x^2}+\frac{\partial^2\varphi}{\partial y^2}+\frac{\partial^2\varphi}{\partial z^2}=0 \tag{8.2.1a}$$

或

$$\nabla^2\varphi=0 \tag{8.2.1b}$$

式中，∇^2 为拉普拉斯算子，有

$$\nabla^2=\nabla\cdot\nabla=\frac{\partial^2}{\partial x^2}+\frac{\partial^2}{\partial y^2}+\frac{\partial^2}{\partial z^2} \tag{8.2.2}$$

式（8.2.1）是不可压缩势流的质量守恒方程，这个线性的二阶偏微分方程称为拉普拉斯方程。拉普拉斯方程的解可以叠加。也就是说，若 φ_1 和 φ_2 是它的解，那么 $\varphi_1+\varphi_2$ 也是它的解。只要将 $\varphi_1+\varphi_2$ 代入式（8.2.1）即可以得到证明。势流叠加原理，指的就是拉普拉斯方程的解可以叠加这种性质。如果已有若干基本解，利用基本解叠加，就有可能得到复杂的无旋流动结果。

8.2.2 欧拉方程的积分

在给定的边界条件下求解拉普拉斯方程可以得到速度场，将已知的速度场再代入欧拉方程就可以用积分求得压力场。实际上，在无旋流中，欧拉方程可以直接积分，这个积分就是柯西-拉格朗日（Cauchy-Lagrange）积分。2.5节曾沿流线作过积分得到伯努利方程，该方程也可称为伯努利积分。现在，要在非定常的情况下讨论欧拉方程的积分问题。

欧拉方程式（2.4.2）的矢量形式为

$$\frac{\mathrm{d}\boldsymbol{v}}{\mathrm{d}t}=\boldsymbol{F}-\frac{1}{\rho}\nabla p \tag{8.2.3a}$$

或者

$$\frac{\partial \boldsymbol{v}}{\partial t}+(\boldsymbol{v}\cdot\nabla)\boldsymbol{v}=\boldsymbol{F}-\frac{1}{\rho}\nabla p \tag{8.2.3b}$$

其中

$$\begin{aligned}(\boldsymbol{v}\cdot\nabla)v_x &= v_x\frac{\partial v_x}{\partial x}+v_y\frac{\partial v_x}{\partial y}+v_z\frac{\partial v_x}{\partial z}\\ &= v_x\frac{\partial v_x}{\partial x}+v_y\frac{\partial v_y}{\partial y}+v_z\frac{\partial v_z}{\partial z}+v_y\left(\frac{\partial v_x}{\partial y}-\frac{\partial v_y}{\partial x}\right)+v_z\left(\frac{\partial v_x}{\partial z}-\frac{\partial v_z}{\partial x}\right)\\ &= \frac{\partial}{\partial x}\frac{v^2}{2}+2(v_z\omega_y-v_y\omega_z)\end{aligned}$$

同样可得

$$(\boldsymbol{v}\cdot\nabla)v_y=\frac{\partial}{\partial y}\frac{v^2}{2}+2(v_x\omega_z-v_z\omega_x)$$

$$(\boldsymbol{v}\cdot\nabla)v_z=\frac{\partial}{\partial z}\frac{v^2}{2}+2(v_y\omega_x-v_x\omega_y)$$

所以

$$\begin{aligned}(\boldsymbol{v}\cdot\nabla)\boldsymbol{v} &= \nabla\frac{v^2}{2}+2(\boldsymbol{\omega}\times\boldsymbol{v})=\nabla\frac{v^2}{2}+\boldsymbol{\Omega}\times\boldsymbol{v}\\ &= \nabla\frac{v^2}{2}+\nabla\times\boldsymbol{v}\times\boldsymbol{v}\end{aligned} \tag{8.2.4}$$

将式（8.2.4）代入式（8.2.3），得格罗米柯－兰姆方程

$$\frac{\partial \boldsymbol{v}}{\partial t}+\nabla\frac{v^2}{2}+\nabla\times\boldsymbol{v}\times\boldsymbol{v}=\boldsymbol{F}-\frac{1}{\rho}\nabla p \tag{8.2.5}$$

这种形式的方程把有关涡量的项显示出来了，便于我们处理无旋的问题。若流体是正压的，有压力函数$\nabla\wp=\nabla p/\rho$，若质量力有势，质量力可写成势函数 U 的梯度，即 $\boldsymbol{F}=\nabla U$，那么格罗米柯－兰姆方程可以写成

$$\frac{\partial \boldsymbol{v}}{\partial t}+\nabla\left(\frac{v^2}{2}+\wp-U\right)+\nabla\times\boldsymbol{v}\times\boldsymbol{v}=0 \tag{8.2.6}$$

这个方程可以分两种情况进行积分。

1. 定常、沿流线积分——伯努利积分

在流线上取线元 $\mathrm{d}\boldsymbol{l}$，由于$(\nabla\times\boldsymbol{v})\times\boldsymbol{v}\cdot\mathrm{d}\boldsymbol{l}=0$，式（8.2.6）第三项积分为零，第一项因定常也为零，所以剩下只有

$$\int\nabla\left(\frac{v^2}{2}+\wp-U\right)\cdot\mathrm{d}\boldsymbol{l}=\int d\left(\frac{v^2}{2}+\wp-U\right)=0$$

沿流线积分，得

$$\frac{v^2}{2}+\wp-U=C \tag{8.2.7}$$

式中，C 为沿流线的常数。这就是 2.5.1 节中所得到的结论。

2. 无旋流的积分——柯西－拉格朗日积分

如果流动无旋，则有

$$\frac{\partial \boldsymbol{v}}{\partial t}=\frac{\partial}{\partial t}(\nabla\varphi)=\nabla\frac{\partial\varphi}{\partial t}$$

式（8.2.6）第三项等于零，因此，该方程可以写成

$$\nabla\left(\frac{\partial\varphi}{\partial t}+\frac{v^2}{2}+\wp-U\right)=0$$

圆括号内的函数的梯度为零，说明函数不随空间坐标（x，y，z）变化，只可能是时间的函数，故全场积分得

$$\frac{v^2}{2}+\wp-U+\frac{\partial\varphi}{\partial t}=C(t) \tag{8.2.8}$$

积分常数 $C(t)$ 仅和时间有关，与空间坐标无关。如果是定常无旋流动，$C(t)$ 和时间也无关，这时柯西－拉格朗日积分和伯努利积分在形式上就完全一样了，而且积分常数全场通用，也不随时间的变化而改变，并将它们统称为伯努利方程。

在重力场中，$U=-gz$，对于不可压流体，$\wp=p/\rho$，代入式（8.2.8）得

$$\frac{v^2}{2}+\frac{p}{\rho}+gz+\frac{\partial\varphi}{\partial t}=C(t) \tag{8.2.9}$$

这个积分式在讨论波浪运动时要用到。

8.2.3 边界条件和解法概述

定常不可压缩势流的运动学方程是拉普拉斯方程，动力学方程是伯努利方程，这两个方程组成的方程组为

$$\begin{cases}\nabla^2\varphi=0\\ \dfrac{v^2}{2}+\dfrac{p}{\rho}+gz=C\end{cases} \tag{8.2.10}$$

关键是求解拉普拉斯方程。数学上，凡是满足拉普拉斯方程的函数称为调和函数，要找一个能代表具体绕流问题的解，就是要找一个能符合具体绕流边界条件的调和函数。这种问题数学上称为边值问题。所谓边界条件就是在流场边界上对流动规定的条件。绕流问题有外边界和内边界之分。即使是无界流场中的绕流问题，外边界推到了无限远，也还是有外边界条件要满足：在绝对坐标系中，无限远处的速度为零；在相对坐标系中，物体不动，在远前方有直匀流（均匀直线流动简称直匀流）流过来，直匀流流速的大小取决于物体原来的运动速度，但方向正相反。这就是通常用到的外边界条件。内边界（物体表面）上的条件因问题不同而不同。按边界上所给出的条件是对速度势 φ 自身值规定的，还是对它的法向导数 $\partial\varphi/\partial n$ 规定的，势流问题可分为三类：

（1）第一边值问题　在边界上给定 φ 的值。

（2）第二边值问题　在边界上给定 $\partial\varphi/\partial n$ 的值。

（3）第三边值问题　在一部分边界上给定 φ 值，另一部分给定 $\partial\varphi/\partial n$ 的值。

流体力学中大多数问题属于第二边值问题。这个问题中，势流的边界条件为：相对坐标系中远方的边界条件是直匀流，物面上法向速度 $v_n=\partial\varphi/\partial n=0$，切向速度不限，这也就是通常说的物面上可滑移条件。

势流问题的求解有如下方法。

1. 解析法

这种方法的目的是找到一个满足方程和边界条件的解析函数。工程问题很难做到这一点。

2. 奇点法

它是利用几种简单的基本解叠加来满足边界条件获得所需结果的方法。势流的基本解（或称基本势流）在数学上是奇性的，所以这种方法称为奇点法。大容量计算机的使用，可以允许用大量的基本解去满足具体的边界条件，这种奇点分布的数值算法又称为面元法。

3. 保角变换法

这种方法在解平面不可压缩势流上极有效。它把一个复杂边界经多次保角变换，变成一个简单边界，简单边界的绕流容易获得解。然后再根据变换关系返回去，将原来复杂边界的流场算出来。

4. 数值近似解法

本方法又称为松弛迭代法，它将微分方程改成差分方程，全流场划分成网格，要求每一网格交点上的函数值与其周围四个交点上的函数值之间符合拉普拉斯方程所规定的差分关系。计算之初，可以预估每一点的初值，然后反复松弛迭代，直到既满足边界条件，彼此间又无矛盾为止。

5. 手工绘制流网

这是一种图解法，利用等势线和流线正交的特性，设法修改绘制出正确的流线、等势线网格图——流网。有了正确的流网，就可以计算流速和流量。

本章要介绍的是奇点法和保角变换法。

8.3　复势与复速度

在平面势流中，可以同时定义速度势 φ 和流函数 ψ，即

$$\begin{cases} v_x = \dfrac{\partial\varphi}{\partial x} = \dfrac{\partial\psi}{\partial y} \\ v_y = \dfrac{\partial\varphi}{\partial y} = -\dfrac{\partial\psi}{\partial x} \end{cases} \tag{8.3.1}$$

这一关系表明，$\varphi(x,\ y)$ 和 $\psi(x,\ y)$ 满足柯西－黎曼条件，它们组成的复变函数

$$W(z) = \varphi(x,y) + \mathrm{i}\psi(x,y) \tag{8.3.2}$$

是解析函数，其中（图 8.3.1）

$$z = x + \mathrm{i}y = r\cos\theta + \mathrm{i}r\sin\theta = r\mathrm{e}^{\mathrm{i}\theta} \tag{8.3.3}$$

由速度势作实部、流函数作虚部构成的解析函数 $W(z)$ 称为复势。复势的导数和求导方向无关，即

$$\frac{\mathrm{d}W}{\mathrm{d}z} = \frac{\partial\varphi}{\partial x} + \mathrm{i}\frac{\partial\psi}{\partial x} = \frac{\partial\varphi}{\partial(\mathrm{i}y)} + \mathrm{i}\frac{\partial\psi}{\partial(\mathrm{i}y)} = \frac{1}{\mathrm{i}}\frac{\partial\varphi}{\partial y} + \frac{\partial\psi}{\partial y} \tag{8.3.4}$$

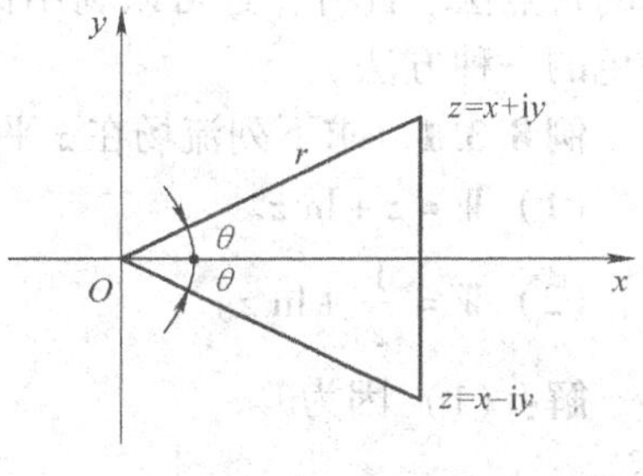

图 8.3.1　复势

将式（8.3.1）代入式（8.3.4），可得

$$\frac{\mathrm{d}W}{\mathrm{d}z} = v_x - \mathrm{i}v_y = \bar{v} \tag{8.3.5}$$

因为速度可以写成复数 $v = v_x + \mathrm{i}v_y$，所以，上式是速度的共轭函数，称为复速度。利用如下速度关系

$$v_x = v_r\cos\theta - v_\theta\sin\theta$$

$$v_y = v_r\sin\theta + v_\theta\cos\theta$$

可以得到极坐标的复速度公式为

$$\frac{dW}{dz} = (v_r - iv_\theta)e^{-i\theta} \tag{8.3.6}$$

复速度沿曲线 l 的积分为

$$\int_l \frac{dW}{dz}dz = \int_l dW = \int_l d\varphi + i\int_l d\psi$$

其中

$$\int_l d\varphi = \int_l v_x dx + \int_l v_y dy = \int_l v dl$$

$\int_l d\varphi$ 是沿 l 曲线计算的速度环量，记为 Γ_l，而 $\int_l d\psi$ 是通过曲线 l 的流量 q_l，所以

$$\int_l \frac{dW}{dz}dz = \Gamma_l + iq_l \tag{8.3.7}$$

用 Re 表示取实部，用 Im 表示取虚部，则有

$$\Gamma_l = \mathrm{Re}\int_l \frac{dW}{dz}dz \tag{8.3.8}$$

和

$$q_l = \mathrm{Im}\int_l \frac{dW}{dz}dz \tag{8.3.9}$$

复速度积分的实部是速度环量，虚部是流量。如果积分曲线是不可压缩的封闭曲线，这种情况就是有封闭周线的平面无旋绕流，也由于在绕流物面上流函数是常数，因而 $\int_l d\psi = 0$，从而绕封闭物面周线的复速度的积分就等于绕物面的速度环量，即

$$\oint_l \frac{dW}{dz}dz = \oint_l d\varphi = \Gamma \tag{8.3.10}$$

现在有了三种途径求解不可压缩平面势流：第一，速度势拉普拉方程的边值问题；第二，流函数拉普拉斯方程的边值问题；第三，已知边值寻求复势。因为任意两个或者两个以上的解析函数的线性组合仍然是解析函数，因此，复势的线性组合仍然是某个势流的复势。正是由于这种特性，同样可以用简单的复势叠加以满足具体的边界条件来获得解，这就是所谓的奇点法。此外，还可以利用保角变换来寻求满足边界条件的复势，这是平面势流中颇具特色的一种方法。

例 8.3.1 求下列流场在 z 平面内 $z=4+3i$ 处的速度。

（1）$W=z+\ln z$。

（2）$W=\dfrac{1}{z}+\ln z$。

解：（1）因为

$$W=z+\ln z,\quad \frac{dW}{dz}=1+\frac{1}{z}$$

$$\left(\frac{dW}{dz}\right)_{4+3i}=1+\frac{1}{4+3i}=\frac{29}{25}-\frac{3}{25}i$$

所以

$$v_x=\frac{29}{25},\quad v_y=\frac{3}{25},\quad |\boldsymbol{v}|=1.17$$

(2) 因为

$$W=\frac{1}{z}+\ln z,\quad \frac{\mathrm{d}W}{\mathrm{d}z}=-\frac{1}{z^2}+\frac{1}{z}$$

$$\left(\frac{\mathrm{d}W}{\mathrm{d}z}\right)_{4+3i}=\frac{-1}{(4+3i)^2}+\frac{1}{4+3i}=\frac{93-51i}{625}$$

所以

$$v_x=\frac{93}{625},\quad v_y=\frac{51}{625},\quad |v|=0.17$$

例 8.3.2　求出复势 $W=2z+iz^2$ 的速度势 φ 及流函数 ψ。

解： 设

$$z=x+iy$$

所以

$$2z+iz^2=2x(1-y)+(2y+x^2-y^2)i$$

故

$$\varphi=2x(1-y),\ \psi=2y+x^2-y^2$$

8.4　几种基本的平面势流及其叠加

下面介绍奇点法要用到的基本解。用这些基本解叠加来满足边界条件，可以得到有实际意义的绕物体的流动。

8.4.1　均匀流

图 8.4.1 所示为沿 x 轴向的均匀流动，简称均匀流。它的速度场为

$$v_x=v_\infty,\ v_y=0$$

这个流动满足质量守恒方程和无旋条件，是势流。作为势流的基本解，就是要给出它的速度势、流函数和复势的表达式。这有两种求解法：先求 φ、ψ，再组成 $W(z)$；由复速度积分求 $W(z)$，再分虚、实部得到 φ 和 ψ。

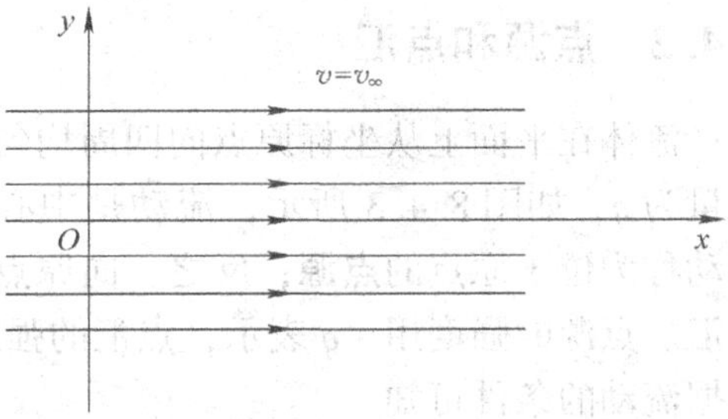

图 8.4.1　沿 x 轴向的均匀流

1) 由 φ、ψ 求 $W(z)$，有

$$\varphi=\int v_x\mathrm{d}x+c_1(y)=v_\infty x+c_1(y) \tag{8.4.1}$$

求 φ 对 y 的偏导数，并令其等于 v_y，由此可决定 $c_1(y)$，由

$$\frac{\partial\varphi}{\partial y}=\frac{\partial c_1(y)}{\partial y}=v_y=0$$

有

$$c_1(y)=C$$

式中，C 为常数。因此，速度势为

$$\varphi=v_\infty x+C$$

常数项通常可不写，因为它对速度场没有影响，所以，最后结果为

$$\varphi=v_\infty x \tag{8.4.2}$$

根据式（8.4.2）求ψ，有

$$\psi = \int v_x \mathrm{d}y + c_2(x) = v_\infty y + c_2(x)$$

再将ψ对x求导，得

$$\frac{\partial \psi}{\partial x} = \frac{\partial c_2(x)}{\partial x} = -v_y = 0$$

所以
$$c_2(y) = C$$

基于同样的理由，$c_2(y) = C$可以省略不写，故有

$$\psi = v_\infty y \tag{8.4.3}$$

由φ和ψ组成复势，得

$$W(z) = \varphi + \mathrm{i}\psi = v_\infty x + \mathrm{i}v_\infty y = v_\infty (x + \mathrm{i}y) = v_\infty z \tag{8.4.4}$$

2）由$W(z)$求φ和ψ。通过复速度积分可以求复势。复速度为

$$\frac{\mathrm{d}W}{\mathrm{d}z} = v_x - \mathrm{i}v_y = v_\infty$$

所以

$$W(z) = \int \frac{\mathrm{d}W}{\mathrm{d}z}\mathrm{d}z = \int \mathrm{d}W = \int v_\infty \mathrm{d}z = v_\infty z \tag{8.4.5}$$

这里积分常数同样可以省略，结果和式（8.4.4）一样，分开实部和虚部，即得式（8.4.2）和式（8.4.3）的两个调和函数。

与x轴成α角的均匀流如图8.4.2所示，其复势为

$$W(z) = v_\infty z \mathrm{e}^{-\mathrm{i}\alpha} \tag{8.4.6}$$

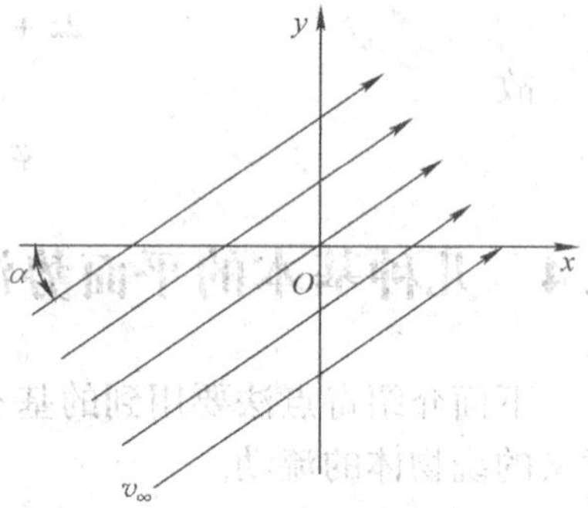

图8.4.2 均匀流（斜）

8.4.2 点源和点汇

流体在平面上从坐标原点向四周均匀地流出，体积流量为q，如图8.4.3所示，流动是中心对称的。这种流动称为位于原点的**点源**；反之，向原点集中，则称为**点汇**。点源的强度用$+q$表示，点汇的强度用$-q$表示。根据流动的条件可知

$$q = v_r 2\pi r$$

式中，v_r为径向流速。

由于流动是中心对称的，$v_\theta = 0$，所以极坐标的速度场为

$$\begin{cases} v_\theta = 0 \\ v_r = \dfrac{q}{2\pi r} \end{cases} \tag{8.4.7}$$

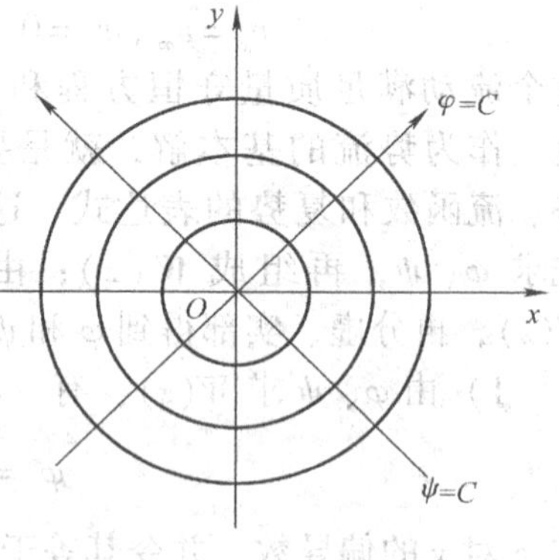

图8.4.3 点源

可以证明，此速度场满足质量守恒方程和无旋条件，所以是一个平面势流场。

复速度为

$$\frac{\mathrm{d}W}{\mathrm{d}z} = \left(\frac{q}{2\pi r} - \mathrm{i}\cdot 0\right)\mathrm{e}^{-\mathrm{i}\theta} = \frac{q}{2\pi r \mathrm{e}^{\mathrm{i}\theta}} = \frac{q}{2\pi z}$$

将上式积分，得

$$W=\frac{q}{2\pi}\ln z \tag{8.4.8}$$

若要分开虚部和实部，则因为

$$W(z)=\frac{q}{2\pi}\ln z=\frac{q}{2\pi}\ln(re^{i\theta})=\frac{q}{2\pi}(\ln r+i\theta)$$

所以

$$\varphi=\mathrm{Re}W=\frac{q}{2\pi}\ln r \tag{8.4.9}$$

$$\psi=\mathrm{Im}W=\frac{q}{2\pi}\theta \tag{8.4.10}$$

如果点源位于 z_0 点，那么根据式（8.4.8），由坐标平移的方法可以直接写出

$$W(z)=\frac{q}{2\pi}\ln(z-z_0) \tag{8.4.11}$$

8.4.3　点涡

位于原点的点涡，其流线是圆心在原点的同心圆簇，根据等势线与流线正交的性质可知，等势线就是通过原点的射线。图 8.4.4 所示的就是点涡的流网图。其速度场为

$$\begin{cases}v_\theta=\dfrac{\Gamma}{2\pi r}\\ v_r=0\end{cases} \tag{8.4.12}$$

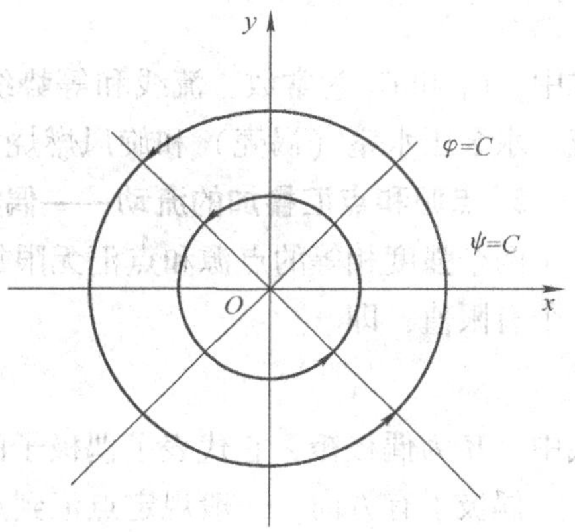

图 8.4.4　点涡的流网图

点涡的复速度为

$$\frac{dW}{dz}=\left(0-i\frac{\Gamma}{2\pi r}\right)e^{-i\theta}=-i\frac{\Gamma}{2\pi z}$$

将上式积分，得

$$W(z)=\varphi(x,y)+i\psi(x,y)=-\frac{i\Gamma}{2\pi}\ln z \tag{8.4.13}$$

$$\varphi=\frac{\Gamma}{2\pi}\theta \tag{8.4.14}$$

$$\psi=-\frac{\Gamma}{2\pi}\ln r \tag{8.4.15}$$

位于 z_0 点的点涡复势为

$$W(z)=-\frac{i\Gamma}{2\pi}\ln(z-z_0) \tag{8.4.16}$$

8.4.4　势流的叠加

利用势流叠加原理，讨论某些简单势流的叠加。

1. 点源与点涡叠加的流动——旋涡流

设强度为 q 的点源和强度为 Γ 的点涡同置于坐标原点，叠加后组合流动的速度势函数和流函数为

$$\varphi = \varphi_1 + \varphi_2 = \frac{1}{2\pi}(q\ln r + \Gamma\theta) \tag{8.4.17}$$

$$\psi = \psi_1 + \psi_2 = \frac{1}{2\pi}(q\theta - \Gamma\ln r) \tag{8.4.18}$$

令 $\varphi = C$，有

$$q\ln r + \Gamma\theta = 0$$

由此得组合流动的等势线为

$$r = C_1 e^{\frac{q}{\Gamma}\theta} \tag{8.4.19}$$

令 $\psi = C$，有

$$q\theta - \Gamma\ln r = 0$$

流线为

$$r = C_2 e^{\frac{q}{\Gamma}\theta} \tag{8.4.20}$$

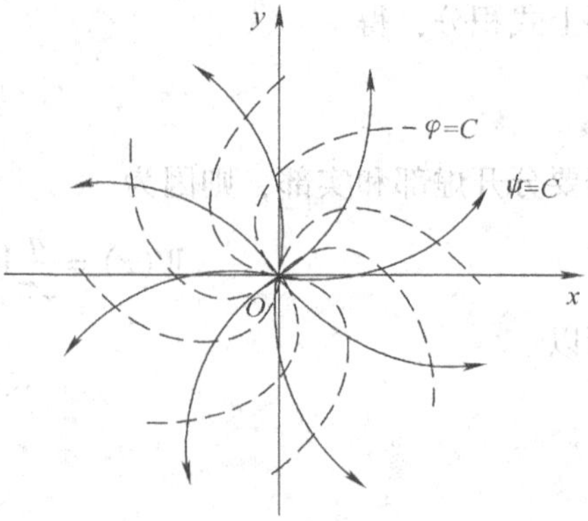

图 8.4.5 旋涡流

式中，C_1 和 C_2 为常数，流线和等势线为相互正交的对数螺旋线簇（图 8.4.5），称为螺旋流。水泵压水室（涡壳）和旋风燃烧室内的流动就是点源和点涡叠加得到的螺旋流。

2. 点源和点汇叠加的流动——偶极子流

两个强度相等的点源和点汇无限靠近（图 8.4.6）时，若强度 q 和距离 Δx 的乘积趋于一个有限值，即

$$M = \lim_{\Delta x \to 0} q\Delta x \tag{8.4.21}$$

式中，M 为偶极矩，它代表了偶极子的强度，那么，这种极限状态的流动就称为偶极子流。

偶极子有方向，一般规定点汇到点源的方向为偶极子的方向。

将图 8.4.6 中的点源和点汇叠加，其 φ 和 ψ 为

$$\varphi = \frac{q}{2\pi}(\ln r_1 - \ln r) = \frac{q}{2\pi}\ln\frac{\sqrt{(x-\Delta x)^2 + y^2}}{\sqrt{x^2 + y^2}} \tag{8.4.22}$$

$$\psi = \frac{q}{2\pi}(\theta_1 - \theta) \tag{8.4.23}$$

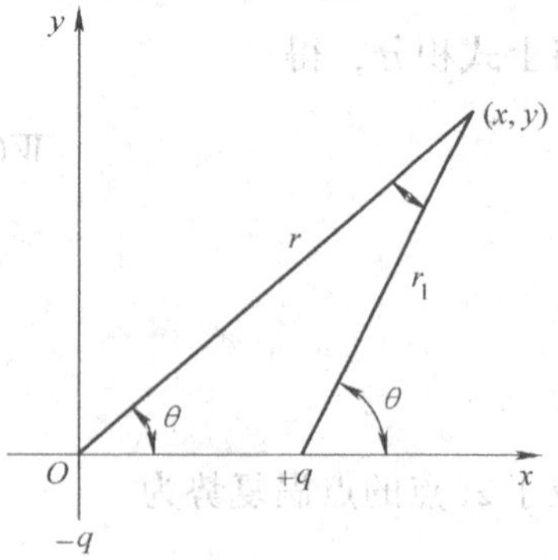

图 8.4.6 偶极子流

现在考察 $\Delta x \to 0$ 的情况。$\Delta x \to 0$ 时，q 随之增大，保证式(8.4.21)成立。这时

$$\varphi(x,y) = \lim_{\Delta x \to 0}\frac{q}{4\pi}\ln\frac{x^2 + y^2 - 2x\Delta x + \Delta x^2}{x^2 + y^2} = \lim_{\Delta x \to 0}\frac{q}{4\pi}\ln\left[1 + \frac{\Delta x(\Delta x - 2x)}{x^2 + y^2}\right] \tag{8.4.24}$$

将式(8.4.24)中的对数按公式

$$\ln(1+x_1)=x_1-\frac{1}{2}x_1^2+\frac{1}{3}x_1^3-\cdots$$

展开，可得

$$\varphi(x,y)=\lim_{\Delta x\to 0}\frac{q}{4\pi}\left[\frac{\Delta x(\Delta x-2x)}{x^2+y^2}+O(\Delta x^2)\right]=\frac{M}{4\pi}\lim_{\Delta x\to 0}\frac{\Delta x-2x}{x^2+y^2}$$

因此，偶极子的速度势为

$$\varphi(x,y)=-\frac{M}{2\pi}\frac{x}{x^2+y^2}=-\frac{M}{2\pi}\frac{\cos\theta}{r} \tag{8.4.25}$$

对于流函数，$\Delta x\to 0$ 时

$$\psi(x,y)=\lim_{\Delta x\to 0}\frac{q}{2\pi}(\theta_1-\theta)=\lim_{\Delta x\to 0}\frac{q\Delta x}{2\pi}\frac{\Delta\theta}{\Delta x}=\frac{M}{2\pi}\lim_{\Delta x\to 0}\frac{\Delta\theta}{\Delta x} \tag{8.4.26}$$

从图 8.4.6 所示的几何关系可知

$$\lim_{\Delta x\to 0}r_1\Delta\theta=\lim_{\Delta x\to 0}\Delta x\sin\theta$$

所以

$$\lim_{\Delta x\to 0}\frac{\Delta\theta}{\Delta x}=\lim_{\Delta x\to 0}\frac{\sin\theta}{r_1}=\frac{\sin\theta}{r}$$

因此可将式（8.4.26）写成

$$\psi(x,y)=\frac{M}{2\pi}\frac{\sin\theta}{r}=\frac{M}{2\pi}\frac{y}{x^2+y^2} \tag{8.4.27}$$

用式（8.4.25）的 φ 和式（8.4.27）的 ψ 组成复势，得

$$W=\varphi+\mathrm{i}\psi=\frac{M}{2\pi}\left(\frac{-\cos\theta+\mathrm{i}\sin\theta}{r}\right)=-\frac{M}{2\pi r}\mathrm{e}^{-\mathrm{i}\theta}=-\frac{M}{2\pi z} \tag{8.4.28}$$

它代表位于坐标原点指向正 x 方向的偶极子流动，偶极矩为 M。此流动的流线和等势线如图 8.4.7 所示。

位于 z_0 点与 x 轴成 α 角的偶极子复势（图 8.4.8）为

$$W=-\frac{M}{2\pi}\frac{\mathrm{e}^{i\alpha}}{z-z_0} \tag{8.4.29}$$

式（8.4.29）可用移轴、转轴公式从式（8.4.28）导出。

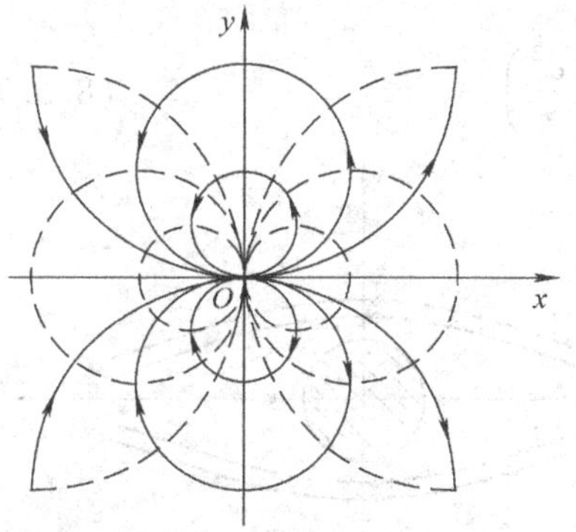

图 8.4.7　偶极子流的流线和等势线

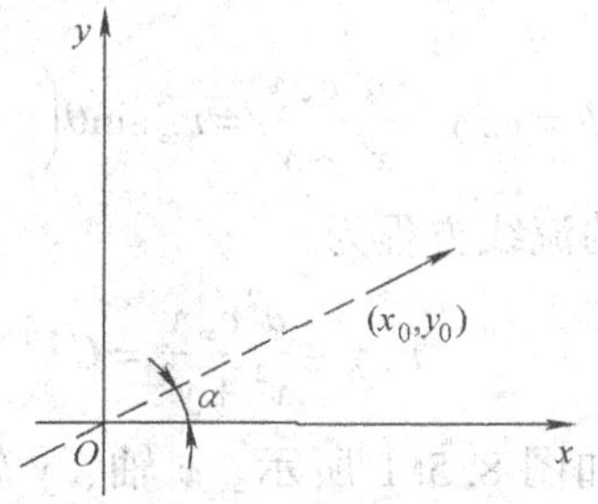

图 8.4.8　位于（x_0，y_0）点任意指定方向的偶极子流

8.5 圆柱体绕流

8.5.1 圆柱体无环流绕流

1. 圆柱体无环流绕流的复势

均匀流和平面偶极子叠加可以模拟绕物体的平面无旋流动。这种流动的复势为

$$W(z)=v_\infty z+\frac{M}{2\pi z} \tag{8.5.1}$$

这里偶极子位于原点，方向指向负 x 方向，和来流指向相反。式（8.5.1）可以分成虚部和实部，写成

$$W(z)=v_\infty z+\frac{M\bar{z}}{2\pi z\bar{z}}=v_\infty x+\frac{Mx}{2\pi(x^2+y^2)}+\mathrm{i}\left[v_\infty y-\frac{My}{2\pi(x^2+y^2)}\right] \tag{8.5.2}$$

$W(z)$ 的虚部是流函数 ψ，当 $\psi=0$ 时，有流线方程

$$v_\infty y-\frac{My}{2\pi(x^2+y^2)}=0 \tag{8.5.3}$$

这个方程的解是

$$\begin{cases} y=0 \\ x^2+y^2=\dfrac{M}{2\pi v_\infty} \end{cases} \tag{8.5.4}$$

可见，这条零流线（对应于 $\psi=0$ 的流线）由 x 轴和中心在原点的圆周所组成，圆周半径

$$a=\sqrt{\frac{M}{2\pi v_\infty}}$$

如果模拟均匀流绕半径为 a 的无穷长圆柱绕流，则偶极子流的强度应该是

$$M=2\pi v_\infty a^2 \tag{8.5.5}$$

因此，圆柱绕流的复势应该写成

$$W(z)=v_\infty z+\frac{a^2 v_\infty}{z} \tag{8.5.6}$$

速度势和流函数则分别为

$$\varphi=v_\infty x+\frac{a^2 v_\infty x}{x^2+y^2}=v_\infty\cos\theta\left(r+\frac{a^2}{r}\right) \tag{8.5.7}$$

$$\psi=v_\infty y-\frac{a^2 v_\infty y}{x^2+y^2}=v_\infty\sin\theta\left(r-\frac{a^2}{r}\right) \tag{8.5.8}$$

圆柱绕流的流线方程为

$$v_\infty y-\frac{a^2 v_\infty y}{x^2+y^2}=C \tag{8.5.9}$$

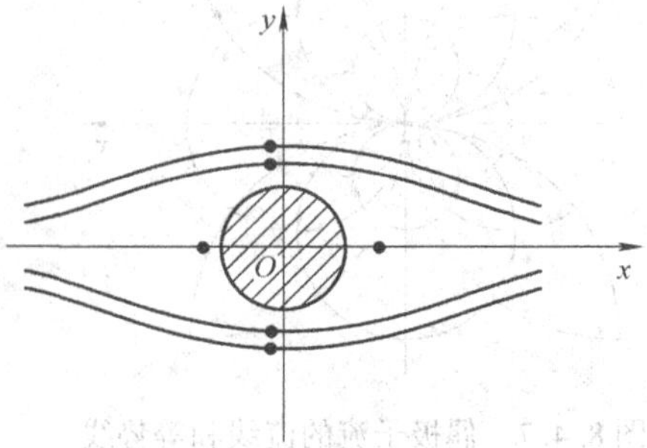

图 8.5.1 圆外流谱

圆外流谱如图 8.5.1 所示。x 轴、y 轴都是对称轴，物面上的前驻点在（$-a$，0）点，后驻点在（a，0）点。绕圆柱面的速度环量为零，这可以从流动的对

称性加以判断；也可以按式（8.3.10）计算得出

$$\Gamma = \oint \frac{\mathrm{d}W}{\mathrm{d}z}\mathrm{d}z = \oint\left(v_\infty - \frac{a^2 v_\infty}{z^2}\right)\mathrm{d}z = 0$$

2. 圆柱面上的速度分布

圆柱表面上的速度可以通过复速度求出。因为

$$\frac{\mathrm{d}W}{\mathrm{d}z} = \frac{\mathrm{d}}{\mathrm{d}z}\left(v_\infty z + \frac{a^2 v_\infty}{z}\right) = v_\infty\left[1 - \frac{a^2}{(r\mathrm{e}^{\mathrm{i}\theta})^2}\right] = v_\infty\left(\mathrm{e}^{\mathrm{i}\theta} - \frac{a^2}{r^2}\mathrm{e}^{-\mathrm{i}\theta}\right)\mathrm{e}^{-\mathrm{i}\theta}$$

即

$$\frac{\mathrm{d}W}{\mathrm{d}z} = v_\infty\left[\cos\theta\left(1 - \frac{a^2}{r^2}\right) + \mathrm{i}\sin\theta\left(1 + \frac{a^2}{r^2}\right)\right]\mathrm{e}^{-\mathrm{i}\theta}$$

和式（8.3.6）对比，即得速度场为

$$\begin{cases} v_r = v_\infty\cos\theta\left(1 - \dfrac{a^2}{r^2}\right) \\ v_\theta = -v_\infty\sin\theta\left(1 + \dfrac{a^2}{r^2}\right) \end{cases} \tag{8.5.10}$$

令 $r = a$，即得圆柱面上的速度分布为

$$\begin{cases} v_r = 0 \\ v_\theta = -2v_\infty\sin\theta \end{cases} \tag{8.5.11}$$

在 $\theta = \pm\pi/2$ 处，圆柱面上的速度达到最大值

$$|v_{\theta\max}| = 2v_\infty \tag{8.5.12}$$

3. 圆柱表面的压力分布

根据圆柱表面的速度分布，利用伯努利方程可以计算出圆柱表面的压力。忽略质量力，方程为

$$p + \frac{\rho v^2}{2} = C \tag{8.5.13}$$

定常势流中，C 为全流场的常数，它可以用远前方来流的参数表示。如果远前方来流的压力为 p_∞，则

$$p + \frac{\rho v^2}{2} = p_\infty + \frac{\rho v_\infty^2}{2} \tag{8.5.14}$$

通常用无量纲的压力系数表示压力的分布，其定义为

$$C_p = \frac{p - p_\infty}{\dfrac{1}{2}\rho v_\infty^2} \tag{8.5.15}$$

将式（8.5.14）代入式（8.5.15）中，可得

$$C_p = 1 - \left(\frac{v}{v_\infty}\right)^2 \tag{8.5.16}$$

再将式（8.5.11）代入式（8.5.16）中，就得到圆柱表面的压力系数为

$$C_p = 1 - 4\sin^2\theta \tag{8.5.17}$$

压力系数在物面上的分布如图 8.5.2 所示，压力系数曲线如图 8.5.3 所示。

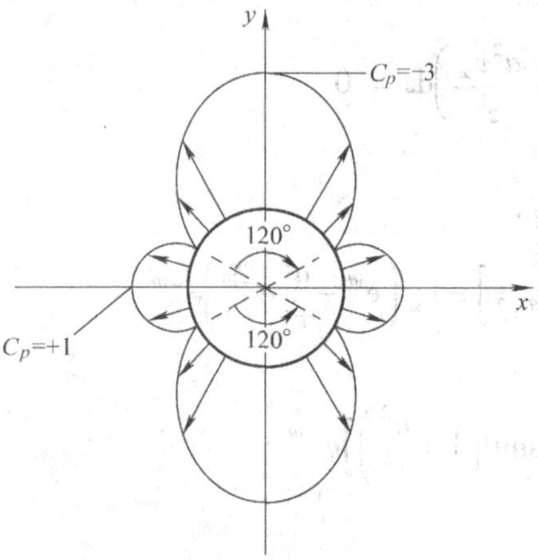

图 8.5.2 压力系数在物面上的分布

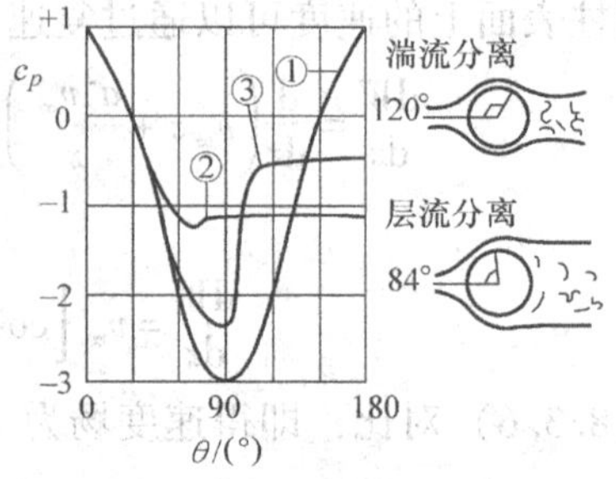

图 8.5.3 压力系数曲线

从图 8.5.3 所示的压力分布的对称性可知，圆柱上的流体动力和力矩均为零。实际情况与势流理论有差别。因为它有摩擦损失，而且下游物面上的流动会分离，压力不能恢复到理论值，如图 8.5.3 所示。所以迎风面和背风面有压差，这就是压差阻力（或形状阻力）的来源。图 8.5.3 所示的三条典型曲线中：曲线①对应于圆柱无环量理想绕流；曲线②对应于有分离的绕流，分离点的位置为 $\theta=84°$，称为层流分离；曲线③对应于有分离的绕流，分离点的位置为 $\theta=120°$，称为湍流分离。从图 8.5.3 中曲线的比较可以得出两点结论：①在流动分离以前，理想绕流的压力分布与实际情况较为符合；②分离形成了大的压差阻力，分离区压力为常数。这两点结论具有普遍性。

8.5.2 圆柱体有环流绕流

现在考虑均匀流中圆柱以等角速度 ω 绕自身轴线顺时针旋转的情形。这种情况可在圆柱体无环量绕流的基础上，在原点再叠加一个点涡来模拟。这个新绕流的复势为

$$W(z)=v_\infty\left(z+\frac{a^2}{2}\right)+\frac{\mathrm{i}\Gamma}{2\pi}\ln z \tag{8.5.18}$$

可以看出，所加点涡的转向和图 8.5.4 所示的 ω 的方向是一致的。因为

$$\begin{aligned}\oint\frac{\mathrm{d}W}{\mathrm{d}z}\mathrm{d}z&=\int\left[v_\infty\left(1-\frac{a^2}{z^2}\right)+\frac{\mathrm{i}\Gamma}{2\pi}\frac{1}{z}\right]\mathrm{d}z\\&=2\pi\mathrm{i}\left(\frac{\mathrm{i}\Gamma}{2\pi}\right)=-\Gamma\end{aligned} \tag{8.5.19a}$$

这说明绕圆柱的环量在数量上就等于点涡的强度 Γ，因此，式（8.5.18）的复势可用来模拟圆柱体有环量的绕流。为了满足圆柱面上旋转线速度等于 $a\omega$ 的要求，点涡的强度 Γ 应为

$$\Gamma=2\pi a(a\omega)=2\pi a^2\omega \tag{8.5.19b}$$

绕流的速度场可以通过复速度公式（8.3.6）求得，结果是

$$\begin{cases}v_r=v_\infty\cos\theta\left(1-\dfrac{a^2}{r^2}\right)\\v_\theta=-v_\infty\sin\theta\left(1+\dfrac{a^2}{r^2}\right)-\dfrac{\Gamma}{2\pi r}\end{cases} \tag{8.5.20}$$

令 $r=a$ 就得到圆柱表面上的速度分布

$$\begin{cases} v_r = 0 \\ v_\theta = -2v_\infty \sin\theta - \dfrac{\Gamma}{2\pi a} \end{cases} \tag{8.5.21}$$

在式（8.5.21）中令 v_θ，可以找到物面上驻点的位置

$$\sin\theta = -\frac{\Gamma}{4\pi v_\infty a} \tag{8.5.22}$$

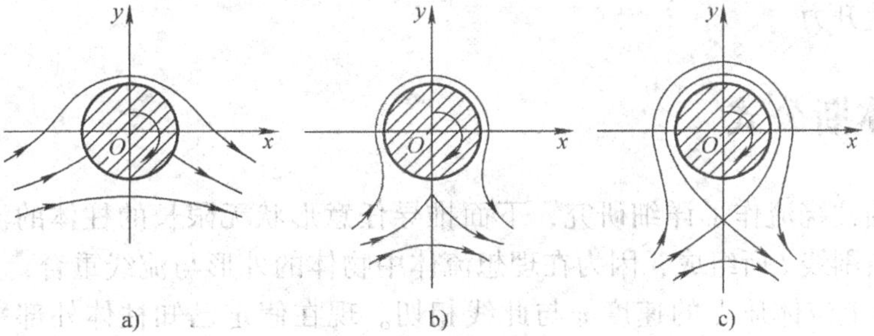

图 8.5.4　三种典型的绕流谱

a）$\Gamma<4\pi v_\infty a$　b）$\Gamma=4\pi v_\infty a$　c）$\Gamma>4\pi v_\infty a$

由于 Γ 值取决于 ω 的大小，因此，绕流可能有三种典型的情况，如图 8.5.4 所示。当 $\Gamma>4\pi v_\infty a$ 时，式（8.5.22）不成立，说明驻点不在物面上，要在物面以外的流场中去找。为此，在式（8.5.20）中令 $v_r=v_\theta=0$，由此可得驻点的坐标为

$$\begin{cases} \cos\theta = 0，即\ \theta = \dfrac{\pi}{2}或\ \theta = \dfrac{3\pi}{2} \\ r = \dfrac{-\Gamma}{4\pi v_\infty \sin\theta} \pm \sqrt{\left(\dfrac{\Gamma}{4\pi v_\infty \sin\theta}\right)^2 - a^2} \end{cases} \tag{8.5.23}$$

在 $\Gamma>4\pi v_\infty a$ 的情况下，只需研究圆外的流场，这时，$r\geqslant a$，$\sin\theta$ 一定取负值，即只能取 $\theta=3\pi/2$，因此，所求的驻点一定在圆外的负 y 轴上，且

$$r_{驻} = \frac{\Gamma}{4\pi v_\infty} + \sqrt{\left(\frac{\Gamma}{4\pi v_\infty}\right)^2 - a^2} \tag{8.5.24}$$

如果根号前取负号，则有 $r_{驻}<a$，这种圆内流场不是所需要的。

将式（8.5.21）代入式（8.5.16），得到物面上的压力系数为

$$C_p = 1 - \left(2\sin\theta + \frac{\Gamma}{2\pi v_\infty a}\right)^2 \tag{8.5.25}$$

物面上的压力分布为

$$p = p_\infty + \frac{\rho v_\infty^2}{2}\left[1 - \left(2\sin\theta + \frac{\Gamma}{2\pi v_\infty a}\right)^2\right] \tag{8.5.26}$$

将压力沿圆柱面积分得合力 F，设 $\boldsymbol{n}=\boldsymbol{i}\cos\theta+\boldsymbol{j}\sin\theta$，于是

$$\begin{aligned} \boldsymbol{F} &= \int_0^{2\pi} -p\boldsymbol{n}a\mathrm{d}\theta \\ &= -a\int_0^{2\pi}\left[p_\infty + \frac{\rho v_\infty}{2}\left(1 - 4\sin^2\theta - \frac{2\Gamma\sin\theta}{\pi v_\infty a} - \frac{\Gamma^2}{4\pi^2 v_\infty^2 a^2}\right)\right](\boldsymbol{i}\cos\theta + \boldsymbol{j}\sin\theta)\mathrm{d}\theta = \rho v_\infty \Gamma \boldsymbol{j} \end{aligned} \tag{8.5.27}$$

结果表明：合力 $\boldsymbol{F}$ 在垂直于来流方向的分力称为升力（$\boldsymbol{F}_L$），平行于来流方向的分力称为阻力（$\boldsymbol{F}_R$），阻力为零。如果用涡的旋转矢量方向作为环量的方向，来流用矢量表示，则升力的公式可以写成

$$\boldsymbol{F}_L = \rho \boldsymbol{v}_\infty \times \boldsymbol{\Gamma} \tag{8.5.28}$$

旋转圆柱体在均匀流中能产生升力，原因在于旋转使原来上下对称的速度场发生了变化，如图 8.5.4a 所示；圆柱面上面的流体速度加快，下面的速度则减慢。根据伯努利公式，速度加快的一边压力要下降，变慢的一面压力要升高，这种上下的压差就形成了升力。没有环量就不会产生升力。

8.6 布拉休斯公式

上一节对圆柱绕流作了详细研究，下面推导任意形状无限长的柱体的流体动力计算公式。它的轮廓由围线 l 所组成，因为在理想流体中物体的外形与流线重合，所以围线 l 也是一条流线，在 l 上流体质点的速度 v 与此线相切。现在假定已知柱体外部平面势流的复势 $W(z)$ 来求作用在这一任意形状柱体上的力和力矩。

如图 8.6.1 所示，物面外法线单位矢量为

$$\boldsymbol{n} = \boldsymbol{i}\cos\beta + \boldsymbol{j}\sin\beta = \boldsymbol{i}\frac{dy}{dl} - \boldsymbol{j}\frac{dx}{dl}$$

压力沿物面积分就是流体动力的合力 $\boldsymbol{F}$，即

$$\boldsymbol{F} = -\oint_l p\boldsymbol{n}dl = -\oint_l p(\boldsymbol{i}dy - \boldsymbol{j}dx) \tag{8.6.1}$$

所以

$$F_x = -\oint_l p dy, \quad F_y = \oint_l p dx \tag{8.6.2}$$

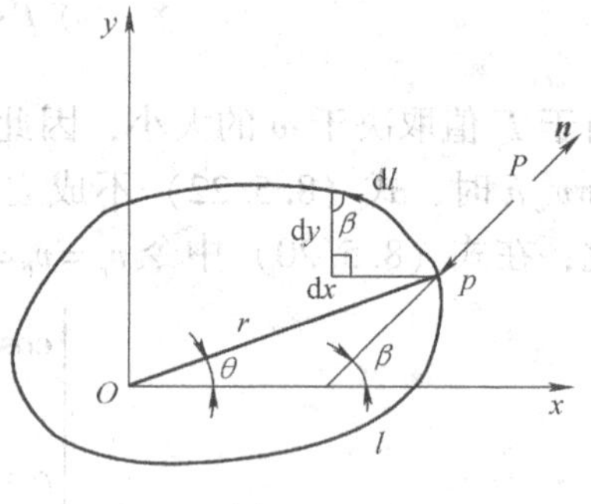

图 8.6.1

定义一个复数合力

$$\overline{F} = F_x - iF_y \tag{8.6.3}$$

将式（8.6.2）代入式（8.6.3），可得

$$\overline{F} = -i\oint_l p d\overline{z} \tag{8.6.4}$$

沿着围线 l，即是沿着流线，因此可以应用伯努利方程

$$p = p_\infty + \frac{1}{2}\rho v_\infty^2 - \frac{1}{2}\rho|v|^2 = p_0 - \frac{1}{2}\rho|v|^2 \tag{8.6.5}$$

因为总压 p_0 是常数，$\oint p_0 d\overline{z} = 0$，将式（8.6.5）代入式（8.6.4），得

$$\overline{F} = \frac{i\rho}{2}\oint_l |v||v|d\overline{z} = \frac{i\rho}{2}\oint_l |v||v|e^{-i2\theta}dz$$

由于 $dW/dz = \overline{v} = |v|e^{-i\theta}$，所以合力

$$\overline{F} = \frac{i\rho}{2}\oint_l \left(\frac{dW}{dz}\right)^2 dz \tag{8.6.6}$$

因为 dW/dz 在物面以外是解析的，所以式（8.6.6）的积分周线只要包围住物体即可。

下面推导对坐标原点的力矩

$$M_0\boldsymbol{k} = -\oint_l p(\boldsymbol{r}\times\boldsymbol{n})\mathrm{d}l = \oint_l p(x\mathrm{d}x + y\mathrm{d}y)\boldsymbol{k} \tag{8.6.7}$$

由于 $z\mathrm{d}\bar{z} = (x\mathrm{d}x + y\mathrm{d}y) + \mathrm{i}(y\mathrm{d}x - x\mathrm{d}y)$，所以 $(x\mathrm{d}x + y\mathrm{d}y) = \mathrm{Re}(z\mathrm{d}\bar{z})$，于是

$$M_0 = \mathrm{Re}\oint_l pz\mathrm{d}\bar{z} = \mathrm{Re}\left(\oint_l pz\mathrm{e}^{-\mathrm{i}2\theta}\mathrm{d}z\right)$$

将式（8.6.5）代入上式，即得

$$M_0 = \mathrm{Re}\left(-\frac{\rho}{2}\oint_l |v|^2 \mathrm{e}^{-\mathrm{i}2\theta} z\mathrm{d}z\right)$$

即

$$M_0 = \mathrm{Re}\left(-\frac{\rho}{2}\oint_l \left(\frac{\mathrm{d}W}{\mathrm{d}z}\right)^2 z\mathrm{d}z\right) \tag{8.6.8}$$

式（8.6.6）和式（8.6.8）是合力与合力矩公式，称为布拉休斯（Blasius）公式。只要知道复势，用留数定理计算这些积分是容易的。

作用在物体上的流体动力 $\boldsymbol{F}$，可以分解为升力（$\boldsymbol{F}_{\mathrm{L}}$）和阻力（$\boldsymbol{F}_{\mathrm{R}}$）两部分，如图 8.6.2 所示，升力方向垂直于远前方来流 v_∞，阻力方向与 v_∞ 的方向一致。通常不直接使用升力和阻力，而使用它们的对应无量纲系数，对于力矩也是如此。这些系数的定义是

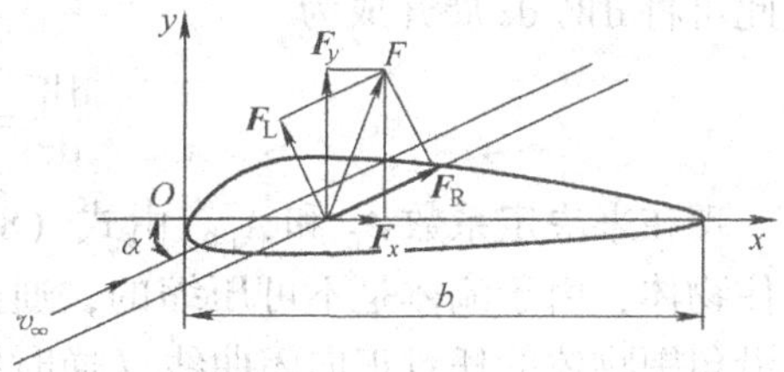

图 8.6.2　作用力 F 的分解

升力系数

$$C_{\mathrm{L}} = \frac{F_{\mathrm{L}}}{\frac{1}{2}\rho v_\infty^2 S} \tag{8.6.9}$$

阻力系数

$$C_k = \frac{F_{\mathrm{R}}}{\frac{1}{2}\rho v_\infty^2 S} \tag{8.6.10}$$

力矩系数

$$C_m = \frac{M}{\frac{1}{2}\rho v_\infty^2 Sb} \tag{8.6.11}$$

式中，S 是指定的特征面积；b 是某一个指定的特征长度。以上三个系数都是无量纲的量。

以图 8.6.2 所示的翼型剖面为例，前后缘的连线长度称为翼弦弦长，这个长度就可以作为一个特征长度，如果再取垂直于纸面的长度为一个单位长度，那么特征面积

$$S = b\times 1$$

下面用布拉休斯公式推导库塔 – 茹科夫斯基（Kutta – Joukowsky）定理，进一步证明旋转圆柱绕流的升力公式（8.5.28）是普遍成立的。

8.7　库塔 – 茹科夫斯基定理

8.7.1　库塔 – 茹科夫斯基定理的证明

这一定理分别在 1902 年由库塔（Kutta），1906 年由茹科夫斯基（Joukowsky）所证明，是流体力学的重要定理之一，许多现代技术部门的发展都和它有密切的关系，例如飞机制

造、汽轮机制造和造船等。这一定理将有环流的圆柱体的受力结果推广于任意形状的柱体。

定理：在定常不可压缩势流中，作用在任意形状柱体上的升力和阻力分别为

$$\begin{cases} F_{\mathrm{L}} = -\rho v_{\infty} \Gamma \\ F_{\mathrm{R}} = 0 \end{cases} \tag{8.7.1}$$

证明：如图 8.6.2 所示，假设流体流过任意形状的柱体，在无限远处流速为v_{∞}与 x 轴成 α 角，物体周线以外无奇点，在无穷远处满足边界条件

$$\left.\frac{\mathrm{d}W}{\mathrm{d}z}\right|_{z=\infty} = \bar{v}_{\infty} = v_{\infty x} - \mathrm{i}v_{\infty y} \tag{8.7.2}$$

这说明复速度在∞点是可解析的，函数在无限远点为解析时其罗朗级数只有负整数幂的项，因此可将 $\mathrm{d}W/\mathrm{d}z$ 展开成为

$$\frac{\mathrm{d}W}{\mathrm{d}z} = A_0 + \frac{A_1}{z} + \frac{A_2}{z^2} + \cdots \tag{8.7.3}$$

现在来决定系数 A_0 和 A_1。由式（8.7.2）对比可知，$A_0 = \bar{v}_{\infty}$。另外，一任意围线 C 包围住物体，由于流体是不可压缩的，通过围线 C 的体积流量为零。因此由式（8.3.10）得到沿包围物体的任意正向闭曲线（逆时针方向）的环量

$$\Gamma = \oint_l \frac{\mathrm{d}W}{\mathrm{d}z}\mathrm{d}z = \oint_l \left(A_0 + \frac{A_1}{z} + \frac{A_2}{z^2} + \cdots\right)\mathrm{d}z = 2\pi \mathrm{i} A_1 \tag{8.7.4}$$

由此可知

$$A_1 = \frac{\Gamma}{2\pi \mathrm{i}}$$

将 A_0 和 A_1 值代入式（8.7.3），复速度可以写成

$$\frac{\mathrm{d}W}{\mathrm{d}z} = \bar{v}_{\infty} + \frac{\Gamma}{2\pi \mathrm{i}} + \cdots \tag{8.7.5}$$

将式（8.7.5）代入布拉休斯公式即式（8.6.6），得复数合力

$$\bar{F} = \frac{\mathrm{i}\rho}{2}\oint_l \left(\bar{v}_{\infty} + \frac{\Gamma}{2\pi \mathrm{i}} + \cdots\right)^2 \mathrm{d}z = \frac{\mathrm{i}\rho}{2}\left(2\pi \mathrm{i}\frac{\Gamma \bar{v}_{\infty}}{\pi \mathrm{i}}\right) = \mathrm{i}\rho \bar{v}_{\infty}\Gamma$$

即

$$\bar{F} = F_x - \mathrm{i}F_y = \rho v_{\infty y}\Gamma + \mathrm{i}\rho v_{\infty x}\Gamma \tag{8.7.6a}$$

或

$$\begin{cases} F_x = \rho v_{\infty y}\Gamma \\ F_y = -\rho v_{\infty x}\Gamma \end{cases} \tag{8.7.6b}$$

如图 8.6.2 所示，由分力 F_x 和 F_y 可以换算出升力 F_{L} 和阻力 F_{R}，因为

$$\begin{cases} F_{\mathrm{L}} = F_y\cos\alpha - F_x\sin\alpha \\ F_{\mathrm{R}} = F_y\sin\alpha + F_x\cos\alpha \end{cases} \tag{8.7.7}$$

式中，$\cos\alpha = v_{\infty x}/v_{\infty}$，$\sin\alpha = v_{\infty y}/v_{\infty}$，再将式（8.7.6b）代入式（8.7.7），即得

$$\begin{cases} F_{\mathrm{L}} = -\rho v_{\infty} \Gamma \\ F_{\mathrm{R}} = 0 \end{cases} \tag{8.7.8}$$

库塔－茹科夫斯基定理中的环量是在逆时针方向计算的，规定为正环量；而圆柱有环量流动一节的环量是在顺时针方向计算的，规定为负环量。将式（8.7.4）和式（8.5.19a）对比一下也可看出这种差别，所以式（8.7.8）升力公式的前面有个负号。这意味着正环量产生负升力，而负环量产生正升力，条件是来流v_{∞}和 x 轴的夹角 α 为锐角。为便于判断升

力方向，可将环量看成一个矢量 $\boldsymbol{\Gamma}$，将升力公式写成

$$\boldsymbol{F}_{\mathrm{L}}=\rho\boldsymbol{v}_{\infty}\times\boldsymbol{\Gamma} \tag{8.7.9}$$

当环量为正（逆时针方向）时，$\boldsymbol{\Gamma}=\Gamma\boldsymbol{k}$；当环量为负（顺时针方向）时，$\boldsymbol{\Gamma}=-\Gamma\boldsymbol{k}$。升力 $\boldsymbol{F}_{\mathrm{L}}$ 在 Oxy 坐标平面上始终垂直于 $\boldsymbol{v}_{\infty}$，按库塔－茹科夫斯基定理得到的二维流升力通常称为库塔－茹科夫斯基力。

这一定理是将绕圆柱体有环流流动的结果推广于任意形状柱体。它的意义在于指出升力产生的原因，指出如果物体需要产生升力则物体必须在流体中运动，同时还必须具有环流。但它并不说明环流产生的原因和计算方法。

理想流体绕过物体做无分离流动时阻力为零。这个结果只能说明理想流体运动理论的局限性，可是在 17 世纪达朗贝尔（D′Alembert）时代，这个结果还难以解释。达朗贝尔说：从这个经过深刻研究的理论中，至少在绝大多数情况下，只能得出阻力绝对等于零的结论。这是个谜，只好让几何学家来解答。现在，达朗贝尔的结论被称为达朗贝尔之谜，或达朗贝尔佯谬。

8.7.2　决定环量的后缘条件

计算升力必须先确定环量值，下面介绍确定环量值的条件。

对于一个有尖后缘的机翼剖面绕流，有图 8.7.1 所示的三种典型流谱。图 8.7.1a 和图 8.7.1c 所示的情形，要求流体从翼面一侧绕过尖角到另一侧。这时如果流动不分离，则在尖端就要形成无穷大的速度和负无穷大的压力；要么流动分离，出现涡旋。出现无穷大的速度和压力在物理上不可能，而试验观测又表明：对于每一个尖后缘机翼，都存在一个或大或小的攻角范围，其中绕机翼的流动没有分离，后缘处的流动平滑，速度为有限值。所以，只有图 8.7.1b 所示流谱的绕流符合实际，后驻点不在上、下两侧翼面上。或者说，尖后缘的机翼剖面，其后驻点必然在后缘。进行升力计算时，可以根据这个条件确定环量值，这个条件称为库塔－茹科夫斯基条件。

进行数值计算时，上述条件不好用，可以改换成等效的条件：在后缘，上、下翼面的压力相等。

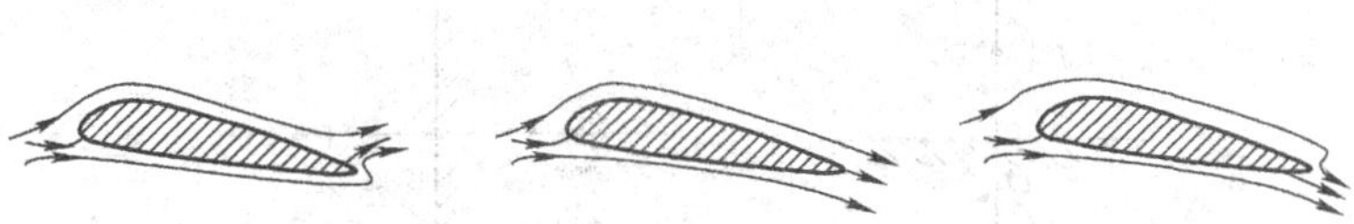

a)　　b)　　c)

图 8.7.1　典型流谱

8.8　映像法

当流场的外边界离物体很远时，物体的运动或绕物体的流动可以当作是在无界流场中进行的。如果流场中存在自由表面或固体壁面为边界，例如：在空气中有地面或水面为边界、在水中有水面和水底为边界、水洞或风洞有洞体为边界、水池有池壁为边界等，都必须考虑这些边界的影响。解决这类问题有效而常用的方法是映像法。在应用映像法时要注意：边界

面要求满足的条件，取怎样的一个映像来代替边界面，以及边界面所产生的影响。

8.8.1 直壁的干扰

如图 8.8.1 所示，点源附近有一道直壁存在，点源流动在壁面处必须对称地顺着壁面向两侧流去。壁面的阻挡使得流动不能自如地流向壁面，同时整个流场都要受到影响，其流场与无壁面的情况是不同的。在理想流体中，一条流线的作用如同一道壁面。要产生图 8.8.1 所示的与 x 轴重合的流线，可以在 x 轴下面对称地放置一个等强度的点源，这个点源称为原来那个点源的映像。点源和它的映像在 x 轴上任意一点所引起的速度大小相等，合速度方向与 x 轴平行，因此，x 轴线也就是一条流线，其作用如同 x 轴是一道固壁一样。于是，设置的映像源就起了直壁的作用，用这种方法研究直壁的影响称为映像法。

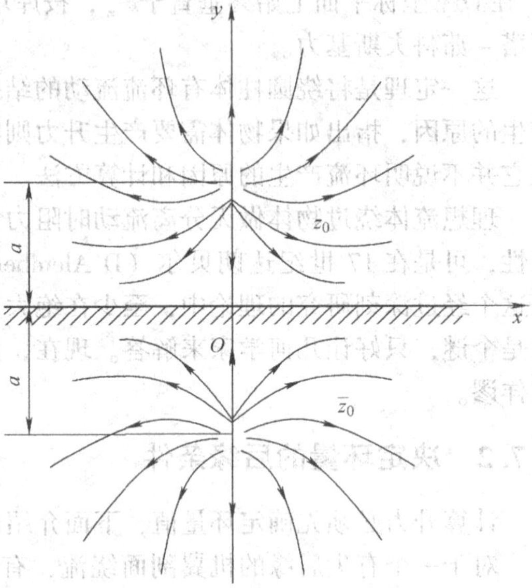

图 8.8.1

如果点涡附近有一道直壁，则直壁的作用就如同在壁的另一侧对称位置上有一个反向旋转的等强度（环量）点涡一样（图 8.8.2）。孤立的一个点涡是不会产生自诱导运动的。现在，有平面直壁存在，其作用等同于一个映像涡，这个映像涡的诱导速度就会使原有点涡做平行于直壁的运动（见例 7.6.2）。

这里先讨论水平直壁对点涡的影响，求出图 8.8.2a 上半平面的复势。这个复势应该是原有点涡的复势 $W_1(z)$ 和映像涡的复势 $W_2(z)$ 的叠加。

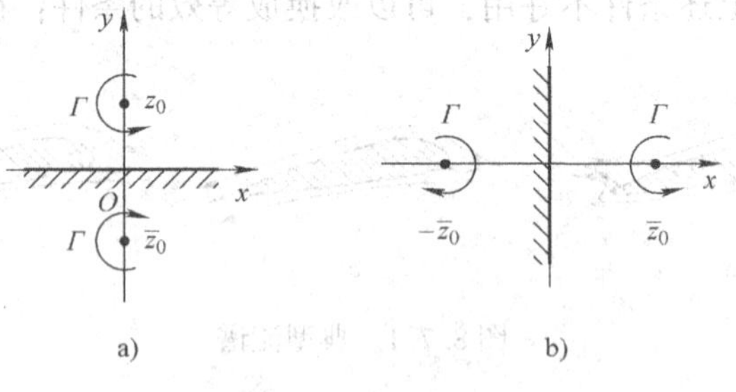

图 8.8.2

原有点涡的复势为

$$W_1(z) = \frac{\Gamma}{2\pi \mathrm{i}} \ln(z - z_0) \tag{8.8.1}$$

映像涡的复势为

$$W_2(z) = -\frac{\Gamma}{2\pi \mathrm{i}} \ln(z - \bar{z}_0) \tag{8.8.2}$$

所以

$$W(z) = W_1(z) + W_2(z) = \frac{\Gamma}{2\pi i}\ln\frac{z-z_0}{z-\bar{z}_0} \tag{8.8.3a}$$

如果令 $W_1(z)=f(z)$，$W_2(z)=\bar{f}(z)$，则式（8.8.3a）可以写成

$$W(z)=f(z)+\bar{f}(z) \tag{8.8.3b}$$

式中，$\bar{f}(z)$ 为将 $f(z)$ 中除 z 以外的各复数取共轭值得到的复势。式（8.8.3b）不仅对点涡成立，而且对任意奇点叠加的流场都成立。因此，有如下平面定理。

平面定理一：若 $y>0$ 的上半平面存在流体力学奇点（涡、源、偶极子等），其复势为 $f(z)$，则当 $y=0$ 的平面为固壁时，上半平面流场的复势为

$$W(z)=f(z)+\bar{f}(z) \tag{8.8.4a}$$

证明：因为 $f(z)$ 的奇点位置 z_j 都在上半平面，映像的奇点位置只能在下半平面的 $\bar{z}_j$ 点。若映像的复势为 $\bar{f}(z)$，则原奇点与其映像的总复势为

$$W(z)=f(z)+\bar{f}(z) \tag{8.8.4b}$$

如果能证明上式中的虚部（流函数）在 $y=0$ 时为常数，那就说明映像确实能起到水平壁面的作用，定理就得到证明。由于 $y=0$ 时，$z=\bar{z}$，所以此时式（8.8.4b）可写成

$$W(z)=f(z)+\bar{f}(\bar{z})=f(z)+\overline{f(z)} \tag{8.8.4c}$$

式（8.8.4c）表明，$y=0$ 时 $\mathrm{Im}W(z)=\psi=0$，所以 $y=0$ 是一条流线，这条流线正好取代水平直壁的作用，式（8.8.4a）正是所求的复势。

平面定理二：若 $x>0$ 的右半平面内存在流体力学奇点（图 8.8.2b），其复势为 $f(z)$，若 $z=0$ 是一道固壁，则右半平面流场的复势为

$$W(z)=f(z)+\bar{f}(-z) \tag{8.8.5a}$$

式中，$\bar{f}(-z)$ 为将 $f(z)$ 中的 z 换成 $-z$，其余复数取共轭值以后得到的复势。

证明：因为 $f(z)$ 的奇点位置 z_j 都在右半平面，映像的奇点位置只能在左半平面的 $-\bar{z}_j$ 点。若映像的复势为 $\bar{f}(-z)$，则原奇点与其映像的总复势为

$$W(z)=f(z)+\bar{f}(-z) \tag{8.8.5b}$$

因为当 $x=0$ 时，$z=-\bar{z}$，这时上式可写成

$$W(z)=f(z)+\bar{f}(\bar{z})=f(z)+\overline{f(z)} \tag{8.8.5c}$$

式（8.8.5c）表明，当 $x=0$ 时，$\mathrm{Im}W(z)=\psi=0$，因而，$x=0$ 是一条流线，说明所用的映像正好取代了垂直壁的作用，式（8.8.5a）正是所求的复势。

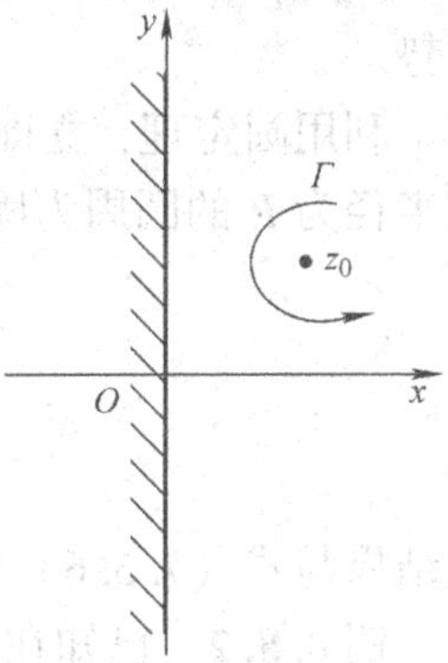

图 8.8.3　例 8.8.1 图

例 8.8.1　如图 8.8.3 所示，z_0 处有一逆时针转向的点涡 Γ，$x=0$ 为固壁，求流场的复势。

解：点涡的复势

$$f(z)=\frac{\Gamma}{2\pi i}\ln(z-z_0)$$

映像涡的复势

$$\bar{f}(-z)=-\frac{\Gamma}{2\pi i}\ln(-z-\bar{z}_0)$$

两复势之和

$$W(z)=f(z)+\bar{f}(-z)$$
$$=\frac{\Gamma}{2\pi\mathrm{i}}[\ln(z-z_0)-\ln(-z-\bar{z}_0)]$$
$$=\frac{\Gamma}{2\pi\mathrm{i}}[\ln(z-z_0)-\ln(z+\bar{z}_0)+C]$$

式中，C 为常数。

复势中的常数项和速度势、流函数的常数项一样都没有力学意义，可以舍去，因此，所求复势为

$$W(z)=\frac{\Gamma}{2\pi\mathrm{i}}\ln\frac{(z-z_0)}{(z+\bar{z}_0)}$$

8.8.2 圆形壁的干扰

如果圆周线以外有奇点存在，则圆周边界对流场的影响可用圆周线以内的奇点映像来取代，有如下定理。

圆定理：若在 $|z|=R$ 的圆外无界流场中存在奇点，其复势为 $f(z)$，则当 $|z|=R$ 为固壁时，流场的复势为

$$W(z)=f(z)+\bar{f}\frac{R^2}{z} \tag{8.8.6}$$

式中，$\bar{f}\frac{R^2}{z}$ 为将 $f(z)$ 中的 z 换成 $\frac{R^2}{z}$，其余复数取共轭以后得到的复势。

证明：由于在圆周上 $|z|=R$，$|z|^2=\bar{z}z=R^2$，所以

$$\bar{z}=\frac{R^2}{z}$$

圆周上复势

$$W(z)=f(z)+\bar{f}(\bar{z})=f(z)+\overline{f(z)}$$

这说明在圆周上，$\mathrm{Im}W(z)=\psi=0$，圆周为一封闭的流线，其作用等同于圆形壁面。由于 $f(z)$ 的奇点满足 $|z_j|>R$，其映像奇点可能的位置为相应的反演点 $z=R^2/z_j$ 和 $z=0$，而它们都在圆内，因此，圆外并没有增加奇点，式（8.8.6）就是 $|z|=R$ 圆形固壁以外无界流场的复势。

利用圆定理，立即可以得到绕圆柱无环量流动的复势。因为圆外只有直匀流 $f(z)=v_\infty z$，当半径为 R 的圆周为固壁时，圆外流场的复势按式（8.8.6）应为

$$W(z)=f(z)+\bar{f}\frac{R^2}{z}=v_\infty z+v_\infty\frac{R^2}{z}$$

即

$$W(z)=v_\infty\left(z+\frac{R^2}{z}\right) \tag{8.8.7}$$

此结果与式（7.5.6）相同。

例 8.8.2 已知在 $|z|=R$ 圆形壁以外 $z=z_0$ 处有一强度为 Γ 的点涡，如图 8.8.4 所示。试求圆形壁外无界流场的复势。

解：圆外 $z=z_0$ 处的点涡的复势为

$$f(z) = -\frac{\mathrm{i}\Gamma}{2\pi}\ln(z - z_0) \quad (a)$$

所以

$$\bar{f}\frac{R^2}{z} = \frac{\mathrm{i}\Gamma}{2\pi}\ln\left(\frac{R^2}{z} - \bar{z}_0\right) \quad (b)$$

式（a）和式（b）相加得

$$W(z) = -\frac{\mathrm{i}\Gamma}{2\pi}\ln(z - z_0) + \frac{\mathrm{i}\Gamma}{2\pi}\ln\left(\frac{R^2}{z} - \bar{z}_0\right) \quad (c)$$

改写式（c），去掉常数项，可得

$$W(z) = -\frac{\mathrm{i}\Gamma}{2\pi}\ln(z - z_0) - \frac{\mathrm{i}\Gamma}{2\pi}\ln z + \frac{\mathrm{i}\Gamma}{2\pi}\ln\left(z - \frac{R^2}{\bar{z}_0}\right)$$

结果表明，映像涡有两个：一个在原点逆时针方向旋转，另一个在反演点$\frac{R^2}{\bar{z}_0}$顺时针方向旋转，环量大小均为 Γ。

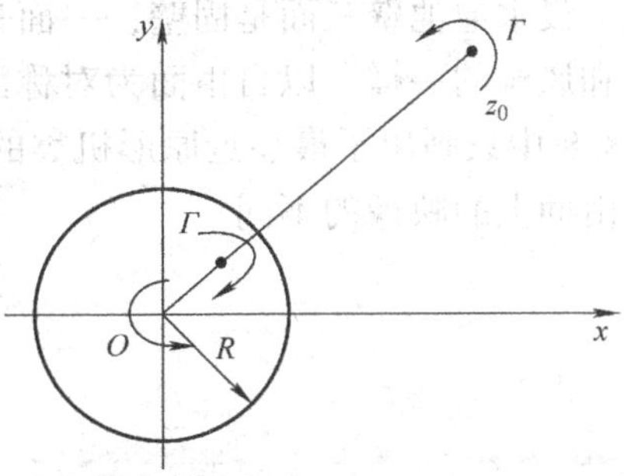

图 8.8.4　例 8.8.2 图

8.8.3　地面效应

飞机在起飞和降落过程中，当它离地高度只有一两个翼展（两翼尖之间的距离）时，地面的存在对机翼的升力有显著的有利影响。最简单的飞机升力模型是用一个 Π 形涡代替机翼，如图 8.8.5 所示。两侧平行延伸到无穷远处的涡线模拟翼梢拖出的自由涡，而中间那段涡线模拟机翼本身，称为附着涡。这个 Π 形涡的映像涡在地面以下的对称位置上，涡的旋转方向和原涡系相反。映像涡的两个自由涡在原涡系的附着涡处产生向上的诱导速度，使机翼的有效攻角加大，因而升力增大。离地面越近，这个影响越大。

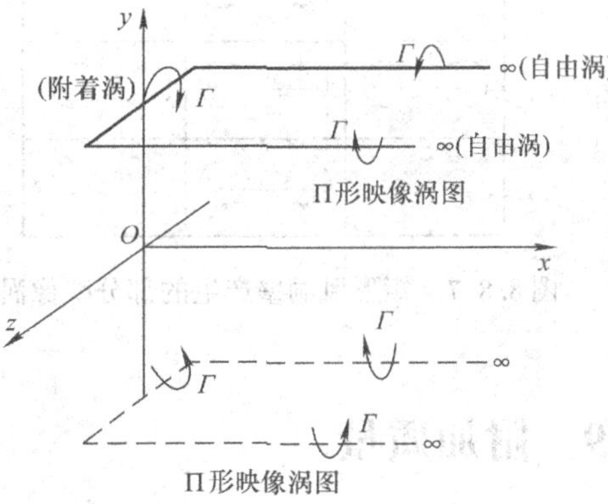

图 8.8.5

利用地面效应设计的飞行器也可以贴近水面低空飞行，获得升力的增益，我国在 1999 年已设计制造成第一架这种旅游飞机。

8.8.4　风洞壁和水池壁产生的映像

飞行器或其部件在风洞中做试验时，风洞的尺寸是有限的，这一点和飞行器在大气里飞行有差别，需要修正。这种修正称为洞壁干扰修正。如图 8.8.6 所示，一个机翼在圆形风洞中做升力试验时，其翼梢两个自由涡的强度为 Γ。为了模拟洞壁的影响，只要在圆洞壁外，在与两个翼尖对应的反演点上，设置两个同等强度、方向相反的点涡就行了。按 8.8.2 节中所讲的圆定理，圆外一点涡在圆内有两个点涡与之对应。现在原点的两个对应涡相互抵消掉了，所以图 8.8.6 所示的涡系中没有原点的涡出现。用圆外两个点涡代替圆形洞壁，这两个点涡在机翼上要产生向上的诱导速度，从而使有效攻角加大，升力增加。这种后果就相当于是洞壁造成的，在整理试验数据时要作相应修正。

如果风洞壁是矩形的，则映像涡要多得多。由于映像中还有映像，所以这时映像涡系是无穷的，图 8.8.7 中只画出了原机翼最靠近的几个映像机翼。

设水池池壁三面是固壁，一面是自由液面，如图 8.8.8 所示。以固壁为对称面的机翼映像和风洞的一样，以自由面为对称面的机翼映像则要反号（和原形机翼的涡系同符号）。图 8.8.8 中只画出了最靠近原形机翼的四个映像机翼，将图 8.8.8 和图 8.8.7 相比较就可看出自由面上的映像的不同。

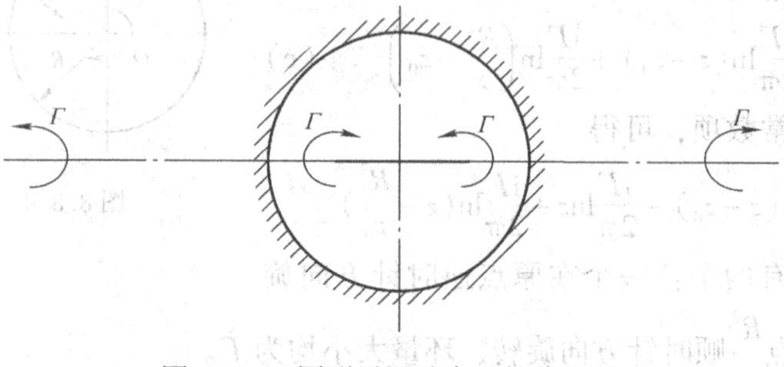

图 8.8.6 圆形风洞壁产生的映像涡

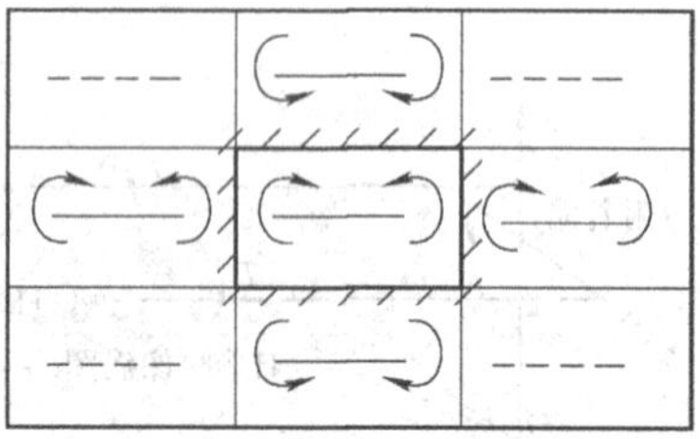

图 8.8.7 矩形风洞壁产生的部分映像涡系

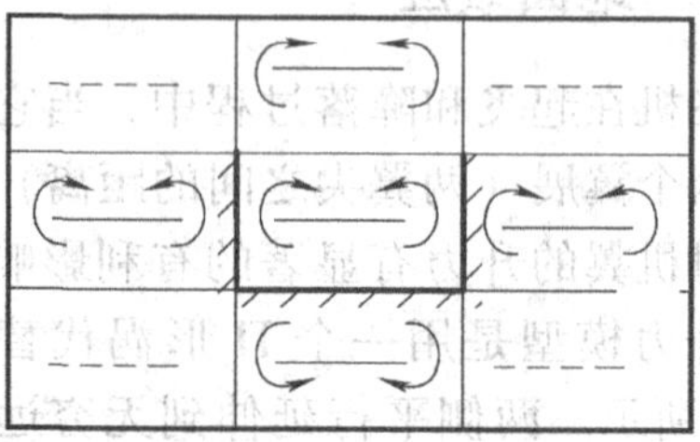

图 8.8.8 水池池壁和自由面产生的部分映像涡系

8.9 附加质量

8.9.1 基本概念和公式

现在讨论物体做变速运动时受理想流体作用的力的问题。

1. 势流的动能

先考虑一个半径足够大的空间域，球形界面记为 Σ，物体在此空间以速度 $v(t)$ 做变速直线运动，物面记作 S（图 8.9.1）。物体加速运动使微元流体 $d\tau$ 获得的速度为 v，则空间 τ 中流体的动能就是

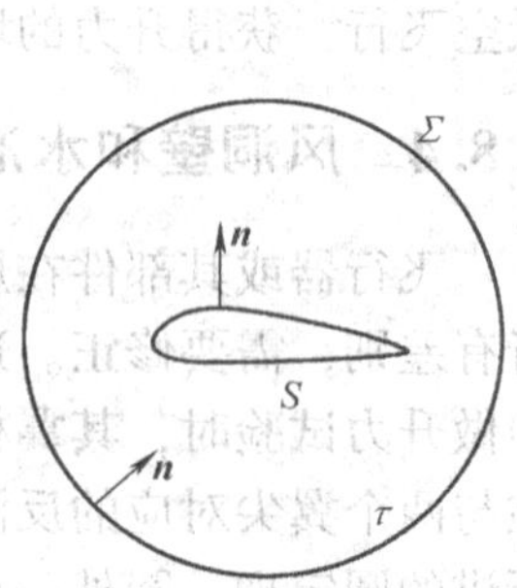

图 8.9.1

$$T = \int_\tau \frac{1}{2}\rho v^2 d\tau = \frac{\rho}{2}\int_\tau v^2 d\tau \quad (8.9.1)$$

理想不可压缩流体在重力场中由静止起动，其运动是无旋的，所以存在速度势 φ，因而有

$$v^2 = (\nabla\varphi)^2 = \nabla\cdot(\varphi\,\nabla\varphi) - \varphi\,\nabla^2\varphi = \nabla\cdot(\varphi\,\nabla\varphi)$$

即

$$v^2 = \frac{\partial}{\partial x}\left(\varphi\frac{\partial\varphi}{\partial x}\right) + \frac{\partial}{\partial y}\left(\varphi\frac{\partial\varphi}{\partial y}\right) + \frac{\partial}{\partial z}\left(\varphi\frac{\partial\varphi}{\partial z}\right) \tag{8.9.2}$$

将式（8.9.2）代入式（8.9.1），应用高斯定理，有

$$\begin{aligned} T &= \frac{\rho}{2}\int_\tau\left[\frac{\partial}{\partial x}(\varphi\frac{\partial\varphi}{\partial x}) + \frac{\partial}{\partial y}(\varphi\frac{\partial\varphi}{\partial y}) + \frac{\partial}{\partial z}(\varphi\frac{\partial\varphi}{\partial z})\right]\mathrm{d}\tau \\ &= -\frac{\rho}{2}\int_{\Sigma+S}\left[(\varphi\frac{\partial\varphi}{\partial x})\cos\langle \boldsymbol{n},x\rangle + (\varphi\frac{\partial\varphi}{\partial y})\cos\langle \boldsymbol{n},y\rangle + (\varphi\frac{\partial\varphi}{\partial z})\cos\langle \boldsymbol{n},z\rangle\right]\mathrm{d}S \\ &= -\frac{\rho}{2}\int_{\Sigma+S}\varphi\frac{\partial\varphi}{\partial n}\mathrm{d}S \end{aligned} \tag{8.9.3}$$

式中，n 的方向均指向 τ 中的流体，因此，应用高斯定理时将出现负号。下面考虑 τ 的外部球形界面半径 $r\to\infty$ 时的情形，这时 Σ 上流体的运动速度趋于零，即 $\nabla\varphi|_\Sigma$ 趋于 0，式（8.9.3）中 Σ 界面上的积分趋于零。这样一来，无界空间中流体的动能仅由物面的积分给出。即

$$T = -\frac{\rho}{2}\int_S\varphi\frac{\partial\varphi}{\partial n}\mathrm{d}S$$

令

$$\varphi = v(t)\varphi_0 \tag{8.9.4}$$

则

$$T = \frac{\rho v^2}{2}\int_S\varphi_0\frac{\partial\varphi_0}{\partial n}\mathrm{d}S \tag{8.9.5}$$

2. 定义附加质量

物体在流体中变速运动，推动物体的力不仅要为增加物体的动能做功，还要为增加周围流体的动能做功。因此，质量为 m 的物体要获得加速度 $\boldsymbol{a}$，施加在它上面的力 $\boldsymbol{F}$ 将要大于 $m\boldsymbol{a}$，若写成等式

$$\boldsymbol{F} = (m+\lambda)\boldsymbol{a} \tag{8.9.6}$$

则称 λ 为该物体的附加质量。将式（8.9.6）改写成

$$\boldsymbol{F} - \lambda\boldsymbol{a} = m\boldsymbol{a} \tag{8.9.7}$$

式中，$-\lambda\boldsymbol{a}$ 为周围流体给物体的反作用力，称为附加惯性力。此力和物体的加速度相反，因此，物体加速时，附加惯性力起阻力作用，物体减速时它起推力作用。

根据作用和反作用定律，物体加速运动时给流体的作用力就是 $\lambda\boldsymbol{a}$，或写成 $\lambda\frac{\mathrm{d}\boldsymbol{v}}{\mathrm{d}t}$，其中，$\boldsymbol{v}=\boldsymbol{v}(t)$ 是物体的运动速度。在 $\mathrm{d}t$ 时间内，物体运动的距离是 $v\mathrm{d}t$，所做的功是 $\lambda\frac{\mathrm{d}v}{\mathrm{d}t}v\mathrm{d}t$。对于理想流体，这些功全部转化为流体的动能 $\mathrm{d}T$，因而

$$\mathrm{d}T = \lambda\frac{\mathrm{d}v}{\mathrm{d}t}v\mathrm{d}t = \lambda d\frac{v^2}{2}$$

积分得

$$T = \frac{1}{2}\lambda v^2 \tag{8.9.8}$$

式（8.9.8）表明，如果能够计算流体所获得的动能，也就找到了计算附加质量的公式。将式（8.9.8）和式（8.9.3）比较，得附加质量公式为

$$\lambda = -\rho\int_S\varphi_0\frac{\partial\varphi_0}{\partial n}\mathrm{d}S \tag{8.9.9}$$

式中，$\varphi_0=\dfrac{\varphi}{v(t)}$为单位速度势。

8.9.2 绝对速度势、相对速度势和牵连速度势

速度势φ是流体的绝对速度势，对应的速度是绝对速度v［见式（8.9.5）］。在t瞬时，将坐标固连于物体，通过绝对运动、相对运动和牵连运动之间的关系可以找到相应速度势之间的关系。如图8.9.2所示，在t瞬时，任意一点A处，流体质点的相对速度为$\boldsymbol{v}^*$（与流线相切），$\boldsymbol{v}(t)$是动坐标系的运动速度——牵连速度，绝对速度$\boldsymbol{v}$是两者的矢量和，因此

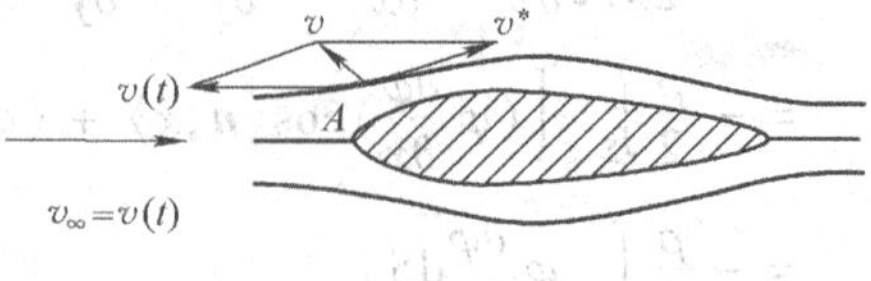

图8.9.2

$$\boldsymbol{v}=\boldsymbol{v}(t)+\boldsymbol{v}^* \tag{8.9.10}$$

或　$\nabla\varphi=\nabla\varphi_e+\nabla\varphi^*=\nabla(\varphi_e+\varphi^*)$

所以

$$\varphi=\varphi_e+\varphi^* \tag{8.9.11}$$

式中，φ_e为牵连速度势；φ^*为相对速度势。

相对运动流场的来流的速度势按直匀流公式为$v(t)x$，牵连运动方向正好相反，所以牵连速度势可以写成

$$\varphi_e=-v(t)\,x \tag{8.9.12}$$

因而

$$\varphi_0=-x+\varphi_0^* \tag{8.9.13}$$

式中，$\varphi_0^*=\dfrac{\varphi^*}{v(t)}$为单位相对速度势。

从上面的关系中可以看出，单位绝对速度势与时间t无关，仅是空间位置的函数，这个函数关系取决于物体的形状和运动方向。由此可以推知，附加质量λ也具有同样的性质。

8.9.3 圆柱体的附加质量

无限长圆柱体沿垂直于本身轴线的方向在流体中做非匀速直线运动，求单位长度圆柱体的附加质量。设运动速度为$v(t)$，参照式（8.5.7），圆柱绕流的相对速度势可写成

$$\varphi^*=v(t)\left(r+\frac{a^2}{r}\right)\cos\theta$$

式中，a为圆柱半径。将此式代入式（8.9.13）得

$$\varphi_0=-x+\left(r+\frac{a^2}{r}\right)\cos\theta=-r\cos\theta+\left(r+\frac{a^2}{r}\right)\cos\theta=\frac{a^2}{r}\cos\theta$$

$$\frac{\partial\varphi_0}{\partial n}=\frac{\partial\varphi_0}{\partial r}=-\frac{a^2}{r^2}\cos\theta$$

按式（8.9.9）计算附加质量，有

$$\lambda=-\rho\int_S\left[\frac{a^2}{r}\cos\theta\left(-\frac{a^2}{r^2}\cos\theta\right)\right]_{r=a}\mathrm{d}S=-\rho\int_0^{2\pi}(-a\cos^2\theta)a\,\mathrm{d}\theta$$

结果是

$$\lambda = \rho \pi a^2 \tag{8.9.14}$$

这表明，圆柱体做变速直线运动时，它的附加质量等于同体积的流体质量。

8.9.4 一般情形

物体的一般变速运动包括平移和旋转，平移运动的三个速度分量分别为 v_x、v_y、v_z，三个旋转角速度分量分别是 ω_x、ω_y、ω_z。于是，将式（8.9.7）推广到一般，有

$$\varphi = v_1\varphi_{01} + v_2\varphi_{02} + v_3\varphi_{03} + v_4\varphi_{04} + v_5\varphi_{05} + v_6\varphi_{06} = v_k\varphi_{0k} \tag{8.9.15}$$

将式（8.9.15）代入式（8.9.6），得

$$T = -\frac{\rho}{2}\int_S v_i\varphi_{0i}v_j\frac{\partial\varphi_{0j}}{\partial n}\mathrm{d}S = -\frac{\rho}{2}v_iv_j\int_S\varphi_{0i}\frac{\partial\varphi_{0j}}{\partial n}\mathrm{d}S$$

此式可以写成

$$T = \frac{1}{2}v_iv_j\lambda_{ij} \tag{8.9.16}$$

式中，λ_{ij}为附加质量，其定义为

$$\lambda_{ij} = -\rho\int_S\varphi_{0i}\frac{\partial\varphi_{0j}}{\partial n}\mathrm{d}S \tag{8.9.17a}$$

附加质量 λ_{ij}表示物体沿 j 方向的运动而引起 i 方向的附加质量，它共有 36 项。当 i、j = 1、2、3 时，λ_{ij}具有质量的因次，它们是由平动引起的；当 i、j =4、5、6 时、λ_{ij}具有转动惯量，由旋转产生。

1）附加质量具有对称性，即 $\lambda_{ij} = \lambda_{ji}$。证明如下：

$$\lambda_{ij} = -\rho\int_S\varphi_{0i}\frac{\partial\varphi_{0j}}{\partial n}\mathrm{d}S = -\rho\int_S\varphi_{0i}\nabla\varphi_{0j}\cdot\boldsymbol{n}\mathrm{d}S = -\rho\int_\tau\nabla\cdot(\varphi_{0i}\nabla\varphi_{0j})\mathrm{d}\tau \tag{8.9.17b}$$

因单位绝对速度势 φ_{0i}和 φ_{0j}满足拉普拉斯方程，因此有

$$\nabla\cdot(\varphi_{0i}\nabla\varphi_{0j}) = \nabla\varphi_{0i}\cdot\nabla\varphi_{0j} = \nabla\varphi_{0j}\cdot\nabla\varphi_{0i}$$

代入式（8.9.17b）得

$$\lambda_{ij} = -\rho\int_\tau\nabla\varphi_{0j}\cdot\nabla\varphi_{0i}\mathrm{d}\tau = -\rho\int_\tau\nabla\cdot(\varphi_{0j}\nabla\varphi_{0i})\mathrm{d}\tau = -\rho\int_S\varphi_{0j}\frac{\partial\varphi_{0i}}{\partial n}\mathrm{d}S = \lambda_{ji} \tag{8.9.17c}$$

这样 36 个 λ_{ij}中共有 15 对相等，只有 21 个独立元素。

2）如果物体有一个对称面而且这一对称面位于坐标平面（船舶或飞机）内，则 21 个独立元素中有 9 个为零，剩下 12 个独立元素。例如当 Oxz 坐标面为对称面时，有

$$\left.\begin{aligned}\lambda_{12} = \lambda_{14} = \lambda_{16} = 0\\ \lambda_{32} = \lambda_{34} = \lambda_{36} = 0\\ \lambda_{52} = \lambda_{54} = \lambda_{56} = 0\end{aligned}\right\}$$

3）如果物体有两个对称面，而且对称面位于坐标平面，又有 4 个元素等于零，只剩下 8 个独立元素。例如当 xOz 和 yOz 为对称面时有

$$\lambda_{13} = \lambda_{35} = \lambda_{26} = \lambda_{46} = 0$$

4）如果物体有三个对称面，而且对称面就是坐标平面，则只剩下 6 个独立的元素，即

$$\lambda_{ii} \neq 0,\ \lambda_{ij} = 0\ (i \neq j)$$

一旦求得附加质量，附加惯性力就可以根据动能定理来确定。例如：物体做 x 方向的变速平移运动，其速度为 v_1，流体的动能便是$\frac{1}{2}\lambda_{11}v_1^2$。根据动能定理，在变速运动中，动能的变化率和流体的附加惯性力 F_1 的功率相等，即

$$F_1 v_1 = \frac{d}{dt}\left(\frac{1}{2}\lambda_{11}v_1^2\right) = \lambda_{11}V_1\frac{dv_1}{dt}$$

因此

$$F_1 = \lambda_{11}\frac{dv_1}{dt}$$

其他附加惯性力（或力矩）均可按此类似求得。

习　　题

8.1　试证明柯西－黎曼条件的极坐标形式为

$$\frac{\partial\varphi}{\partial r} = \frac{1}{r}\frac{\partial\psi}{\partial\theta}, \frac{1}{r}\frac{\partial\varphi}{\partial\theta} = -\frac{\partial\psi}{\partial r}$$

8.2　试求出下列复势 $W = e^z$ 和 $W = \frac{z^4}{(z\bar{z})^{\frac{15}{8}}}$的速度势 φ 及流函数 ψ。

8.3　试证明 $\varphi = \ln(x^2+y^2)$ 除了坐标原点外均是调和的。

8.4　一速度 $v_0 = 10\text{m/s}$ 的直匀流，流过一个半径 $r = 1\text{m}$ 的圆柱，其环流 $\Gamma = 20\pi\text{m}^2/\text{s}$。试求沿物面的压力系数 C_p。

8.5　速度分布为 $v_x = Ax$，$v_y = -Ay$。

（1）试判断此流动是否为无旋流。

（2）试求 φ 及 ψ。

（3）不计外力，试求在任意点的压力。

8.6　已知流动的复势 $W(z) = \ln\frac{z}{z-2.5}$，试求沿圆周 $x^2+y^2 = 2.25$ 的环量和通过圆周线的流量。

8.7　一轴对称流场由一个速度 $v = v_0$（km/s）的均匀流和位于坐标原点强度为 q 的点源所组成。试求：

（1）过此流场的流函数 ψ 和速度势 φ。

（2）流场的驻点。

（3）经过驻点的流函数。

（4）描绘出流场所形成的绕流物体的外形，并写出其方程。

8.8　圆柱体长 10m，直径为 1m，转速为 225r/min，垂直立于一平板车上。平板车沿直轨道等速行驶，其速度 v_1 为 40m/s。侧风垂直于轨道，风速 v_2 为 30m/s。试求圆柱体所受力。

8.9　已知复势为 $W(z) = 2\ln z - 2\ln(z-3)$，试分解这种流动为最简单的流动，并求沿圆周 $x^2+y^2 = 4$ 的环流和通过这一围线的流量。

8.10　平面不可压缩流动的速度场为：①$v_x = y$，$v_y = -x$；②$v_x = x-y$，$v_y = x+y$；③$v_x = x^2-y^2$，$v_y = -2xy-y$。试判断以上流场是否满足速度势 Φ 和流函数 Ψ 的存在条件，进而求出 Φ 和 Ψ。

8.11　试证明函数 $f = xyzt$ 是速度势函数，而且流场不随时间变化。

8.12　有一种二维不可压缩无旋流动，已知 $v_x = kxy$，k 为常数，试求 v_y。

8.13　已知速度势，试求复势和流函数：

（1）$\Phi = Ux + \dfrac{x}{x^2 + y^2}$，$U$ 为常值速度（下同）。

（2）$\Phi = Ux + \dfrac{y}{x^2 + y^2}$。

（3）$\Phi = \ln\dfrac{(x-a)^2 + y^2}{(x+a)^2 + y^2}$。

8.14　试分析如下流动是由哪些基本流动组成的（式中 U、a、b 和 m 均为常数）：

（1）$W(z) = Uz - \mathrm{i}Ua\ln z - \dfrac{Ub^2}{z}$。

（2）$W(z) = (1+\mathrm{i})\ln\dfrac{z+1}{z-4}$。

（3）$W(z) = m\ln\left(z - \dfrac{1}{z}\right)$。

8.15　幂函数 $W = Az^n$，式中 A 为实常数，$n = \pi/a$。当 $a = \pi$、$a = \dfrac{\pi}{2}$、$0 < a < \pi/2$、$\pi/2 < a < \pi$ 时，试分别分析该函数所代表的平面无旋运动。

8.16　在点（a，0）和点（$-a$，0）上放置等强度的点源，试证明 $x^2 + y^2 = a^2$ 的圆上任意一点的速度都与 y 轴平行，而且速度的大小与 y 成反比。

8.17　设复势　$W(z) = (1+\mathrm{i})\ln(z^2+1) + (2-3\mathrm{i})\ln(z^2+4) + \dfrac{1}{z}$，试求：

（1）沿圆周 $x^2 + y^2 = 9$ 的速度环量 Γ。

（2）通过该圆的体积流量 q。

8.18　直径为 2m 的圆柱在水下 10m 深处以速度 10m/s 做水平运动（题 8.18 图），水面大气压 $p_0 = 101325\text{Pa}$，水的密度 $\rho = 1000\text{kg/m}^3$，不考虑波浪影响，试计算 A、B、C、D 四点处的压力。

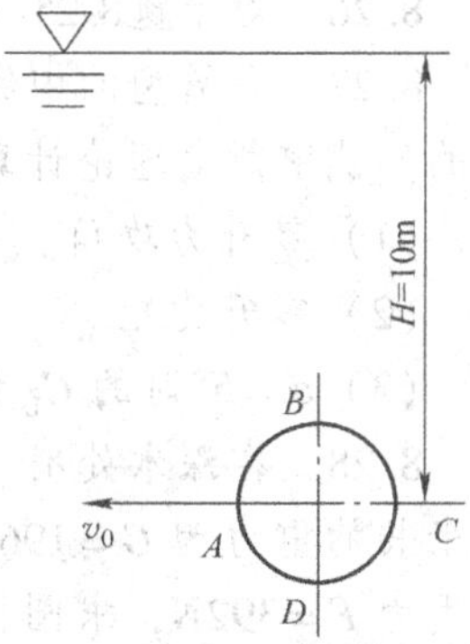

题 8.18 图

8.19　在题 8.18 中，圆柱在做水平运动的同时以 60r/min 的角速度绕自身轴旋转，试决定驻点的位置，并计算 B、D 两点处的速度和压力。

8.20　已知流函数 $\psi = 100y\left(1 - \dfrac{25}{r^2}\right) + \dfrac{628}{2\pi}\ln\dfrac{r}{5}$，$r = \sqrt{x^2 + y^2}$，试求：

（1）组成此流动的基本流动。

（2）驻点的位置。

（3）绕物体的速度环量。

（4）无限远处的速度。

（5）作用在物体上的力。

8.21　直径为 0.6m 的圆柱以 6m/s 的速度在静水内做水平直线运动，同时绕自身轴旋转，每米长度上的升力是5.88kN，试计算它的升力系数和转数。

8.22 如题8.22图所示，在点（−2，1）处有一强度为q的点源，求第二象限直角流场中的复势。

8.23 求题8.23图所示点涡的轨迹，已知通过点（$\sqrt{2}$，$\sqrt{2}$）。

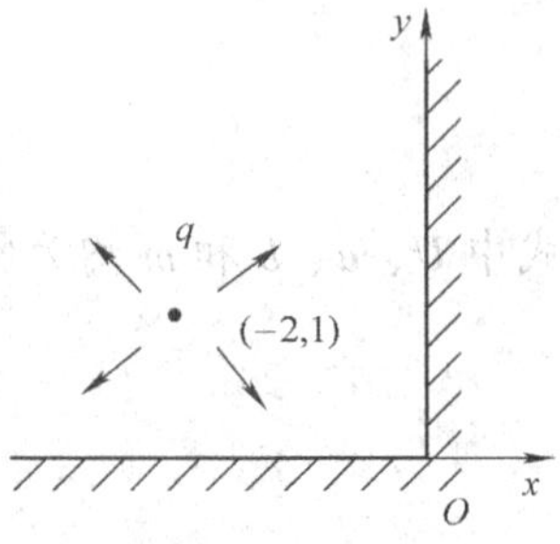

题8.22图

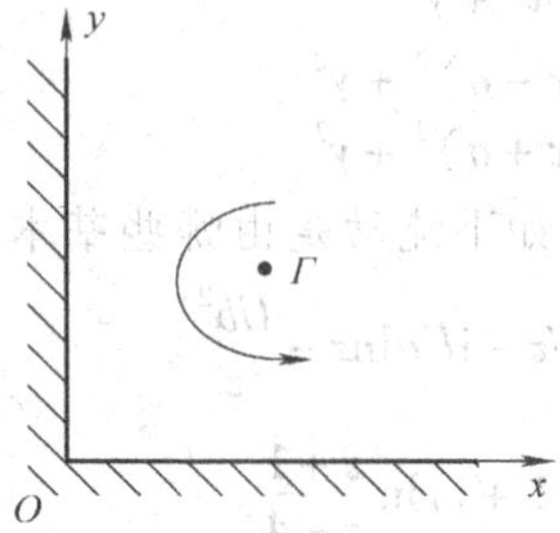

题8.23图

8.24 平板绕流中，已知攻角$\alpha=5°$，板长为1.5m，来流速度为50m/s，来流密度为1.225kg/m^3，求：

（1）绕平板的速度环量。

（2）驻点位置。

（3）平板的升力。

8.25 一翼型的中线为一段圆弧（曲率半径不变），最大弯度为kb，k是常数而b为弧长。来流速度为v_∞，攻角为α，在$k \ll 1$的假设下，试证明环量分布近似为$\gamma=2v_\infty\left(\alpha\dfrac{1+\cos\theta}{\sin\theta}+4k\sin\theta\right)$。

8.26 对于题8.25中的圆弧翼型，试证明零升力角为$-2k$（弧度），零升力力矩为$-\pi k$。

8.27 一翼型的中线方程为$\bar{y}=4\bar{f}(\bar{x}-\bar{x})^2$，弯度$\bar{f}=0.04$，式中无量纲量均是对弦长而言的。试用薄翼理论计算：

（1）零升力攻角。

（2）零升力矩。

（3）$\alpha=5°$时的C_L值和压力中心位置。

8.28 在深水处有一水平放置的圆柱体，半径为0.1m，每米长的重力为$G=196$N，如果垂直向下对每米长度圆柱的作用力$F=392$N，求圆柱的运动方程。

8.29 半径为R的二维圆柱体在液体中以水平分速$v_x=v_0t$运动。当$t=0$时，圆柱位于坐标原点，试求作用在圆柱体上的推力以及$t=2$s时圆柱所处的位置。已知圆柱体的密度为σ，液体的密度为ρ。

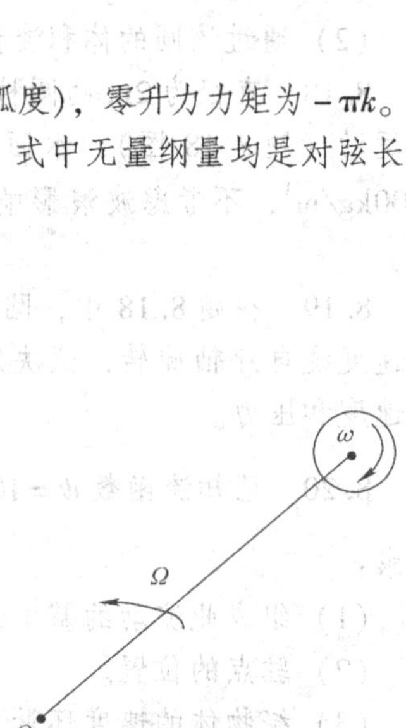

题8.30图

8.30 如题8.30图所示，半径为R的二维圆柱体在无界流体中绕O轴旋转，角速度为Ω，同时又以角速度ω自转，假设缆绳长$l \gg R$，圆柱体重力为G，流体密度为ρ，求缆绳所受的张力。

第 9 章　波 浪 理 论

根据统计，在海面上大约有 70% 的时间发生海浪，使船产生摇摆和击水。另外舰船在水面或水下靠近水面航行时，都会产生船波，引起船的兴波阻力。所以波浪理论的研究对造船工业的科技人员有独特的意义。

本章中心问题有两个：其一是研究在波浪运动中流体质点的运动情况，自由表面的波形特点，以及它们之间的关系；其二是研究在这种运动中流体所具有的能量，从而简单地介绍兴波阻力的概念。由于这里假设波浪运动是理想流体的势流问题，所以本章所采用的方法是速度势的方法，即根据边界条件和初始条件解拉普拉斯方程，求出流体运动的速度势，从速度势求速度分布，有了速度分布便可以由拉格朗日积分来决定压力分布。

9.1　波浪的概念

海浪可分为扑岸浪、风浪和涌浪三种。扑岸浪是海岸附近的浪。风浪是风引起的浪。涌浪则是暴风停止后余留下来的，或由暴风区域传播来的浪。涌浪巨大而长，成柱形，一个波形接一个波形有规律地向前传播。很显然这是个周期性（或近似周期性）的运动，也就是隔一个固定的时间间隔后，运动将回复到原来的状态。海浪和船波都是十分复杂的，处理的时候可以当作余弦波（或称为规则波）的叠加。船波是涌浪简化了的模型，在这章里主要对它进行分析，以便获得某些波浪的初步知识。

当风停止后，水的黏性是使波浪逐渐消失的原因，但从其消失的缓慢过程来看，黏性力的作用是不大的，可以略去不计。因此在波浪理论中水是作为理想流体来处理的。

波浪运动是水面受风的压力扰动后，在重力作用下产生的周期性运动。因为风不可能是均匀的，各个地方的压力和速度会有所不同。这样就会开始在水面上引起凹凸不平，形成微波。压力大的地方形成波谷，压力小的地方形成波峰。之后风继续吹过水面，经过波峰时流线较密，流速加大，压力减小；经过波谷时流线较疏，流速减小，压力加大，如图 9.1.1a 所示，在空气的压力作用下，水面的微波不是消失，而是继续加强，于是水面便由开始时的微波逐渐增大，成为巨大的波浪。

在风停止后，空气的压力分布是均匀的，这时水主要受重力的作用，水内部的摩擦力可以略去不计。重力 G 可以分解为相对于自由表面的垂直力 F_N 和切向力 F_τ，如图 9.1.1b 所示。

由于水具有流动的特性，切向力 F_τ 就使水产生流动，而不能保持扰动后的形状静止不动，波峰的水将流向波谷。当水面变为水平时，由于惯性作用，这种运动并不会马上停止，而是继续流动。于是原来波谷的地方将堆高为波峰，而波峰的地方将变成波谷。这样由于水具有惯性并受重力的作用，就形成了波浪的周期性运动。

这里首先要注意的是，波浪运动是理想流体的运动，黏性力不是主要作用，因而可以略去不计；其次，风停止后重力是唯一的外力，所以在波浪运动中重力是必须考虑的；再次，

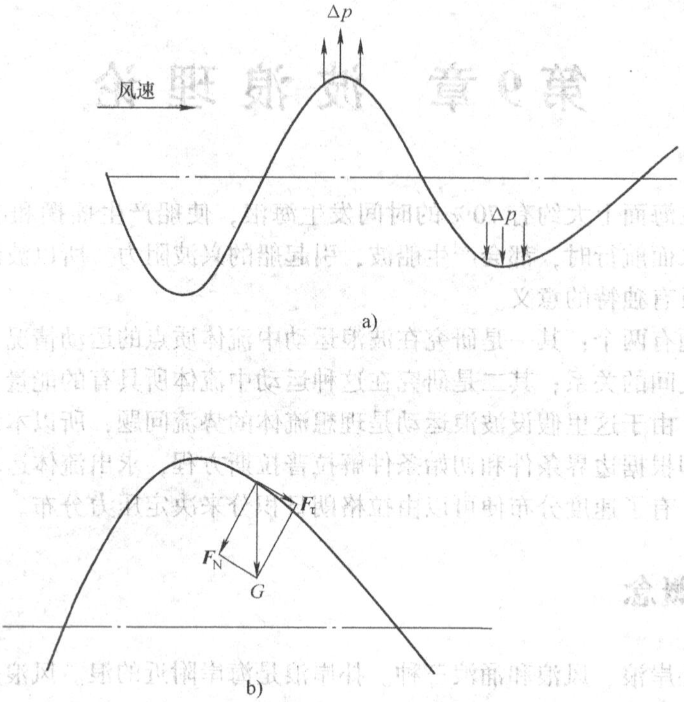

图 9.1.1 波浪运动的产生

a）风的压力的扰动 b）重力的作用

根据观察，波浪运动是周期性运动，是非定常运动的一种特例。

以下将证明作用在理想流体上的质量力有势时，流体受风压力冲量的扰动后所产生的运动将是无旋的。

假设流体是不可压缩的理想重流体（“重”表示重力不能略去不计），在 Δt 时间内受巨大的压力 p 的作用，压力冲量 Π 用下式来表示

$$\Pi = \int_0^{\Delta t} p\mathrm{d}t \tag{9.1.1}$$

欧拉运动微分方程为

$$f_x - \frac{1}{\rho}\frac{\partial p}{\partial x} = \frac{\partial v_x}{\partial t} + v_x\frac{\partial v_x}{\partial x} + v_y\frac{\partial v_x}{\partial y} + v_z\frac{\partial v_x}{\partial z} \tag{9.1.2}$$

将式（9.1.2）各项分别乘以 $\mathrm{d}t$，在时间 Δt 内积分可以得到如下结果

① $\int_0^{\Delta t}\frac{\partial v_x}{\partial t}\mathrm{d}t = v_x$

② $\int_0^{\Delta t}\left(v_x\frac{\partial v_x}{\partial x} + v_y\frac{\partial v_x}{\partial y} + v_z\frac{\partial v_x}{\partial z}\right)\mathrm{d}t \leqslant \left(v_x\frac{\partial v_x}{\partial x} + v_y\frac{\partial v_x}{\partial y} + v_z\frac{\partial v_x}{\partial z}\right)_{\max}\Delta t$

③ $\int_0^{\Delta t} f_x\mathrm{d}t = f_x\Delta t$

④ $-\int_0^{\Delta t}\frac{1}{\rho}\frac{\partial p}{\partial x}\mathrm{d}t = -\frac{\partial}{\partial x}\frac{1}{\rho}\int_0^{\Delta t}p\mathrm{d}t = \frac{\partial}{\partial x}\left(-\frac{\Pi}{\rho}\right)$

其中 v_x 为流体在 Δt 时间后，受风压力冲量扰动所引起的速度。由于质量力、速度及速

度的微分等均为有限值，以上各项积分结果中②、③项为与 Δt 同一量阶的量，而 Δt 是无限小量，所以这两项与①、④项比较可以略去不计。

这样将式（9.1.2）积分并将①、④两项代入可得下面第一式，并根据同理可得另外两式

$$v_x = \frac{\partial}{\partial x}\left(-\frac{\Pi}{\rho}\right),\ v_y = \frac{\partial}{\partial y}\left(-\frac{\Pi}{\rho}\right),\ v_z = \frac{\partial}{\partial z}\left(-\frac{\Pi}{\rho}\right) \tag{9.1.3}$$

由式（9.1.3）可知，Δt 时间后所引起的运动具有速度势

$$\varphi_0 = -\frac{\Pi}{\rho} \tag{9.1.4}$$

因为存在速度势，所以必须满足无旋的条件。这样就证明了受压力冲量所引起的波浪运动是无旋运动。

根据汤姆孙定理：当流体是理想的，而且是正压的时，如果质量力有势，则沿任意流体质点所组成的封闭围线的速度环流不随时间而变，即 $\mathrm{d}\Gamma/\mathrm{d}t = 0$。这样如果在开始时运动是无旋的，则以后也将永远是无旋的。上面已证明，在风压力冲量作用后引起的波浪运动在开始时具有式（9.1.4）所表示的速度势，是无旋运动。而波浪运动满足汤姆孙定理，所以根据这个定理可知波浪运动将永远保持势流。

由于波浪运动是势流，因此可用以下方法处理：首先决定波浪运动的边界条件，按照这些条件解拉普拉斯方程求出 φ，然后由 φ 求出 v，再用拉格朗日积分求 p。

9.2　微振幅波的基本方程和边界条件

根据上节的分析，波浪运动是不可压缩理想重流体的势流，可以用速度势的方法来解决。为了解出拉普拉斯方程，求得波浪运动的速度势，首先要求出它所要满足的边界条件。因此在本节中除了导出压力分布公式和自由表面方程等基本方程之外，还将给出这些边界条件。

基本假设：

1）流体是理想不可压缩的，重力不能略去不计。

2）运动是无旋的，具有速度势。

3）波浪是微振幅波，即 $\lambda >> h$。其中 λ 为波长，h 为波高，如图9.2.1所示。

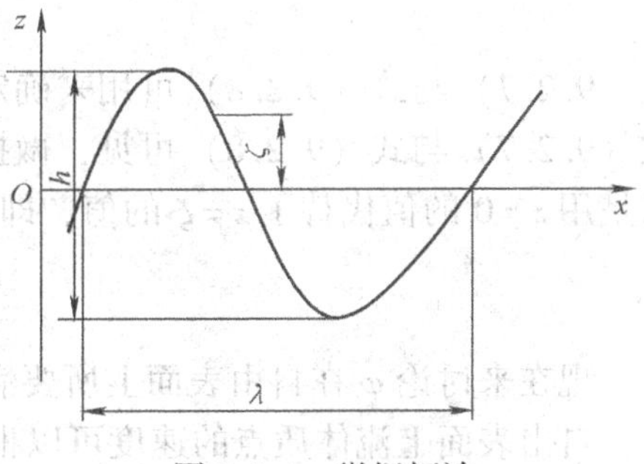

图9.2.1　微振幅波

因为波浪运动是无旋的非定常运动，可以用拉格朗日积分来决定流体中的压力分布。考虑重力作用时，不可压缩理想流体势流的拉格朗日方程为

$$z + \frac{p}{\rho g} + \frac{v^2}{2g} = -\frac{1}{g}\frac{\partial \Phi}{\partial t} \tag{9.2.1}$$

将式（9.2.1）两边均减去 p_0/r，并整理后可得

$$z + \frac{p - p_0}{\rho g} + \frac{v^2}{2g} = -\frac{1}{g}\frac{\partial}{\partial t}\left(\Phi + \frac{p_0}{\rho}t\right) \tag{9.2.2}$$

令

$$\varphi = \Phi + \frac{p_0}{\rho}t \tag{9.2.3}$$

式中，p_0 为自由表面的压力；φ 为新引入的速度势，这是因为对于速度的关系，φ 和 Φ 是一致的。

$$v_x = \frac{\partial \varphi}{\partial x} = \frac{\partial \Phi}{\partial x}, v_y = \frac{\partial \varphi}{\partial y} = \frac{\partial \Phi}{\partial y}, v_z = \frac{\partial \varphi}{\partial z} = \frac{\partial \Phi}{\partial z}$$

考虑到 $v^2 = v_x^2 + v_z^2$，式（9.2.2）可以整理为

$$\frac{p - p_0}{\rho} = -gz - \frac{1}{2}\left[\left(\frac{\partial \varphi}{\partial x}\right)^2 + \left(\frac{\partial \varphi}{\partial z}\right)^2\right] - \frac{\partial \varphi}{\partial t} \tag{9.2.4}$$

式（9.2.4）为非定常势流的拉格朗日方程，对于有限振幅波和微振幅波同样适用。但对于微振幅波，h 为小量，而由以后的结论可知，流体质点速度的大小同波高成比例，即 $v \propto h$。这样在式（9.2.2）中由于 v^2 为二阶小量，$v^2/(2g)$ 项可以略去。因而式（9.2.4）可简化为

$$\frac{p - p_0}{\rho} = -gz - \frac{\partial \varphi}{\partial t} \tag{9.2.5}$$

式（9.2.5）仅适用于微振幅波。

以静止自由表面 Oxy 为坐标平面，z 轴以向上为正（图 9.2.1）。自由表面的曲面方程可用下式来表示

$$\zeta = f(x, y, t) \tag{9.2.6}$$

这样 φ 在自由表面上应满足如下的动力学边界条件

$$z = \zeta, \ p = p_0$$

对于有限振幅波，将上式代入式（9.2.4）可得

$$\zeta = -\frac{1}{g}\left[\frac{1}{2}\left(\frac{\partial \varphi}{\partial x}\right)^2 + \frac{1}{2}\left(\frac{\partial \varphi}{\partial z}\right)^2 - \frac{\partial \varphi}{\partial t}\right]_{z=\zeta} \tag{9.2.7}$$

而对于微振幅波，根据式（9.2.5）可得

$$\zeta = -\frac{1}{g}\frac{\partial \varphi}{\partial t}\bigg|_{z=0} \tag{9.2.8}$$

式（9.2.7）与式（9.2.8）可用来确定波浪运动中的自由表面方程，即式（9.2.6）。比较式（9.2.7）与式（9.2.8）可见，微振幅波在两个方面进行了简化：一是略去了非线性项，二是用 $z=0$ 的值代替了 $z=\zeta$ 的值，即

$$\frac{\partial \varphi}{\partial t}\bigg|_{z=\zeta} \approx \frac{\partial \varphi}{\partial t}\bigg|_{z=0}$$

现在来讨论 φ 在自由表面上所要满足的运动学条件。

自由表面上流体质点的速度可以根据拉格朗日观点来决定，考虑到式（9.2.6）

$$v_z = \frac{\mathrm{d}z}{\mathrm{d}t} = \frac{\mathrm{d}\zeta[x(t), y(t), t]}{\mathrm{d}t}$$

$$= \frac{\partial \zeta}{\partial t} + v_x\frac{\partial \zeta}{\partial x} + v_y\frac{\partial \zeta}{\partial y}$$

且由于是在自由表面上，$z=\zeta$，所以从上式可得

$$\frac{\partial \varphi}{\partial z}\bigg|_{z=\zeta} = \frac{\partial \zeta}{\partial t} + \frac{\partial \varphi}{\partial x}\bigg|_{z=\zeta}\frac{\partial \zeta}{\partial x} + \frac{\partial \varphi}{\partial y}\bigg|_{z=\zeta}\frac{\partial \zeta}{\partial y} \tag{9.2.9}$$

式（9.2.9）可以适用于有限振幅波。其中$\frac{\partial \zeta}{\partial x}$和$\frac{\partial \zeta}{\partial y}$分别表示$\zeta$曲面（波面）和$y=$常数及$x=$常数两平面交线的斜率，对于微振幅波可以假设

$$\frac{\partial \zeta}{\partial x}\approx 0,\ \frac{\partial \zeta}{\partial y}\approx 0$$

并像式（9.2.8）那样，用$z=0$的值代替$z=\zeta$的值，则式（9.2.9）可以简化为

$$\frac{\partial \zeta}{\partial t}=\left.\frac{\partial \varphi}{\partial z}\right|_{z=0} \tag{9.2.10}$$

式（9.2.10）适用于微振幅波。

将式（9.2.8）两边对t偏微分，并将式（9.2.10）代入后还可以得到

$$\frac{\partial \zeta}{\partial t}=-\frac{1}{g}\left.\frac{\partial^2 \varphi}{\partial t^2}\right|_{z=0}$$

所以

$$\left.\frac{\partial \varphi}{\partial z}\right|_{z=0}=-\frac{1}{g}\left.\frac{\partial^2 \varphi}{\partial t^2}\right|_{z=0} \tag{9.2.11}$$

这些就是自由表面上φ所要满足的运动学边界条件。从式（9.2.11）可以决定波浪运动的波长和周期的关系。

最后简单地提示一下波浪运动中固体表面的边界条件。对于海底、河岸等固体表面，假设流体不能渗入又不能离开时，应满足如下条件

$$v_n=0\ \text{或}\ \frac{\partial \varphi}{\partial n}=0$$

这样如果水深为H，φ在水底所应满足的边界条件为

$$\left.\frac{\partial \varphi}{\partial n}\right|_{z=-H}=0 \tag{9.2.12}$$

9.3 无限水深中的进行波

首先来解拉普拉斯方程。根据在9.1中的分析，波浪运动是周期性的运动，假设它的速度势可以用如下形式的函数来表示

$$\varphi(x,y,z,t)=\phi(x,y,z)\cos(\sigma t+\varepsilon) \tag{9.3.1}$$

式中，σ为圆周频率，相当于简谐运动中的角速度；ε为初位相；$\cos(\sigma t+\varepsilon)$为周期性函数，反映$\varphi$随时间而发生的周期性变化；$\phi$为一待定函数。

由于φ应满足拉普拉斯方程

$$\Delta\varphi=0$$

故将式（9.3.1）代入上式得

$$\Delta\phi\cos(\sigma t+\varepsilon)=0$$

因为对任意的t，$\cos(\sigma t+\varepsilon)$不一定为零，故

$$\Delta\phi=0 \tag{9.3.2}$$

由于

$$v_x=\frac{\partial \varphi}{\partial x}=\frac{\partial \phi}{\partial x}\cos(\sigma t+\varepsilon)$$

所以

$$\frac{\partial \varphi}{\partial x} \neq v_x$$

可见 ϕ 也满足拉普拉斯方程，但不是速度势，它对坐标轴的偏微分不等于速度在该坐标轴上的投影。

如果波形为无限长的柱形，而且在垂直于柱形母线上的所有平面上的运动都是相同的，那么这种波浪运动就是二元的。取柱形母线的方向为 y 轴，则式（9.3.2）可以简化为

$$\frac{\partial^2 \phi}{\partial x^2} + \frac{\partial^2 \phi}{\partial z^2} = 0,\ \phi = \phi(x,z)$$

根据数理方程的分离变量法可以解出这一方程，令

$$\phi = \phi_1(x)\phi_2(z)$$

$$\phi = (C_1 e^{kz} + C_2 e^{-kz})[A\sin(Kx) + B\cos(Kx)]$$

将上式代入式（9.3.1）可得

$$\varphi = (C_1 e^{kz} + C_2 e^{-kz})[A\sin(Kx) + B\cos(Kx)]\cos(\sigma t + \varepsilon)$$

下面将根据无限水深的条件来决定上式中的积分常数。

对于无限水深，$z = -\infty$，速度应为0，即上式对 x、z 偏微分，并将 $z = -\infty$ 代入后均应为0，这样就要求上式中的 $C_2 = 0$，因而

$$\varphi = C_1 e^{kz}[A\sin(Kx) + B\cos(Kx)]\cos(\sigma t + \varepsilon)$$

上式为拉普拉斯方程的特解。由于拉普拉斯方程是线性的，它的通解是所有可能的特解的叠加。因此对于无限深液体，φ 的普遍形式为

$$\varphi = \sum_{i=1}^{n} C_i e^{k_i z}[A_i \sin(K_i x) + B_i \cos(K_i x)]\cos(\sigma_i t + \varepsilon_i) \tag{9.3.3}$$

式（9.3.3）就是无限水深微振幅波的拉普拉斯方程的通解。可以将上式看作为各种各样微振幅波叠加的总的速度势。

现在从式（9.3.3）中选出特殊的两项来讨论其物理意义。令这两项的各个系数为

$$A_1 = 1,\ A_2 = 0;\quad B_1 = 0,\ B_2 = -1$$

$$\varepsilon_1 = 0,\ \varepsilon_2 = -\frac{\pi}{2};\quad C_1 = C_2 = \frac{Ag}{\sigma}$$

$$K_1 = K_2 = K;\quad \sigma_1 = \sigma_2 = \sigma$$

式中，g 为重力加速度；A 为任意常数，但根据以后的讨论可知 A 为波浪运动的振幅。

这样从式（9.3.3）可以得到

$$\varphi = \frac{Ag}{\sigma} e^{kz}[\sin(Kx)\cos(\sigma t) - \cos(Kx)\sin(\sigma t)] \tag{9.3.4}$$

将式（9.3.4）右边合并为一项，最后得

$$\varphi = \frac{Ag}{\sigma} e^{kz}\sin(Kx - \sigma t) \tag{9.3.5}$$

式（9.3.5）为无限水深二元进行波的速度势。在这种波浪运动中，波形以某种速度向前“进行”，因此称为“进行波”。另外有一种波浪，它的波形是没有向前“进行”的运动的，这种波浪称为“驻波”，它的速度势由式（9.3.4）中单独一项来表示。可见进行波是两个适当的驻波的叠加结果。

现在根据式（9.3.5）所表示的速度势来讨论自由表面的波形特点。将式（9.3.5）代入式（9.2.8）便可以得到具体的式（9.2.6），即具体的进行波自由表面的几何形状

$$\zeta = -\frac{1}{8}\frac{\partial\varphi}{\partial t}\bigg|_{z=0} = Ae^{kz}\sin(Kx-\sigma t)\big|_{z=0}$$

所以

$$\zeta = A\cos(Kx-\sigma t) \tag{9.3.6}$$

根据式（9.3.6）可以得到进行波波形的如下一些特性：

（1）波形　对应每一瞬时，波形为余弦曲线，振幅为A，这种波称为余弦波。由于余弦和正弦只差某一个相位，所以有时也可称为正弦波。

（2）波形传播速度c　对应于波峰或波谷的位置为

$$\cos(Kx-\sigma t) = \pm 1$$

即

$$Kx-\sigma t = m\pi \quad (m=0,\ 1,\ 2\cdots)$$

所以

$$x = \frac{m\pi}{K}+\frac{\sigma}{K}t \quad (m=0,\ 1,\ 2\cdots) \tag{9.3.7}$$

质点做等速直线运动时的运动方程式为

$$x = x_0 + ct \tag{9.3.8}$$

式中，x_0为质点的初始位置；c为等速运动的速度。

比较式（9.3.7）与式（9.3.8），可见式（9.3.7）中右边各项的物理意义为

$$x_0 = \frac{m\pi}{K} \tag{9.3.9}$$

$$c = \frac{\sigma}{K} \tag{9.3.10}$$

波形以等速c沿x轴正向移动，c就称为波形传播速度。

（3）波长　根据式（9.3.9）某一波峰的位置为

$$x_{01} = \frac{m\pi}{K}$$

相邻波峰位置为

$$x_{02} = \frac{(m+2)\pi}{K}$$

波长为相邻波峰或相邻波谷间的距离，即

$$\lambda = x_{02} - x_{01}$$

所以

$$\lambda = \frac{2\pi}{K}\text{或}K = \frac{2\pi}{\lambda} \tag{9.3.11}$$

式中，K为2π距离内波的数目，称为波数。

（4）周期τ　余弦的周期为2π，由式（9.3.6）可知波形的周期为

$$\sigma\tau = 2\pi$$

所以

$$\tau = \frac{2\pi}{\sigma}\text{或}\sigma = \frac{2\pi}{\tau} \tag{9.3.12}$$

式中，σ 为 2π 时间内振动的频率，称为圆周频率。

（5）σ 和 K 的关系　将式（9.3.5）代入式（9.2.11）可得

$$\sigma^2 = Kg \tag{9.3.13}$$

这是圆周频率 σ 和波数 K 之间的关系。

将式（9.3.11）和式（9.3.12）代入式（9.3.13）可得周期和波长之间的关系为

$$\tau = \sqrt{\frac{2\pi\lambda}{g}} \tag{9.3.14}$$

如果将式（9.3.10）和式（9.3.11）代入式（9.3.13）还可以得到传播速度与波长之间的关系

$$c = \sqrt{\frac{g\lambda}{2\pi}} \tag{9.3.15}$$

现在转而讨论流体质点的运动情况。

有了速度势就很容易得到流体质点的速度分布。从式（9.3.5）可以得到

$$\begin{cases} v_x = \dfrac{\partial \varphi}{\partial x} = A\sigma e^{kz}\cos(Kx - \sigma t) \\ v_x = \dfrac{\partial \varphi}{\partial z} = A\sigma e^{kz}\sin(Kx - \sigma t) \end{cases} \tag{9.3.16}$$

根据微振幅波周期性运动的假设，可知上式表示流体质点在某一平衡位置附近做微小位移的周期性简谐运动。这样可以近似地在上式中用它的平衡位置（x_0，z_0）来代替它的瞬时位置（x，z），即将上式近似地写成

$$\begin{cases} v_x = A\sigma e^{kz_0}\cos(Kx_0 - \sigma t) = v_x(x_0, z_0, t) \\ v_z = A\sigma e^{kz_0}\sin(Kx_0 - \sigma t) = v_z(x_0, z_0, t) \end{cases} \tag{9.3.17}$$

式（9.3.17）是拉格朗日观点的速度分布。平衡位置（x_0，z_0）作为不同流体质点的标志，不同的（x_0，z_0）表示不同的流体质点。

从以上两式还可以得到速度值

$$v = \sqrt{v_x^2 + v_z^2} = Ae^{kz_0}\sigma \tag{9.3.18}$$

可见速度的绝对值是保持不变的，它等于以 Ae^{kz_0} 为半径、σ 为旋转角速度的圆周切向速度。

将式（9.3.17）代入轨迹微分方程 $\dfrac{dx}{v_x} = \dfrac{dy}{v_y} = \dfrac{dz}{v_z} = dt$ 进行积分，可以得到流体质点以参数 t 表示的轨迹方程为

$$\begin{cases} x = C_1 - Ae^{kz_0}\sin(Kx_0 - \sigma t) \\ z = C_2 - Ae^{kz_0}\cos(Kx_0 - \sigma t) \end{cases}$$

式中，C_1 和 C_2 为积分常数。

上式表示流体质点的位置在（C_1，C_2）附近摆动，所以（C_1，C_2）就是它的平衡位置（x_0，z_0）。这样就可以将上式改写为

$$\begin{cases} x = x_0 - Ae^{kz_0}\sin(Kx_0 - \sigma t) \\ z = z_0 - Ae^{kz_0}\cos(Kx_0 - \sigma t) \end{cases} \tag{9.3.19}$$

消去参数 t 后可得流体质点轨迹的曲线方程为

$$(x - x_0)^2 + (z - z_0)^2 = (Ae^{kz_0})^2 \tag{9.3.20}$$

式（9.3.20）是圆的方程，即流体质点做简谐运动，圆心在（x_0，z_0），圆周半径为 Ae^{kz_0}。结合式（9.3.15）和式（9.3.20）可见，在无限水深中，对于二元进行波的波浪运动，流体质点以角速度 σ 沿半径等于 Ae^{kz_0} 的圆周做顺时针方向的转动。在自由表面上圆周的半径为 $A(z_0=0)$，在自由表面以下随着深度的增加（$z_0<0$），其半径迅速减小。例如：当 $z_0=-\lambda$ 时，根据式（9.3.11）有

$$e^{kz_0}=e^{-k\lambda}=e^{-2\pi}=\frac{1}{535} \tag{9.3.21}$$

即在自由表面下深度为一个波长时，流体质点圆周轨迹的半径仅为自由表面时半径的1/535。因此，波浪运动的一个重要特点就是表面性，它只产生在自由表面附近的一层液体中，较深的液体层实际上保持静止不动。

现在来讨论无限水深自由表面上流体质点的运动情况和波形传播之间的关系。

图9.3.1表示水面上一个波长 λ 上八个质点，在先后相差1/8周期（$\Delta t=\tau/8$）的两个瞬时位置。它们相互之间的距离 $\Delta x_0=\lambda/8=\pi/(4K)$。在同一瞬时相邻两质点幅角之差为

$$\theta_1-\theta_2=(Kx_{02}-\sigma t_1)-(Kx_{01}-\sigma t_1)=Kx_0$$

所以

$$\Delta\theta=\pi/4 \tag{9.3.22}$$

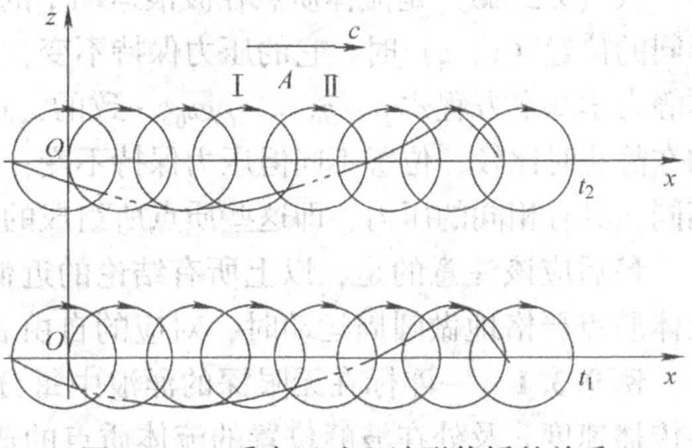

图9.3.1 质点运动和波形传播的关系

对于同一质点在 Δt 时间后转动的幅角为

$$\theta'-\theta=(Kx_0-\sigma t_2)-(Kx_0-\sigma t_1)=-\sigma\Delta t=-\pi/4 \tag{9.3.23}$$

比较式（9.3.23）和式（9.3.22），并根据图9.3.1可以看出经过 $\tau/8$ 的时间间隔后，波形毫不改变地向右移动了1/8波长。因此波形的传播速度为

$$c=\frac{\lambda/8}{\tau/8}=\frac{\lambda}{\tau}=\frac{\sigma}{K}$$

这是和式（9.3.10）是一致的。可见波形的传播是由于流体质点围绕固定中心旋转时，使得自由表面依次起伏而有移动的感觉。波形的传播仅是形状的移动，而不是流体质点的移动。两者速度之比为

$$c:v=\frac{\sigma}{K}:A\sigma=\frac{\lambda}{2\pi}:A$$

所以

$$c:v=\lambda:2\pi A \tag{9.3.24}$$

对于微振幅波

$$\lambda>>A$$

将上式代入式（9.3.24）可知

$$c>>v$$

即波形传播速度的大小远超过流体质点的旋转线速度。同时从图9.3.1上还可以看出：在波峰上两者方向相同，在波谷上两者方向相反。

最后来决定在波浪运动中，对于无限深流体压力的分布规律。

将式（9.3.5）代入式（9.2.5）得

$$\frac{p-p_0}{\rho}=-gz+Age^{kz}\cos\ (Kx-\sigma t) \tag{9.3.25}$$

再将式（9.3.19）代入式（9.3.25）得

$$\frac{p-p_0}{\rho}=-gz_0-Ag[\mathrm{e}^{kz_0}\cos(Kx_0-\sigma t)-\mathrm{e}^{kz}\cos(Kx-\sigma t)]$$

设$x\approx x_0$、$z\approx z_0$，则上式右边中括号内之差可以略去不计，所以

$$\frac{p-p_0}{\rho}=-gz_0\ 或\ p-p_0=-\rho g z_0 \tag{9.3.26}$$

式（9.3.26）是流体质点在波浪运动中的压力分布规律，表示流体质点在运动过程中经过不同的位置（x，z）时，它的压力保持不变，仅决定于旋转中心的位置。式（9.3.26）和重流体静力学基本方程式$p-p_0=-\rho g z_0$一致的，这表示：其一，流体质点在做波浪运动的过程中和在静止时比较，位置不同但压力保持不变；其二，旋转中心在同一水平面上的流体质点，z_0相同，具有相同的压力，即这些质点所组成的曲面为等压面，这些等压面称为次波面。

最后应该注意的是，以上所有结论的近似性是由于做了微振幅的假设而来的。例如：当流体质点严格地做圆周运动时，对应的自由表面形状应该是摆线而不是余弦曲线。

例 9.3.1 一浮标在无限深的涌浪中每分钟上下摆动 10 次，摆幅为 2m。试求波长、波形传播速度 c 及处在波峰位置的流体质点的速度 v。

解：已知每分钟上下摆动 10 次，所以周期 $\tau=\frac{1}{10}\text{min}=6\text{s}$，代入式（9.3.12）可以决定圆周频率

$$\sigma=\frac{2\pi}{\tau}=1.046\text{s}^{-1}$$

将上式代入式（9.3.13）可以决定波数

$$K=\frac{\sigma^2}{g}=0.12$$

再将上式代入式（9.3.11）就可以得到波长

$$\lambda=\frac{2\pi}{K}=56\text{m}$$

根据式（9.3.10）可以决定波形传播速度

$$c=\frac{\sigma}{K}=9.35\text{m/s}$$

最后由式（9.3.18）来决定流体质点速度的大小

$$v=A\sigma=2.092\text{m/s}$$

v 与 c 同向。

9.4 有限水深中的进行波

在本节中将讨论有限水深液体波动的特点，即水底部边界面对波动的影响。

对于有限水深，式（9.3.1）仍然成立，即拉普拉斯方程的解仍然是

$$\varphi = (C_1 e^{kz} + C_2 e^{-kz})[A\sin(Kx) + B\cos(Kx)]\cos(\sigma t + \varepsilon) \tag{a}$$

但在这里边界条件变了，需要根据水底部为有限深的条件重新决定上式中的积分常数。

设水的深度为 H，根据水底部的边界条件有

$$z = -H,\quad \frac{\partial\varphi}{\partial n} = \frac{\partial\varphi}{\partial z} = 0$$

根据上式的条件，将式（a）对 z 进行偏微分，并令其等于零可得

$$C_1 K e^{-KH} - C_2 K e^{-KH} = 0$$

要满足上式，可令

$$C_1 = \frac{1}{2}Ce^{-KH},\qquad C_2 = \frac{1}{2}Ce^{-KH}$$

这样将上式代入式（a），可以得到有限水深波浪运动的速度势为

$$\varphi = C \times \frac{1}{2}[e^{-K(z+H)} + e^{K(z+H)}][A\sin(Kx) + B\cos(Kx)]\cos(\sigma t + \varepsilon)$$

所以

$$\varphi = C\mathrm{ch}[K(z+H)][A\sin(Kx) + B\cos(Kx)]\cos(\sigma t + \varepsilon)$$

上式为拉普拉斯方程的特解，由于它是线性的，因此采用叠加的方法求得的通解为

$$\varphi = \sum_{i=1}^{n} C_i\mathrm{ch}[K_i(z+H)][A_i\sin(K_i x) + B_i\cos(K_i x)]\cos(\sigma_i t + \varepsilon_i) \tag{9.4.1}$$

式（9.4.1）就是满足底部边界条件的有限深液体微振幅波的拉普拉斯方程的通解。

为了得到对应于式（9.3.5）的结果，并讨论其物理意义，从式（9.4.1）中取出特殊的两项来讨论。令这两项的各个系数为

$$A_1 = 1,\ A_2 = 0;\qquad B_1 = 0,\ B_2 = -1$$

$$\varepsilon_1 = 0,\ \varepsilon_2 = -\frac{\pi}{2};\qquad C_1 = C_2 = \frac{Ag}{\sigma}\mathrm{ch}\ (KH)$$

$$K_1 = K_2 = K;\qquad \sigma_1 = \sigma_2 = \sigma$$

将这些系数代入式（9.4.1）可以得到

$$\varphi = \frac{Ag}{\sigma}\frac{\mathrm{ch}[K(z+H)]}{\mathrm{ch}(KH)}[\sin(Kx)\cos(\sigma t) - \cos(Kx)\cos(\sigma t)] \tag{b}$$

或者将式（b）右边合并为一项得

$$\varphi = \frac{Ag}{\sigma}\frac{\mathrm{ch}[K(z+H)]}{\mathrm{ch}(KH)}\sin(Kx - \sigma t) \tag{9.4.2}$$

式（b）中右边每一项为有限深液体驻波的速度势，而这两种驻波速度势的叠加式（9.4.2）则为有限水深进行波的速度势。

现在来讨论自由表面的波形特点。将式（9.4.2）代入式（9.2.8）得

$$\zeta = A\frac{\mathrm{ch}[K(z+H)]}{\mathrm{ch}(KH)}\cos(Kx - \sigma t)\Big|_{z=0}$$

所以

$$\zeta = A\cos(Kx - \sigma t) \tag{9.4.3}$$

式（9.4.2）和式（9.3.6）一致的，即有限深液体的进行波也是余弦波，自由表面的形状同样是余弦曲线。同样可以得到如下的一些结果，即

$$c=\frac{\sigma}{K},\quad \lambda=\frac{2\pi}{K},\quad \tau=\frac{2\pi}{\sigma} \tag{9.4.4}$$

这是和式（9.3.7）~式（9.3.12）相对应的。但对应于式（9.3.13）的无限深液体中 σ 和 K 的关系，在有限深夜体中将有不同的结果。

将式（9.4.2）代入式（9.2.11）并加以整理得

$$\frac{Ag}{\sigma}K\frac{\mathrm{sh}(KH)}{\mathrm{ch}(KH)}\sin(Kx-\sigma t)=\frac{Ag}{\sigma}\frac{\sigma^2}{g}\frac{\mathrm{ch}(KH)}{\mathrm{ch}(KH)}\sin(Kx-\sigma t)$$

所以

$$\sigma^2=Kg\,\mathrm{th}(KH) \tag{9.4.5}$$

以上为有限深液体进行波波形的基本特性。

现在来讨论由于液体为有限深，底部固体边界面对波形传播速度 c 的影响。将式（9.4.5）代入式（9.4.4）第一式可得

$$c=\sqrt{\frac{g}{K}\mathrm{th}(KH)} \tag{9.4.6}$$

或者将式（9.4.4）第二式代入式（9.4.6）还可以得

$$c=\sqrt{\frac{g\lambda}{2\pi}\mathrm{th}\frac{2\pi H}{\lambda}} \tag{9.4.7}$$

比较式（9.3.15）和式（9.4.4），它们相差一个 $\mathrm{th}\dfrac{2\pi H}{\lambda}$ 的因子。根据图 9.4.1 所表示的双曲线正切函数的变化规律，$\mathrm{th}\dfrac{2\pi H}{\lambda}\ll 1$。因此当波长 λ 相同时，无限水深波浪的波形传播速度较大，也就是深度 H 增加时，c 增大；而波形传播速度 c 相同时，则无限水深波浪的波长较小，也就是 H 增加时，λ 减小。

当 $H\approx 0.3\lambda$ 时，根据式（9.3.15）和式（9.4.7）的计算结果相差不过约 2.5%；当 $H\approx 0.5\lambda$ 时，则相差 0.2%。因此从计算 c 的观点来看，H 约为 λ 的 1/3 时，已可按无限水深来处理。

对于无限水深，式（9.4.7）转变为（参看图 9.4.1）

$$H\to\infty,\quad \mathrm{th}\frac{2\pi H}{\lambda}\to 1$$

所以

$$c=\sqrt{gH} \tag{9.4.8}$$

可见极浅水波浪的波形传播速度与波长无关，仅决定于水底部的深度。

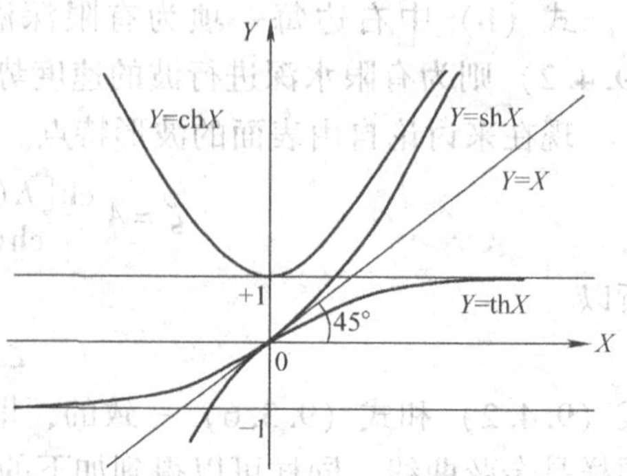

图 9.4.1　双曲线函数

现在转而讨论流体质点的运动情况。有了速度势就很容易得到水中的速度分布。式（9.4.2）所表示的速度势为

$$\varphi=\frac{Ag}{\sigma}\frac{\mathrm{ch}[K(z+H)]}{\mathrm{ch}(KH)}\sin(Kx-\sigma t)$$

水的速度分布为

$$v_x = \frac{\partial \varphi}{\partial x} = \frac{AKg}{\sigma}\frac{\mathrm{ch}[K(z+H)]}{\mathrm{ch}(KH)}\cos(Kx-\sigma t)$$

将式（9.4.5）代入上式可得到下面第一式，并根据同理可得下面第二式

$$\begin{cases} v_x = A\sigma\dfrac{\mathrm{ch}[K(z+H)]}{\mathrm{sh}(KH)}\cos(Kx-\sigma t) \\ v_z = A\sigma\dfrac{\mathrm{sh}[K(z+H)]}{\mathrm{sh}(KH)}\sin(Kx-\sigma t) \end{cases} \tag{9.4.9}$$

根据式（9.3.16）改写为式（9.3.17）同样的理由，对于微振幅波可以用平衡位置（x_0，z_0）代替（x，z），因而可以将上式改写为如下形式

$$\begin{cases} v_x = A\sigma\dfrac{\mathrm{ch}[K(z_0+H)]}{\mathrm{sh}(KH)}\cos(Kx_0-\sigma t) \\ v_z = A\sigma\dfrac{\mathrm{sh}[K(z_0+H)]}{\mathrm{sh}(KH)}\sin(Kx_0-\sigma t) \end{cases} \tag{9.4.10}$$

将式（9.4.10）代入轨迹微分方程式（2.2.2）进行积分，可以得到用参数来表示的流体质点的轨迹方程

$$\begin{cases} x = C_1 - A\dfrac{\mathrm{ch}[K(z_0+H)]}{\mathrm{sh}(KH)}\cos(Kx_0-\sigma t) \\ z = C_2 + A\dfrac{\mathrm{sh}[K(z_0+H)]}{\mathrm{sh}(KH)}\cos(Kx_0-\sigma t) \end{cases} \tag{9.4.11}$$

式中，C_1 和 C_2 为积分常数。

如同在导出式（9.3.19）那样，在式（9.4.11）中可以用平衡位置（x_0，z_0）来代替（C_1，C_2），因此可以得到

$$\begin{cases} x = x_0 - A\dfrac{\mathrm{ch}[K(z_0+H)]}{\mathrm{sh}(KH)}\sin(Kx_0-\sigma t) \\ z = z_0 + A\dfrac{\mathrm{sh}[K(z_0+H)]}{\mathrm{sh}(KH)}\cos(Kx_0-\sigma t) \end{cases} \tag{9.4.12}$$

将以上两式移项后平方相加可以消去参数 t，便可以得到流体质点轨迹的曲线方程为

$$\frac{(x-x_0)^2}{\left\{A\dfrac{\mathrm{ch}[K(z_0+H)]}{\mathrm{sh}(KH)}\right\}^2} + \frac{(z-z_0)^2}{\left\{A\dfrac{\mathrm{sh}[K(z_0+H)]}{\mathrm{sh}(KH)}\right\}^2} = 1 \tag{9.4.13}$$

可见流体质点沿椭圆运动，椭圆中心为（x_0，z_0）。在自由表面以下流体质点的 z_0 为负值，所以随着离自由表面距离的增加，长短半轴均减小。从自由表面向下（图9.4.2）。

$$\begin{cases} \text{长半轴} = A\mathrm{ch}(KH) \to A/\mathrm{sh}(KH) \\ \text{短半轴} = A \to 0 \end{cases} \tag{9.4.14}$$

在底部，轨迹为平行于底部的直线，这是底部固体边界限制作用的结果。

当 $H\approx0.3\lambda$ 时，在自由表面上长半轴较短半轴只大4.5%；当 $H\approx0.5\lambda$ 时，则只大0.4%。可见对于无限水深，在自由表面附近长半轴将等于短半轴，即椭圆轨迹转变为圆的轨迹。

从以上讨论可知，当 $H\geqslant0.5\lambda$ 时，对于传播速度 c 和自由表面的质点运动情况来说，有限水深的波动已可按无限水深来处理。

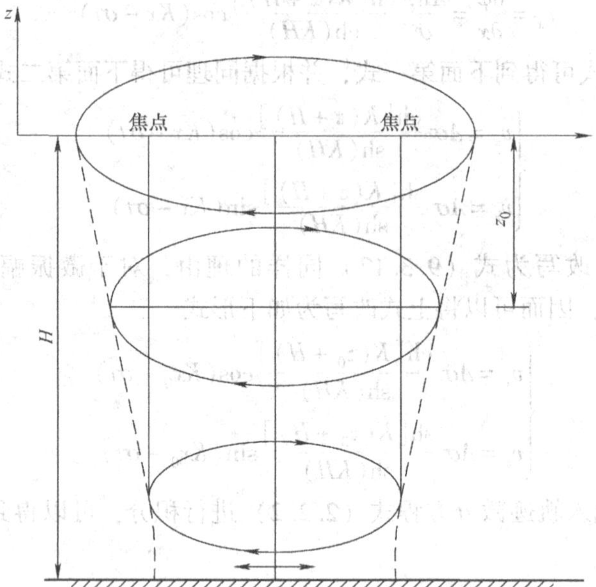

图 9.4.2　流体质点的轨迹

9.5　波的能量和兴波阻力的概念

在重力作用下波动液体的能量由动能和位能所组成，现在分别计算这两部分能量。

在有限深液体中，取出深为 H、宽为一个波长 λ、厚度为 1 的体积 τ 为讨论对象（图 9.5.1）。

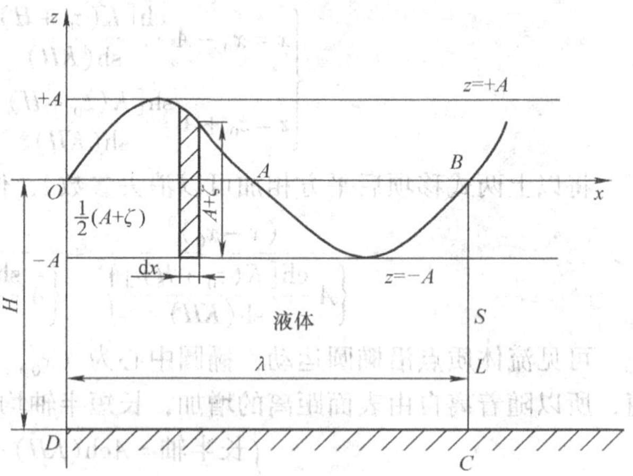

图 9.5.1　波浪的能量

首先来计算它的动能 T。液体的动能

$$\mathrm{d}T=\frac{1}{2}\mathrm{d}mv^2=\frac{1}{2}\rho\mathrm{d}\tau v^2$$

$$T=\frac{1}{2}\rho\iiint_{\tau}v^2\mathrm{d}\tau \qquad (9.5.1)$$

在这里液体周界上的边界面为 S，上式可写成

$$T=\frac{1}{2}\rho\iint_{S}\varphi\frac{\partial\varphi}{\partial n}\mathrm{d}S=\frac{1}{2}\rho\iint_{S}\varphi v_n\mathrm{d}S \qquad (9.5.2)$$

其中，S 为以围线 $ODCBAO$ 为母线、y 向厚度为 1 的柱面。而 $\mathrm{d}S=\mathrm{d}l\cdot 1$，$\mathrm{d}l$ 为微分线段。因此式（9.5.2）的面积分可以转变为线积分

$$T=\frac{1}{2}\rho\int_{L}\varphi v_n\mathrm{d}l \qquad (9.5.3)$$

根据波浪的周期性，OD 和 BC 两截面相距一个波长，所以这两截面上对应点（在同一水平线上的点）的物理量相同，外法线 n 的方向平行而指向相反。因此对应点 φ 值相同，但符号相反，故

$$\int_{OD}\varphi v_n \mathrm{d}l + \int_{BC}\varphi v_n \mathrm{d}l = 0$$

在底部，根据边界条件式（9.2.9）

$$v_n = 0$$

所以

$$\int_{DC}\varphi v_n \mathrm{d}l = 0$$

对于微振幅波，在 BAO 上

$$\mathrm{d}l \approx \mathrm{d}x$$

$n \approx z$，即

$$v_n = \frac{\partial\varphi}{\partial n} \approx \frac{\partial\varphi}{\partial z}$$

所以

$$T = \frac{1}{2}\rho\int_{BAO}\varphi\frac{\partial\varphi}{\partial z}\mathrm{d}x = \frac{1}{2}\rho\int_0^\lambda\left(\varphi\frac{\partial\varphi}{\partial z}\right)_{z=0}\mathrm{d}x \tag{9.5.4}$$

由式（9.4.2）得

$$\varphi\Big|_{z=0} = \frac{Ag}{\sigma}\sin\ (Kx - \sigma t)$$

$$\frac{\partial\varphi}{\partial z}\Big|_{z=0} = \frac{A}{\sigma}Kg\mathrm{th}(KH)\sin(Kx - \sigma t) = A\sigma\sin(Kx - \sigma t)$$

将以上两式代入式（9.5.4），并进行积分可得

$$\begin{aligned} T &= \frac{1}{2}\rho\int_0^\lambda A^2 g\sin^2(Kx - \sigma t)\mathrm{d}x \\ &= \frac{1}{2}\rho\int_0^\lambda A^2 g\,\frac{1}{2}[1 - \cos2(Kx - \sigma t)]\mathrm{d}x \\ &= \frac{1}{4}A^2\rho g\left[x - \frac{\lambda}{4\pi}\sin2\left(\frac{2\pi}{\lambda}x - \sigma t\right)\right]_0^\lambda \end{aligned}$$

所以

$$T = \frac{1}{4}\rho g A^2\lambda \tag{9.5.5}$$

这是一个宽为一个波长的，从自由表面至底部这一部分波动液体的动能。式（9.5.5）是从有限深液体的条件来导出的，同理，从无限深液体的条件可以导出相同的结论。

现在来讨论波动液体的位能。波动液体位能的增加是由于在运动时它的位置高于静止时的位置。位置在波谷以下的液体总位能不会发生变化，所以只考虑处在 $z = \pm A$ 带形域内位能的变化。以 $z = -A$ 的水平线作为计算位能的参考线，则根据图 9.5.1，宽为一个波长的液体位能有：

$$\text{液体在静止时的位能} = \rho\lambda AgA/2 = \rho g\lambda A^2/2$$

$$\text{液体在波动时的位能} = \int_0^\lambda[\rho(A + \zeta)\mathrm{d}x]g\frac{A + \zeta}{2} = \int_0^\lambda\rho g\frac{(A + \zeta)^2}{2}\mathrm{d}x$$

因此液体波动时位能的增量为

$$V = \int_0^\lambda \frac{1}{2}\rho g(A^2 + 2A\zeta + \zeta^2)\,\mathrm{d}x - \frac{1}{2}\rho g\lambda A^2$$

将式（9.3.5）或式（9.4.3）代入上式并进行积分可得

$$V = \int_0^\lambda \rho gA^2 \mathrm{d}x\cos(Kx - \sigma t) + \int_0^\lambda \frac{1}{4}\rho gA^2[1 - \cos2(Kx - \sigma t)]\,\mathrm{d}x$$

所以

$$V = \frac{1}{4}\rho gA^2\lambda \tag{9.5.6}$$

这是宽为一个波长的波动液体的位能。由于式（9.3.5）和式（9.4.3）是完全一致的，所以式（9.5.6）对于有限深液体和无限深液体同样适用。

这样宽为一个波长的波动液体的总能量为式（9.5.5）和式（9.5.6）之和，即

$$E = T + V = \frac{1}{2}\rho gA^2\lambda \tag{9.5.7}$$

单位长度平均总能量为

$$E_0 = \frac{E}{\lambda} = \frac{1}{2}\rho gA^2 \tag{9.5.8}$$

可见波浪的位能和动能相等，它的平均总能量 E_0 与波幅 A 的平方成正比，而与深度 H 无关。

现在来讨论波浪运动中能量的转移问题。

在9.3节中已经讨论过，对于无限深的波动液体，它的质点以等速沿半径为 Ae^{kz_0} 的圆周运动。在运动过程中质点的动能保持不变，而位能却发生周期性的变化。这样就引起质点之间能量的交换，引起波浪的能量沿波形传播的方向转移。波浪能量随波形传播而发生转移的现象称为能量的转移。

在图9.5.2中有两个流体质点沿圆周轨道以等速做顺时针方向的转动。第一个质点由 A 运动到 A' 时位能减小，而第二个质点由 B 运动到 B' 时位能却增加了。根据能量守恒定理，显然第一个质点的能量传递给了第二个质点。这样，质点的能量通过复杂的内部压力的相互作用，由一个质点逐渐传递给另外的质点。因此不能依靠液体的惯性维持波浪运动（弹簧的振动则可以），要维持这种运动必须在波形传播速度方向的上方提供一定的能量，这一能量便沿波形传播速度的方向转移。

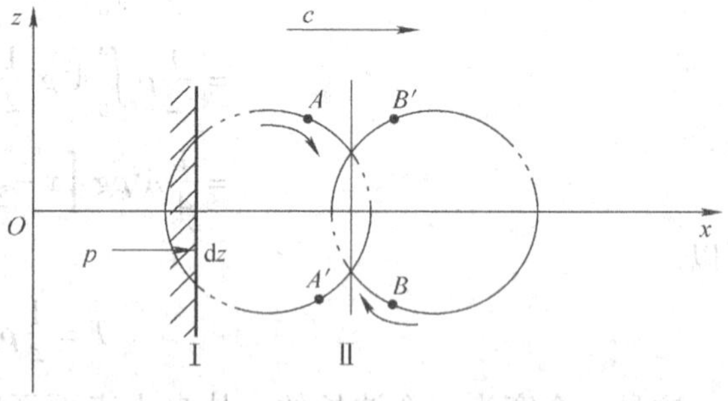

图9.5.2　能量的转移

在图9.3.1中已表明自由表面上的流体质点沿圆周轨道（半径为 A）转动形成以速度 c 向右传播的波形。在自由表面以下各个次波面（即等压面）上的流体质点也同时沿圆周轨道（半径为 Ae^{kz_0}）转动，也形成以速度 c 向右传播的波形。而自由表面和次波面上、下波形的相位是一致的，例如：对于自由表面波峰时的位置，经过这一位置作垂线，则此垂线上各个次波面都同时为次波面的波峰。从能量的观点来看，在波峰时位能最大，在波谷时位能

最小。这样波形在传播时，也就是能量在转移。因此位能的转移速度也就是波形传播速度，即位能以波形传播速度 c 进行转移。而位能和动能是相等的，因此也就是总能量的一半以速度 c 转移。关于这一点，还可以进一步证明如下。

单位时间内液体所转移的能量，应该等于单位时间内对这一部分液体所做的功。现在来计算在无限深波动液体中，一部分液体对另一部分液体所做的功。在截面 I 上取一单位厚度的微分面积 $\mathrm{d}zI$，作用的力为 $p\mathrm{d}zI$，$\mathrm{d}t$ 时间内所做的功为 $p\mathrm{d}zv_x\mathrm{d}t$（图9.5.2）。这样在一个周期 τ 内通过截面 I 所做的功为

$$W=\int_{-\infty}^{0}\mathrm{d}z\int_{0}^{\tau}pv_x\mathrm{d}t$$

将式（9.3.13）和式（9.3.18）代入上式，并进行积分

$$\begin{aligned}W&=\int_{-\infty}^{0}\mathrm{d}z\int_{0}^{\tau}[p_0-\rho gz+A\rho g\mathrm{e}^{kz}\cos(Kx-\sigma t)]A\sigma\mathrm{e}^{kz}\cos(Kx-\sigma t)\mathrm{d}t\\&=\int_{-\infty}^{0}\mathrm{d}z\int_{0}^{\tau}\left\{(p_0-\rho gz)A\sigma\mathrm{e}^{kz}\cos(Kx-\sigma t)+A^2\sigma\rho g\mathrm{e}^{kz}\frac{1}{2}[1-\cos2(Kx-\sigma t)]\right\}\mathrm{d}x\\&=\int_{-\infty}^{0}\frac{1}{2}A^2\sigma\rho g\mathrm{e}^{2kz}\tau\mathrm{d}z=\frac{1}{4K}A^2\sigma\rho g\tau\end{aligned}$$

因为

$$\tau=2\pi/\sigma,\ K=2\pi/\lambda$$

所以

$$W=\frac{1}{4}\rho gA^2\lambda \tag{9.5.9}$$

单位时间内所做的功为

$$W_0=\frac{W}{\tau}=\frac{1}{4}\rho gA^2\frac{\lambda}{\tau}$$

所以

$$W_0=\frac{1}{4}\rho gA^2c$$

根据 $c=\dfrac{\sigma}{K}=\dfrac{\lambda}{\tau}$ 或者式（9.5.8），可以将上式写成

$$W_0=\frac{\frac{1}{2}\rho gA^2}{2}c$$

所以

$$W_0=\frac{E_0}{2}c \tag{9.5.10}$$

式（9.5.10）表示单位时间内转移的能量。可见在波浪运动中单位长度液体平均总能量的一半随同波形的传播而转移。

最后应用以上波浪能量及其转移的概念来说明有关兴波阻力的问题。船波远比二元进行波复杂，因此这里仅作原则上的讨论。

当舰船在水面上航行，或在水面下航行而靠近水面时，会在水中引起波浪运动，这种波浪称为船波。产生波浪需要提供一定的能量，这样就对舰船产生一种阻力，称为兴波阻力，或简称波阻。因此波阻是理想流体对舰船作用的压差阻力。现在从能量的观点在原则上对波阻进行计算。

船波的波形对船是相对静止的，所以船波的传播速度 c 与船的速度 U 相等

$$c = U \tag{9.5.11}$$

船在单位时间内前进了 U 的距离，使得在 U 的范围内产生了新的波浪。如果单位长度上波浪平均总能量用 E_0 来表示，则在单位时间内新产生的波浪能量为

$$W' = UE_0 \tag{9.5.12}$$

波浪可以沿波的传播方向转移能量，这样在单位时间内由已产生的波浪向新产生的波浪转移的能量可由式（9.5.11）来计算

$$W'_0 = \frac{E_0}{2}c = \frac{E_0}{2}U \tag{9.5.13}$$

因此船对新产生的波浪，在单位时间内所需提供的能量为以上两式之差

$$W_0 = W'_0 - W'_0 = \frac{E_0}{2}U \tag{9.5.14}$$

这些能量是通过波阻 R_W 从船转移给波浪的，所以单位时间内船所做的功为

$$W_0 = R_W U \tag{9.5.15}$$

将式（9.5.15）代入式（9.5.14），并再将式（9.5.8）代入，最后可以得到波阻的表示式为

$$R_W = \frac{1}{2}E_0 \tag{9.5.16}$$

或

$$R_W = \frac{1}{4}\rho g A^2 \tag{9.5.17}$$

可见波阻与波幅的平方成正比，当船波的波幅增大时，波阻将急剧增加。

9.6 波群和群速度

波浪通常成群出现，一群大浪、一群小浪相继向前推进。下面用两个小振幅行波的叠加来说明这种现象。

假设两个波幅和传播方向相同的波仅波长和周期略有不同（也就是 $K_1 \approx K_2$，$\sigma_1 \approx \sigma_2$），它们的波面方程分别为

$$\zeta_1 = A\cos(K_1 x - \sigma_1 t) \tag{9.6.1}$$

$$\zeta_2 = A\cos(K_2 x - \sigma_2 t) \tag{9.6.2}$$

将它们叠加在一起，得到合成波

$$\zeta = \zeta_1 + \zeta_2 = A^* \cos(Kx - \sigma t) \tag{9.6.3}$$

式中

$$K = \frac{K_1 + K_2}{2} \approx K_1(\text{或 } K_2)$$

$$\sigma = \frac{\sigma_1 + \sigma_2}{2} \approx \sigma_1(\text{或 } \sigma_2)$$

这说明合成波的波长和周期与两个组成波的波长和周期差不多，但是，波幅

$$A^* = 2A\cos\left(\frac{K_1 - K_2}{2}x - \frac{\sigma_1 - \sigma_2}{2}\tau\right) \tag{9.6.4}$$

是在 ±2A 之间按余弦规律变化的。图 9.6.1 中的虚线是波幅变化的包络线（波幅调制波）就是按式（9.6.4）画出来的。这些包络线将合成波分成一个一个的波群，每个波群的长度为

$$\frac{1}{2}\frac{2\pi}{(K_1-K_2)/2}=\frac{2\pi}{K_1-K_2}$$

合成波的相速度为

$$c=\frac{\sigma}{K} \tag{9.6.5}$$

而波群的推进速度（群速度）为

$$c_g=\frac{(\sigma_1-\sigma_2)/2}{(K_1-K_2)/2}=\frac{d\sigma}{dK} \tag{9.6.6}$$

对于一般有限深度水域，用 $\sigma^2=kg\text{th}KH$ 求导可得群速度为

$$c_g=\frac{c}{2}\left[1+\frac{2KH}{\text{sh}(2KH)}\right] \tag{9.6.7}$$

说明波群推进速度就是单位长度平均能量的传递速度。

对于不同的相对水深，群速度不同，例如：

在深水（$KH\to\infty$）中

$$c_g=\frac{c}{2} \tag{9.6.8}$$

在浅水（$KH\to 0$）中

$$c_g=c \tag{9.6.9}$$

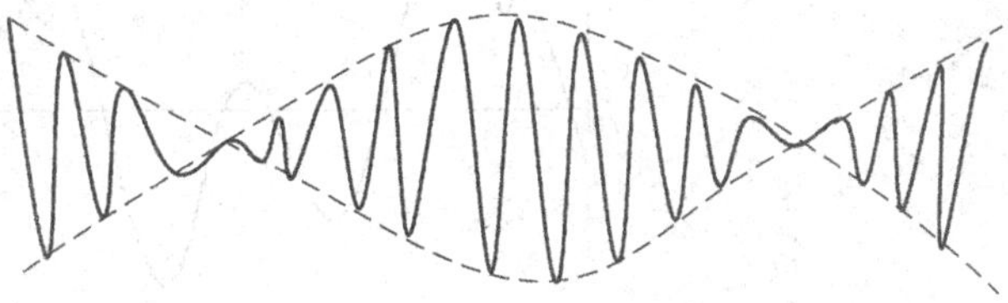

图 9.6.1 波群

从式（9.6.7）~式（9.6.9）可以看出，一般情况下表面重力波的群速度都比相速度小，所以在深水区可以观察到：每个波群中的波列（合成波）会以相对速度 $c-c_g$ 在波群之间穿行。另外，海洋中的波浪向静水域传播时，总是有一个波前存在，后续波动会追赶波前，但只要趋近到波前便会消失。这种现象在较长的水池中用造波机造波时也可以观察到。波动能量随着波前向前传递，这在物理上是容易理解的，所以波前的推进速度和波能传递速度相同，都是群速度。

9.7 不规则波的概念

前几节所讨论的余弦波，其波形及流体质点的运动都很有规律，所以又称为规则波。海上的涌浪近似为规则波。但是通常发生在海上的波浪却是极不规则的，这种波称为不规则波。图 9.7.1 所示为对于一固定空间点实际所测得的不规则波波高相对于时间的典型曲线，$y=0$ 为原静水面。

对于不规则波可以引入一些定义（图 9.7.1）：

1）表观波高 $\widetilde{H}$——任意相邻的波峰和波谷间的垂直距离。

2）表观波幅 $\widetilde{h}$——波峰至静水面的垂直距离。

3）表观周期 $\widetilde{T}_{max}$——任意两相邻波峰经过同一空间位置的时间间隔。

4）表观周期 $\widetilde{T}$——任意两相邻节点经过同一空间位置的时间间隔。

如果讨论在同一瞬时波形在空间上的变化情况，则引入如下定义：

1）表观波长 $\widetilde{\lambda}_{max}$——任意两相邻波峰之间的距离。

2）表观波长 $\widetilde{\lambda}$——任意两相邻节点之间的距离。

由于波浪的不规则性，以上这些量在整个海面上分布，不论是在时间上还是在空间上都是极不规则的。

根据图 9.7.1 所示的记录，对于每个数值出现的次数进行统计，然后以百分比的形式表示出来，可以得到图 9.7.2 所示的图形。从图形的特点能够说明波浪的不规则性：如果图形比较窄而尖，则比较规则；反之，则比较不规则。

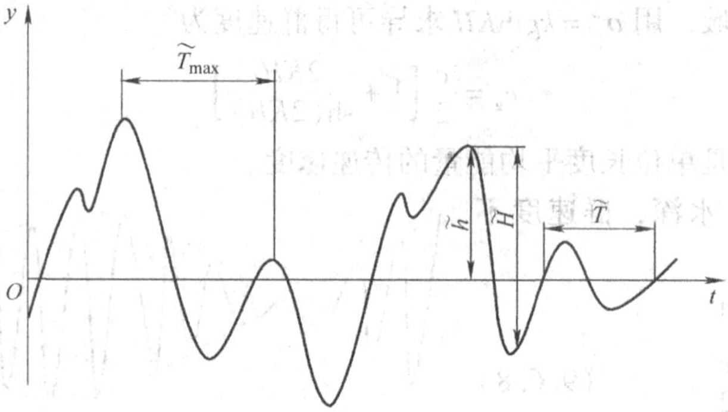

图 9.7.1　对于一固定空间点实际所测得的不规则波波高相对于时间的典型曲线

根据傅里叶级数的概念，给定一个周期函数，可以展开为有限项或无限项正弦函数和余弦函数之和。

对于规则波，其波形为［参看式（9.3.6）］

$$\zeta = A\cos(Kx - \sigma t + \varepsilon) \quad (9.7.1)$$

式中，ε 为波浪的初相位。

如果把无限个不同波幅和不同波长的规则波进行叠加，并假设相位为一随机变量，可以得到不规则波的表达式为

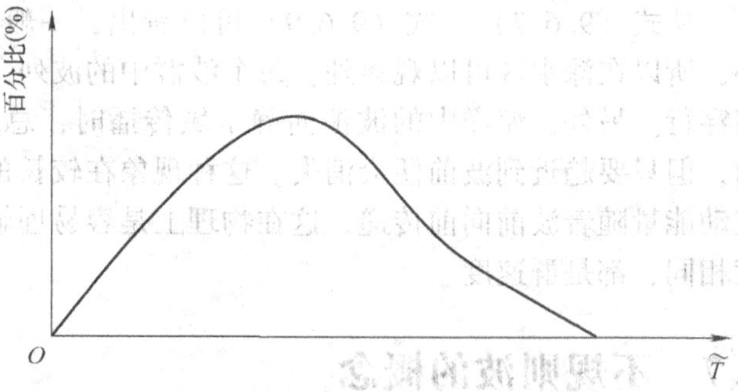

图 9.7.2　表观周期曲线

$$\zeta = \sum_{i=1}^{\infty} A_i \cos(K_i x - \sigma_i t + \varepsilon_i) \quad (9.7.2)$$

用式（9.7.2）所表示的不规则波的函数是一个随机函数，需要用概率论的理论来进行研究。在这方面的讨论已超出一般流体力学的范围，而属于舰船耐波性（舰船摇摆）的内容，所以在这里就省略了。

习 题

9.1 为什么说波浪运动是受重力作用的周期性运动？并证明它是理想流体的无旋运动。

9.2 试讨论波浪运动的动力学和运动学边界条件，并导出波浪的自由表面方程和速度势所应满足的条件。

9.3 试讨论无限深液体二元进行波的波形特点及流体质点的运动情况，并阐明波形传播与自由表面质点运动之间的关系。

9.4 试比较无限深液体和有限深液体波浪运动的波形参数和流体质点的运动特点，从而说明底部边界对波浪运动的影响。

9.5 试证明波动液体的位能与动能相等，且它们均正比于波幅的平方。

9.6 证明 $W(\zeta)=A(\zeta+\mathrm{i}H-Vt)\cos\dfrac{z\pi}{\lambda}$ 为水深为 H 的进行波的复势，其中 $\zeta=x+\mathrm{i}y$ 为复变数，y 轴垂直向上，原点在静水面。并证明 $V^2=\dfrac{g\lambda}{2\pi}\mathrm{th}\,\dfrac{2\pi H}{\lambda}$。

9.7 已知复势 $W(\zeta)=B\sin(m\zeta)\sin(qt)$，其中 B、m、q 为常数，$\zeta=x+\mathrm{i}y$ 为复变数。试讨论这一复势所代表的流动情况，以及这几个常数所代表的意义。

9.8 有一全长为70m的船沿某一方向以等速 U 航行。在船后并与船航行方向一致的波浪以传播速度 c 追赶该船。它赶过一个船长所需时间为16.5s，而超过一个波长所需时间为6s。求波长及船速 U。

9.9 一波浪高度 $h=1\mathrm{m}$，而波形的最大坡度角 $\beta=\dfrac{\pi}{8}$。试决定流体质点的旋转角速度。

9.10 波长为6.28m的波，在某一深度处次波面的波高减小一半。试求深度。

9.11 设在无限深液体中波浪的波长为15m和150m，试求出分别在这两种情况下波形的传播速度和振动周期。当波浪传播入河口（水深为10m）时，试讨论波浪运动的变化。

9.12 在一波浪运动中，波形的波长为10m，波高为1m。试确定在深度为2m处液体的相对压力。

9.13 波长为 λ 的无限深液体的进行波在自由表面上经过。在未被扰动前自由表面下深度为 d 的某一点，波浪经过时该点深度为 $d+\eta$。试证明此时该点的压力与未扰动前的压力之比为 $\left[1+\dfrac{\eta}{d}\exp\left(-\dfrac{2\pi d}{\lambda}\right)\right]:1$。

9.14 已知有限深液体进行波的波长 $\lambda=35\mathrm{m}$，波幅为1.5m，深度为7m。求波形传播速度及流体质点在自由表面及底部的轨迹曲线。如果这一有限深液体的波浪为从无限深液体处传播来的，假设在传播过程其周期保持不变，则原来在无限深液体中波长及波形传播速度各为多少？

第10章　机 翼 理 论

10.1　有限翼展机翼

机翼理论主要研究翼型在流体中运动时的力学特性。在工程领域中，机翼以升力面、控制面、叶片或桨叶等形式出现。舰船上的舵、水翼、减摇鳍等都是机翼，螺旋桨、汽轮机叶片和压缩机叶片也都是利用机翼原理工作的，而在研究船舶操纵性时，甚至还可把船体的水下部分看作一个机翼。因此，机翼的基本特性及其应用对船舶工程有重要意义。

10.1.1　机翼的几何参数和术语

机翼的几何参数主要是指翼型和机翼的平面形状中的有关参数。

首先介绍与翼型相关的一些参数，如图10.1.1所示。

（1）翼型　机翼剖面的基本形状称为翼型。翼型迎流的一端称为前缘，另一端称为后缘。

（2）中线　以后缘尖点为圆心，以各种长度为半径作圆弧，将翼型范围内的各圆弧的中点连线称为翼型的中线。

（3）翼弦 b　中线两端的连线称为翼弦，其长度称为弦长。弦长是机翼最重要的几何参数，通常被取作机翼及其绕流问题的特征长度。

（4）拱度 f　中线至翼弦距离的最大值称为拱度。拱度与弦长之比 $\bar{f}=\dfrac{f}{b}$ 称为拱度比，拱度比为零的翼型称为对称翼型。

（5）厚度 t　翼弦的垂线与翼型上、下表面交点间的距离称为厚度，其最大值称为最大厚度。通常提到的厚度即最大厚度。厚度与弦长之比 $\bar{t}=\dfrac{t}{b}$ 称为厚度比。

（6）几何攻角 α　来流与翼弦之间的夹角称为几何攻角。如果在某一攻角下机翼的升力恰好等于零，则这时的几何攻角称为零升力攻角。

机翼的平面形状指的是机翼在 Oxz 平面上的投影形状（图10.1.2），常用的形状有矩形、梯形和三角形等。在图10.1.2中，b_0 为机翼根部弦长，b_e 为梢部弦长，χ_0 为前缘后掠角，χ_1 为后缘后掠角，φ 为上反角，ψ 为扭转角。与平面形状有关的常用几何量有：

（1）机翼面积 S　机翼在 Oxz 平面上的投影面积。

（2）翼展 l　机翼展长，两翼端之间的距离。

（3）平均弦长 $\bar{b}$　机翼面积与展长的比值，即 $\bar{b}=S/l$。

（4）展弦比 λ　翼展的平方与机翼面积之比称为展弦比，即 $\lambda=l/\bar{b}=l^2/S$。

10.1.2　有限翼展机翼

翼剖面（翼型）是无限翼展机翼，$\lambda=\infty$。实际机翼的展长都是有限的，考察翼展对流

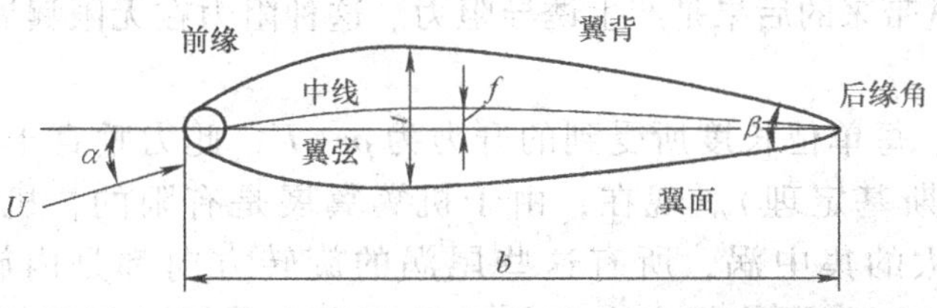

图 10.1.1 翼型的几何参数

动的影响，最好是用对称翼型的直机翼（矩形直翼）。以适当攻角将这种机翼装在风洞中，通过翼面上贴的短丝线可以看到上、下翼面上流体流动方向的不同，通过后缘带小棉球的丝线的转动，可以看到机翼后面拖出的自由涡面。在正攻角下，下翼面是高压区，图 10.1.3 中用“+”号表示；上翼面是低压区，图中用“-”号表示。由于上、下翼面有压差，气流在两翼端会向上翻卷，这种现象称为**翼端效应**（图 10.1.3），在无限翼展机翼中是不可能出现这种情况的。在超声速机翼中，翼端效应名副其实只影响到翼端的某一有限区域；在低速机翼中，从理论上讲，翼端效应可以影响到整个机翼。所以，低速机翼后面沿着展向都会有涡出现，形成一个尾涡面（图 10.1.4）。尾涡面基本上和来流平行，左、右两片涡面各个涡的转向和翼端气流翻卷方向一致。

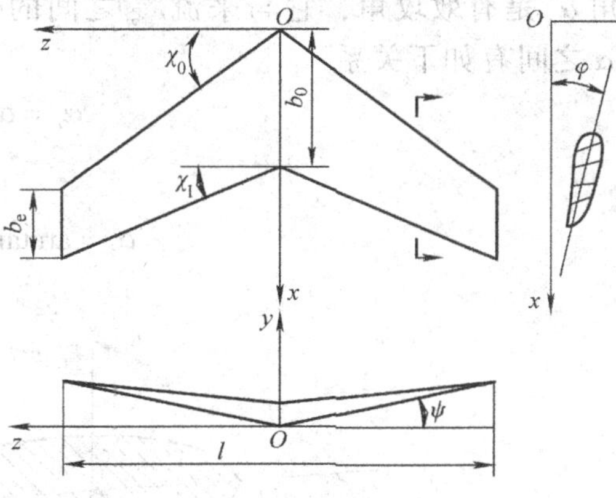

图 10.1.2 机翼的几何参数

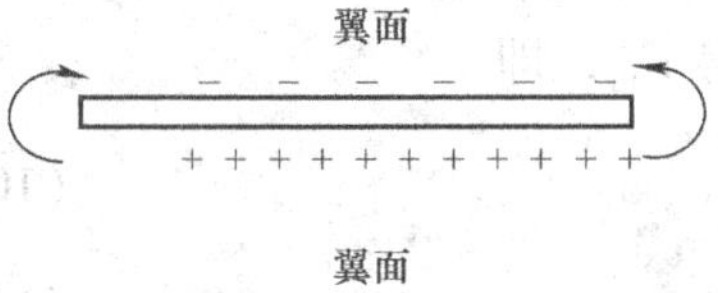

图 10.1.3 翼端

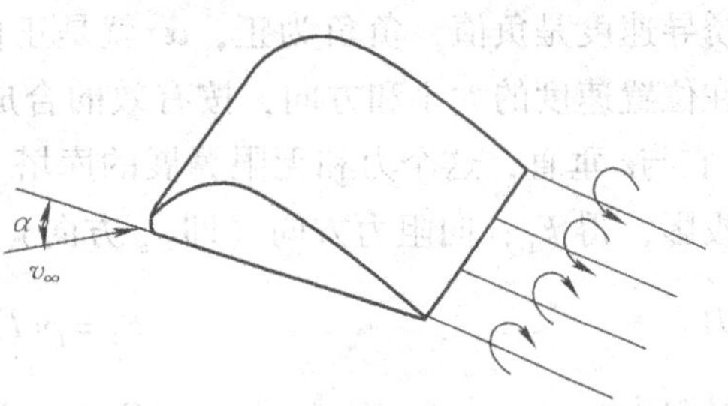

图 10.1.4 尾涡

尾涡面并不稳定，在涡的诱导作用下，两片涡面在下游不远处会卷成两个大的集中涡，图 10.1.5 所示为兰彻斯特（Lanchester）为描述这个现象所画的一个草图。

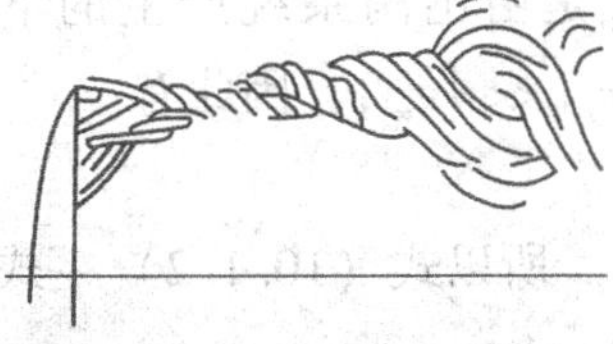

图 10.1.5 集中涡

10.1.3 下洗和诱导阻力

有限翼展机翼的尾涡系统很复杂，无论是采用尾涡面模型，还是采用两个大集中涡模型，它们对机翼所在位置流场的影响，定性上是一致的，都产生向下的诱导速度 w_i，这种现象称为下洗。在很多场合，下

洗指的就是 w_i。下洗带来的后果是产生诱导阻力。这种阻力在无限翼展机翼（翼型）上是不可能出现的。

无限翼展机翼，每单位长度所受到的升力为 $\rho v_\infty \Gamma$，此力垂直于来流 v_∞，而阻力为零（库塔 - 茹科夫斯基定理）。现在，由于机翼翼展是有限的，机翼后面将出现尾涡面，进而卷成两个大的集中涡，所有这些尾涡的旋转方向都是内旋的（图 10.1.4），因此，机翼尾涡系统对机翼流场有向下的诱导速度 w_i。因为尾涡所在平面和 v_∞ 平行，所以 $w_i \perp v_\infty$（图 10.1.6）。这样一来，机翼上实际的有效合成速度是 v，它与翼弦之间的夹角 α_e 是有效攻角，它与来流 v_∞ 之间的夹角 α_i 称为下洗角，它们与名义上的几何攻角 α 之间有如下关系

$$\alpha_e = \alpha - \alpha_i \tag{10.1.1}$$

式中

$$\alpha_i = \arctan\left(-\frac{w_i}{v_\infty}\right) \tag{10.1.2}$$

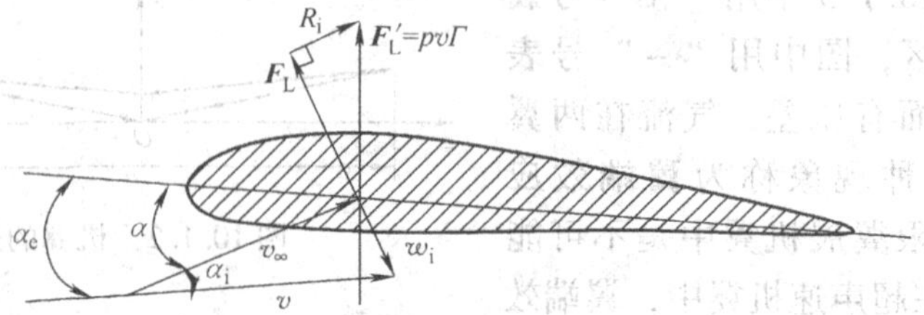

图 10.1.6　下洗和诱导阻力

由于约定向下的诱导速度产生的下洗角为正，所以式（10.1.2）括号内有一个负号，向下的诱导速度是负值，负负为正，α_i 就是正值。以上分析表明，有限翼展的影响改变了机翼所在位置速度的大小和方向，按有效的合成速度计算，此时的库塔 - 茹科夫斯基力 $F_L' = \rho v \Gamma$，它与 v 垂直，这个力和无限翼展的库塔 - 茹科夫斯基力 $\rho v_\infty \Gamma$ 是不同的。力 F_L' 向升力方向投影，得 F_L；向阻力方向（即 v_∞ 方向）投影，得 F_{Ri}，即

升力
$$F_L = \rho v \Gamma \cos\alpha_i \tag{10.1.3}$$

诱导阻力
$$F_{Ri} = \rho v \Gamma \sin\alpha_i \tag{10.1.4}$$

因为升力和阻力是按远前方来流 v_∞ 的方向，而不是按机翼处局部有效速度方向定义的。F_{Ri} 是由尾涡系统产生的下洗引起的，称为诱导阻力。在大多数情况下，下洗很小，即 $|w_i| \ll |v_\infty|$，因此有

$$\tan\alpha_i \approx \sin\alpha_i \approx \alpha_i$$

所以式（10.1.2）~式（10.1.4）可以写成：

下洗角
$$\alpha_i \approx -\frac{w_i}{v_\infty} \tag{10.1.5}$$

升力
$$F_L = \rho v_\infty \Gamma \tag{10.1.6}$$

诱导阻力
$$F_{Ri} = F_L \alpha_i = -\rho w_i \Gamma \tag{10.1.7}$$

10.2　升力线理论

10.2.1　有限翼展机翼的升力模型

薄翼理论中用分布涡构成的涡面去取代翼型。其实，就升力而言，用一个位于焦点的、环量与涡面总环量相等的点涡去取代翼型也行。因此，一个无限长的直涡线可以作为无限长直机翼的最简单的升力模型。对于有限翼展机翼，翼展以外没有机翼，当然也就不能有涡线再向展外延伸。然而按照亥姆霍兹定理（见 7.5 节），涡线不能在翼梢中止，它要么形成一个完整的涡圈，要么延伸到流场的边界，或者延伸到无穷远处。对于定常的机翼绕流，基于观察到的事实，初步可以认为，涡线在翼梢处折转 90°，向下游延伸到无穷远是合理的。这样一来，形成一个Π形涡，它的中间部分沿展向置于机翼上，称为附着涡；两侧向下游延伸至无穷远处，称为自由涡（图 10.2.1）。这个Π形涡可以作为有限翼展机翼的一个升力模型，但是，它有一个最大的缺点：不能模拟机翼升力沿展向的变化。一般来说，机翼中间部分升力最大，翼梢部分升力为零，因此，沿展向环量应当是变量。单个的Π形涡是达不到这种要求的，因为一条涡线的环量沿涡线是不变量。普朗特（Prandtl）为了解决这个问题，提出了便于进行数学描述的计算模型——Π形涡系列的叠加模型。如图 10.2.2 所示，每一个Π形涡环量是不变的，但是，不同长度的附着涡对称地放在一起，环量沿翼展就呈阶梯形变化了。如果用无限多个Π形涡叠加在一起（图 10.2.3），附着涡线上的环量就会连续变化，这样的附着涡线称为升力线。如果升力线的环量分布 $\Gamma(y)$ 已知，其变化率就是 $\mathrm{d}\Gamma/\mathrm{d}y$，于是，从升力线上任一点向后拖出的尾涡强度就是

$$\mathrm{d}\Gamma=\frac{\mathrm{d}\Gamma}{\mathrm{d}y}\mathrm{d}y \qquad (10.2.1)$$

这样，如果知道尾涡面的强度分布，就可以计算升力线各点的下洗速度 w_i，和下洗角 α_i，从而可以按式（10.1.6）、式（10.1.7）计算各翼剖面的升力、诱导阻力，再沿翼展积分就能算出整个有限翼展机翼的升力和诱导阻力。

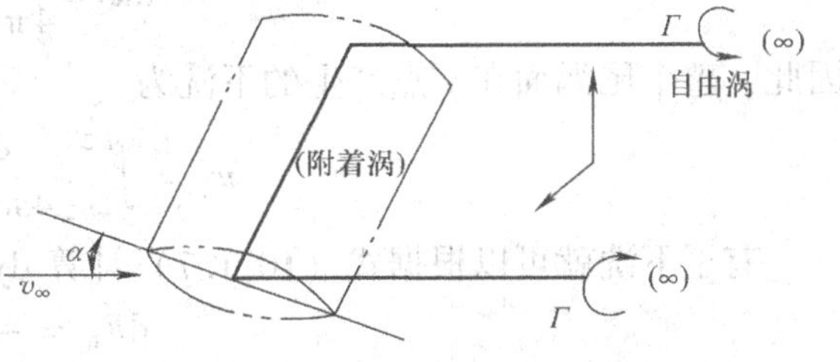

图 10.2.1　有限翼展机翼的Π形涡模

综上所述，普朗特的升力线理论计算方案可归纳成如下三点：

1）大展弦比机翼可以用Π形涡叠加得到的升力线表示。

2）Π形涡系列引起的流动，可以看成是加在来流上的一种小扰动，因此，可以假设Π形涡系列形成的尾涡面是一个沿着来流方向延伸到无穷远的平面，不用考虑尾涡相互之间的诱导作用。

3）按上述尾涡面计算出升力线上各点的下洗之后，根据二维流动理论，计算各剖面的绕流特性，再沿展向积分，即得整个机翼的绕流特性。

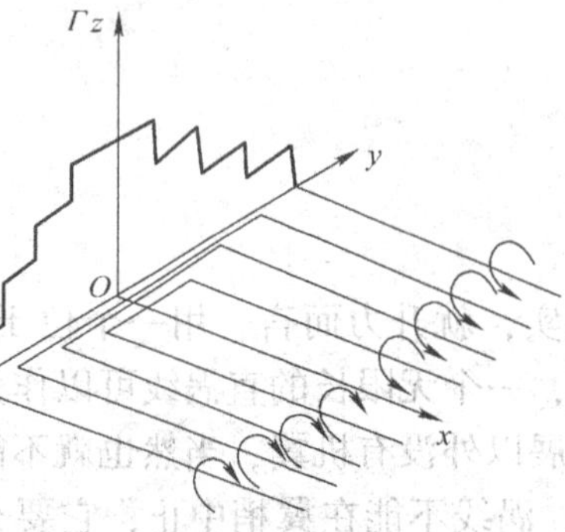

图 10.2.2 同一平面上几个∏形涡的叠加

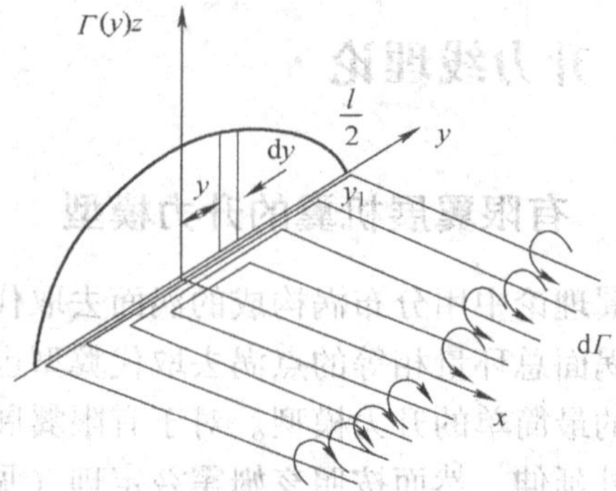

图 10.2.3 同一平面上无限多个∏形涡叠加，附着涡在 y 轴上重叠

10.2.2 升力线理论的一般公式

根据升力线理论的假定，dy 宽度上机翼的升力可按二维流动计算（图 10.2.3），即

$$\mathrm{d}F_{\mathrm{L}} = \rho v_{\infty} \Gamma \mathrm{d}y$$

因此，整个机翼的升力

$$F_{\mathrm{L}} = \rho v_{\infty} \int_{-l/2}^{l/2} \Gamma \mathrm{d}y \tag{10.2.2}$$

再计算下洗。如图 10.2.3 所示，y_1 点拖出的尾涡强度为 dΓ，这条半无穷长直涡线在升力线上 y 点产生的下洗为

$$\mathrm{d}w_{\mathrm{i}} = \frac{\mathrm{d}\Gamma}{4\pi(y_1 - y)}$$

因此，整个尾涡面在 y 点产生的下洗为

$$w_{\mathrm{i}} = \int_{-l/2}^{l/2} \frac{\mathrm{d}\Gamma/\mathrm{d}y_1}{4\pi(y_1 - y)} \mathrm{d}y_1 \tag{10.2.3}$$

有了下洗就可以根据式（10.1.7）计算 dy 宽度上机翼的诱导阻力，即

$$\mathrm{d}F_{\mathrm{Ri}} = -\rho w_{\mathrm{i}} \Gamma \mathrm{d}y$$

于是，整个机翼的诱导阻力为

$$F_{\mathrm{Ri}} = -\rho \int_{-l/2}^{l/2} \Gamma \mathrm{d}y \int_{-l/2}^{l/2} \frac{\mathrm{d}\Gamma/\mathrm{d}y_1}{4\pi(y_1 - y)} \mathrm{d}y_1 \tag{10.2.4}$$

以上结果表明，只要知道机翼的展向环量分布，就可以算出机翼的有关特性。

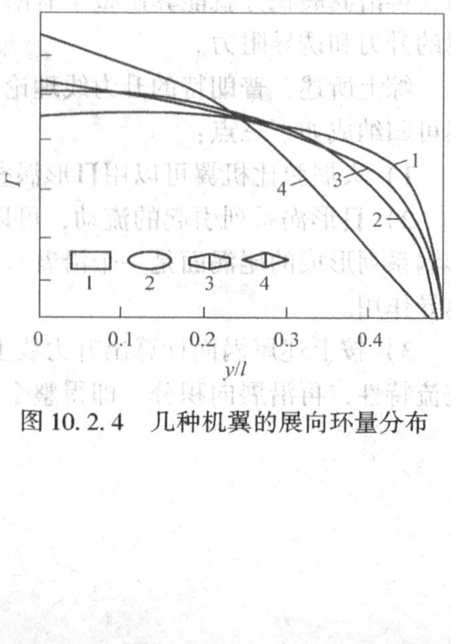

图 10.2.4 几种机翼的展向环量分布

10.2.3 无扭转机翼

无扭转机翼的展向环量分布可以用三角级数的方法分析。图 10.2.4 所示为几种机翼的展向环量分布。有了环量分布函数 $\Gamma(y)$ 就可以计算各自机翼的特

性。计算结果可以写成通用形式的公式

$$C_L = \frac{C_{L_\infty}^\alpha \alpha'}{1 + \frac{C_{L_\infty}^\alpha}{\pi\lambda}(1+\tau)} \tag{10.2.5}$$

$$\alpha_i = \frac{C_L}{\pi\lambda}(1+\tau) \tag{10.2.6}$$

$$C_{R_i} = \frac{C_L^2}{\pi\lambda}(1+\sigma) \tag{10.2.7}$$

式中，τ、σ 为修正系数，都是正值。

修正系数 τ 和 σ 的值见表 10.2.1。对于矩形机翼，修正系数还可用如下拟合公式计算

$$\begin{cases} \tau = 0.0457 + 0.0214\lambda \\ \sigma = -0.0057 + 0.0096\lambda \end{cases} \tag{10.2.8}$$

表 10.2.1　修正系数 τ 和 σ 的值

机翼平面形状	$\frac{1}{\pi}(1+\tau)$	$\frac{1}{\pi}(1+\sigma)$	附注
椭圆	0.318	0.318	$\tau=\sigma=0$
梯形	0.318	0.318	根梢比 $\eta=2\sim3$
矩形	0.375	0.335	$\lambda=5\sim8$
矩形翼端后削	0.338	0.318	$\lambda=5\sim8$
矩形翼端倒圆	0.365	0.318	$\lambda=5\sim8$
菱形	0.363	0.363	

10.3　展弦比换算式

升力线理论的结果突出反映了展弦比对升力和阻力的影响，这预示着不同展弦比机翼的升力、阻力之间存在着一种换算关系。下面先讨论升力系数曲线的换算问题。当 C_L 给定时，机翼的绝对攻角为

$$\alpha' = \frac{C_L}{C_{L_\infty}^\alpha} + \frac{C_L}{\pi\lambda}(1+\tau) \tag{10.3.1}$$

式中，$C_L/C_{L_\infty}^\alpha = \alpha'_\infty$ 为无限翼展机翼在同一个 C_L 值下的绝对攻角。

因此有

$$\alpha' = \alpha'_\infty + \frac{C_L}{\pi\lambda}(1+\tau) \tag{10.3.2}$$

如果有两个展弦比不同的机翼，在同一个 C_L 值下，它们的绝对攻角将分别是

$$\alpha'_1 = \alpha'_\infty + \frac{C_L}{\pi\lambda_1}(1+\tau_1)$$

$$\alpha'_2 = \alpha'_\infty + \frac{C_L}{\pi\lambda_2}(1+\tau_2)$$

因此

$$\alpha_2' = \alpha_1' + \frac{C_L}{\pi}\left(\frac{1+\tau_2}{\lambda_2} - \frac{1+\tau_1}{\lambda_1}\right) \tag{10.3.3}$$

利用这个换算式，可以将 λ_1 和 λ_2 两机翼的升力曲线相互转换。

例 10.3.1 一矩形舵面，舵高 $l=4\text{m}$，弦长 $b=5\text{m}$（图 10.3.1），舵的截面为一对称翼型。当舵角 $\alpha=20°$时升力系数 $C_L=0.53$，求此时舵面的有效舵角 α_e 和诱导阻力系数 C_{Ri}。如果舵面面积不变，舵高改为 5m，舵角仍为 20°，试求此时舵面的升力系数。

解：（1）对称翼型的零升力攻角 $\alpha_0=0$，有效舵角 α_e 等于舵角 α 减去下洗角 α_i，即 $\alpha_e=\alpha-\alpha_i$。本题的第一问实际上是要求 α_i 和 C_{Ri}，其计算公式为

$$\alpha_i = \frac{C_L}{\pi\lambda}(1+\tau) \tag{a}$$

$$C_{Ri} = \frac{C_L^2}{\pi\lambda}(1+\sigma) \tag{b}$$

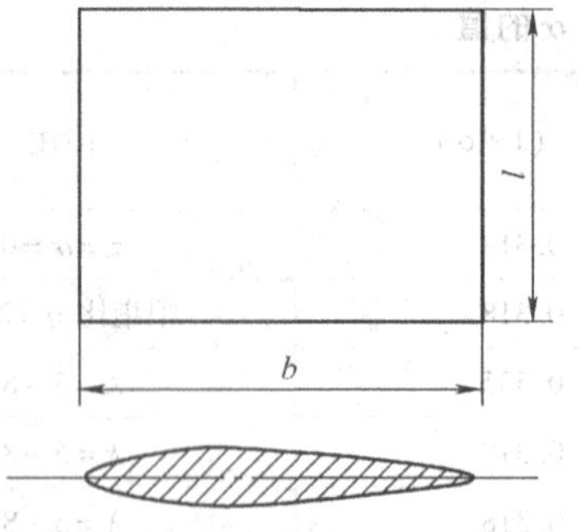

图 10.3.1 舵

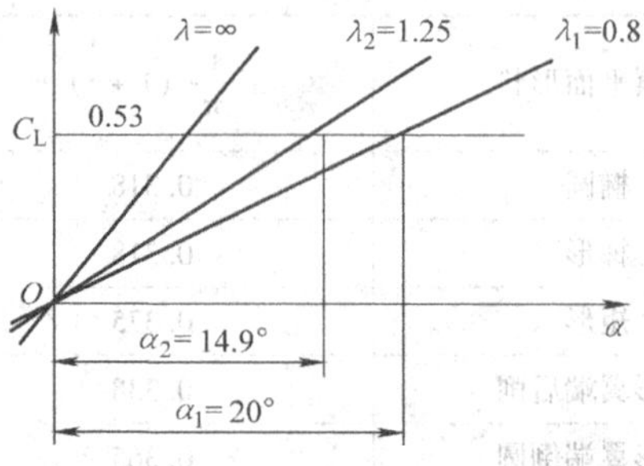

图 10.3.2 对称翼型舵面 $C_L-\alpha$ 曲线

根据题设条件可知，展弦比 $\lambda_1=l/b=0.8$，$C_L=0.53$，另外从表 10.2.1 中可查得

$$\frac{1+\tau}{\pi}=0.375,\qquad \frac{1+\sigma}{\pi}=0.335$$

将以上数据代入式（a）和式（b），得

$$\alpha_i=\frac{0.53}{0.8}\times 0.375\text{rad}=0.248\text{rad}=14.2°$$

$$C_{R_i}=\frac{0.53^2}{0.8}\times 0.335=0.118$$

而有效攻角

$$\alpha_e=\alpha-\alpha_i=20°-14.2°=5.8°$$

（2）改变舵高后，$\lambda_2=1.25$。此时，舵的升力系数 C_{L_2} 可以通过（1）中 $\lambda_1=0.8$ 的舵面升力系数换算出来。对称翼型舵面的 $C_L-\alpha$ 曲线如图 10.3.2 所示，在同一个 $C_L=0.53$ 下，α_2 可按式（10.3.3）计算。因为 $\alpha_0=0$，所以，式（10.3.3）此时可写成

$$\alpha_2=\alpha_1+\frac{C_L}{\pi}\left(\frac{1+\tau_2}{\lambda_2}-\frac{1+\tau_1}{\lambda_1}\right)=\alpha_1+\frac{C_L(1+\tau)}{\pi}\left(\frac{1}{\lambda_2}-\frac{1}{\lambda_1}\right)$$

将有关数据代入上式，得有效攻角为

$$\alpha_2=20+0.53\times 0.375\times\left(\frac{1}{1.25}-\frac{1}{0.8}\right)\times\frac{180}{\pi}=20°-5.1°=14.9°$$

因为升力系数和攻角成正比，所以 $\alpha=20°$ 对应的升力系数为

$$C_{L_2}=\frac{0.53}{14.9}\times 20=0.711$$

习　　题

10.1　展弦比 $\lambda=6$、弦长 $b=10\text{cm}$ 的 NACA0018 矩形机翼模型，在风洞风速为 30m/s、攻角 $\alpha=8.5°$ 时测到的升力为 23.52N。现在有一个同样的翼型舵板，宽为 2m、吃水为 4m，请利用上述试验数据，求出此舵板在舵角为 12°、船速为 10kn（1kn＝0.514m/s）时产生的舵力。已知 NACA0018 的 $\mathrm{d}C_L/\mathrm{d}\alpha=0.0096$ [1/(°)]。

附录　部分习题参考答案

第1章

1-10　0.03Pa·s

1-11　$\tau = 2.64\text{Pa}$

1-12　1.01N

1-13　$M = \mu\omega\pi d^3/(4G)$

1-14　$\mu\omega\pi R^4/(2h)$

1-15　$v = 0.925\text{m/s}$

1-16　$4.61 \times 10^4\text{Pa}$

1-17　800kg/m^3

1-18　300186Pa，2263N

1-19　$H = 5.83\text{m}$

1-20　$p_A - p_B = \rho_2 g(h_2 - h_1 + h_4 - h_3) - \rho_1 g(h_2 - h_3)$

1-21　$a = \dfrac{2(h_2 - h_1)}{3b}g$

1-22　$F_A = 11378\text{N}$，$F_B = 4592\text{N}$

1-23　77.2r/min

1-24　−2462N，3977N

1-26　$\sqrt{2}\text{m}$

1-27　$F = 162\text{kN}$

1-28　1160kN，距离底部2.79m

1-29　$H \geqslant 4.33\text{m}$

1-30　$F = 11445\text{N}$

1-31　$F = \dfrac{2}{3}\rho g R^3$，$\dfrac{3}{16}\pi R$

1-32　10.3kN

1-33　61.5N

1-34　10cm

1-35　$F_x = \dfrac{1}{2}\rho g h^2$，$F_z = -\dfrac{2}{3}\rho g h\sqrt{\dfrac{h}{a}}$

1-36　$F_x = 29.23\text{kN}$，$F_z = 2.56\text{kN}$

第2章

2-2　（1）$\boldsymbol{v} = 3\boldsymbol{i} + 4\boldsymbol{j}$；（2）$\partial \boldsymbol{v}/\partial t = 0$；（3）$(\boldsymbol{v}\cdot\nabla)\boldsymbol{v} = 24\boldsymbol{i} + 6\boldsymbol{j}$；（4）$\boldsymbol{a}_\tau = 11.52\boldsymbol{i} + 15.36\boldsymbol{j}$；（5）$\boldsymbol{a}_\text{n} = 12.48\boldsymbol{i} - 9.36\boldsymbol{j}$

2-3　$v = 30.41\text{m/s}$，$a = 167.71\text{m/s}^2$

2-4 （1）$a_x=35$，$a_y=15$；（2）260

2-6 $x^2-y^2-4y+5=0$

2.7 $y=x^2/(1+At_0)$

2.8 $y=0$，$z=1/x^2$

2.9 （1）三维流动；（2）不可能；（3）$\boldsymbol{a}=27\boldsymbol{i}+9\boldsymbol{j}+64\boldsymbol{k}$

2-10 （1）可能；（2）可能；（3）不可能

2-11 （1）$v_z=ez^2/2+(d-2a)xz$；（2）$v_z=0$

2-12 $v_y=-2axy$

2-13 $v_1=0.625\text{m/s}$，$v_2=2.5\text{m/s}$

2.14 $q_1=9.78\times10^{-3}\text{m}^3/\text{s}$，$q_2=1.96\times10^{-3}\text{m}^3/\text{s}$，$q_3=3.26\times10^{-3}\text{m}^3/\text{s}$，$v_1=19.92\text{m/s}$，$v_3=1.66\text{m/s}$

2-15 $a_x=9/(6-x)^3$，$a_x=0.072\text{m/s}^2$

2-16 $\partial p/\partial x=0$，$\partial p/\partial x|_{(1,2)}=0$

2-17 $p=57910\text{Pa}$

2-21 流体从 A 流向 B，损失水头 $h_f=4\text{m}$

2.22 0.99m/s

2-23 $q=1.39\times10^{-4}\text{m}^3/\text{s}$

2-24 $q=6.26\times10^{-3}\text{m}^3/\text{s}$，$p_c=-22063.4\text{Pa}$

2-25 $F'_x=111.08\text{N}$，$F'_y=-170.21\text{N}$，F'_y 为负值，说明水流给管壁的合力沿 y 轴负向

2-26 $F=456.5\text{N}$，$\alpha=30°$

2-27 （1）$F=F_x=1958\text{N}$，$\theta=0$；（2）$F=\sqrt{F_x^2+F_y^2}=1958\text{N}$，$\theta=\arctan(F_x/F_y)=-30°$

2-28 16.1N

2-29 42.7rpm

第3章

3-8 层流，湍流，$5.9\times10^{-5}\text{m}^3/\text{s}$

3-10 层流，0.0086m，0.015m

3-11 $\sqrt{2}r/2$

3-12 $4.08\times10^{-4}\text{mH}_2\text{O}$，$5.598\text{mH}_2\text{O}$

3-13 $0.0246\text{m}^3/\text{s}$

3-14 0.157mHg

3-15 $(v_1+v_2)/2$，$(v_1-v_2)^2/4g$

3-16 45°：$0.074\text{mH}_2\text{O}$；90°缓弯：$0.151\text{mH}_2\text{O}$

3-17 串联 $h_\lambda=545.78\text{m}$；并联 $h_\lambda=11.93\text{m}$

3-18 4×10^{-3}

3-19 $\Delta p=3501\text{kPa}$

3-20 油 $\delta_1=0.09537\text{m}$；水 $\delta_1=0.04638\text{m}$

第4章

4-1 $3.05\times10^{-4}\text{m}^3/\text{s}$

4-2 $1.36\times10^{-3}\text{m}^3/\text{s}$

4-3 0.936m

4-4 0.378m

4-6 $U=0.375\text{mm/s}$

4-7 $q_v=0.08\text{m}^3/\text{s}$，$\tau_0=147\text{Pa}$，$\text{d}v/\text{d}z=75\text{s}^{-1}$，$\Delta p=91880\text{Pa}$，$v=1.125\text{m/s}$

4-8 $q_v=2.56\times10^{-8}\text{m}^3/\text{s}$，$M=0.904\text{N}\cdot\text{m}$

4-9 $q_{v_1}=q_{v_2}=0.1036\text{L/s}$

4-10 $W=\pi dL\mu\omega^2a^2\cos^2(\omega t/\delta)$

4-11 $u=161.25z-6125z^2$，$q_v=6.021\text{L/s}$，$\tau_0=3.1\text{Pa}$

4-12 $M=\pi\mu\omega D^4/32h_0$

4-13 $p_1=1.946\times10^5\text{Pa}$，$F=67.4\text{N}$

第5章

5-1 60min

5-2 3m，1.34m/s

5-3 510N

5-4 1.88m/s，2.75kN

5-5 10.2m/s

5-6 $s=kgt^2$（k 为常数）

5-7 选 ρ，g，l 为基本量：$T=\sqrt{\dfrac{l}{g}}f\left(\dfrac{\mu}{\rho l\sqrt{gl}}\right)$

5-8 $\dfrac{v}{\sqrt{gd}}=f\left(\dfrac{\rho_1}{\rho},\ \dfrac{\rho gd}{\mu}\right)$

5-9 $\dfrac{R}{\frac{1}{2}\rho v^2l^2}=f(\text{Re})$

5-10 $\dfrac{fd}{U}=F\left(\dfrac{\rho Ud}{\mu}\right)$

第6章

6-1 $u=141.63\text{m/s}$

6-2 $u=530\text{m/s}$

6-3 $p_0=1.486\times10^5\text{Pa}$，$\rho_0=1.7317\text{ kg/m}^3$，$T_0=299\text{K}$，$c_0=346.73\text{m/s}$

6-4 $p_*=123.78\text{kPa}$，$\rho_*=1.5\text{kg/m}^3$，$T_*=287.5\text{K}$

6-5 $p_2=0.75\text{bar}$

6-6 $q_g=1.057\text{N/s}$

6-7 $T=47℃$，$\rho=6.05\text{kg/m}^3$，$p=5.56\times10^5\text{Pa}$，出口处的声速 $c=358.6\text{m/s}$，出口处的速度 $u=215\text{m/s}$

6-8 $A_*=8.45\text{ cm}^2$，$u_*=431\text{m/s}$

6-9 （1）$d=1.77\text{cm}$；（2）$T_*=248\text{K}$，$\rho_*=0.6545\text{kg/m}^3$，$p_*=46600\text{Pa}$；（3）$D=3.654\text{cm}$；（4）$T=106\text{K}$，$\rho=0.0787\text{kg/m}^3$，$p=2404\text{Pa}$

6-10 $u_2=244.54\text{m/s}$

6-11 $p'=120\text{kPa}$ 时，$q_m=0.5278\text{kg/s}$；$p'=100\text{kPa}$ 时，$q_m=0.5339\text{kg/s}$

6-12 （1）$u=293.8\text{m/s}$，$q_m=0.2743\text{kg/s}$；（2）$u=2338.1\text{m/s}$，$q_m=0.4374\text{kg/s}$

6-13 $p=0.7677\times10^6\text{Pa}$，$11.5296\times10^6\text{Pa}$

6.14 $p_*=0.3666\times10^5\text{Pa}$，$T_*=235.2\text{K}$，$l_m=21.8\text{m}$

第7章

7-1 （1）$\boldsymbol{\Omega}=\boldsymbol{i}+\boldsymbol{j}+\boldsymbol{k}$，$\begin{cases}x=y+C_1\\y=z+C_2\end{cases}$；（2）$J=0.0001\text{m}^2/\text{s}$

7-2 $\begin{cases}v_\theta=\omega r & (r\leqslant a)\\ v_\theta=\dfrac{\omega a^2}{r} & (r>a)\end{cases}$，$rv_r=$ 常数

7-3 0，Γ，Γ

7-4 0，Γ_0，0，0

7-5 $\dfrac{\Gamma}{2a}$，临界值 $a/R=86$

7-6 半径 $r=1$ 的圆，$\theta=\dfrac{3\Gamma}{4\pi}t$

7-7 $v=17.7\text{m/s}$，11.1s

7-8 核内 $p\sim r^2$，核外 $p\sim\dfrac{1}{r^2}$

7-9 原点的涡不动，另外两个涡绕原点作圆周运动，圆半径 $r=a$，$\theta=\dfrac{3\Gamma}{4\pi a^2}t$；无穷长涡链不动。

7-10 $v_i=\dfrac{\Gamma}{2\pi ax}\left(ax+\sqrt{a^2+x^2}\right)$

7-11 $R=0.3$，$z=-0.917$

第8章

8-2 （1）$\varphi=\mathrm{e}^x\cos y$，$\psi=\mathrm{e}^x\sin y$；（2）$\varphi=r^{\frac{1}{4}}\cos4\theta$，$\psi=r^{\frac{1}{4}}\sin4\theta$

8-4 $C_p=4\sin\theta\,(1-\sin\theta)$

8-5 （1）无旋流；（2）$\psi=Axy$，$\psi=C_1$ 为一组等值双曲线，$\varphi=C_2$ 为一组等势线（双曲线）；（3）$p=p_0-\dfrac{\rho}{2}A^2\,(x^2+y^2)$，式中 p_0 为原点（$x=0$，$y=0$）处压力

8-6 源和汇的强度均为 $q=\pm2\pi$；$\Gamma=0$，$q=2\pi$

8-7 （1）$\psi=\dfrac{1}{2}v_0R^2\sin^2\theta-\dfrac{q}{2\pi}\cos\theta$，$\varphi=Rv_0\cos\theta-\dfrac{q}{4\pi R}$；（2）驻点在 $R_s=\sqrt{\dfrac{q}{4\pi v_0}}$，$\theta_s=\pi$；（3）$\psi=\dfrac{1}{2}v_0R^2\sin^2\theta-\dfrac{q}{4\pi}\cos\theta=\dfrac{Q}{4\pi}$；（4）$\dfrac{2\pi}{Q}v_0R^2\sin\theta-\cos\theta-1=0$

8-8 $F=22.75\times10^5\text{N}$

8-9 源和汇的强度均为 $q=4\pi$，环流 $\Gamma=0$，通过这一围线的流量 $q=4\pi$

8-10 （1）$\psi=\frac{1}{2}(x^2+y^2)$；（2）全无；（3）$\varphi=\frac{x^3}{3}+\frac{x^2}{2}-xy^2-\frac{y^2}{2}$，$\psi=x^2y+xy-\frac{y^3}{3}$

8-12 $v_y=\frac{k}{2}(x^2-y^2)+C$

8-13 （1）$W=Uz+\frac{1}{z}$；（2）$W=Uz+\frac{\mathrm{i}}{z}$；（3）$W=2\ln\frac{z-a}{z+a}$

8-14 （1）匀直流，点涡和偶极子；（2）点源，点涡（2个）和点汇；（3）两个点源和一个点汇

8-17 （1）$\Gamma=8\pi$；（2）$q=12\pi$

8-18 $p_A=p_C=249.4\text{kPa}$；$p_B=39.6\text{kPa}$；$p_D=59.2\text{kPa}$

8-19 驻点位置：$\theta_1=198.3°$，$\theta_2=341.7°$，$p_B=-105.8\text{kPa}$，$p_D=165.1\text{kPa}$

8-20 （1）匀直流，偶极子和点涡；（2）驻点在 $r=5$ 的圆柱面上：$\theta_1=-5°44'$，$\theta_2=-174°16'$；（3）$\Gamma=628\text{m}^2/\text{s}$；（4）$v_\infty=100\text{m/s}$；（5）$F_L=\rho v_\infty\Gamma$，$R=0$

8-21 $C_L=0.54$，$n=16.5\text{r/min}$

8-22 $W=\frac{q}{2\pi}\ln(z^2-z_0^2)(z^2-\bar{z}_0^2)$，$z_0=-2+\mathrm{i}$

8-23 $\frac{1}{x_0^2}+\frac{1}{y_0^2}=1$

8-24 $20.5\text{m}^2/\text{s}$；-0.75m；1258N

8-27 （1）$-4.58°$；（2）-0.126；（3）$C_L=1.05$；$\bar{x}_{ep}=37\%$

8-28 等加速运动，$h=h_0+v_0t+2.73t^2$

8-29 $\pi R^2(\rho+\sigma)V_0$，$\left(2V_0,\ \frac{\rho-\sigma}{\rho+\sigma}2g\right)$

8-30 $2\pi\rho R^2\omega\Omega l+\left(\frac{G}{g}+\rho\pi R^2\right)\Omega^2 l$

第9章

9-8 $\lambda=25.45\text{m}$，$U=2.06\text{m/s}$

9-9 2.85s^{-1}

9-10 -0.693m

9-11 15m 波长的波不变，150m 波长的波要考虑浅水效应

9-12 相对压力处于 $\rho g(2\pm0.142)$ 之间

9-14 $\lambda_0=41.2\text{m}$，$c_0=8.03\text{m/s}$

第10章

10-1 66.47kN

参 考 文 献

[1] 许维德．流体力学：修订本［M］．北京：国防工业出版社，1989.

[2] W F 休斯，J A 布赖顿．流体动力学［M］．徐燕侯，过明道，徐立功，陈义良，译．北京：科学出版社，2002.

[3] 夏国泽．船舶流体力学［M］．武汉：华中科技大学出版社，2003.

[4] 吴望一．流体力学［M］．北京：北京大学出版社，2003.

[5] 丁祖荣．流体力学［M］．北京：高等教育出版社，2003.

[6] 张亮，李云波．流体力学［M］．哈尔滨：哈尔滨工程大学出版社，2006.

[7] 赵孝保．工程流体力学［M］．南京：东南大学出版社，2004.